Kürschner · Chemie des Holzes

Chemie des Holzes

Kurzer Abriß

von

Karl Kürschner

Zweite verbesserte Auflage

Technischer Verlag Herbert Cram
Berlin 1966

Druck von Walter de Gruyter & Co., Berlin 30

Vorwort

Bei den umwälzenden Fortschritten der Holzchemie ist es wohl für alle mit dem Holz Beschäftigten notwendig, sich über den neuesten Stand der sehr verwickelten Erkenntnisse dieses Forschungsgebietes zu unterrichten, das für die gesamte technische Verarbeitung des Holzes von grundlegender Wichtigkeit ist.

Das vorliegende Büchlein soll ein erstes Eindringen in die Vielfalt der tief ineinandergreifenden physikochemischen Umsetzungen beim Auf- und Abbau des Holzes ermöglichen. Die diesmal reichlicher fließenden Literaturquellen bieten dem Leser vielleicht Anreiz, manche Originalabhandlungen selbst durchzuarbeiten.

Um die verwirrende Fülle mitunter widerspruchsvoller botanischer, biologischer und chemischer Forschungsergebnisse im bescheidenen Rahmen eines „kurzen Abrisses" zu einem harmonischen und befriedigenden Gesamtbild zu vereinen, muß der Verfasser eine bestimmte (notwendigerweise persönlich gefärbte) Auswahl treffen. Dies kann leicht mißdeutet werden.

Doch haben uns die verständnisvollen Besprechungen der 1. und 2. Auflage dieses Buches, mehr noch die überaus freundlichen Zuschriften führender Fachgelehrter in der Überzeugung bestärkt, daß die gewählte knappe Art der Darstellung dieses schwierigen biochemischen Gebietes nicht unwillkommen sei[1]).

So wollen wir auch weiterhin versuchen, diesen kurzen Überblick durch neue Tatsachen aus dem gewaltigen Bestand jüngster Forschungsergebnisse kritisch zu vertiefen. Dazu lädt besonders die letzte Entwicklung der Elektronenmikroskopie, Gas-Chromatographie und Elektrophorese des Holzes, der IR-Absorptionsspektren, namentlich aber die Verwendung markierter Elemente ein. Erst wenn die Grundlagenforschung rechtzeitig geeignete Unterlagen geschaffen hat, können die wichtigen technologischen Fragen der Praxis wissenschaftlich gelöst werden.

---

[1]) 1. Auflage: Čsl. Staatsverlag, Bratislava 1960. (In slowak. Sprache).
2. Auflage: VEB Deutscher Verlag der Wissenschaften. Berlin 1962.
3. Auflage: Čsl. Staatsverlag, Bratislava 1965 (In slowak. Sprache).

Unter den industriellen Rohstoffen nimmt das Holz infolge seiner einfachen Gewinnung und Beförderung, der weltweiten Verbreitung verholzter Pflanzen und des planmäßig durchführbaren Zuwachses innerhalb verhältnismäßig kurzer Zeiträume, eine einzigartige Stellung ein.

Holz besteht aus 80—90% Kohlehydraten. Auch Lignin, der aromatische Holzanteil (10—20%), entsteht mittelbar aus Zuckerabkömmlingen. Kohlehydrate zählen als Energieträger zu den wichtigsten Stoffen der lebenden Welt. Sie bilden im Holz nicht nur das Gerüst sämtlicher Zellen (Cellulose, Hemi), sondern finden sich auch innerhalb der Zellen als unlösliche Reservestoffe (Stärke), sowie als zahlreiche lösliche Zwischenstufen des Auf- und Abbaues der Zucker.

Offenbar ist es die bei der Assimilation entstehende *D-Glukose*, die im Mittelpunkt alles biologischen Geschehens steht, die den eigentlichen primären Baustein des so heterogenen Baues der Hölzer darstellt. Aus Glukose ist das Cellulosegerüst des Holzes errichtet. Mit Glukose stehen die wenigen Bauelemente der Hemicellulosen in engem genetischem Zusammenhang, aus Glukose entstehen mittelbar auch die Lignine, wobei Spaltprodukte der Glukose über einfache Zwischenkörper in die aromatischen Komplexe übergehen.

Glukose ist (bis auf Fruchtzucker) die einzige Monose, die in großen Mengen frei in der Natur vorkommt. Aus der Reihe ihrer Stereoisomeren ist einzig die *β-D-Glukose* für den chemischen Aufbau des Holzes verantwortlich[2]), da das Celluloseskelett durch β-glukosidische Verknüpfung von Einheiten der β-D-Glukose entstanden ist[3]). Auch die Ligninbausteine, Koniferylalkohol und Sinapinalkohol sind im Kambialsaft an β-D-Glukose gebunden.

Nach dem Gesagten ist es möglich, von der β-D-Glukose ausgehend, gedanklich bis zu den hochmolekularen Gruppen der Holzkomponenten vorzudringen. Die Erkenntnis dieses einfachen inneren Zusammenhangs ist sowohl theoretisch wichtig, als auch für die didaktische und praktische Entwicklung der Holzchemie bedeutungsvoll.

---

[2]) L-Glukosen kommen in der Natur nicht frei vor und sind experimentell nur schwer zugänglich.

[3]) Stärke ist aus alfaglukosidisch verbundenen Einheiten der α-D-Glukose aufgebaut.

Brünn, Mai 1955.

Karl Kürschner.

Inhaltsübersicht

Vorwort V

1 Einleitung 1

2 Hauptbestandteile des Holzes 7

2.1 Cellulose 7

2.1.1 Formelbild der Cellulose 9

2.1.1.1 Karboxylgruppen und Lockerbindungen in der Cellulosekette 12

2.1.2 Molekulargewicht der Cellulose 14

2.1.3 Übermolekularer Bau der Cellulose (Elementarkörper und Kristallite) 18

2.1.4 Elementarfibrille der Cellulose 25

2.1.5 Kristalline und amorphe Gebiet der Cellulose 28

2.1.5.1 Cellulose und Jodsorption 30

2.1.6 Rolle der Cellulose beim Aufbau der Zellwand 33

2.1.6.1 Mittellamelle (Zwischenzellsubstanz) 38

2.1.6.2 Primärwand 39

2.1.6.3 Sekundärwand (Übergangslamelle, Zentralwand, Tertiärwand) 39

2.1.7 Verteilung von Cellulose, Hemi und Lignin in der Zellwand 43

2.1.8 Chemische Reaktionen der Cellulose 44

2.1.9 Umsetzung Cellulose/Wasser 46

2.1.9.1 Verhalten der Cellulosebegleiter bei der Wasseraufnahme . . 50

2.1.10 Cellulose und wässerige Alkalilösungen 51

2.1.11 Ester der Cellulose 54

2.1.11.1 Cellulosenitrate (Kunstseide, Zellhorn, Lacke, techn. Bedeutung) 55

2.1.11.2 Celluloseacetate (techn. Verwendung, Fortisan, Cellon, Lacke) 57

2.1.11.3 Cellulosexanthate (hochfeste Kunstseide, Renaissance der Cellulosefasern, Zellglas) 60

2.1.12 Äther der Cellulose (Methylcellulose, Karboxymethylcellulose, Cyanoäthylcellulose, Pfropfpolymere) 66

2.1.13 Oxydation der Cellulose (Oxycellulose, Photocellulose, Hydrierung der Cellulose) 69

2.1.14 Pyrocellulose 74
2.1.15 Hydrocellulose 75
2.1.16 Trockene Destillation der Cellulose (Lävoglukosan) 76
2.1.17 Quantitative Bestimmung der Cellulose verholzter Membranen . . . 77
2.1.18 Lösungsmittel der Cellulose 79
2.1.19 Zellstoffgewinnung 82
2.1.19.1 Sulfitverfahren (Ligninsulfonsäuren) 84
2.1.19.1.1 Neuere Sulfitverfahren (Kontinuierliche Kochung, Höchstausbeute-Zellstoffe) 87
2.1.19.2 Sulfatverfahren 88
2.1.19.2.1 Vorhydrolyse 89
2.1.19.3 Mehrstufenkochung 92
2.1.19.4 Unterschiede zwischen Sulfit- und Sulfat-Zellstoffen 93
2.1.19.5 Andere Aufschlußverfahren (Chlor, HNO_3, $CH_3OH + SO_2$, hydrotropische Lösungsmittel) 95
2.1.20 Annähernde Prozentsätze aus dem Fichtenholz isolierbarer Anteile . 96
2.1.21 Halbzellstoff 98
2.1.22 Enzymatischer Abbau der Cellulose 100
2.2 Hemicellulosen 101
2.2.1 Allgemeines 101
2.2.2 Isolierung der Hemi (Holocellulose, Skelettsubstanz) 104
2.2.3 Kurzer Überblick über den heutigen Stand der Hemiforschung . . . 108
2.2.3.1 Hemi der Nadelhölzer 111
2.2.3.2 Hemi der Laubhölzer 111
2.2.4 Technische Bedeutung der Hemicellulosen 113
2.2.4.1 „Aktivierung von Lignin?“ 115
2.2.4.2 Hemi und großtechnische Verfahren (Kaskadenverfahren) . 116
2.2.4.3 Furalgewinnung 117
2.2.5 Analytische Bestimmung der Hemicellulosen 118
2.2.6 Pentosane und Hexosane (Xylan, saures Xylan, Araban, Mannan, Galaktan, zusammengesetzte Pentosan-Hexosane) 120
2.2.7 Neue Untersuchungen über die Hemi einiger Nutzhölzer 124
2.3 Pektine 129
2.4 Lignine 130
2.4.1 Allgemeines (Lignifizierung, Nachweis, Verteilung in der Zellwand, Reaktionsholz, Bindung Lignin-Kohlehydrate, Cellolignin) 130
2.4.2 Abbau und Aufbau des Lignins 141
2.4.2.1 Isolierung des Lignins 141

2.4.2.2 Aromatische Bausteine des Lignins 146
2.4.2.2.1 Koniferylalkohol als Muttersubstanz der Lignine 148
2.4.2.3 Synthese des Lignins 150
2.4.2.3.1 Biosynthese des Lignins aus β-D-Glukose 150
2.4.2.3.2 Enzymatische Dehydrierung des Koniferylalkohols in vitro (Ligninsynthese in vitro) 155
2.4.2.3.2.1 Enzymfragen 164
2.4.3 Lignane 166
2.4.4 Schematischer Bauplan des Lignins 169
2.4.5 Chemisches Verhalten des Lignins bei der Sulfitkochung (Modellbausteine) 170
2.4.6 Chemisches Verhalten des Lignins bei der Sulfatkochung 174
2.4.7 Quantitative Ligninbestimmung 176
2.4.7.1 Neue Arbeitsweise der quantitativen Ligninbestimmung . . 179
2.4.8 Technische Verwertung des Lignins (Verbrennung oder Vergärung der Sulfitablaugen, Holzverzuckerung, Bauplatten, Hydrierung) 179
2.4.9 Zukunftsaufgaben der Ligninforschung 184
2.5 Akzessorische Bestandteile des Holzes 185
2.5.1 Analytische Trennung der Holzbegleiter 189
2.5.2 Für die Praxis wichtigste Holzbegleiter (Terpene, Harze, Balsame, Gerbstoffe, Mineralstoffe, Saponine, Alkaloide) 191
2.6 Rinde 198
2.6.1 Allgemeines 198
2.6.2 Chemie der Rinde (Suberin, Lignin, Phenolsäuren, Pentosan, Kork, Gerbstoffe, Asche, Extraktstoffe) 199
2.6.3 Technische Verwendung der Rinde (Verbrennung, Bodenverbesserung, Plattenfabrikation usw.) 204

3 Verhalten von Nadelhölzern und Laubhölzern gegenüber starken Säuren und Laugen 208

4 Holzanalysen 211
4.1 Fichte (Picea excelsa) 213
4.2 Kiefer (Pinus silvestris) 216
4.3 Buche (Fagus silvatica) 218
4.4 Pappel (Populus nigra) 220
4.5 Diskussion 222

5 Verwendung von Radioisotopen in der Holzforschung und Holzindustrie . . . 224

6 Zukunftsaussichten der chemischen Verwertung des Holzes und der Holzversorgung (Holzverzuckerung, trockene Destillation, Sulfatverfahren, Brennstoff im Haushalt, komplexe Verwertung, Span- u. Faserplatten) 229

7 Schlußbetrachtungen über Holz und seine chemische Erforschung 235

8 Kurzer Überblick der seit dem Jahre 1950 erschienenen Werke über Zusammensetzung, Eigenschaften und Reaktionen des Holzes, sowie über neue, einschlägige Forschungsverfahren 239

Namensverzeichnis 248

Sachverzeichnis 255

1 Einleitung

Holz ist einer der wichtigsten Naturstoffe. Es verdankt seine hervorragende Stellung in der Weltwirtschaft neben seiner weiten Verbreitung und seinem billigen Preis einer Reihe wertvoller Eigenschaften: Härte, Festigkeit, Elastizität, geringem Gewicht usw., die es zu den mannigfachsten technologischen Verwendungen befähigen. Hierzu kommt noch die Leichtigkeit seiner Bearbeitung und Formung, sowie seine Dauerhaftigkeit, die durch geeignete Mittel noch erhöht werden kann. Besondere Bedeutung haben auch die Verbindungen, die auf chemischem Wege aus dem Holz gewonnen werden können.

Es besitzt ferner gegenüber anderen grundlegend wichtigen Rohstoffen den Vorteil seiner stetigen und raschen Neuentstehung in der Natur[1]). Diese Eigenschaften werden in der letzten Zeit durch Züchtung raschwüchsiger Hölzer (Pappel, Douglasie, usw.) besonders gefördert.

Holz ist keine gleichmäßige Masse, es weist zelligen Bau auf, der aufs innigste mit seinem gesamten chemischen Verhalten zusammenhängt. Das Skelett des Holzes wird von der Cellulose der Zellwände gebildet, die dem Gewicht nach ungefähr die Hälfte des Holzes darstellt. In der Zellwand sind Hemicellulosen und Lignin eingebettet, wobei die Hemicellulosen mehr als ein Viertel des Holzgewichtes betragen, während der Rest auf Lignin, den eigentlichen Träger der Verholzung, entfällt. Daß Hemi und Lignin im Holz wenigstens teilweise chemisch gebunden sind, ist heute bereits sicher.

Holz stellt ein gewachsenes Ganzes dar, das von wechselnden anatomischen, physikalischen und chemischen Voraussetzungen abhängt, wobei Holzart, Alter, Ernährung, Standort, Klima usw. verursachen, daß die chemische Zusammensetzung selbst des einzelnen Stammes nicht als durchaus konstant angesehen werden darf.

Das Schrifttum über den Roh- und Werkstoff „Holz" hat allmählich einen ungeheuren Umfang angenommen. Allein im letzten Jahrzehnt erschienen annähernd 100 inhaltsreiche Bücher über Holz und damit zusammenhängende Fragen, während mehr als 50 Zeitschriften ununter-

[1]) Die gesamte Waldfläche der Erde beträgt laut FAO zur Zeit 3837 Mio ha, wovon mehr als die Hälfte auf die tropischen Wälder (zwischen den Wendekreisen) entfallen, die indessen nur zur $^1/_{16}$ an dem Nutzholzertrag der Welt beteiligt sind.

brochen über diesen Gegenstand berichten. Unter solchen Umständen scheint es fast vermessen, in einer kurzen Abhandlung einen zusammenfassenden wissenschaftlichen Gesamtüberblick dieses Fachgebietes geben zu wollen. Und doch dürfte andererseits eine derartige Monographie nicht überflüssig sein, da sie fernerstehenden Fachgenossen ermöglicht, *rasch* ein einwandfreies Bild der chemischen Forschung auf dem Gebiet des Holzes zu gewinnen.

Untersuchungen über den *Chemismus des Holzes* sind ungemein schwierig, weil das Holz einen überaus verwickelten biochemischen Komplex darstellt, in welchem die an sich sehr komplizierten Fragen des chemischen Baues der hochmolekularen, kolloiden, organischen Hauptbestandteile nicht für sich gesondert untersucht werden können, sondern stets im Zusammenhang mit den letzten Endes physikochemischen Kräften studiert werden müssen, die sich aus dem Zusammenwirken botanischer, anatomischer, physiologischer und biologischer Einflüsse des heterogenen Systems „Holz" ergeben. Diese physikochemischen Kräfte hängen daher mit der submikroskopischen Struktur des Holzes innig zusammen.

Wenn wir heute in der *Dichte des Holzes* den einfachsten und nützlichsten Anzeiger seines praktischen Gebrauchswerts erkennen, so ist dies unmittelbar auf die enge Wechselwirkung zwischen physikalischen, biochemischen und morphologischen Holzeigenschaften zurückzuführen.

Es ist nicht zu verwundern, daß die Aufklärung des Chemismus der drei Hauptbestandteile des Holzes, ihrer Verteilung und ihrer Beziehungen, die nunmehr schon seit 1,5 Jahrhunderten angestrebt wird, trotz allen bisherigen Bemühungen und Fortschritten noch keineswegs ihr Ziel erreicht hat. So stellt z. B. schon die geeignete Isolierung oder quantitative Bestimmung eines der drei Hauptbestandteile des Holzes eine schwierige und zum größten Teil noch unbefriedigend gelöste Aufgabe dar. Die Natur hat naheliegenderweise den Komplex „Holz" widerstandsfähig geschaffen, so daß eine Trennung der Hauptbestandteile nur durch entsprechend kräftige Einwirkung möglich ist. Dabei treten aber weitgehende chemische Veränderungen im Holz ein: Sprengung von Bindungen, Kondensationen und Polymerisationen, Abspaltung von „aktiven Gruppen" (Methoxyl, Acetyl), Oxydationen, Humifikation usw., die das Bild des reinen Naturstoffs mitunter sehr weitgehend verändern können. So erscheinen z. B. die isolierten Lignine statt holzfarben (lichtgelb), wie sie von Natur aus sind, oft dunkelbraun bis schwarz. Die Isolierung reinster Cellulose aus dem Holz ist nur unter sehr großen Verlusten möglich[2]) und

---

[2]) Auch die sog. „Rohfaser", der Celluloseanteil in Nahrungs- und Futtermitteln, weist nach den üblichen Isolierungsverfahren meist braune bis tiefdunkelbraune Farbe auf.

über die einwandfreie Isolierung der Hemicellulosen können wir zur Zeit noch wenig Sicheres aussagen.

Diese an und für sich sehr verwickelten Verhältnisse werden durch die für die einzelnen Holzarten oft sehr charakteristischen Begleitstoffe („akzessorischen Bestandteile") noch kompliziert, die sich in den oft zitierten Heiß- und Kaltwasser-Extrakten, den alkoholischen und ätherischen Auszügen finden, ohne daß übrigens diese Extrakte gegeneinander scharf abgrenzbar sind. Solche Begleitstoffe sind: Harze, ätherische Öle, Kohlenwasserstoffe, Pektine, Schleime, Gummiarten, Stärke, Eiweiße, organische Säuren, organische Salze usw.

Der „Chemismus des Holzes" umfaßt daher eine ganze Reihe schwieriger, miteinander eng verknüpfter Fragen, die nur langsam, schrittweise und zumeist auf Umwegen gefördert werden konnten. Dabei spielen mehr oder minder schwer beweisbare Arbeitshypothesen eine große Rolle.

Verfasser hat zu Beginn seiner langen Beschäftigung mit den hierher gehörigen Fragen eine ganze Reihe solcher Hypothesen veröffentlicht, die anfänglich zumeist heftigem Widerspruch in der Literatur begegneten, sich sodann an Hand vielseitiger experimenteller Erfahrungen zahlreicher Forscher allmählich durchsetzten und heute dem neu Hinzutretenden als selbstverständliches Gedankengut der Holzchemie gelten.

Hierzu gehört die Annahme einer teilweisen chemischen Bindung von Lignin an Pentosane (1923)[3], etwas später (1925)[4] die Lehrmeinung, daß Lignine aus dem Koniferin des Kambialsaftes im Ablauf verschiedenartiger Kondensationsvorgänge entstünden und in Form hochmolekularer, unlöslicher Körper abgelagert werden, so daß man nicht ein einziges Lignin schlechthin, sondern eine wechselnde Gruppe von Ligninen ins Auge fassen müsse, ähnlich wie etwa die Phenolharze. Die Richtigkeit dieser Anschauung wird durch die neuesten Untersuchungen über die Ligninentstehung durchaus bestätigt.

Damals wurde auch erkannt, daß die Sulfitablaugen — im Gegensatz zur allgemein verbreiteten Anschauung — kein geeignetes Ausgangsgut zur Lignindarstellung und zur Erforschung des Ligninbaues sind. Unsere Entdeckung einer billigen technischen Darstellungsmöglichkeit unbegrenzter Mengen von Vanillin aus Sulfitablaugen (1928)[5] ermöglichte gleichzeitig die Vertiefung der Anschauungen über den aromatischen Bau der Lignine.

Eine Ausnahme bildet die nahezu farblose Rohfaser nach dem Verfahren von K. KÜRSCHNER u. A. HANAK, Tierernährung *3*, 302—310; 1931.

[3]) K. KÜRSCHNER „Über Pentosane im Fichtenholzlignin", HÖNIG-Festschrift S. 36—42; Berlin—Leipzig, 1923.

[4]) K. KÜRSCHNER „Zur Chemie der Ligninkörper", Stuttgart 1925. (Ins Englische übersetzt durch TAPPI, New York 1928).

[5]) K. KÜRSCHNER „Vanillin aus Sulfitablaugen", Vortrag b. d. 90. Hauptversammlung der Ver. Deutscher Naturforscher u. Ärzte, Hamburg 1928. K. KÜRSCHNER, J. pr. Chemie *118*, 238—262; 1928. K. KÜRSCHNER, Faserforschung u. Textiltechnik *5*, 527 bis 541; 1954.

Unsere Grundansicht über die Ligninbildung wurde (1928)[6]) dahin zusammengefaßt, daß die enzymatische Spaltung des Koniferins und die anschließende Polymerisation des entstandenen Koniferyalkohols zu den Makromolekülen der Lignine führe. Gleichzeitig wiesen wir einen engen genetischen Zusammenhang zwischen Hölzern, Ligninen, Modern, Humussäuren, Ligniten, Braunkohlen und Steinkohleneinschlüssen nach[7]) Usw.

Neben den in der Natur am meisten verbreiteten organischen Stoffen, den Eiweißen, stellen Cellulose und Lignine die am häufigsten vorkommenden organischen Substanzen dar. Die Mannigfaltigkeit der Eiweiße ist freilich unvergleichlich größer. Während aus 27 Arten von Aminosäure-Bausteinen sämtliche unzähligen Eiweißkörper aller zahllosen Organismen aufgebaut sind, verwendet die Natur nur ganz wenige Arten von Bausteinen, um daraus Cellulose und Lignine darzustellen.

Baumwolle stellt die reinste Form der Cellulose vor und weist in ihrem Kristallgitter nur Glukose-Bausteine auf. Holzcellulose (auch „technische Cellulose", Zellstoff) enthält demgegenüber in ihrem Gitter neben solchen weitaus vorwiegenden Glukose-Bausteinen noch Mannose- und Xylose-Bausteine[8]).

Trotzdem noch zahlreiche Einzelfragen der Cellulosechemie ihrer Lösung harren, kann man den Bau der Cellulose heute als sehr weitgehend geklärt ansehen. Die verhältnismäßig rasche Lösung der Cellulosefragen hat den Hauptgrund darin, daß uns die Natur Cellulose in reinstem Zustand liefert, so daß wir nicht genötigt sind, uns Cellulose aus verholzten Geweben mühselig darzustellen, wobei Veränderungen des Ausgangsmaterials unvermeidlich sind. Die überaus vielseitige Beschäftigung der Forscher mit den Fragen der Cellulosechemie ist aber in erster Reihe auf die außerordentliche technische Bedeutung der Cellulose zurückzuführen.

Die Ligninforschung war dadurch wesentlich beeinträchtigt, daß uns die Natur nirgends Lignin in reinem Zustand spendet und wir daher keine Bezugsmöglichkeiten auf das unveränderte Naturprodukt haben.

Doch sind alle Lignine, die bei ihrer Isolierung nicht allzuscharfen Bedingungen unterworfen wurden, einander ähnlich; sie weisen räumliche Vernetzungen auf und sind deshalb beim Erwärmen nicht mehr erweichbar. Die Ähnlichkeit der isolierten Lignine untereinander ist etwa mit der der zahlreichen Kunststoffe auf Phenolgrundlage zu vergleichen. Die Lignin-

---

[6]) K. Kürschner, Stoklasa-Festschrift S. 219—245; Berlin 1928.

[7]) K. Kürschner, Z. ang. *40*, 224—232; 1927. K. Kürschner „Über Lignine, Huminkörper und Braunkohlen", Vortrag b. d. 41. Hauptversammlung VDCh., Dresden 1928. K. Kürschner „Über den Zusammenhang zwischen Ligninen und Humuskörpern", Vortrag b. II. Internat. Chemikerkongreß Leningrad—Moskau 1930.

[8]) A. G. Norman „The Biochemistry of Cellulose, the Polyuronides, Lignin etc.", Oxford 1937.

forschung ergab, daß die Nadelholzlignine aus einem Guajacyl-Baustein entstanden sind:

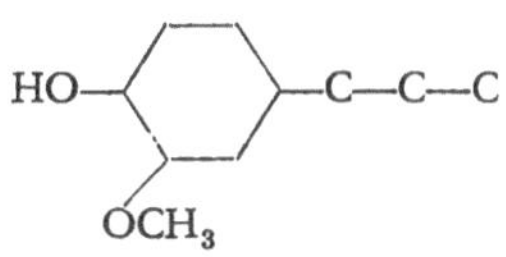

während die Laubholzlignine daneben noch den sehr ähnlichen Syringyl-Baustein

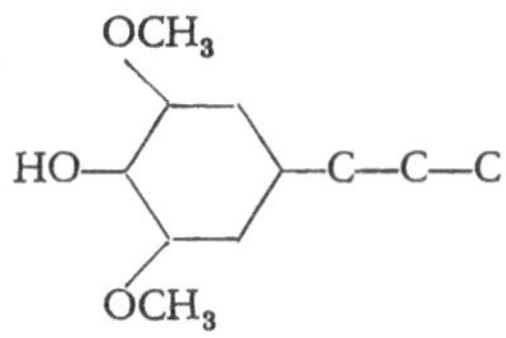

enthalten. Wenn der Ligninforschung innerhalb der Holzchemie stets eine unverhältnismäßig große Bedeutung eingeräumt worden ist, so geschah dies vielfach aus einer ungemeinen Überschätzung der künftigen technischen Verwendungsmöglichkeiten isolierter Lignine. Wir haben diesen Glauben nie geteilt und immer wieder darauf hingewiesen, daß die wichtigste Verwendung der in sehr großen Mengen abfallenden Lignine (z. B. bei der Sulfit-Zellstoff-Erzeugung oder bei der Holzhydrolyse) deren Verbrennung ist. Unsere oft erbittert bestrittene Ansicht beginnt sich heute allmählich durchzusetzen.

Durchaus andere Eigenschaften weisen die im pflanzlichen Verband gebliebenen Lignine (verhältnismäßig niedrigen Polymerisationsgrads) auf, wie sie bei der komplexen Verwertung des Holzes (z. B. Herstellung von Faserplatten) in Erscheinung treten. Hier dürfte der Ligninanteil in Zukunft eine sehr erhebliche Rolle spielen.

Da die Hemicellulosen auf verhältnismäßig wenige Kohlehydrat-Bausteine zurückgeführt werden können, so könnte man glauben, daß die Klärung ihrer chemischen Struktur ziemlich einfach sei. Jedoch ist die Art der gegenseitigen Verknüpfung dieser Bausteine schwierig zu ermitteln und heute noch keineswegs völlig sichergestellt. Auch ist die Abgrenzung zwischen Hemicellulosen und Lignin schwierig. Neuere Untersuchungen weisen immer wieder auf chemische Verknüpfung[9]) und auf Übergänge zwischen Ligninen und Hemicellulosen hin[10]).

[9]) J. W. T. MEREWETHER „A Lignin-Carbohydrate Complex in Wood", Holzforschung *11*, 65—80; 1957 (156 Ref.). A. BJÖRKMAN, Sv. Papp. *60*, 243; 1957. Ind. Eng. Chem. *49*, 1935—1938; 1957 (Vergleich der Lignin-Kohlenhydratkomplexe verschiedener Holz-

Unsere verhältnismäßig geringen systematischen Kenntnisse über die Hemicellulosen hängen wohl auch damit zusammen, daß aus dem Holz isolierte Hemicellulosen bis in die neueste Zeit industriell völlig uninteressant waren. Dies hat sich erst in den letzten Jahren geändert, seit Hemicellulosen in reichem Maße aus den Ablaugen der Viskose-Fabrikation billig gewonnen werden können.

Während die übliche analytische Trennung der Zuckergemische, die bei der Erforschung der Hemicellulosen auftreten, chemisch überaus schwierig, langwierig und ungenau ist, stellen Chromatographie und Elektrophorese ausgezeichnete Hilfsmittel zur raschen qualitativen und quantitativen Bestimmung der Zuckerbausteine dar.

Bei der Kompliziertheit des Systems „Holz" liegt die Aufgabe der Forschung auf technischem Gebiet zunächst darin, zu versuchen, die im Laufe von Generationen gewonnenen empirischen Erfahrungen der mechanischen und chemischen Verarbeitbarkeit des Rohstoffes Holz wissenschaftlich zu klären und an Hand der erzielten Ergebnisse eine Verbesserung der bisher meist rein empirischen Arbeitsverfahren zu ermöglichen und neue, großzügige Verwendungsmöglichkeiten der Holzbestandteile zu ersinnen.

---

arten). B. O. Lindgren, Sv. Papp. *61*, 669—674; 1958 (O-Brücken in Phenylglukosiden oder Benzyläthern). M. I. Tschudakow, Bum. prom. *33*, (7): 9—11; 1958 (Acetalkomplexe aus Ligninkarbonyl und Kohlehydrat—OH). A. Hayashi, I. Tachi, Tappi *41*, 173—178; 1958. I. Croon u. Mitarb., Acta Chem. Scand. *13*, 1299—1304; 1959. Ø. Ellefsen, Norsk Skogsind. *14*, 105—112; 1960. J. A. Epstein, M. Lewin, Tappi *43*, 630—634; 1960. J. J. Lindberg, Paperi ja Puu *42*, 193—196; 1960 (Normale chemische Bindung im Netzwerk der H-Brücken-Bindungen). M. Lüdtke, Holzforschung *15*, 141—151; 1961 *16*, 129—134; 1962. J. M. Harkin, Vortrag beim Internat. Symposium über Holzzerstörung durch Pilze, Eberswalde 1962.

[10]) Vgl. z. B. R. O. H. Runkel, H. Schambach, Holzforschung *14*, 33—40; 1960.

2 Hauptbestandteile des Holzes

2.1 Cellulose[1])

Cellulose ist die auf der Erdoberfläche in der absolut größten Menge vorhandene organische Verbindung. Sie bildet den wesentlichen Teil des Gewebes höherer Pflanzen, findet sich aber auch in niederen Pflanzen und in den Manteltieren (Tunicatae). Infolge ihrer Bedeutung begegnet die Cellulose dem größten Interesse sowohl in theoretischer, als auch in praktisch-technologischer Richtung. Reine Cellulose hat die Bruttozusammensetzung $(C_6H_{10}O_5)n$, wobei „n" den Polymerisationsgrad darstellt[2]). Die reinste Cellulose (99,8%) ist in den Samenhaaren der Baumwollpflanzen enthalten. Nach Entfernung von Wachsen und Fett (z. B. durch Alkohol-Benzol-Extraktion) und von Eiweiß und Pektin erhält man als Ausgangsgut für wissenschaftliche Untersuchungen die reinste, sogenannte „Standard-Cellulose".

Cellulose ist mikrokristallin, in Wasser, verdünnten Säuren und verdünnten Alkalien unlöslich. Ihr saurer Charakter wird neuerdings auf die Häufung von OH-Gruppen im Molekül zurückgeführt[3]). Sie reduziert ein wenig FEHLINGs-Reagens; daraus leitet sich die mit dem Abbau der Cellulose steigende „Kupferzahl" der Cellulose ab, worunter wir die g Cu verstehen, die 100 g Cellulose aus kalter FEHLINGscher Lösung aufnehmen.

Standard-Cellulose hat ungefähr folgende Zusammensetzung:

α-Cellulose . . .	99,85%
Asche	0,25%
Cu-Zahl	0,17[4]).

„α-Cellulose" (H. JENTGEN 1911)[5]) ist ein vorwiegend in der Praxis verwendeter, wissenschaftlich nicht ganz einwandfreier Begriff. Wir ver-

---

1) Über das einschlägige Schrifttum vgl. die im „Anhang" angeführten Werke.

2) Bei niederem „n" sprechen wir in der Zuckerreihe von Oligosacchariden, bei hohem „n" von Polysacchariden.

3) A. J. A. WYK, M. STUDER, Helv. Chim. Acta *32*, 1698; 1949.

4) Glukose weist praktisch eine Cu-Zahl von 300 auf.

5) H. JENTGEN, Kunststoffe *1*, 161; 1911.

stehen darunter jenen widerstandsfähigen Anteil der Holzcellulose, der in 17—18%iger NaOH *unlöslich* ist, ein DP $\gg$ 200 aufweist und praktisch rein ist[6]). Der in 18%iger Natronlauge lösliche Anteil der Cellulose wird als β- und γ-Cellulose bezeichnet.

β-Cellulose weist neben abgebauter Cellulose auch noch chemisch veränderte Cellulose auf, während γ-Cellulose nurmehr Hemicellulosen enthält, die mitunter chemische Veränderungen erlitten haben[7]).

Die aus Hölzern nach den verschiedensten Verfahren (s. u.) freigelegten Cellulosen weisen naturgemäß noch Reste ihrer Begleiter aus dem Holz auf, also Hemicellulosen und Lignine. Sie besitzen je nach der Art des Holzes (Laubholz, Nadelholz) und nach Art der Kochung sehr verschiedene Zusammensetzung[8]). Holzcellulose ist morphologisch viel uneinheitlicher als Baumwollcellulose, und zwar infolge des verschiedenen Baus (Größe, Form) der Holzzellen. Wir finden in der Holzcellulose die biologische Struktur oftmals erhalten. Durch diese Uneinheitlichkeit wird die Reaktionsfähigkeit der Holzcellulose ungünstig beeinflußt. Heute stammen noch etwa 90% der technisch verwendeten Holzcellulose von Nadelhölzern, doch werden allmählich immer mehr Laubhölzer mit Erfolg technisch verwendet.

Die Zusammensetzung z. B. einer durchschnittlichen Fichtensulfitcellulose kann ungefähr folgendermaßen wiedergegeben werden:

α-Cellulose . . .	87—90%
Asche	0,2—1%
Lignin	2—5%
Pentosane . . .	5%
Mannan	5%
Cu-Zahl	2

---

[6]) Alfacellulose enthält noch etwa $^1/_3$ der ursprünglich in der Cellulose vorhandenen Hemi. Die Alfacellulose von Rohbaumwolle wies bei chromatographischer Untersuchung noch Xylose- und Arabinose-Anteile auf (D. B. Das, Nature *174*, 1058—1059; 1954). Nach G. A. Adams u. C. T. Bishop (Tappi *38*, 672—676; 1955) enthält selbst gereinigte Alfacellulose von Baumwolle, Bakterien, Hölzern, Stroh noch chromatographisch nachweisbare Xylose, Arabinose, Mannose, Galaktose, Ribose u. Rhamnose.

[7]) Sie unterscheidet sich im Röntgenbild vollkommen von der Alfa- und Betacellulose (B. G. Rånby, Sv. Papp. *55*, 115; 1952).

[8]) Vgl. z. B. G. Centola (Ind. Carta *8*, 1—2; 1954). Er faßt Cellulose, je nach ihrer Herkunft, als ein Polymeres auf, das nicht nur ausschließlich aus Glukose besteht.

2.1.1 Formelbild der Cellulose

Bereits im Jahre 1819 erkannte H. BRACONNOT[9]), daß Cellulose durch starke Mineralsäuren zu Glukose abgebaut wird:

$$(C_6H_{10}O_5)_n + n\,H_2O \rightarrow n\,C_6H_{12}O_6 \text{ (Glukose).}$$

Erst mehr als ein Jahrhundert später wurde der Beweis erbracht, daß Cellulose ausschließlich aus D-Glukose-Bausteinen besteht[10]). Es gelang nämlich, aus methylierter Cellulose bis zu 99% Trimethyl-Glukose zu erhalten.

G. JAYME[11]) fand bei vollständiger Säurehydrolyse folgende Prozentsätze an Glukose:

Baumwollinters	107,7% (theor. 111,11%)
Fichtenholz	73,87%
Fichtenholz-Holocellulose . . .	90,48%[12]).

Für Glukose wird heute in der Cellulosechemie meist die sehr übersichtliche cyklische Formulierung angewandt. Die in der Natur vorherrschende β-D-Glukose wird durch nachfolgende Formel wiedergegeben[13]):

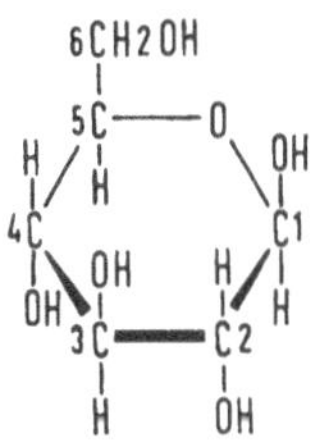

Oft schreibt man diese Formel der größeren Übersichtlichkeit halber in stark gekürzter Form:

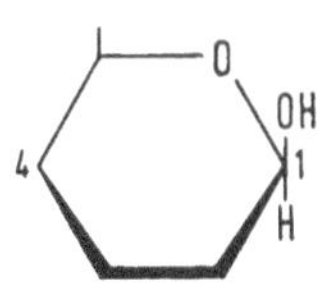

9) H. BRACONNOT, Ann. chim. phys. *12*, 172; 1819.
10) K. HESS, W. WELTZIEN, Ann. *442*, 49; 1925.
11) G. JAYME, F. FINCK, C. Chem. *22*, 102—114; 1944.
12) Die Ausbeute an Fichtenholz-Holocellulose betrug 74,06%.
13) W. N. HAWORTH „The Constitution of Sugars", S. 90; London 1929.

Die in ihren physikalischen Eigenschaften (Löslichkeit, Drehvermögen usw.) verschiedene α-D-Glukose zeigt im C_1-Atom des Ringes die umgekehrte Stellung der Substituenten:

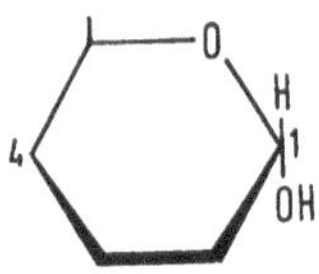

Aber auch größere Bruchstücke („Oligosaccharide") wurden später aus der Cellulose isoliert. In den Jahren 1927—1952 gelang es, durch teilweise Hydrolyse acetylierter, methylierter Cellulose zu den nachfolgenden Zucker-Anhydriden zu gelangen[14]):

Cellobiose, $(C_6H_{12}O_6)_2 - H_2O = C_{12}H_{22}O_{11}$[15]),

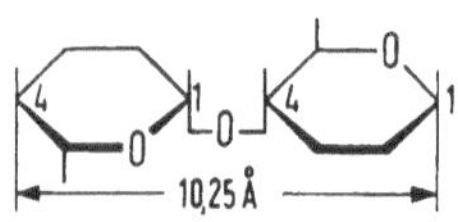

Cello-triose, $(C_6H_{12}O_6)_3 - 2\,H_2O = C_{18}H_{32}O_{16}$,

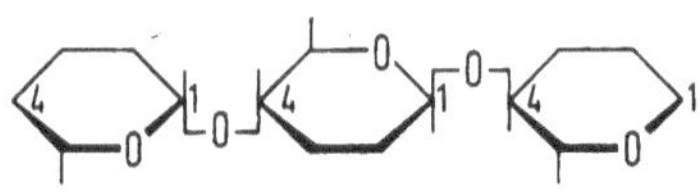

---

[14]) Über die einschlägige Literatur vgl. z. B. E. HÄGGLUND „The Chemistry of Wood", S. 41 ff.; New York 1951.

[15]) Man kann sich das Entstehen der Cellobiose aus 2 Molekülen β-D-Glukose unter Austritt von einem Molekül Wasser und Bildung einer β-glukosidischen Bindung zwischen beiden Anhydroglukose-Bausteinen in 1,4-Stellung folgendermaßen vorstellen:

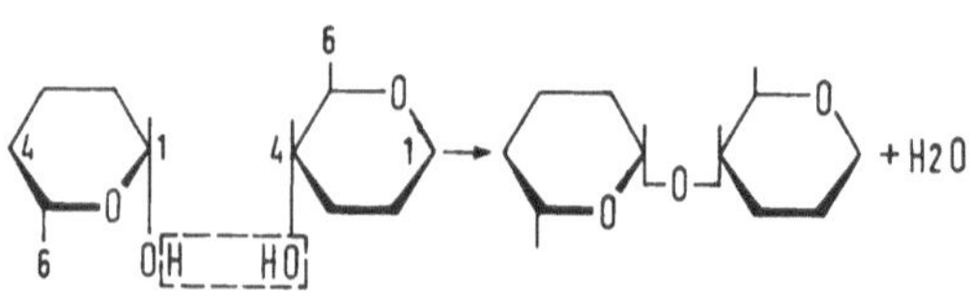

Über Cellopentaose berichten M. L. WOLFROM und J. C. DEACONS, J. Amer. Chem. Soc. *74*, 5331; 1952.

Cello-tetraose, $(C_6H_{12}O_6)_4 - 3\,H_2O = C_{24}H_{42}O_{21}$,

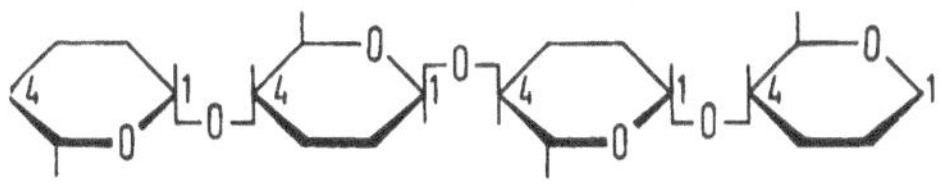

Cello-pentaose, $(C_6H_{12}O_6)_5 - 4\,H_2O = C_{30}H_{52}O_{26}$,

Cello-hexaose, $(C_6H_{12}O_6)_6 - 5\,H_2O = C_{36}H_{62}O_{31}$,

und schließlich

Cello-heptaose, $(C_6H_{12}O_6)_7 - 6\,H_2O = C_{42}H_{72}O_{36}$.

Ganz analog der Formulierung dieser ihrer Bruchstücke ist auch die Cellulose selbst gebaut:

Cellulose

$$(C_6H_{12}O_6)_n - (n-1)\,H_2O = C_{6n}H_{10n+2}\,O_{5n+1}{}^{16)} \doteq C_{6n}H_{10n}O_{5n} = (C_6H_{10}O_5)_n\,.$$

Das Formelbild der Cellulose ergibt sich daher folgendermaßen:

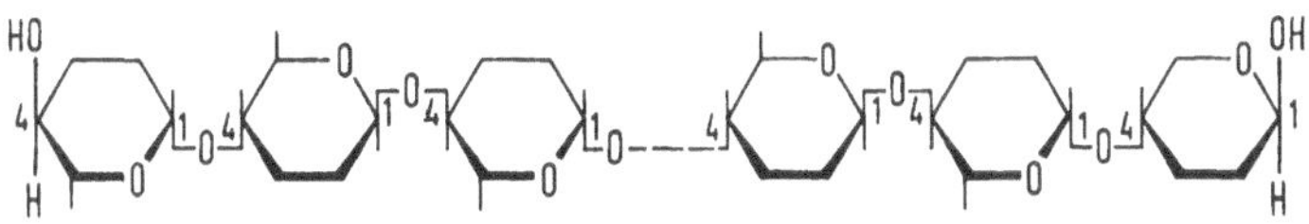

Wie wir sehen, sind die Anhydroglukose-Bausteine durchweg β-glukosidisch (wobei die Ebenen der Glukoseringe um 180° gegeneinander gedreht sind) in 1,4-Stellung verknüpft.

Man kann diese Formel noch weiter vereinfachen und dadurch ihre Übersichtlichkeit erhöhen:

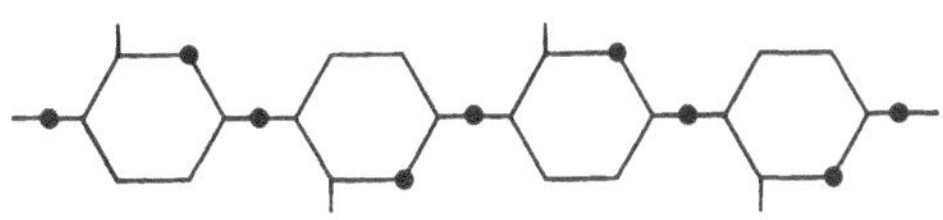

Die IR-Spektren von Cellulose und D-Glukose führten zur Auffassung von der Drehbarkeit der am C_6 haftenden CH_2OH-Gruppe um die Bindung C_5—C_6[17]).

---

[16]) Infolge des sehr großen *n* können die Addenden im Index vernachlässigt werden.

[17]) B. I. STEPANOW u. Mitarb., Izwest. AN SSSR, ser. fizitsch. *23*, 1222—1223; 1959.

Unsere heutigen Anschauungen über den Bau der Cellulosemoleküle als lange Ketten stammen von H. STAUDINGER, der seine (auf eigene experimentelle Forschungen über synthetische Polyoxymethylene usw. gegründete) Stellungnahme gegen die vereinten Angriffe nahezu sämtlicher führender Cellulosechemiker siegreich behauptete. Auch die meisten hier gebräuchlichen Bezeichnungen stammen von H. STAUDINGER[18]).

2.1.1.1 Karboxylgruppen und Lockerbindungen in der Cellulosekette?

Ob die gewachsene Cellulose Karboxylgruppen (in Bruchteilen von Prozenten) aufweist, ist durchaus umstritten. Doch neigt man vielfach dazu, die bereits erwähnte geringe Azidität der technischen Cellulosen durch Karboxylgruppen zu erklären, die an den Kettenenden oder am C_6 (uronsäureartig) haften sollen. (Es wird dabei offenbar an ähnliche oxydative Vorgänge gedacht, wie sie präparativ durch Perjodsäure oder nitrose Gase hervorgerufen werden, wobei erfahrungsgemäß am C_6 der Anhydroglukoseeinheit, bzw. am C_2 und C_3 Karboxylgruppen entstehen[19]).

Die in Zellstoffen festgestellten Karboxylgruppen dürften wohl in Wirklichkeit *Hemicellulosen* angehören. Bei ungebleichten Zellstoffen liegt freilich die Möglichkeit vor, daß die Azidizät auch durch saure Gruppen aus Ligninen (—SO_3H oder phenolisches OH) vorgetäuscht wird.

Selbst eine geringe Anzahl von Karboxylgruppen im Zellstoff kann bei längerem Lagern nach der Bleiche *Gelbfärbung* und leichtere Hydrolysierbarkeit hervorrufen. Nach W. I. IWANOW[20]) soll Cellulose eben wegen ihrer Karboxylgruppen kein inerter Träger beim Chromatographieren sein, da mit Ionenaustausch zu rechnen sei.

Die Bestimmung der Karboxylgruppen erfolgt entweder durch Dekarboxylierung, durch Ultraspektroskopie oder durch eine große Reihe von

---

[18]) Zur Geschichte der neueren Cellulosechemie vgl. insbesondere H. STAUDINGER „Über den makromolekularen und übermolekularen Bau der Cellulose", CCh. *20,* 1—4; 1942.

[19]) E. C. YACKEL, W. O. KENYON, J. Amer. Chem. Soc. *64,* 121; 1942. C. C. UNRUH, W. O. KENYON, ibid. *64,* 127; 1942. In den letzten Jahren wurden perjodbeständige Glukosereste in der Cellulose festgestellt, die auf eine noch unbekannte Vernetzung der Cellulosemoleküle hinweisen könnten (I. J. GOLDSTEIN u. Mitarb., J. Amer. Chem. Soc. *79,* 6469; 1957).

[20]) W. I. IWANOW, III. Konferenz über allgemeine Fragen der Chemie und Physik der Hochmolekularen, Moskau 1957.

Austauschreaktionen, z. B. mit Hilfe von Zinkacetat und Messen der Anreicherung an Ca (H. DOERING, 1956)[21]).

1955 stellte O. ANT-WUORINEN[21a]) 1 CO-Gruppe je 8000 Anhydroglukose-Einheiten fest.

1956 begann W. K. WILSON mit dem Aufbau einer internationalen Arbeitsgruppe zum Studium dieser Fragen[22]).

Neuestens werden die Karboxylgruppen auch für die sogenannten „*Lockerbindungen*" der Cellulose (eine gleichfalls heftig umstrittene Frage) verantwortlich gemacht. 1942 wies G. V. SCHULZ auf gewisse periodisch wiederkehrende „Lockerstellen" der Celluloseketten hin[23]). Danach entspreche die Auffassung des linearen Baues der Cellulose mit gleichmäßigen und gleichwertigen glukosidischen Bindungen nicht den Tatsachen. Im gleichen Sinne äußerten sich später S. A. ROGOWIN, W. I. IWANOW, E. PACSU u. a. Letzterer hob 1947 hervor, daß gewachsene Cellulose mindestens 0,3% acetalartiger Bindungen (offener Anhydroglukoseketten einander benachbarter Cellulosemoleküle) enthalte, die bis zu 2000mal rascher hydrolysierbar seien, als die normalen glukosidischen Bindungen. Dies sei nicht etwa durch die leichtere Angreifbarkeit der amorphen Celluloseanteile allein zu erklären.

Diese Hypothese löste ein mächtiges Für und Wider aus[24]), das bis zum heutigen Tage nicht entschieden ist. 1958 nimmt W. I. IWANOW an[25]), daß eine Dikarboxylgruppierung im C_2 und C_3 der Anhydroglukoseeinheit für die Schwächung der glukosidischen Bindungen im Cellulosemolekül verantwortlich ist. Er beziffert die Lockerstellen zu höchstens 0,1%[26]). Beim Ultraschallabbau von Cellulosenitraten wurde hingegen *kein Hinweis* auf

---

21) H. DOERING, Das Papier *10*, 140—141; 1956. Vgl. M. REBEK, Vortr. Hauptvers. Zellcheming 1960.

21a) O. Ant — WUORINEN, Pap. ja Puu *37*, 235; 1955.

22) Sie trägt die Bezeichnung TAPPI-ACS-ASTM-ICCA (= Technical Association of the Pulp and Paper Industry — American Chemical Society — American Society for Testing Materials — International Commitee for Cellulose Analysis).

23) G. V. SCHULZ, E. HUSEMANN, Z. physik. Chem. *B 52*, 23; 1942. E. HUSEMANN, Naturwiss. *32*, 79; 1944. G. V. SCHULZ, J. Polymer Sci. *3*, 365; 1948.

24) E. PASCU, Progress in the Chemistry of Organic Natural Products *5*, 128; 1948. B. G. RÅNBY, Acta Chem. Scand. *3*, 649; 1949. E. HUSEMANN, U. CONSBRUCH, Makromol. Chem. *5*, 179; 1950. L. JÖRGENSEN, Dissertation Univ. Oslo 1950. H. DOLMETSCH, Holz als Roh- u. Werkstoff *13*, 85; 1955. H. KRÄSSIG, Tagung der Amer. Chem. Soc. in Miami und New York 1957. A. SIPPEL, Das Papier *13*, 413—415; 1959. R. H. MARCHESSAULT, B. G. RÅNBY, Sv. Papp. *62*, 230—240; 1959.

25) W. I. IWANOW, S. S. KUSNEZOW, Izwestija AN SSSR, odd. chim. nauk *1958*, 646—648.

26) W. I. IWANOW, ibid. *1957*, 358—365.

Lockerstellen unterhalb eines Polymerisationsgrades von 800 gefunden[27]). Auch nach B. G. RÅNBY, R. H. MARCHESSAULT[27a]) sollen natürliche Cellulosen keine Lockerbindungen enthalten; erst durch nachfolgendes Aufarbeiten und Entstehung von CO-Gruppen u. ä. würden die β-glukosidischen Bindungen empfindlich.

Im „*Cellolignin*"[28]), d. h. Holz, dessen Hemi mittels verdünnter Schwefelsäure entfernt wurden, soll die Anzahl der Lockerstellen erhöht sein.

2.1.2 Molekulargewicht der Cellulose

Das Molekulargewicht der Cellulose ist sehr hoch und wird durch den Polymerisationsgrad, die Anzahl der miteinander verknüpften Anhydroglukose-Bausteine, charakterisiert. Im gleichen Cellulosepräparat gibt es oft Cellulose-Ketten der verschiedensten Länge, so daß die ermittelten Molekulargewichte Durchschnittswerte darstellen.

Um eine Cellulose genauer zu kennzeichnen, muß man sie durch Fraktionierung in viele Anteile trennen, den Durchschnitts-Polymerisationsgrad jeder Fraktion ermitteln und ein Kettenlängen-Diagramm aufstellen.

Das bekannteste Verfahren zur Molekulargewichtsbestimmung der Cellulose ist das viskosimetrische von H. STAUDINGER[29]), der mittels einer empirisch aufgestellten Formel die Kettenlängen der Cellulose aus der inneren Reibung einer äußerst verdünnten Celluloselösung in SCHWEIZERschem Reagens (CuO-Ammoniak) berechnet. Nach STAUDINGER führen lange Cellulose-Ketten zu Lösungen von hoher Viskosität.

Zur viskosimetrischen Molekulargewichts-Bestimmung der Cellulose ist folgendes zu erwägen. Die durch gelöste Teilchen hervorgerufene Viskositätserhöhung eines Lösungsmittels ist auf die Behinderung seiner Strömung zurückzuführen. Maßgebend für die sehr verwickelten Erscheinungen der Viskositätserhöhung sind bei Fadenmolekülen: Art und mittlere Kettenlänge des Kolloids, Konzentration, Temperatur und Art des Lösungsmittels. Aus den (unter Einhaltung der verschiedensten Vorsichtsmaßregeln) experimentell festgestellten Viskositäten lassen sich durch Umrechnung die gesuchten Molekulargewichte, bzw. Durchschnitts-Polymerisationsgrade, leicht ermitteln.

---

[27]) B. B. THOMAS, W. J. ALEXANDER, J. Polymer Sci. *25*, 285—304; 1957.

[27a]) B. G. RÅNBY, R. H. MARCHESSAULT, J. Polymer Sci *36*, 561; 1959.

[28]) Vgl. z. B. I. I. BEINART, P. N. ODINZOW, Gidrolizn. i lesochim. prom. *15* (2): 9—11; 1962.

[29]) H. STAUDINGER „Die hochmolekularen organischen Verbindungen", p. 56; Berlin 1932.

Die Berechnung erfolgt meist nach der empirisch gefundenen Gleichung H. STAUDINGERS:

$$[\eta] = K_m \cdot M\,,$$

worin $[\eta]$ die sogenannte Grenzviskosität[30]) (limiting viscosity number) und K_m eine Konstante („STAUDINGER-Konstante") darstellt, die vom chemischen Bau der untersuchten Probe, ihrer Konzentration, vom Lösungsmittel und von der Temperatur abhängt. K_m muß mit Hilfe eines absoluten Verfahrens (Osmometrie, Ultrazentrifuge) bestimmt werden, was mit erheblicher Schwierigkeit — und Unsicherheit verknüpft ist. Für die Konstante einer Celluloselösung in Cuoxam wurde von H. STAUDINGER der Wert $K_m = 5 \cdot 10^{-4}$, für Nitratcellulose in Aceton $K_m = 11 \cdot 10^{-4}$ angegeben.

In der Celluloseindustrie wird zur Bestimmung der Viskosität meist eine 1%ige Lösung der Cellulose in Cuoxam verwendet. Bei Luftzutritt besteht allerdings die Gefahr des Celluloseabbaus und somit der Verringerung des DP. Man verwendet daher oft auch schonend hergestellte Cellulosenitrate in Acetonlösung. In den USA wird an Stelle von Aceton meist Äthyllaktat (Kp = 154,5° C) verwendet.

Nach E. TREIBER[31]) ist freilich „die Streuung der einzelnen Literaturwerte erschreckend groß und zeigt, wie unsicher die Berechnung eines DP-Wertes immer noch ist". Daher auch die vielen widersprechenden, insgesamt aber eine sichtliche Neigung zum Steigen aufweisenden Angaben über Molekulargewichte von Cellulosen und Celluloseabkömmlingen.

Dieses Verfahren ist für die Praxis von größter Bedeutung geworden, wiewohl es nach Ansicht vieler Forscher nur Mindestwerte für den Polymerisationsgrad der Cellulose liefert. O. P. GOLOWA und W. I. IWANOW[32]) erhielten unter vollständigem Ausschluß von Sauerstoff Höchstwerte für den Polymerisationsgrad der Cellulose, die ebenfalls Zweifel begegneten, aber in der letzten Zeit von anderer Seite bestätigt wurden[33]). Spuren von

---

[30]) $[\eta] = \frac{\eta - \eta_0}{\eta_0 \cdot c}$. Darin ist η ... Viskosität der Lösung
η_0 ... Viskosität des Lösungsmittels $c = \frac{g}{ml}$

Vgl. M. L. HUGGINS, O. KRATKY, Makromol. Chem. *9*, 195; 1953.

[31]) E. TREIBER, Holzforschung *13*, 174; 1959.

[32]) O. P. GOLOWA, W. I. IWANOW, „Über das Molekulargewicht der Cellulose", Akademie-Verlag, Berlin 1953.

[33]) M. MARX, G. V. SCHULZ, Das Papier *9*, 13—16; 1955. F. J. SADOW („Chemische Technologie der Faserstoffe" S. 48; Moskau 1952) führt für Lein-Cellulose einen Polymerisationsgrad von 36000 an.

Sauerstoff setzen diesen hohen Polymerisationsgrad bereits auf ein Viertel herab. Aus der nachfolgenden kleinen Übersicht geht das rasche Absinken des Polymerisationsgrades der Cellulose bei der chemischen Aufarbeitung des Ausgangsgutes hervor:

Höchstwerte der Durchschnittspolymerisationsgrade von Cellulose[34])

Untersuchtes Material	Durchschnittlicher Polymerisationsgrad	Nach Untersuchungen von
Rohbaumwolle	14100	O. P. Golowa, W. I. Iwanow
Baumwolle	9000	A. A. Morozow
Baumwolle	10650	L. E. Hessler
Baumwolle	8470	G. Meyerhoff
Baumwolle, Ramie, isolierte Cellulose aus Flachs, China-Gras	etwa 7000	M. Marx, G. V. Schulz
Fichtenzellstoff	bis 8000	M. Marx (1958)
Bakteriencellulose	2600	M. Marx (1958)
Maiswurzelcellulose	2450	M. Marx (1958)
Baumwolle, Seidenpflanzen-Cellulose (Asclepias syriaca), Hanfcellulose	etwa 10500	T. E. Timell (1957)
Kapok-, Flachs-, Jute-, Ramie-Cellulose	9000—10000	T. E. Timell (1957)
Laubholzcellulose	7500—9300	T. E. Timell (1957)
Weißbirkencellulose (Betula papyrifera)	9400±500	D. A. I. Goring, T. E. Timell (1960)

Wir müssen uns vor Augen halten, daß es sich bei diesen Polymerisationsgraden um Zahlen handelt, die unter Anwendung ganz besonderer Vorsichtsmaßnahmen gewonnen wurden. Die praktisch an Hand viskosimetrischer Messungen erhaltenen Werte[35]) sind viel geringer und interessieren uns weniger ihrer absoluten Größe nach, als in ihrem relativen Verhältnis untereinander.

[34]) M. Marx, Ang. Chem. *69*, 269—271; 1957. J. Polymer Sci. *30*, 119—130; 1958. T. E. Timell, Sv. Papp. *60*, 836—842; 1957. D. A. I. Goring, T. E. Timell, Tappi *45*, 454—466; 1962. (P° von 2000—15000).

[35]) Vgl. Merkblatt 12 der Faserstoff- und Analysenkommission der Zellcheming (FAK).

Praktisch gefundene Werte des Durchschnitts-Polymerisationsgrades von Cellulose

Untersuchtes Material	Durchschnitts-Polymerisationsgrad	Untersuchtes Material	Durchschnitts-Polymerisationsgrad
Rohbaumwolle . .	2020	Buche (gelagert) . .	1250
Ramie	2660	Pappel (gelagert) . .	1400
Ramie (mercerisiert) .	1600	Kiefer[36])	1100
Linters	1440	Eiche	1000
Fichte	1550	Fichten-Sulfitzellstoff .	660
Fichte (gelagert) . .	1200	Buchensulfitzellstoff .	860
Fichtenholocellulose .	1250—1300	Viskoseseide	220—520
Buche	1350	β- und γ-Cellulose .	10—100

Das Makromolekül (Riesenmolekül) der Cellulose stellt demnach eine Kette dar, darin bis zu 15000 (W. I. Iwanow 1957)[37]) und mehr Anhydroglukose-Reste durch Hauptvalenzen β-glukosidisch in 1,4-Stellung miteinander verknüpft sind. Das Molekül solch unabgebauter Cellulose weist somit eine Länge von fast 0,01 mm auf. Daß es weder mikroskopisch noch elektronenmikroskopisch sichtbar ist, hängt mit seinem sehr geringen Durchmesser (5,1 Å) zusammen[38]). In großen Zügen kann das Makromolekül der Cellulose oder, wie man auch sagt, der *makromolekulare Bau der Cellulose* (oder die Strukturformel der Cellulose) nunmehr als geklärt angesehen werden.

Indessen kann man sich beim Studium der Hochpolymeren mit der „Formel" allein nicht begnügen. Sie sagt uns zu wenig über die mechanischen und optischen Eigenschaften, die Quellbarkeit und die besonderen Eigentümlichkeiten der Lösungen des betreffenden Hochpolymeren.

---

[36]) Alfacellulose aus einem 140000 Jahre alten Kiefernstamm wies einen DP von 600 auf (A. J. Skrigan u. Mitarb., Doklady AN SSSR *115*, 114—117; 1957.)

[37]) W. I. Iwanow, Izwest. AN SSSR, otd. chim. nauk *1957*, 358—365.

[38]) Stellt man sich das Cellulose-Makromolekül 1 millionmal vergrößert vor, so gewinnt man ein anschauliches, annäherndes Bild seiner Größenverhältnisse: es erinnert dann an einen Bindfaden von etwa 8 m Länge und 0,5 mm Durchmesser. Ein stark abgebautes Cellulosemolekül würde bei dieser Vergrößerung etwa einer Länge von 20 cm entsprechen.

2.1.3 Übermolekularer Bau der Cellulose. (Elementarkörper und Kristallite)

Die nächstfolgende Stufe im Aufbau der Cellulosemoleküle zur Faser ist jedoch noch nicht eindeutig sichergestellt. Wir wissen, daß je eine kleine Anzahl von Makromolekülen der Cellulose zu einem regelmäßigen Molekülverband zusammentritt, der bereits kristalline Eigenschaften aufweist. Eine unmittelbare Abbildung solcher Molekülbündel ist nicht möglich, da das Elektronenmikroskop diese Bereiche nicht mehr erfaßt. Doch liefert uns die Röntgenanalyse das erforderliche mathematische Rüstzeug zur Berechnung der gegenseitigen Lagerung der Molekülbausteine in diesem sogenannten *übermolekularen Bau der Cellulose.*

Die Grundlagen dieser Röntgen-Untersuchungen fußen auf der Entdeckung M. v. LAUES (1912)[39], daß Röntgenstrahlen durch Kristalle gebeugt werden, wobei photographierbare Interferenzbilder entstehen. Dieses Verfahren wurde bald darauf auch zur Erforschung des übermolekularen Baues der Cellulose angewandt[40]).

Es ergab sich hierbei zusammenfassend, daß der überwiegende Prozentsatz der Cellulosemoleküle durch Nebenvalenzen, stellenweise wohl auch durch Hauptvalenzen in parallel geordneter Lage festgehalten wird. Dadurch entstehen regelmäßige kristalline Gebilde „geordnete Gitterbereiche", die sich später als monokline Prismen erwiesen. Es war im einzelnen eine schwierige Aufgabe, die räumliche Anordnung dieser kristallinen Vorstufe der Cellulose auf dem Wege zur Faser in Form von Modellen abzubilden, die tunlichste Annäherung an die Wirklichkeit gewähren sollten. Nach zahlreichen unrichtigen Deutungen der photographierten Interferenzbilder fanden 1926 SPONSLER und DORE[41]), daß die Länge des kleinsten kristallinen Bauelements der Cellulose, des röntgenographisch berechneten sogenannten „*Elementarkörpers des Cellulose*" in der Faserachse 10,30 Å betrage, was der Länge des auf anderem (chemischen) Weg gefundenen Spaltstücks *Cellobiose* entspricht. Auf Grund dieses außerordentlich wichtigen und zahlreicher anderer röntgenographischer Befunde wurden nunmehr verschiedene Modelle des kristallinen „Elementarkörpers der Cellulose" errechnet, von denen sich das monokline von MEYER und MISCH[42]) bisher am besten bewährt hat. Es wurde und wird zahlreichen Kritiken

---

[39]) M. v. LAUE, Sitzungsber. Bayerisch. Akad. d. Wissensch. *5*, 303; 1912.

[40]) P. DEBYE, P. SCHERRER, Physik. Z. *17*, 277; 1916. A. W. HULL, Phys. Rev. *10*, 661; 1917. R. O. HERZOG, W. JANCKE, Ber. *63*, 2162; 1920.

[41]) O. L. SPONSLER, W. H. DORE, Colloid Symp. Monogr. *4*, 174; 1926.

[42]) K. H. MEYER, L. MISCH, Helv. Chim. Acta *20*, 232; 1937.

unterzogen, kommt aber nach Ansicht der meisten Fachleute der Wirklichkeit am nächsten[43]).

Dieses Modell weist vier nach der gleichen Richtung verlaufende parallele Cellulosekatten („Hauptvalenzketten") als Kanten und eine als Mittelachse (in entgegengesetzter Richtung) verlaufende Cellulosekette auf, die untereinander durch Wasserstoffbrücken in ihrer Lage festgehalten werden[44]).

Die weiteren mittels Röntgenanalyse gefundenen Ausmaße des kristallinen „Elementarkörpers der Cellulose" gehen aus der Abbildung hervor.

Bei Valonia ventricosa, wahrscheinlich auch bei Bakteriencellulose, zeigen Elektronenbeugungs-Diagramme, daß die a- und c-Achse doppelt so lang ist, als bei Baumwolle[45]).

---

[43]) D. W. Jones (J. Polym. Sci. *32*, 371—394; 1958) hat an Hand stereochemischer Analyse ein neues, abweichendes Baumodell der Cellulose errechnet. Nach B. G. Rånby (Fasersymposion, Cambridge 1957) konnten spezielle Röntgenuntersuchungen das Cellulosemodell von Meyer-Misch nicht voll bestätigen. Zwischen den einzelnen Anhydroglukose-Einheiten wird eine Drehbarkeit von 45^0 angenommen, die allerdings durch H-Brücken zwischen den Glukoseringen eingeschränkt scheint.

Nach J. R. Colvin (J. Polym. Sci. *49*, 473—477; 1961) weisen etwa 70% der Mikrofibrillenbündel von Bakteriencellulose eine Verdrillung mit linksläufigem Drehsinn auf, wofür eine schwache Asymmetrie in der Einbaufolge der Anhydroglukose-Bausteine verantwortlich sein dürfte.

Vgl. ferner G. Honjo, M. Watanabe, Nature *181*, 326; 1958. M. J. Truboi, J. Polymer Sci. *25*, 159; 1957. C. Y. Liang, R. H. Marchessault, ibid. *37*, 385; 1959 *39*, 269; 1959.

[44]) Wasserstoffbrücken stellen Restvalenzkräfte dar, die hier zwischen OH-Gruppen benachbarter Cellulosekatten („Hauptvalenzketten") wirksam sind. Sie treten hauptsächlich längs der Achse „a" auf und wirken zwischen den Hydroxylen in 6- und 2-Stellung. Ihr Aktionsbereich erstreckt sich bis auf eine Entfernung von 2,6 Å, ihre Bindungsenergie beträgt 15 kcal/Mol.

Die Cellulosekatten sind daher in der Richtung der a-Achse zu ebenen Netzen verbunden. Diese parallel ab gelagerten Netze hängen durch van der Waalssche Kräfte lamellenartig aneinander. Van der Waalssche Kräfte wirken längs der c-Achse auf Entfernung bis 5 Å, ihre Bindungsenergie ist etwa 8 kcal/Mol.

Die zum Zerreißen erforderliche Energie beträgt bei:

van der Waalsschen Kräften	2 bis 3 kcal/Mol
Wasserstoffbrücken	5 kcal/Mol
Primärvalenzen	80 bis 90 kcal/Mol.

Die in der Richtung der b-Achse wirksamen Hauptvalenzen weisen eine Bindungsenergie > als 50 kcal/Mol auf.

[45]) D. G. Fischer, J. Hann, J. Polymer Sci. *42*, 189—194; 1960.

Eine Gruppe solcher aneinanderschließender kristallisierter Elementarkörper bildet einen „*Kristallit der Cellulose*"[46]), dessen Länge nach röntgenoptischen Untersuchungen bei Ramiecellulose 1000—2000 Å, bei Holzcellulose etwa 600 Å beträgt. Als Durchmesser wird 60—90 Å angeführt. Die Angaben über die Kristallite der Cellulose schwanken also. Dies hängt mit der mäßigen Genauigkeit der röntgenographischen Arbeitsweise zusammen, die bei so komplizierten organischen Verbindungen, wie Cellulose, verschiedene Deutungen der photographierten Interferenzen zuläßt.

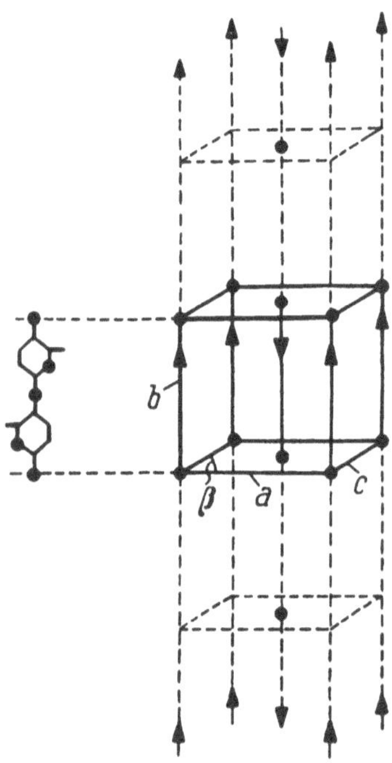

Bild 1 Elementarkörper der Cellulose
a = 8,20 Å
b = 10,30 Å
c = 7,83 Å
β = 84°23′ .

Auf anderem Wege, nämlich durch Teilhydrolyse und Dispergierung von Cellulose mittels Ultraschall in wässeriger Lösung, wies T. Svedberg 1949[47]) durch das Elektronenmikroskop stäbchenförmige Teilchen von 500 Å Länge und 50—100 Å Breite nach.

Neben dem Elementarkörper der gewachsenen Cellulose („Cellulose I") besteht noch ein zweiter kristalliner Elementarkörper der sog. „*regenerierten Cellulose*" (Cellulose II), die auch ganz allgemein — unrichtig — als „Hydratcellulose" bezeichnet wird, weil man früher annahm, daß sie je Baustein ein Molekül Wasser enthält. Diese „Hydratcellulose" erhalten wir bei der Regeneration der Cellulose aus Alkali-, Acetyl- und Nitratcellulose.

Die irreversible Umwandlung von Cellulose I in Cellulose II soll mit einem Übergang der geraden Kette in eine gewinkelte Form verbunden sein[48]).

Das Kristallgitter der Cellulose II ist dadurch gekennzeichnet, daß die Anhydroglukoseringe nicht mehr (wie dies bei

[46]) Man spricht auch von „Micellen", worunter man in diesem Zusammenhang Bündel geordneter Celluloseketten versteht. Eine wesentlich bessere Bezeichnung dafür ist: „*Geordnete Gitterbereiche der Cellulose*". Meist verwendet man die kurze, nicht ganz richtige Bezeichnung „Kristallite".

[47]) Th. Svedberg, Svensk Papperst. *52*, 157; 1949.

[48]) G. Centola, Ang. Chem. *71*, 435; 1959.

Cellulose I der Fall ist) in der Ebene „ab" liegen, sondern aus ihr herausgedreht sind, was möglicherweise mit der Zerreißung von Wasserstoffbrücken verbunden ist. Der Winkel β_1 beträgt hier 62°.

Schließlich sind auch noch andere Modifikationen bekannt: Cellulose III und Cellulose IV.

Der gegenseitige Zusammenhang all dieser Modifikationen wurde sorgfältig studiert[49]).

Wie ist biologisch die Entstehung solch kristalliner Bereiche aufzufassen? Am nächstliegenden erscheint es uns anzunehmen, daß die offenbar in wässerigem Milieu gebildeten, leicht beweglichen Moleküle der Cellulose, die wir uns als elastische Bändchen denken müssen, durch die ihnen innewohnenden Restvalenzkräfte sich zum Teil gegenseitig einfangen, parallel lagern und versteifen. Naturgemäß wird ein solches System auch zahlreiche Stellen aufweisen, die wir als amorph bezeichnen werden.

Es scheint überaus naheliegend sich vorzustellen, daß die Celluloseketten befähigt sind, infolge ihrer großen und wechselnden Länge geordnete und ungeordnete Bereiche abwechselnd zu durchlaufen, wobei die aus dem Cellulosestrang herausragenden „Fransen" durch VAN DER WAALSsche Kräfte mit den „Fransen" anschließender Cellulosestränge aneinander festhalten. Die Riesenmoleküle der Cellulose gehen so durch mehrere Gruppen solcher kristalliner und amorpher Bereiche hindurch und vereinigen sie zu einem biegsamen Komplex:

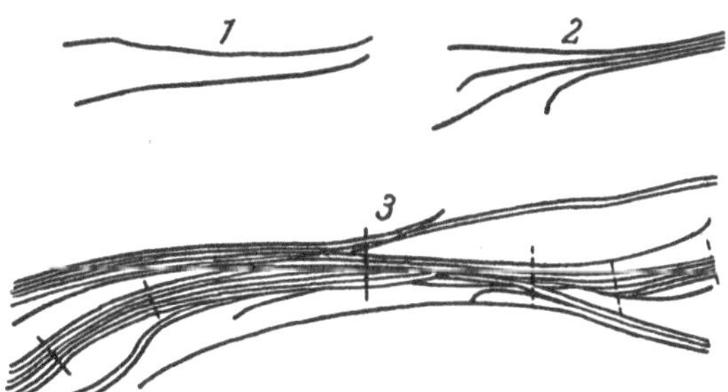

Bild 2 Kristalline und amorphe Bezirke im Fransenmodell der Cellulose

---

[49]) O. KRATKY, E. TREIBER, Z. Elektrochem. *55*, 716; 1951. W. KAST, R. SCHWARZ, ibid. *56*, 228; 1952. Ch. LEGRAND, Ann. physique *8*, 863; 1953. K. HESS, J. GUNDERMANN, Ber. *70*, 1788; 1937. K. HESS, H. KIESSIG, J. GUNDERMANN, Z. physik. Chem. (B) *49*, 64; 1941. H. J. WELLARD, J. Polymer Sci. *13*, 471; 1954. Es ist übrigens fraglich, ob man die stark gittergestörten Übergänge verschiedener Kristallformen als besondere Modifikationen der Cellulose ansehen kann.

Gegen „Fransenmicellen", welche die Bildung von Einzelkristallen ausschließen, spricht sich A. KELLER[50]) aus. Solche deutlichen Einzelkristalle der Cellulose, entstanden durch Parallellagerung von Celluloseketten aus verdünnter Lösung, die schließlich zu gleichmäßigen Lamellen von 100 Å Dicke führen, zeigt

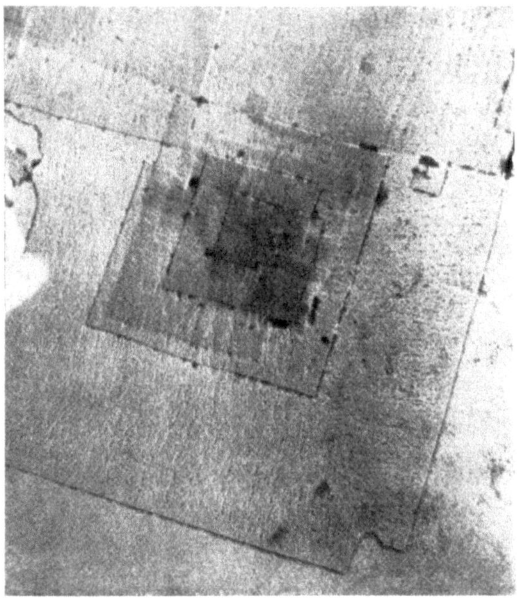

Bild 3 Einzelkristall der Cellulose

Nach früheren Befunden schien der kristalline Anteil der Cellulose den amorphen nicht wesentlich zu überwiegen. Dies hat sich allerdings später als unrichtig herausgestellt. Mit Hilfe einer ganzen Reihe von Verfahren, von denen die Jodsorption[51]) das einfachste und genaueste zu sein scheint, wurde nunmehr erwiesen, daß der kristalline Anteil, sowohl der Baumwolle, als auch der Holzcellulose über 90% beträgt. Vollständig kristalli-

[50]) A. KELLER „Einzelkristalle von Polymeren", Bull. de l'Institut Textile de France No. *105*, 301—332; 1963. Vgl. auch R. MANLEY, Nature (London) *189*, 390; 1961. (Fällung von Celluloseacetat aus verdünnter Lösung).

[51]) K. SCHWERTASSEK, Melliands Textilber. *53*, 188, 674; 1950. *54*, 460, 774; 1951. Vgl. ferner „30 Jahre Strukturstudien an Cellulosefasern mittels der Jodsorption", Faserforschung u. Textiltechnik *12*, 369—375; 1961.

sierte Cellulose würde steife Gebilde, aber keineswegs biegsame, elastische Fasern ergeben, wie sie in Wirklichkeit vorliegen.

Diese an Hand einer Unzahl physikalischer, chemischer, mathematischer und kristallographischer Untersuchungen entwickelte Anschauung über den kristallinen Bau der Cellulosefaser wurde von W. A. KARGIN scharf abgelehnt[52]). Er verwendete 1939 zur Erzeugung von Interferenzbildern der Cellulose statt Röntgenstrahlen (mit einer Wellenlänge von etwa 1,5 Å) einen Strom rascher Elektronen von 0,5 Å Wellenlänge. Nach KARGIN unterscheiden sich die Elektronogramme der Cellulose stark von deren Röntgenogrammen; die Elektronogramme der Cellulose wiesen deutlich auf amorphe Substanzen hin. KARGIN schließt daraus auf eine unrichtige Auslegung der Röntgenbilder und nimmt mit seinen Mitarbeitern für die Cellulose durchweg amorphen Bau an, der bei den starken zwischenmolekularen Kräften zu einem glasartigen Zustand der Cellulose führe. Wiewohl verschiedene Forscher dieser Ansicht beipflichteten, wurde von sowjetischen Autoren neuerdings die Unhaltbarkeit der Hypothese KARGINS hervorgehoben[53]).

KARGIN sucht seine abweichende Anschauung nunmehr thermodynamisch zu begründen[54]). Danach würden sich die Eigenschaften der Cellulose nur allmählich ändern, keineswegs aber so sprunghaft, wie bei kristallinen Verbindungen. Er verwirft auch die Bezeichnung „parakristallin" als physikalisch unrichtigen Ausdruck.

Nach A. I. KITAIGORODSKIJ[55]) könne man eher von einem mesomorphen Bau der Cellulose, als von amorpher oder kristalliner Struktur sprechen. Cellulose stelle eine einheitliche, kontinuierliche Gruppierung paralleler Ketten in einer „schlechten dreidimensionalen Ordnung" dar. J. MANN[56]) nimmt an Hand der IR-Spektren deuterisierter Celluloseproben an, daß erhebliche Anteile der Cellulose weder als wirklich kristallin, noch als wirklich amorph angesehen werden können.

Die auffallenden Ergebnisse KARGINS lassen sich offenbar durch den Befund von A. L. SAJDES[57]) erklären, demzufolge hochmolekulare Körper

---

[52]) W. A. KARGIN u. Mitarb., Acta physicochemica SSSR *7*, 647; 1937. *11*, 343; 1939. *12*, 397; 1940. Žurn. fys. chim. *14*, 195, 312; 1940, *15*, 9; 1941.

[53]) S. A. GLIKMAN, Kolloidn. Žurn. *13*, 473; 1951. K. W. BREITWEIT, Bum. prom. *24*, (4): 6; 1949. Usw.

[54]) W. A. KARGIN, Wysokomolek. sojed. *2*, 466—468; 1960.

[55]) A. I. KITAIGORODSKIJ, D. J. TZWANKIN, Wysokomol. sojed. *1*, 279—286; 1959.

[56]) J. MANN „Moderne Verfahren zur Kristallinitätsbestimmung von Cellulose", Symposion über Holzchemie, Montreal 1961.— Auf unbekannte Vernetzungen im Cellulosemolekül weisen J. GOLDSTEIN u. Mitarb. (J. Amer. Chem. Soc. *79*, 6469—6473; 1957) hin.

[57]) A. L. SAJDES, I. G. STOJANOWA, Wysokomol. sojed. *3*, 321; 1961.

(so auch Cellulose) unter Elektronenbestrahlung *amorphen Bau* annehmen. Elektronogramme seien daher für den Bau eines Naturstoffs nicht beweiskräftig. Doch erhält man bei *geschwächter* jonisierender Strahlung (z. B. für Hydratcellulose) Elektronogramme, die den Röntgenbildern entsprechen.

Neuerdings beschäftigt sich W. I. SCHARKOW[58]) mit der Frage des Aufbaus der Cellulose und hebt hervor, daß ein kontinuierlicher Übergang ohne scharfe Grenzen zwischen den kristallinen (dichten), schwerhydrolysierbaren und den amorphen (lockeren), leichthydrolysierbaren Bezirken der Cellulose bestehe. Cellulose zeige einphasigen, dreidimensionalen Bau, der (abhängig von der Vorgeschichte der Probe) mehr oder weniger gestört sei. Er lehnt im übrigen KARGINS neue Anschauungen entschieden ab. Erst beim Vermahlen der Cellulose in Schwingmühlen werde typisch amorphe Cellulose gebildet, die (ebenso wie Glukose) beim Übergang vom kristallinen in den amorphen Zustand an Dichte verliere. (Kristalline Cellulose weist d = 1,550 auf, amorphe Cellulose d = 1,448 und schwinggemahlene Cellulose d = 1,502). Aus seinen Untersuchungen folgert SCHARKOW u. a. auch, daß es eine deutliche scharfe Abgrenzung zwischen Cellulose und Hemi nicht gebe[59]).

W. N. SERGEJEWA[60]) weist auf die übereinstimmenden Röntgenbilder von Cellulose und Holocellulose hin, die sich auch bei Temperaturerhöhung auf 260° C nicht ändern.

Unabhängig voneinander erhielten W. I. IWANOW (1956) und W. I. SCHARKOW (1957)[61]) durch Säureäthanolyse sehr ähnliche Werte für die amorphen Celluloseanteile:

Tannen-Sulfitzellstoff .	7% amorphen Anteils	(W. I. IWANOW)
Baumwolle	7% amorphen Anteils	(W. I. SCHARKOW)
Holzcellulose	15% amorphen Anteils	(W. I. SCHARKOW)
Viskoseseide	45% amorphen Anteils	(W. I. IWANOW)
Viskosefasern	45% amorphen Anteils	(W. I. SCHARKOW).

[58]) W. I. SCHARKOW u. Mitarb., Žurn. prikl. chimii *30*, 586—598; 1957. *30*, 1668—1672; 1957. W. I. SCHARKOW, Wysokomol. sojed. *2*, 1747—1750; 1960. W. I. SCHARKOW, W. P. LEWANOWA, Žurn. prikl. chimii *33*, 2563—2571; 1960. W. I. SCHARKOW u. Mitarb., Doklady AN SSSR *109*, 1440—1443; 1956. W. I. SCHARKOW u. Mitarb., Žurn. prikl. chimii *34*, 2508—2515; 1961. W. I. SCHARKOW, Sbornik rabot Gos. nautschno-isled. gidroliz. i sulfitspirtowoi prom. *10*, 7—27; 1962. Vgl. auch S. M. LIPATOW, Wysokomol. sojed. *3*, 1608—1610; 1961.

[59]) W. I. SCHARKOW u. Mitarb., Žurn. prikl. chimii *34*, 2508—2515; 1961.

[60]) W. N. SERGEJEWA u. Mitarb., Nachrichten d. Akad. d. Wissensch. d. Lettländ. SSR *1956* (2); 81—86.

[61]) W. I. SCHARKOW u. Mitarb., Žurn. prikl. chimii *30*, 586—598; 1957.

Bisher haben wir die sogenannten „Micellen" der Cellulose, die nichts anderes als Molekülgruppen, Molekülaggregate sind und etwa den Cellulose-Kristalliten entsprechen, nur flüchtig erwähnt und werden dies auch später nicht tun, da diese durchaus entbehrliche Bezeichnung von den einzelnen Autoren in verschiedenster Beziehung verwendet wird und schon viel Verwirrung gestiftet hat. In der Kolloidchemie versteht man z. B. unter „Micellen" etwas durchaus anderes, nämlich die kinetisch unabhängigen Teilchen kolloider Lösungen[62]).

2.1.4 Elementarfibrille der Cellulose

Zusammenfassend sehen wir, daß sich die Glukosebausteine durch Wasseraustritt chemisch zu den Riesenmolekülen der Cellulose vereinigen und diese durch Restvalenzen zu geordneten Molekülgruppen zusammengefaßt werden, die wir als Kristallite bezeichnen. Die Cellulosekristallite entsprechen keinem vollkommenen, sondern einem gittergestörten Kristall; es fehlen ihnen ausgebildete Kristallflächen.

Nach neueren Untersuchungen[63]) bauen nur ganz wenige Kristallitstränge die „Elementarfibrillen" (= „Mikrofibrillen") auf, die nach Ansicht von Frey-Wyssling als natürliche biologische Einheiten aufgefaßt werden müssen und bereits im Elektronenmikroskop sichtbar gemacht werden können. Über den Durchmesser der Elementarfibrillen gehen die Ansichten der beteiligten Forscher sehr auseinander, doch kann als Mittelwert etwa 200 Å angenommen werden. Für die aus Cellulose-Einzelfäden aufgebauten Gruppen kommen etwa folgende Maße in Betracht.

Die Zwischenräume und Randzonen der Elementarfibrillen bestehen aus amorpher Cellulose.

---

[62]) Ob die Bemühungen, für die Kolloidchemie „das Micell" (pl. „die Micelle"), für die kristallinen Elementarkörper der Makromolekularen „die Mizelle" (pl. „die Mizellen") in Anspruch zu nehmen (H. Umstätter), Erfolg haben werden, erscheint bei der bisherigen Verwirrung fraglich. Vgl. auch E. Treiber „Die Chemie der Pflanzenzellwand", S. 281; 1957. Nach J. Schurz (Das Papier *14*, 645; 1960) sollte der Micellarbegriff heute nicht mehr angewandt werden.

[63]) A. Frey-Wyssling „Die allgemeine Struktur von Fasern", Fasersymposion, Cambridge 1957. G. Jayme, G. Hunger, Fasersymposion Cambridge 1957. In der jüngsten Zeit unterscheidet A. Frey-Wyssling zwischen „Mikrofibrillen" (200 Å Ø) und deren Bauelementen, 2-3 feinsten Fäden von „Elementarfibrillen" (35 Å Ø), je etwa 40 Cellulosemoleküle enthaltend (A. Frey-Wyssling, K. Mühlethaler, Makromol. Chemie *62*, 25—30; 1963.). B. G. Rånby „Die Feinstruktur der Cellulosefibrillen", Fasersymposion, Cambridge 1957. G. Jayme, E. Koburg, Das Papier *11*, 143—145; 1957. Holzforschung *13*, 37—43; 1959.

	Querschnitt	Zahl der Fadenmoleküle
Cellulose-Ketten	$8{,}3\ \text{Å} \cdot 3{,}9\ \text{Å} = 32{,}4\ \text{Å}^2$	1
Kristallitstränge	$50\ \text{Å} \cdot 60\ \text{Å}$	90
Elementarfibrillen	$200\ \text{Å} \cdot 200\ \text{Å}$	1200
Zelle (Baumwollhaar) . .	$10^2\pi\ \mu^2 = 314\ \mu^2 = 314 \cdot 10^8\ \text{Å}^2$	969,000000

Mikrofibrillen der Alge Rhodymenia palmata sehen völlig denen anderer Pflanzen ähnlich, enthalten aber nur etwa 50% Cellulose, neben etwa 50% Xylose (R. J. MYERS, 1957)[64]. Eichenholz-Mikrofibrillen aus einem 2000 Jahre alten befestigten Werk zeigten bloß 15% Celluloseverlust (amorpher Anteil?) gegenüber frischer Eiche.

Manchen Forschern zufolge sollen die Elementarfibrillen an ihrer Oberfläche Hemicellulosen adsorbiert enthalten. Diese sind verzweigt. Mit ihren langen Ketten sollen sie den Kristalliten anliegen, während die Seitenketten abstehen und infolge ihres Karboxylgehalts hydrophil sind. Die in Kristallitsträngen beobachteten kleineren Durchmesser von etwa 50 Å sollen auf sekundäre Vorgänge im Verlaufe der verschiedenen angewandten Cellulose-Zerteilungsverfahren zurückzuführen sein, doch ist hierüber noch nicht das letzte Wort gesprochen.

Zwischen den Kristallitsträngen befinden sich submikroskopische Spalten und gröbere Hohlräume. In letztere ist Lignin eingelagert. In den submikroskopischen Räumen spielen sich die Lebensvorgänge der wachsenden Zellwände ab. Das sind auch die Stellen, an denen sich chemische Reaktionen der isolierten Faser zunächst vollziehen. Die submikroskopischen Spalten sollen 40—130 Å breit und durchschnittlich 2500 Å lang sein und ungefähr parallel zur Faserachse verlaufen. Die Zellwand der Baumwolle soll annähernd 20% solcher Hohlräume aufweisen.

Der Aufbau großer, mikro- und makroskopisch sichtbarer Fäden aus diesen kleinsten submikroskopischen Cellulosefäserchen findet harmonisch und stetig statt, ohne daß isolierbare Zwischenkörper der Celluloseaufbaus entstehen. Dies geht am besten aus guten Elektronenaufnahmen von Baumwolle hervor, die uns deutlich vor Augen führen, daß kein grundlegender Unterschied zwischen den sichtbaren Baumwollsträngen und den feinsten Elementarfibrillen besteht.

Neuerdings wird auf Grund von Elmi-Aufnahmen öfter die Ansicht vertreten, daß Bündel von 15—500 Mikrofibrillen eine neue botanische Einheit bilden, die sogenannte „Sekundärfibrille", die bei Baumwolle 0,4 μ,

---

[64]) R. J. MYERS, Fasersymposion, Cambridge 1957.

bei Fichtenzellstoff 0,2—0,3 μ Durchmesser haben soll. Da für die Dichte der Sublamellen der Sekundärwand ähnliche Ausmaße genannt werden, so wurde daraus geschlossen, daß die Sublamellen durch eine einreihige Lage solcher Sekundärfibrillen aufgebaut werden. Doch ist diese Frage keineswegs geklärt.

Bild 4 Holzcellulose

Bild 5a Baumwollcellulose

Bild 5b Bakteriencellulose

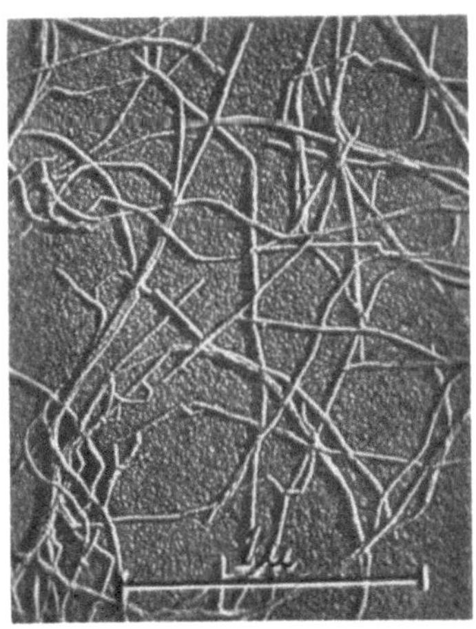

Bild 5c Tierische Cellulose

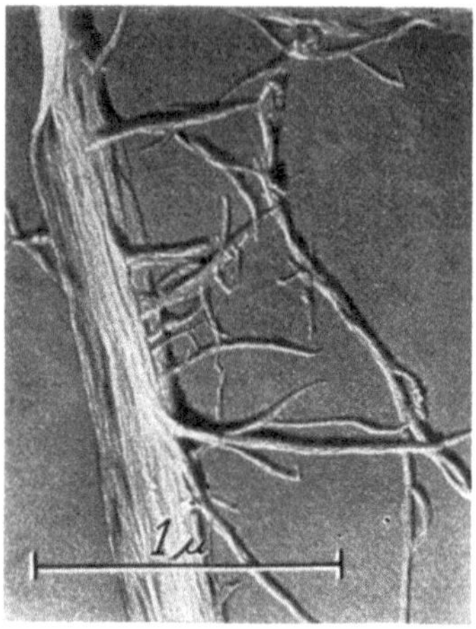

Bild 5d Holocellulose

Bild 5e Dispergierte Alfacellulose aus Sulfitzellstoff

2.1.5 Kristalline und amorphe Gebiete der Cellulose

Den kristallinen („stabilen, geordneten, dichtgepackten") und den amorphen („metastabilen, parakristallinen, lockern") Anteilen wird heute wesentlich größere Bedeutung beigelegt, als dies noch vor kurzem geschehen ist. Wir wissen, daß die Reaktionen der Cellulose zunächst vorwiegend in deren amorphen, leicht zugänglichen Bezirken verlaufen. Wahrscheinlich spielt die Bewegungsmöglichkeit der Cellulosemoleküle des amorphen Gebietes (Dichte = 1,488) eine Rolle im Gegensatz zur Starre des kristallinen Gebiets (D = 1,544)[65]) das mit seinem nach innen geschlossenen Valenzfeld einen widerstandsfähigen Komplex gegenüber äußeren Einwirkungen darstellt. Seine Restvalenzen müssen wir uns gegen-

[65]) Nach der von P. H. Hermans ausgearbeiteten Flotationsmethode erhielt W. I. Scharkow (W. I. Scharkow, W. P. Lewanowa „Über die Bestimmungen des wahren spezif. Gewichts der Cellulose", Žurn. prikl. chimii *32*, 2357—2359; 1959) für

Baumwolle . . . 1,562 sp. G. (20°C)
Viskoseseide . . . 1,507 sp. G. (20°C).

Vergleichsweise sei die Dichte von Naturseide = 1,25, von Wolle = 1,33, Nylon = 1,14 und von Polypropylenfaser = 0,91 angeführt.

Zur Dichtebestimmung von Cellulosepräparaten vgl. auch E. Treiber „Die Chemie der Pflanzenzellwand" S. 378; Berlin 1957.

seitig gebunden vorstellen, so daß nur wenige Valenzreste an der Oberfläche frei zur Verfügung stehen. Der amorphe Celluloseanteil unterliegt daher leichter dem Abbau, als die kristallinen Bezirke. Er ist auch für die Wasseraufnahme und die Jodsorption verantwortlich. Die Jodsorption zeigt daher bei amorpher Cellulose die höchsten Zahlen (→243) während die reinste, gebleichte, hochkristalline Baumwolle den Wert 35 liefert. Viskoseseide („regenerierte Cellulose") weist eine Jodsorption von 146 bis 183 auf.

Das Verhältnis des amorphen zum kristallinen Anteil der Cellulose bestimmt die folgenden *physikalischen Eigenschaften* der Faser Biegsamkeit, Elastizität, Quellbarkeit, Knitterneigung, Anfärbevermögen, Brüchigkeit, Dehnbarkeit usw. Mit dem kristallisiertem Anteil der Cellulose stehen unmittelbar im Zusammenhang: Dehnbarkeit, Festigkeit[66]), Kohäsion, Widerstandsfähigkeit gegenüber chemischen Einwirkungen.

Die gewachsene Cellulose in Hölzern ist gleichfalls vorwiegend kristallin. Dies geht daraus hervor, daß Zellstoff, der unter denselben Versuchsbedingungen wie Baumwolle röntgenisiert wird, sehr starke Interferenzen liefert, die auf einen hohen kristallinen Anteil hinweisen. Originalaufnahmen von Hölzern zeigen demgegenüber schwächere Interferenzen, weil der erhebliche Anteil anwesender amorpher Stoffe (Hemi, Lignin) durch diffuse Streuung eine Verminderung der Schärfe bewirkt.

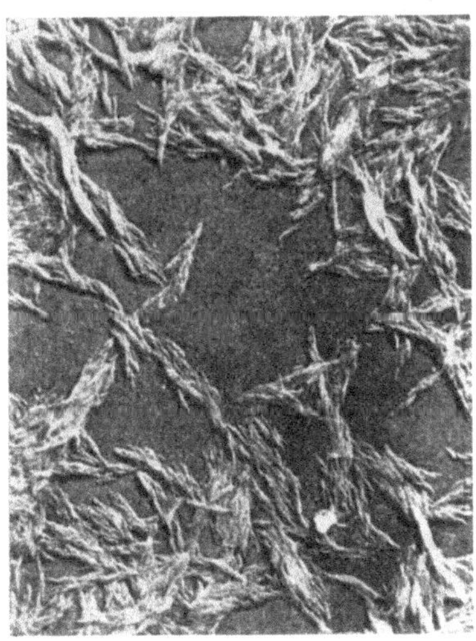

Bild 6 Hydrocellulose

Es muß darauf hingewiesen werden, daß die Begriffe „kristallisiert" und „orientiert" keineswegs das gleiche bedeuten, ebensowenig wie die Begriffe „amorph" und „nichtorientiert". Unter „orientiert" verstehen wir die Lagerung der Cellulosemakromoleküle parallel zur Längsachse der Faser. „Hochorientiert" bedeutet demnach eine sehr weitgehende Parallelrichtung der Cellulosemoleküle zur Faserachse.

Die Cellulose von Ramie z. B. ist hochkristallin und hochorientiert

[66]) Nach Untersuchungen W. I. Scharkows (Chim. wolokna *1962* (5): 132—136) ist die Menge und Lage der geordneten Gitterbereiche in den Mikrofibrillen für die *Festigkeit* der Cellulosefasern maßgebend.

(— letzteres möglicherweise infolge der Protoplasmaströmungen bei ihrer Entstehung —), während „Hydrocellulose“ (durch Säurehydrolyse stark geschädigte Cellulose, Bild) hochkristallin, dabei aber — zu Pulver zerfallen — völlig unorientiert ist. Umgekehrt kann die amorphe „Acetylcellulose“ nach durchgeführter Dehnung sehr starke Orientierung aufweisen.

2.1.5.1 Cellulose und Jodsorption

Die von K. SCHWERTASSEK eingeführte Methodik der Jodsorption[51]) hat verschiedene Umsetzungen der Cellulose, sowie Vorgänge bei der Herstellung von Cellulose-Kunstfasern geklärt. In den nachfolgenden Ausführungen wird dies kurz angedeutet.

Die Beobachtung, daß Cellulose mit Jodlösung gelbe bis braune, aber auch blaue und violette Farbtöne liefert, läßt sich folgendermaßen deuten. Gelbe bis braune Töne zeigt Cellulose, die kein ausgesprochenes Kristallisationsvermögen aufweist, z. B. Acetylcellulose, ferner niedermolekulare Cellulose. Auch isolierte Hemicellulosen geben mit Jodlösung Gelbfärbung[67]). Cellulosefasern mit ausgesprochenen gutem Kristallisiervermögen (mercerisierte Baumwolle, Viskosefaser, Kupferseide) liefern blaue Töne[68]).

Verwandelt man kristalline Cellulose durch Quetschen (wobei das Cellulosegitter zerstört wird) in amorphe, so kann deren Rekristallisation nach dem Anfeuchten und Trocknen sehr instruktiv sichtbar gemacht werden[69]).

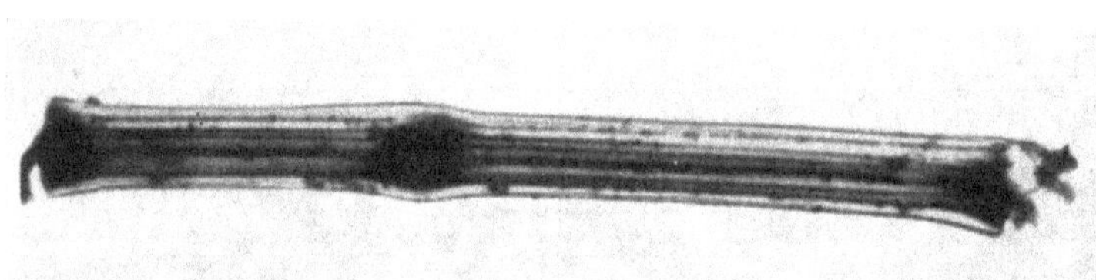

Bild 7 Gequetschte Cellulose

[67]) Privatmitteilung Dr. Schwertassek, Brünn.

[68]) Ob violette Färbungen als Mischungen von blau und braun anzusehen sind oder selbständige Farbtöne darstellen, ist noch nicht sichergestellt.

[69]) Dies ist zur Zeit die einzige Möglichkeit, solche Umwandlungen sichtbar zu machen. Die vorwiegend amorphe Acetylcellulose gibt keine Blaufärbung.

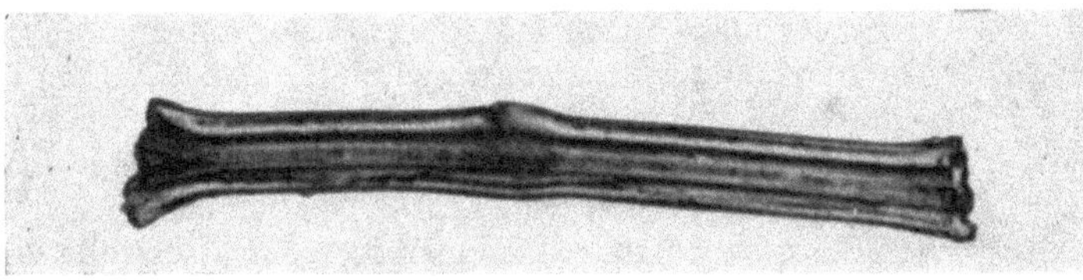

Bild 8 Rekristallisierte Cellulose

Durch Quetschen von Cellulosefasern hergestellte amorphe Cellulose weist erhebliches Klebevermögen auf. Hiermit läßt sich auch die Klebewirkung schmierig gemahlener Zellstoffe bei der Papierherstellung in Zusammenhang bringen. Auch die Neigung der künstlichen Cellulosefasern (mit ihrem hohen amorphen Anteil) zum Verkleben, der man durch Avigagemittel begegnet, ist als Auswirkung amorpher Cellulose zu deuten.

Der Herstellungsvorgang von Fortisanfasern zeigt in klarer Form die einzelnen Phasen der Veränderung des übermolekularen Baues von Faserstoffen: die vorwiegend amorphe Acetylcellulose wird zunächst verstreckt (orientiert), dann verseift und zu weitgehender Kristallisation veranlaßt. Das Ausgangsgut ist niedrigorientiert und amorph, das Endprodukt stellt hingegen eine hochorientierte, hochkristalline Faser vor[70]).

K. Hess und Mitarbeiter haben 1957 festgestellt, daß Jodlösungen höherer Konzentration in zunehmendem Maß ins Cellulosegitter eindringen[71]). Diese Erscheinung kann dazu verwendet werden, Bindungen zwischen Cellulose und Farbstoffen nachzuweisen. Im Falle solcher Bindungen wird die sonst durch starke Jodlösungen entstehende Gitterspaltung verringert oder verhindert.

Cellulose bildet mit Jod sogenannte „*Einschlußverbindungen*" (Intrusion compounds) (W. Schlenk, 1949)[72]). Hierbei schließt ein Molekül (oder ein aus gleichen Molekülen gebildetes Aggregat) ein fremdes Molekül in einem Hohlraum in sehr lockerer Bindung ein. Hier wirken weder Nebenvalenzen, noch funktionelle Gruppen mit: das einschließende Molekül vermag nur durch seine räumliche Gestalt das eingeschlossene Molekül reaktionsfähiger zu gestalten, indem es dessen Elektronensystem auflockert. Dies geht aus der Verschiebung der Absorptionsbanden der eingeschlossenen Verbindung klar hervor.

---

[70]) Die Jodsorption der Acetatfaser beträgt 230, die der Fortisanfaser 47!

[71]) K. Hess u. Mitarb. „Einlagerungen von J und Tl in die gitterungeordneten und gittergeordneten Bereiche von Cellulosefasern", Koll.-Z. *153*, 128—155; 1957.

[72]) W. Schlenk jr., Ann. *565*, 204; 1949. Ann. *573*, 42; 1951.

Auch in Makromolekülen können Hohlräume vorkommen, die Fremdmoleküle einzulagern vermögen. So zeigte sich z. B. beim Waschen reiner Cellulose, mit Aceton, darauf mit Cyklohexan, daß diese Celluloseprobe nach dem Trocknen auf ungefähr 6 Anhydroglukose-Bausteine je 1 Molekül Cyklohexan aufwies (H. STAUDINGER, 1956)[73]). Ähnlich verhält sich auch Tetrachlorkohlenstoff. Diese indifferenten Kohlenwasserstoffe werden zwischen den Celluloseketten so festgehalten, daß sie selbst bei mehrtägigem Erhitzen auf 100° C im Hochvakuum nicht entfernt werden können.

Zu den Einschlußverbindungen scheinen auch die Färbungen von Cellulose mit den langgestreckten Benzidinfarbstoffen zu gehören, die in den Längskanälen zwischen den Celluloseketten eingeschlossen werden. Andere Einschlußverbindungen der Cellulose sind mit Paraffinen bekannt. Insbesondere sind aber die blauen Jodfärbungen von Cellulose (ebenso von Stärke und Dextrinen) auf Einschlußverbindungen von Jodketten zurückzuführen (F. CRAMER, 1951)[74]). Früher nahm man an, daß diese Färbungen durch Nebenvalenzbindung von J_2 oder KJ_3 oder KJ_5 hervorgerufen würden.

Die Frage, ob durch Erhöhung des kristallinen Anteils künstlicher Cellulosefasern eine Verbesserung ihrer Eigenschaften erzielbar sei, ist dahin zu beantworten, daß *gutorientierte* Viskosefasern nach Kristallisationsvorgängen (z. B. Dämpfen der nassen Ware bei 136° C) eine Erhöhung der Naßfestigkeit um 15%, eine Verminderung der Schrumpfung beim Waschen um 40% und eine 30%ige Verminderung der Laugelöslichkeit aufweisen. Viskosefasern mit *geringer* Orientierung zeigen bei gleicher Behandlung eher ein geringes Sinken der Naßfestigkeit. Bei 120° C gedämpft, weisen solche Fasern aber bei Zellwolle ein gleichmäßigeres Anfärbevermögen auf.

Bei den verschiedenen Vorgängen heißer Naßbehandlung in der celluloseverarbeitenden Industrie (Bleichen, Waschen, Färben, Trocknen) tritt meist eine starke Vermehrung des kristallinen Anteils ein. Wir sprechen von einer „echten" Zunahme, wenn amorphe in kristalline Cellulose umgewandelt wird. „Unechte" Zunahme des kristallinen Anteils tritt dann ein, wenn amorphe Cellulose in Lösung geht. Vielfach überlagern sich beide Vorgänge. Die Entfernung niedermolekularer amorpher Cellulose ergibt meist verbesserte Kristallisations-Bedingungen[75]).

---

[73]) H. STAUDINGER, Z. ang. *64*, 152; 1952. Vgl. auch die Inkludierung von Benzol durch Triacetylcellulose (A. N. BYKOW, Chim. wolokna *1960* (3): 237—239.

[74]) F. CRAMER, Chem. Ber. *84*, 855; 1951. F. CRAMER „Einschlußverbindungen", Berlin 1954 (171 Ref.).

[75]) Beispiele „echter" Kristallisation: Trocknen von Baumwolle bei höherer Temperatur nach erfolgter Mercerisierung; feuchtes Dämpfen der Viskosefasern. „Unechte"

Um das Kristallisationsvermögen künstlicher Cellulosefasern vergleichend prüfen zu können, müssen diese Fasern unter vollkommen gleichen Kristallisations-Bedingungen hergestellt werden. Dies ist praktisch nur sehr schwierig zu verwirklichen. Durch viertelstündiges Dämpfen bei 143° C kann jedoch die erforderliche gleiche Ausgangsstellung erreicht werden. Die anschließend durchgeführte, sog. „reduzierte Jodsorption" liefert nunmehr ein Maß für das gesuchte Kristallisations-Vermögen eines Faserstoffs. So konnte der Zusammenhang zwischen DP und Kristallisations-Vermögen nachgewiesen werden.

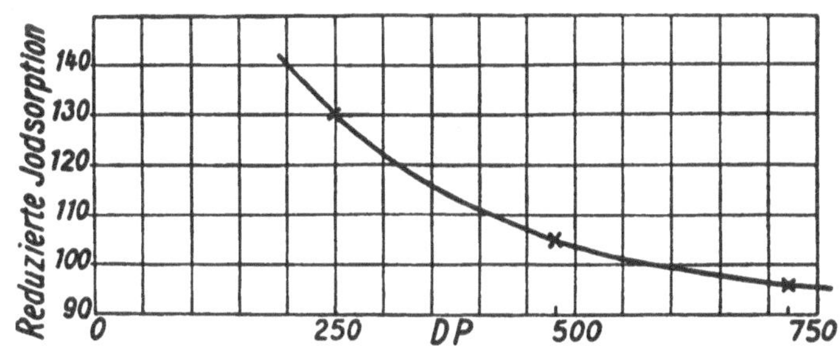

Diagramm 9 Kristallisiervermögen und DP

2.1.6 Die Rolle der Cellulose beim Aufbau der Zellwand

Aus dem bereits in der Einleitung Gesagten geht hervor, daß wir Fortschritte in der chemischen Verwertung des Holzes nicht nur von der genauen Kenntnis der Menge seiner 3 Hauptbestandteile erwarten dürfen, sondern insbesondere auch davon, *wo* diese in der Zellwand abgelagert sind und wie dieser verwickelte Zellwandkomplex sich verhält, wenn Chemikalien darauf einwirken. Über die sehr komplizierten topographischen Verhältnisse der Zellwände unterrichtet uns die *Morphologie der Zellwand*, die im einzelnen noch stark umstritten ist. Doch gewährt uns heute die unmittelbare Anschauung im Elektronenmikroskop bereits vertiefte Einblicke in den Feinbau der Zellwand.

Jede Pflanze ist aus Zellen aufgebaut. Gleichzeitig mit der physiologischen Gliederung der Zelle verläuft auch der chemische Aufbau der Zellwand. Die auf den ersten Blick homogen erscheinende Zellwand erweist

Kristallisation herrscht beim Bäuchen (Alkalibehandlung unter Druck) der Baumwolle vor. — Bei der Behandlung von Viskosefasern mit 6%iger NaOH, erfolgt zu 10,5% „echte", zu 3,5% „unechte" Kristallisation.

sich bei bedeutender Vergrößerung als feines Geflecht von Cellulosefibrillen, die durch Hemi und Lignine zu einer festen Masse verkittet erscheinen. Die Cellulose entsteht aus dem Plasma der Zellen und wird enzymatisch aus β-D-Glukose synthetisiert (vgl. S. 43).

Das Wachstum der Zellwand im allgemeinen scheint durch allmähliche Ablagerung von Elementarfibrillen der Cellulose aus dem Plasma bis zu zusammenhängenden, konzentrischen Celluloselamellen wechselnder Dichte („Wachtumsringe") vor sich zu gehen, ein Vorgang, der mit der Temperatur und Belichtung zusammenhängt und bei Nacht stillsteht. Bei Einwirkung konstanter Temperatur und Belichtung entstehen keine Wachstumsringe. Im Buchenzellstoff wurden je nach der Dicke der Zellwand 12—40 solcher Schichten, im Fichtenzellstoff nach älteren Angaben 15—35 Schichten ermittelt. Doch gehen die Meinungen der Forscher über diese Lamellierung der Cellulose noch stark auseinander.

Die Wachstumsringe der Baumwolle sind konzentrische Lamellen aus primär gebildeten Bündeln von Cellulosefibrillen. W. SCHAAFFS[76]) deutet das Auftreten solch rhythmischer Gebilde (Jahresringe und Etagenwachstum des Holzes) als *Quantenwirkung*, nachdem er in vorhergehenden Arbeiten gezeigt hat, daß die quantitative Seite rhythmischer Erscheinungen in der Kolloidchemie (rhythmische Kristallisationsvorgänge, rhythmische chemische Umsetzungen) vom PLANCKschen Wirkungsquantum bestimmt wird.

Fast alle Pflanzen können auch verholzte Zellen bilden, doch liegen die Verhältnisse bei ihnen nicht so einfach, wie bei der reinen, unverholzten Cellulose, der Baumwolle. Anatomisch und entwicklungsgeschichtlich weisen die Zellwände der Holzzellen ein sehr heterogenes Bild auf.

Durch die Verholzung, d. h. die Einlagerung von Lignin, werden die mechanischen Eigenschaften der Zellwand verändert. Ihre Elastizität nimmt ab, während die Druckfestigkeit gleichzeitig stark ansteigt. Doch sind auch die verholzten Zellwände noch zu Formänderungen fähig. Delignifizierende (ligninlösende) Mittel liefern ein Celluloseskelett. Lignin und Cellulose scheinen sich daher gegenseitig innig zu durchwachsen.

Die zur Cellulosegewinnung technisch heute noch an erster Stelle stehenden Nadelhölzer sind verhältnismäßig einfach gebaut. Ihre für die chemisch-technologische Holzverwertung wichtigen Längstracheiden[77]), die in ununterbrochenen radialen Reihen angeordnet sind, bilden bereits 85—95% des Holzvolumens. Die übrigen Holzzellen (Parenchym und Prosenchym) gehen infolge ihrer Kürze beim Sortieren der technischen Cellulose verloren.

[76]) W. SCHAAFFS, Kolloid Z. *137*, 121—130; 1954.

[77]) Die Urform der Zelle ist tracheidischer Art.

Die Laubhölzer sind hingegen recht verwickelt gebaut. Dies hängt vielfach mit den Gefäßen zusammen, die ein ununterbrochenes Röhrensystem mit Querverbindungen bilden. An sie grenzen Parenchymzellen, die sich einzeln und auch gruppenweise im Spätholz finden. Sklerenchymfasern bilden das Festigungsgewebe und stellen die am häufigsten vorhandenen Laubholzzellen vor[78]). Zwischen den verschiedenen Zellarten der Laubhölzer und ihren Funktionen bestehen die mannigfachsten Übergänge.

Im folgenden seien die Durchschnittsausmaße einiger wichtiger Zellen angeführt:

Art der Zellen	mm Länge	mm Breite	Mikrofibrillen-durchmesser in Å
Buchensklerenchym . . .	0,5—1,5	0,015—0,025	180—230*)
Fichtentracheiden	2,6—4,4	0,030—0,075	210—290
Baumwollhaar	15—56	0,012—0,025	200—250

*) Mikrofibrillen aus Buchenholz-Parenchymzellen weisen etwa 150—200 Å Durchmesser auf.

Von der Zellenlänge hängen Quellung und Schwindung, Wärmeleitung und mechanische Eigenschaften des Holzes ab[79]).

Anschließend bringen wir ein schematisches Bild des Querschnitts einer Holzzelle (Fichte). Der Querschnitt zeigt die Zwischenzellsubstanz (Mittellamelle [M]) sowie die drei Hauptelemente der Faser: die Primärwand (P), die Sekundärwand (S) und das Lumen (L).

Zu Bild und Schema einer Holzzelle sei ein kurzer einleitender Überblick über den Bau der verholzten Zellwand gegeben.

Die verholzte Zellwand besteht aus der Mittellamelle M, der Primärwand P und der Sekundärwand S. Diese einzelnen Zellwandschichten unterscheiden sich in der Richtung ihrer Mikrofibrillen und in der chemischen Zusammensetzung.

Die Mittellamelle M, infolge einer Zellteilung entstanden, liegt zwischen zwei benachbarten Zellen, die in diese Mittellamelle Stoffe ablagern. M besteht anfangs hauptsächlich aus Pektin, polyuronidischen Hemi und Ei-

[78]) Buche weist etwa 40%, Birke und Ahorn weisen rund 70% Sklerenchymzellen auf. H. Schulz (Holz als Roh- u. Werkstoff *15*, 113—118; 1957) führt aus einer großen Versuchsreihe folgende Durchschnittswerte für Rotbuche an: Sklerenchymzellen 42%, Gefäße 31%, Tracheiden 5%, Markstrahlen 17%, Längsparenchym 5%.

[79]) R. D. Preston „Anisotropie in der mikroskopischen und submikroskopischen Struktur des Holzes", V. Weltforstkongreß in Seattle, 1960.

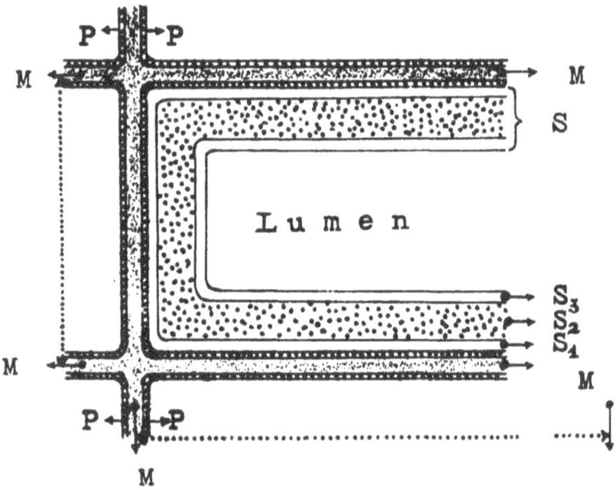

Bild 10 Schema des Querschnitts einer Holzzelle

Schicht	Durchmesser μ
M	0,3 (bis 2)
P	0,1—0,2
S	max. 10
S_1	0,2 (max. 1)
S_2	1—10
S_3	0,1

weißen. In der fertigen verholzten Membran spielt Pektin keine erhebliche Rolle mehr, sonst würde das Holz unter Pektinaseneinwirkung rasch zerfallen, was aber nicht der Fall ist.

Die Primärwand P ist zunächst nur ein loser Verband aus Pektin und Eiweiß, mit einem geringen Anteil (etwa 5%) an Cellulose, die sich allmählich durch Einlagerung (Intususception) und Anlagerung (Apposition) in der wachsenden Wand anreichert, wobei die Elementarfibrillen der Cellulose[80]) untereinander vernetzt sind. Bedeutungsvoll für die Richtung und Anhäufung der Fibrillenbündel[81]) ist u. a. der Druck, der sich beim Zuwachs verholzten Gewebes entwickelt. Die Fibrillenbündel treten all-

[80]) 100—200 Å Durchmesser.

[81]) 0,1—0,2 μ Durchmesser, vgl. W. Kling, Hauptvers. d. Vereins d. Textilchemiker u. Koloristen, Bad Neuenahr, 1952.

mählich zu Lamellen zusammen, was besonders für die Sekundärwand S typisch ist.

S entwickelt 3 Schichten, die Außenlamelle S_1, die Zentralschicht S_2 und die Innenlamelle S_3. S_1 besteht aus mehreren Lamellen sich kreuzender Mikrofibrillen, die flache Schraubung aufweisen. S_1 ist 0,1—0,2 μ dick. S_2 (von mehreren μ Dicke) besteht vorwiegend aus Cellulose, die in gut orientierte, steil geschraubte Fibrillenbündel gepackt, sich zu konzentrischen Lamellen zusammenschließt[82]). S_3 besitzt eine gewisse Sonderstellung, ist ärmer an Cellulose, gegen Pilzbefall widerstandsfähig. Die Cellulosemikrofibrillen sind hier flach geschraubt. Druckholz weist kein S_3 auf[83]).

Erst mit der Ausbildung der Sekundärwand S findet die Ablagerung von Lignin (das bekanntlich erst nach der Kohlehydratsynthese aufgebaut wird) in der Zellwand statt. Die Lignifizierung greift von der Mittellamelle M zunächst auf die Primärwand P über, die beide durch die Lignifizierung miteinander verschmolzen werden, so daß oft für PMP der Begriff compound middle lamella gebraucht wird. Dann erst gelangt Lignin in die Außenschicht S_1, von der es weiter in S_2 fortschreitet[84]). Den Hauptanteil an Lignin weist die Mittellamelle auf.

Da man den aus Mittellamelle und den benachbarten beiden Primärwänden gebildeten Komplex mikroskopisch gewöhnlich nicht in die Einzelheiten aufzulösen vermag, so unterscheiden manche Forscher bloß 2 Bestandteile der Zellwand: die eben erwähnte zusammengesetzte Mittelschicht (compound middle lamella) und die Sekundärwand. Diese isotrope Mittelschicht[85]) stellt den ligninführenden Anteil der Faserwand dar, mit 60—70% Lignin, während die Sekundärwand die Hauptmenge der Kohlehydrate enthält. Daß die Außenwand (S_1), Centralwand (S_2) und Innenwand (S_3) der Sekundärmembran, mit ihren jeweils parallelgelagerten Elementarfibrillen der Cellulose, als ein zusammengehöriges Ganzes, eben die „Sekundärwand" zu betrachten ist, scheint trotz aller im einzelnen vorhandenen morphologischen, chemischen und physikalischen Unterschiede sehr wahrscheinlich.

Die Verholzung ist ein verwickelter biologischer Vorgang, da sie in einer Gruppe verschiedenartiger Gewebe mit sehr unterschiedlichen physiologischen Verhältnissen und verschieden engen gegenseitigen Beziehungen vor sich geht. Die Dicken der lignifizierten Zellwandschichten

[82]) I. W. Bailey, Ind. Eng. Chem. *30*, 40; 1938.

[83]) G. Casperson, Ber. Bot. Ges. *72*, 230—235; 1959. W. Wergin, G. Casperson, Holzforschung *15*, 44—50; 1961.

[84]) A. B. Wardrop, D. E. Bland, IV. Internat. Congress of Biochemistry, London 1959. A. B. Wardrop, Tappi *40*, 301; 1959.

[85]) Dh. nach allen Richtungen hin gleiche Eigenschaften besitzend.

unserer wichtigsten Holzarten werden heute mit Hilfe neuester Untersuchungsverfahren überprüft.

An Ultradünnschnitten von Fichtentracheiden stellt G. JAYME[86]) (1961) elektronenmikroskopisch folgende Zahlen fest:

Zellwanddicke	2,22—4,52 μ
Primärwand, P	0,16—0,64 μ
Sekundärwand, S_1	0,12—0,49 μ
Sekundärwand, S_2	1,64—3,80 μ
Sekundärwand, S_3	0,06—0,19 μ

Die Botaniker haben schon frühzeitig versucht, den Bau der Zellwände durch Farbenreaktionen aufzuklären[87]). Es erwies sich jedoch, daß diese Reaktionen keineswegs eindeutig sind. Infolge der verschiedenen Adsorptionsfähigkeit der Zellwandschichten, ihrer verschiedenen Durchlässigkeit und der ungleichen Diffusionsgeschwindigkeit der Farbstoffbestandteile, ist bei der Auswertung der Farbenreaktionen Vorsicht geboten. Aussichtsreicher (für die Ermittlung der Cellulose) ist die Verwendung von polarisiertem Licht, das z. B. die Lage und Orientierung der Cellulosekristallite in der Zellwand enthüllt. Am sichersten ist jedoch die Ausführung spezieller Mikroreaktionen an Dünnschnitten unter dem Mikroskop.

2.1.6.1 **Mittellamelle** (Zwischenzellsubstanz), **M**

Im Faserverband werden die Zellen durch die isotrope Mittellamelle zusammengehalten, über deren Feinstruktur wir noch sehr wenig wissen. Beim Holzaufschluß werden die Mittellamellen mehr oder minder vollständig aus dem Faserverband entfernt. Die Mittellamelle stellt im Holz sozusagen ein zusammenhängendes Kontinuum dar, in dem die Fasern festgehalten sind.

Die Dicke der Mittellamelle schwankt je nach der Holzart zwischen einigen Zehnteln μ und 2 μ. Der morphologischen Untersuchung der Mittellamelle steht stark im Wege, daß praktisch eine Trennung von der dünnen Primärwand kaum möglich ist.

Die Mittellamelle (M) und die anschließenden dünnen cellulosefführenden Zellwände (P) sind stark lignifiziert. Fichte dürfte etwa 70% Lignin in

[86]) G. JAYME, D. FENGEL, Holzforschung *15*, 97—102; 1961. Holz als Roh- und Werkstoff *19*, 50—55; 1961.

[87]) Vgl. z. B. C. VAN WISSELINGH „Die Zellmembran", Berlin 1925 (Band III) des Handbuchs der Pflanzenanatomie von K. LINSBAUER. Zur Verteilung der chemischen Zellwandbestandteile vgl. den gleichlautenden Vortrag von P. LANGE beim Fasersymposion Cambridge 1957, ferner O. KALLMES, Tappi *43*, 143—153; 1960.

der Mittellamelle enthalten[88]. Nach H. P. FREY (1959)[89] weist (M + P) etwa 62% Lignin auf. Douglastanne soll nach mikroskopischen Analysen von A. J. BAILEY (1936)[90] 72% Lignin, ferner Pentosane und glukuronhaltige Hemi in der Mittellamelle enthalten. Nach K. FREUDENBERG[91] wird radioaktives D-Koniferin bevorzugt in die Mittellamelle eingebaut.

2.1.6.2 Primärwand, P

In der Primärwand der Zelle bildet sich während des Wachstums ein lockeres Geflecht von Cellulose-Elementarfibrillen, in das mit fortschreitender Entwicklung immer mehr und mehr Elementarfibrillen eingeflochten werden. Die Cellulose ist aber in einer voluminösen Masse eingebettet, die aus Pektin, vielleicht Pentosan, Wachs, Kutin, Lignin und anderen unbekannten Stoffen besteht. Diese maskierte Cellulose ist mikrochemisch nicht unmittelbar nachzuweisen. Die Elementarfibrillen der Cellulose sind nicht parallel orientiert, sondern zu einem charakteristischen Netzwerk verflochten oder verwoben.

Die Primärwand soll 2—3 mal so dick wie eine Elementarfibrille der Cellulose, also etwa 300 Å sein. Infolge ihres beträchtlichen Wassergehaltes (etwa 90%) muß man jedoch mit einer wesentlich größeren Dicke rechnen. Im Schrifttum werden 0,1—0,2 μ angeführt.

Vom chemischen Standpunkt aus ist die Primärwand allen Reagentien gegenüber sehr widerstandsfähig. Sie quillt nur wenig und schrumpft (beim Delignifizieren) ebenfalls nur wenig. Die Delignifizierung der Primärwand ist sehr schwierig. Bei „weichen", langgekochten Sulfit-Zellstoffen ist die Primärwand ebenso wie bei Sulfatzellstoffen weitgehend delignifiziert und zerstört. Interessant ist, daß die Primärwandcellulose pilzresistent ist, die Sekundärwandcellulose aber nicht. Die Primärwand ist wenig dehnbar und zerreißt leicht.

2.1.6.3 Die Sekundärwand, S

Die Sekundärwand der Zelle besteht, wie schon erwähnt wurde, aus drei Schichten (S_1, S_2, S_3). Die Richtigkeit dieser Annahme kann mit polarisiertem Licht leicht nachgewiesen werden[92].

[88] P. W. LANGE, Sv. Papp. *47*, 262; 1944. *57*, 525; 1954.

[89] H. P. FREY, Holz als Roh- u. Werkstoff, *17*, 313—318; 1959.

[90] A. J. BAILEY, Ind. Eng. Chem., Anal. Ed. *8*, 52, 389; 1936.

[91] K. FREUDENBERG u. Mitarb., Naturwissenschaften *42*, 29; 1955.

[92] Diese Schichten dürfen nicht mit den eingangs des Abschnitts 2.1.6 (Absatz 3) erwähnten Celluloselamellen („Wachstumringen") verwechselt werden, die submikrosko-

Diese Erscheinung wird durch verschiedene Orientierung der Cellulosekristallite in den 3 Schichten der Sekundärwand begründet; die Elementarfibrillen liegen hier streng parallel orientiert in dichten Verbänden und verlaufen in mehr oder weniger steilem Winkel zur Faserrichtung. In aufeinanderfolgenden Schichten ändert sich dieser Winkel. Die Kreuzung verfestigt die Celluloselamellen. Der Cellulosegehalt in der Sekundärwand ist wesentlich höher als in der Primärwand. Beim „Zugholz“ (s. S. 42, 138, 139) ist die Sekundärwand von der des normalen Holzes anatomisch, chemisch und physikalisch verschieden. Sie besteht hier aus ganz oder teilweise gelatinösen, nicht verholzten Schichten.

Die drei Schichten der Sekundärwand unterscheiden sich morphologisch und chemisch, wie Untersuchungen der letzten Jahre gezeigt haben, bedeutend stärker, als man bisher angenommen hat. Der Aufbau der gesamten Sekundärwand hängt übrigens, wie sich zeigte, stark mit der Länge der Zelle zusammen.

Behandelt man die Sekundärwand mit celluloselösenden Mitteln (z. B. SCHWEIZERS Reagens), so erhält man ein zusammenhängendes Ligninskelett. Bevor es noch zur Auflösung der Cellulose kommt, tritt zuerst „Kugelquellung“ ein. Sie wird dadurch hervorgerufen, daß die Außenschicht der Sekundärwand gegenüber SCHWEIZERS Reagens widerstandsfähiger ist, als der Rest der Sekundärwand. Die stark quellende Mittelschicht S_2 bringt die Außenschicht der Sekundärwand S_1 zum Zerplatzen und tritt kugelförmig aus. Die Quellungsfiguren gestatten wichtige Einblicke in den Feinbau der pflanzlichen Zellwand.

Die äußere Schicht der Sekundärwand S_1 (Übergangslamelle, „Winding Layer“) scheint ihrem chemischen Verhalten nach eher zur Primärwand als zur Sekundärwand zu gehören. In Fichtentracheiden ist sie reich an Polyosen und mit Lignin stark inkrustiert. Hier zeigt die äußere Schicht bei rasch wachsendem Holz (ebenso wie die innere sekundäre Wandschicht) eine Mikrofibrillenrichtung, die mit der Faserachse einen Winkel von 70°, bei langsam wachsendem Holz von etwa 58° einschließt. Die dichtgelagerten Mikrofibrillen verlaufen in gegenläufiger Schraubung um die Faserachse. (In Kiefertracheiden wurden neuestens auch einige parallel zur Faserachse gelagerte Mikrofibrillen festgestellt.) Die Übergangslamelle soll aus 2—3 Sublamellen aufgebaut sein.

Die Zentralschicht der Sekundärwand S_2, ist infolge ihrer Mächtigkeit von —10 μ am besten untersucht und bekannt.

1 Von allen Zellwandschichten ist sie, die eigentliche Sekundärwand, am wichtigsten. Die Fasereigenschaften jedes Zellstoffs sind hauptsächlich von

pischer Art sind und erst nach vorhergegangener Quellung und Färbung im Mikroskop sichtbar gemacht werden können.

Bau und von der Schonung der S_2 abhängig. Die sehr dicht gepackten Elementarfibrillen der Cellulose verlaufen hier parallel zur Faserrichtung oder schrauben sich um sie herum. Man spricht hier deshalb von einer „Schraubentextur“. Durch diese Schraubentextur der Zellwand werden die Beanspruchungen ausgeglichen, Querkräfte in Längskräfte und umgekehrt, Längskräfte in Querkräfte verwandelt. Dadurch werden solche Elastizitätseigenschaften der Zellwand erhalten, wie sie sich bei gleicher

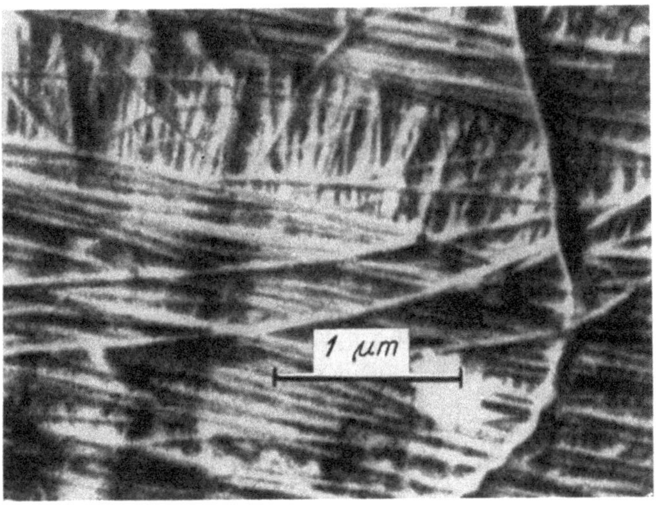

Bild 11 Zentralschicht der Sekundärwand

Festigkeit in keinem anderen Naturstoff finden. Die elastische Dehnbarkeit ist ungefähr zehnmal so groß wie die des Stahls. Die Mikrofibrillen sind aus Kristallitsträngen zusammengesetzt, die Zwischenräume der Mikrofibrillen mit amorpher Cellulose und Nichtcellulosenanteilen erfüllt. Die Sublamellierung der S_2-Wand (vermutlich durch geringe Orientierungsunterschiede der Mikrofibrillen hervorgerufen) ist zur Zeit noch unsicher.

Die Innenlamelle der Sekundärwand, S_3, (Tertiärwand) ist morphologisch und ihrem Chemismus nach sehr umstritten. Die Tertiärwand der Fichtentracheide ist wahrscheinlich aus Cellulose, Xylan und Pektin aufgebaut. Sie ist gegen starke Säuren und SCHWEIZERS Reagens widerstandsfähiger als die übrige Sekundärwand.

Im Hydrolysat stellte H. BUCHER[93]) neben 45% Xylose und 24% Mannose, noch Arabinose, Galaktose und Glukose fest. Die Richtung der Elementarfibrillen der Cellulose scheint hier nach neuesten Untersuchungen zu wechseln. Laut W. LIESE ist deren deutliche Verflechtung nachweisbar[94]).

Die alte Bezeichnung „Tertiärwand" (C. SANIO, 1860)[95]) für S_3 scheint sich wegen der chemischen Unterschiede gegenüber der eigentlichen Sekundärwand (die z. B., wie schon erwähnt, nicht pilzresistent ist) allmählich wieder einzubürgern[96]).

Interessant ist das Verhalten der Innenlamelle der Sekundärwand in den verschiedenen Arten von technischer Cellulose. So ist die Tertiärwand von Zellen im Holzverband, ebenso wie die von Sulfatzellstoff gut erhalten, hingegen bei vorhydrolysiertem Sulfatzellstoff, gebleichtem Sulfitzellstoff und isolierter Alphacellulose stark zerstört.

In *Druckholzzellen* der Nadelbäume (vgl. S. 137, 138) wird übereinstimmend von den verschiedensten Autoren das Fehlen einer Tertiärschicht festgestellt[97]). Besonders deutlich ist sie hingegen bei den *Zugholzfasern* der Laubbäume und im Weißholz von Nadelbäumen. Im Zugholz soll die Tertiärlamelle stark verdickt, amorph und gelatinös sein. Doch gehen die Ansichten hierüber auseinander. Die Elementarfibrillen der Cellulose verlaufen hier parallel zur Faserrichtung, was neben dem nachweisbaren Ligninmangel die Wolligkeit der Schnitte erklären würde.

Ganz allgemein ist der Verlauf der Elementarfibrillen in der Zellwand für die Festigkeit der Faser maßgebend: steilverlaufende, längsgerichtete Elementarfibrillen der Cellulose bewirken begreiflicherweise Erhöhung der Zugfestigkeit, flach angeordnete Elementarfibrillen der Cellulose erhöhen die Druckfestigkeit. Druckholz weist in der Sekundärwand von Fichtenzellen einen Spiralwinkel von 40,5° auf.

Zusammenfassend kann in großen Zügen gesagt werden: die Elementarfibrillen der Cellulose sind in den Zellwandschichten rings um das Lumen dicht angeordnet und bilden ein hochorientiertes, hochkristallines System. In der Richtung gegen die äußeren Gebiete der Zellwand wird die Ordnung der Elementarfibrillen loser, es entstehen amorphe Bildungen, in deren Zwischenräumen Lignin und Hemi gelagert sind, deren beider Konzentration in den äußeren Schichten ansteigt.

---

[93]) H. BUCHER „Zur Topochemie des Holzaufschlusses", Hauptversammlung Zellcheming, 1960. Vgl. H. BUCHER, Holzforschung *11*, 1—16, 97—107: 1957.

[94]) W. LIESE, Holz als Roh- u. Werkstoff *18*, 296—304; 1960.

[95]) C. SANIO, Bot. Ztg. *18*, 201; 1860.

[96]) Vgl. hingegen A. B. WARDROP, H. E. DADSWELL, Holzforschung *11*; 33—41; 1957.

[97]) E. MÜNCH, Flora *132*, 357; 1936. A. B. WARDROP, Holzforschung *8*, 12; 1954.

Die physikalischen und chemischen Eigenschaften der Cellulose sind, wie wir sehen, teils mit ihrem hochmolekularen kristallinen Bau, teils mit ihrer morphologischen Anordnung in der Zellwand eng verknüpft. Chemische Umsetzungen haben sichtbare morphologische Veränderungen zur Folge. Doch ist im allgemeinen der *Zusammenhang zwischen morphologischem Bau des Holzes und chemischer Zusammensetzung* keineswegs deutlich erkennbar, da stets die gleichen chemischen Verbindungsgruppen (in wechselnden Anteilen und verschiedenen Polymerisations- und Kondensationsgraden) am diskontinuierlichen Bau der Zellwand beteiligt sind.

2.1.6.4 *Biosynthese der Cellulose:* Abschließend sei noch die Biosynthese der Cellulose kurz erwähnt. Die Möglichkeit extracellularer Cellulosesynthese auf kohlenhydratreichen Nährböden (Glukose + anorganische Nährsalze + Aethanol) durch Acetobakter xylinum hat dieses Bakterium zum bevorzugten Gegenstand von Studien gemacht. Als Zwischenprodukt des Celluloseaufbaus wurde bisher Glukose-6-Phosphat ermittelt (H. Ziegler, 1959)[98].

Acetobakterkulturen wurden auch mit Glukose-I-C^{14} versetzt, um die Biosynthese C^{14}-markierter Cellulose zu gestatten. Bei der Hydrolyse wies so aktivierte Cellulose 82% C^{14} am C_6 auf, 9% am C_1 und geringere Mengen am C_2, C_3, C_4 und C_5 (G. A. Greathouse, 1957)[99].

1957 gelang es Greathouse erstmalig mittels zellfreier Extrakte aus Acetobakter xylinum *in vitro* D-Glukose in Cellulose umzuwandeln[100]. Doch bestehen hier noch manche offenen Fragen. Wesentlich verwickelter liegen die Verhältnisse indessen bei der Synthese von Hemi und Pektinen.

2.1.7 Verteilung von Cellulose, Hemi und Lignin in der Zellwand

Die relative Verteilung der drei Hauptbestandteile des Holzes ist maßgebend dafür, wie das verwickelte Zellaggregat „Holz" sich mit wechselnden chemischen Agentien verhält. Das Cellulosegerüst der Zellwand besteht aus einem System von Fibrillen, die in der Nähe des Lumens am dichtesten gepackt und am besten geordnet sind, während Packung und Ordnung in der Richtung nach außen zu immer loser werden. In den Zwischenräumen der Cellulose sind Hemi und Lignin eingelagert, deren

---

[98]) H. Ziegler, J. Weigl, Naturwissenschaften *46*, 20; 1959.

[99]) G. A. Greathouse, J. Amer. Chem. Soc. *79*, 4505—4507; 1957. M. L. Wolfrom u. Mitarb., ibid. *81*, 1217—1221; 1959. A. M. Brown, J. A. Gascoigne, Nature *187*, 1010—1012; 1960. Vgl. auch E. Husemann, R. Werner, Makromol. Chem. *59*; 43—60; 1963.

[100]) G. A. Greathouse, J. Amer. Chem. Soc. *79*, 4503—4504; 1957.

Konzentration (in umgekehrten Sinn!) nach außen stufenweise zunimmt. So stellen Hemi und Lignin nahe dem Lumen etwa je 15% der gesamten Zellwandschichte dar, während Hemi in den äußeren Schichten der Sekundärwand bis 60%, Lignin in der Mittellamelle 60—90% erreichen können. Demnach scheint auch die Lignin-Hemi Verteilung in der Zellwand für deren Verknüpfung zu sprechen.

2.1.8 Chemische Reaktionen der Cellulose

Für die chemische Verarbeitung der Cellulose ist in erster Reihe ihre Zugänglichkeit (accessibility) maßgebend, die sich *praktisch* (freilich nur in großen Zügen) mit dem Verhältnis amorph : kristallin verknüpfen läßt.

Die chemischen Reaktionen der Cellulose spielen sich zunächst in den Anhydroglukose-Bausteinen der amorphen Bezirke ab. Das gleiche gilt auch für den enzymatischen Abbau der Cellulose[101]).

Die Reaktionsfähigkeit der Cellulose[102]) hängt also von ihrer physikalischen Form ab, über welche die Wasserdampfsorption Aufschluß gibt. Für die Wasserdampfsorption ist aber (neben Dampfdruck und Temperatur) die Vorgeschichte der Celluloseprobe ausschlaggebend. Von der Vorgeschichte hängt die Anzahl freigebliebener OH-Gruppen (besonders) in den amorphen Bezirken ab. Da die meisten Umsetzungen der Cellulose die OH-Gruppen erfassen, ist die von ihnen bedingte *Wasserdampfsorption ein Maß für die Reaktionsfähigkeit* der Cellulose[103]).

Die Erhöhung der Reaktionsfähigkeit („Aktivierung der Cellulose") kann z. B. durch Einfrierenlassen in 8%iger Natronlauge erfolgen, wodurch Quellung eintritt, Wasserstoffbrücken teilweise zerstört werden, während der Polymerisationsgrad verhältnismäßig wenig leidet. Auch schwache Veresterung führt zum Lockern der „Packungsdichte") d. h. der Kristallinität). So kann höhere Substitution erzielt werden (N. I. Nikitin, 1958)[104]).

Bei fast allen Umsetzungen der Cellulose laufen oxydative, hydrolytische und hydratisierende Nebenreaktionen parallel.

Zwischen den amorphen, ungeordneten Gebieten und den geordneten kristallinen Räumen der Cellulose bestehen offenbar allmähliche Über-

---

[101]) D. G. H. Siu, Text. Res. Journ. *20*, 281; 1950.

[102]) Vgl. A. W. McKenzie, H. G. Higgins, Holzforschung *10*, 150—153; 179—184; 1956. (Für die Reaktionsfähigkeit scheint die Dichte des Netzwerks aus Wasserstoffbrücken ausschlaggebend zu sein). — R. Bartunek, Das Papier *12*, 14—21; 1958.

[103]) A. R. Urquhardt, Text. Res. Journ. *28*, 159—169; 1958.

[104]) N. I. Nikitin, G. A. Petropawlowskij, Chim. nauka i prom. *4*, 713—718; 1959.

gänge. Erst heftig eingreifende Chemikalien (starke Säuren oder Basen) lockern die feste gegenseitige Bindung der Cellulosemoleküle in den kristallinen Bezirken soweit, daß die chemische Umsetzung der Anhydroglukose-Bausteine auch hier einsetzen kann.

Jeder Cellulosebaustein besitzt drei OH-Gruppen, eine primäre (in 6-Stellung) und zwei sekundäre (in 2- und 3-Stellung), die bei den verschiedenen Umsetzungen verschieden reagieren. Die Abkömmlinge unterscheiden sich von der Ausgangscellulose zunächst durch die Substitution dieser Hydroxylgruppen. Daneben spielen aber auch die glukosidischen Bindungen zwischen den Anhydroglukose-Bausteinen der Cellulosekette eine bedeutende Rolle. Diese Bindungen werden durch starke Chemikalien und Oxydationsmittel gesprengt und hinterlassen kürzere Celluloseketten.

Cellulose zeigt also die Reaktionen:

a) eines mehrwertigen heterocyklischen Alkohols,
b) die charakteristischen Polysaccharid-Umsetzungen.

Zur Gruppe a) gehören:

Additionsverbindungen mit Wasser, mit Alkalien
Esterbildung[105]) (Nitrierung, Acetylierung, Xanthierung)
Aetherbildung[105]) (Alkylierung, Benzylierung)
Oxydation der alkoholischen Gruppen (in 6-Stellung) zu Aldehyd- und Karboxylgruppen.

Zur Gruppe b) gehören:

Hydrolyse zu kürzeren Ketten, bis schließlich zur Glukose,
Oxydation zu kurzkettigen Molekülen.

Über den Verlauf der Cellulosereaktionen wurden die verschiedensten Theorien veröffentlicht. Da die Cellulose oft in Form der gewachsenen Faser in Umsetzung tritt, darf man hier naturgemäß keinen solch einfachen Reaktionsverlauf voraussetzen, wie bei gelösten organischen Verbindungen.

Von erheblicher Bedeutung für den günstigen Verlauf der Cellulosereaktionen ist ein möglichst gleichmäßiger Polymerisationsgrad. Wesentliche Homogenisierung des Polymerisationsgrades erzielt W. I. Iwanow

[105]) Sie sind von größter Bedeutung für die Erzeugung von Kunstseide, Stapelfaser, Filmen, Kunststoffen usw.

(1958)[106]) durch einstündige Behandlung der Cellulose mit 0,2%iger HNO_3 bei 92° C. Salzsäure erwies sich als weniger wirksam.

Die Packungsdichte der Cellulose-Bauelemente und die Reaktionsfähigkeit der Cellulose (Hydrolyse, Alkoholyse) hängen unmittelbar zusammen. Mit steigender Dichte ist die Cellulose schwerer hydrolysierbar[106a]).

Die Naturfaser mit ihren vorwiegend kristallinen, strenggeordneten Bereichen erschwert den Molekülen des Reagens das Eindringen zwischen die Celluloseketten. Erst die Zerreißung der Bindungen zwischen den OH-Gruppen benachbarter Cellulosemoleküle ermöglicht ein Fortschreiten der chemischen Umsetzung. Die Cellulose weist daher ausgesprochen *heterogene Reaktionen* auf: die Oberfläche der Faser wird weitergehend substituiert als ihr Inneres, das erst nach und nach in den Bereich der Umsetzung tritt.

Die unter a) hervorgehobenen Additionsverbindungen zwischen Cellulose und Alkalien weisen durchweg schwache Bindung auf. Diese Additionsverbindungen sind durch Wasserüberschuß leicht hydrolysierbar und hinterlassen chemisch unveränderte (gequollene) oder „regenerierte" Cellulose (Hydratcellulose).

Hydratcellulose ist wesentlich empfindlicher gegen Abbau als Baumwollcellulose. So zerfällt Hydratcellulose, wenn sie mit 1%iger NaOH einige Stunden offen gekocht wird, zu 20%. Dabei entstehen hauptsächlich Cellotriose, -tetraose und -pentaose, daneben Saccharinsäuren und deren Laktone, während Baumwollcellulose nur zu 2—3% abgebaut wird[106b]).

2.1.9 Umsetzung Cellulose—Wasser

Die Kenntnis des Systems *Cellulose* — H_2O ist für die theoretische und praktische Holzforschung von hoher Bedeutung. Eigentlich müßte die Cellulose infolge von tausenden lyophilen (wasseranziehenden) OH-Gruppen ebenso wasserlöslich sein, wie Cellulosexanthat oder Tylose (= halbmethylierte Cellulose). Wie wir heute wissen, hängt die Wasserunlöslichkeit der Cellulose mit ihrem *übermolekularen Bau* zusammen, d. h. mit der Verknüpfung der Celluloseketten untereinander.

Die langen Cellulose-Hauptvalenzketten sind durch herausragende OH-Gruppen gekennzeichnet. Wie wir schon hörten, sind diese OH-Gruppen

[106]) W. I. Iwanow, Doklady AN SSSR *123*, 691—692; 1958.

[106a]) W. I. Scharkow, Wysokomol. sojed. *5*, 729—734; 1963.

[106b]) N. S. Majat, O. P. Golowa, I. I. Nikolajewa, Wysokom. sojed. *5*, 873—874; 1963.

Träger von Anziehungskräften und veranlassen dadurch zunächst die Parallellagerung (Orientierung) benachbarter Hauptvalenzketten, hierauf die Bildung „geordneter Gitterbereiche".

Der hochkristalline Kern der Kristallitstränge von Cellulose ist hydrophob (wasserabstoßend)[107]), denn die Molekularkräfte zwischen den Celluloseketten sind stärker, als die Anziehungskräfte zwischen den Cellulosemolekülen und Wasser. Wäre dies nicht der Fall, so würde die Cellulose unbegrenzt quellen und schließlich sogar in Lösung gehen. In das Innere der geordneten Gitterbereiche vermag Wasser nicht einzudringen. Daß diese kristallinen Bezirke an der Wasseraufnahme unbeteiligt sind, zeigt uns ihr unverändertes Röntgenbild. Alles deutet darauf hin, daß zunächst nur der amorphe Anteil der Cellulose Wasser bindet und quillt. Demnach ist also der Kristallisationsgrad einer Faser von Einfluß auf die Wasseraufnahme (P. H. HERMANS, 1948)[108]).

Infolge der ungeordneten Lagerung der Moleküle im amorphen Anteil bleibt eine erhebliche Anzahl freier Nebenvalenzen erhalten, die als Sorptionskräfte Wassermoleküle zu binden vermögen. Die Bindung des Wassers an Cellulose läßt sich mit Hilfe von Wasserstoffbrücken erklären[109]). Deren Entstehung zwischen zwei benachbarten Celluloseketten denken wir uns folgendermaßen:

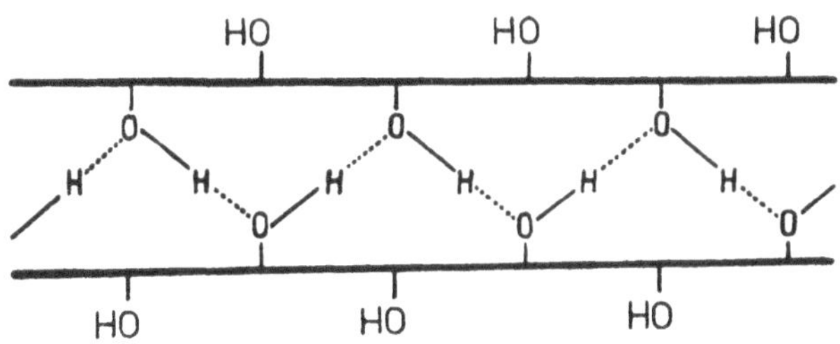

Bild 12 Wasserstoffbrücken zwischen Celluloseketten

In ähnlicher Weise können wir uns auch das Einfangen von Wassermolekülen zwischen benachbarten Celluloseketten vorstellen:

---

[107]) Ähnlich verhält sich Cellulose mit besetzten OH-Gruppen, z. B. Acetylcellulose. In feuchtigkeitsgesättigter Atmosphäre nimmt sie nur etwa 50% des Wassers auf, das Reincellulose adsorbiert.

[108]) P. H. HERMANS, A. WEIDINGER, J. APPLIED Phys. *19*, 491; 1948.

[109]) M. HUGGINS, J. Org. Chem. *1*, 407, 439, 440, 455; 1936. E. K. RIDEAL, J. Text. Inst. *30*, 238; 1939. Transact. FARADAY Soc. *36*, 871—928; 1940. J. W. ELLIS, J. BATH, J. Amer. Chem. Soc. *62*, 2859; 1940.

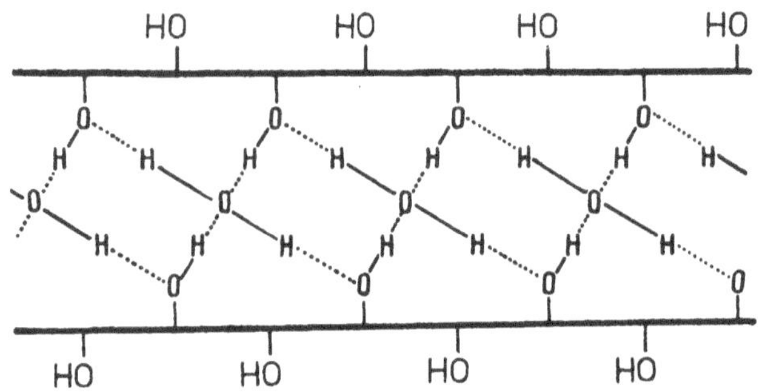

Bild 13 Wassermoleküle zwischen Celluloseketten

Die stabilen Anteile der Faser bleiben anfangs unter der Einwirkung des Wassers unverändert. Diese kristallinen Bezirke der Cellulosefaser werden erst von den amorphen Gebieten aus durch starke, ungleichmäßige Quellung gegeneinander verschoben und dann ebenfalls fähig, Wasser aufzunehmen. Diese ungleichmäßige Quellung kann durch ionisierte Stoffe (starke Säuren und Alkalien) hervorgerufen werden. Dabei wird das Gitter der Cellulose aufgelockert und Wasser kann nunmehr zwischen die einzelnen Celluloseketten des Gitters eindringen. (Vgl. die Erklärung der techn. Mercerisation.)

Das System Cellulose — Wasser tritt uns praktisch *überall* entgegen, wo Cellulose frei oder im Holzverband vorhanden ist. Die Cellulose nimmt aus der stets wasserdampfhaltigen Luft soviel Wasser auf, daß sich ein Gleichgewicht zwischen dem System Cellulose — Wasser und der umgebenden Luft einstellt.

Wie zahlreiche Untersuchungen zeigten, müssen wir in der Cellulosefaser praktisch folgende drei Gruppen verschieden gebundenen Wassers unterscheiden:

a) Konstitutionswasser, entsprechend dem Wasser aus Hydroxylen benachbarter Celluloseketten,

b) Sorptionswasser, eingefangen durch unbesetzte Hydroxyle der Kohlehydrate,

c) Kapillarwasser, kondensiert in den Kapillaren zwischen Cellulosekristalliten.

Selbstverständlich lassen sich diese drei Gruppen an die Cellulose gebundenen Wassers nicht scharf voneinander trennen. In Wirklichkeit bestehen Übergänge zwischen den einzelnen Bindungsarten. Will man

z. B. das gesamte Sorptions- und Kapillarwasser vollständig austreiben und erhitzt deswegen die Cellulose auf 105° C, so werden hierbei auch schon geringe Mengen von Konstitutionswasser freigemacht, d. h. also: der übermolekulare Bau der Cellulose wird angegriffen und verändert.

Wir sehen, daß hier recht verwickelte Verhältnisse vorliegen, die durch das Problem der *Hysteresis* noch komplizierter werden, eine Frage die keineswegs geklärt ist. Unter Hysteresis verstehen wir die Erscheinung, daß isotherm (d. h. bei gleichbleibender Temperatur) erfolgende Aufnahme und Abgabe von Wasser durch Cellulose (und andere quellbare Fasern) nicht vollkommen reversibel ist: ein Teil der sorbierten Wassermenge wird von der Faser zurückgehalten[110]).

Mercerisierte Cellulose zeigt eine fast 50% höhere Wassersorption, da durch NaOH die Oberfläche der Cellulose stark vergrößert wird. Hier ist die Erscheinung der Hysteresis noch ausgeprägter. Während z. B. die von Cellulose (bei 90% relativer Feuchtigkeit) irreversibel zurückgehaltene Wassermenge fast 3% des Cellulosegewichts erreicht, hält mercerisierte Cellulose unter den gleichen Umständen 4% Wasser irreversibel zurück.

Über die Ursache der Hysteresis wurden die verschiedensten Anschauungen geäußert. Wahrscheinlich beruht die Hysteresis auf der fortschreitenden Ausbildung kristalliner Bezirke beim Trocknen der Cellulose (zwecks Austreibung des vorher sorbierten Wassers). Damit nimmt die Größe des sorptionsaktiven Raums (= amorphen Anteils) ab und die Wasseraufnahme dort ist entsprechend geringer (A. R. Urquhardt)[111]).

Zusammenfassend kann man heute wohl sagen, daß die früher vielfach vertretene Anschauung über stöchiometrische Bindungsverhältnisse zwischen Cellulose und Wasser sehr unwahrscheinlich geworden ist. Allzuviel heterogene Kräfte spielen bei der Wasseraufnahme des verwickelten Systems Cellulose mit, als daß sich deren Ergebnis in den einfachen Zahlen klarer chemischer Umsetzungen ausdrücken ließe.

Können wir von der Wasseraufnahme der Cellulose auf die eines Holzes schließen? Dies kann, trotz der dominierenden Stellung der Cellulose im Holz, nicht ohne weiteres geschehen. Bei den sehr wechselnden Prozentsätzen an Cellulose, Hemi und Lignin in Hölzern und der starken Abnahme der Sorptionskräfte in der Richtung: Hemi ⟶ Cellulose ⟶ Lignin, sind erheblich wechselnde Sorptionswerte (bis zu etwa 30% Unterschied) für die einzelnen Hölzer zu erwarten.

---

[110]) Dies gilt für sämtliche Arten von Cellulose: Baumwolle, Linters, gebleichte und ungebleichte Zellstoffe, aber auch für andere quellende Stoffe, wie Holz, Wolle und Seide. Holzcellulose weist sowohl im Holzverband, als auch isoliert (als Zellstoff) erheblich höhere Wasserdampf-Sorption als Baumwolle auf.

[111]) A. R. Urquhardt, A. M. Williams, J. Text. Inst. *20*, 126; 1929.

Die mächtige Sorption der Hemi beruht auf ihrem amorphen Bau, der kurze, verzweigte Ketten mit stark hydrophilen Karboxylgruppen aufweist. Versuche ergaben z. B., daß die Sorption eines vollständig von Hemi befreiten Fichtenzellstoffs nur $^1/_5$ der Sorption eines Fichtenzellstoffs betrug, der 10% Hemi-Gehalt aufwies.

Mit der Wassersorption[112]) steht die *Quellung der Cellulose* in engem Zusammenhang. Sie kann mittels der Röntgenbilder der gequollenen Faser studiert werden[113]). Ein unverändertes Röntgenbild zeigt, daß die Flüssigkeit nicht in die kristallinen Bereiche einzudringen vermochte. Erst etwa 10%iger NaOH oder SCHWEIZERS Reagens (ammoniakalisches $Cu[OH]_2$) gelingt es, in das Innere der kristallinen Bezirke (d. h. zwischen die Celluloseketten selbst) zu gelangen. Da die Kristallite parallel zur Faserachse verlaufen, quillt (und schrumpft) Holz am stärksten normal zur Faserachse, d. h. in tangentialer Richtung.

Durch die Quellung der Faser, die einer Lockerung des molekularen Baues entspricht, müßte das Fasergut an Festigkeit verlieren. Dies ist auch bei den Kunstfasern aus Cellulose der Fall, nicht aber bei der Baumwolle.

Baumwolle besitzt nämlich ein *unterhalb ihrer Cuticula liegendes* alkalifestes und unquellbares Häutchen. Dieses bewirkt eine Verdichtung des gequollenen Materials, die sich durch Steigerung der Zugfestigkeit geltend macht.

Ein Maßstab für die bei der Quellung freiwerdende Energie ist die Quellungswärme[114]). Bei maximaler Quellung von 1 g Cellulose in Wasser werden 10,7 g/cal frei, von 1 g Holz in Wasser 16,9 g/cal. Diese bedeutend größere Quellwärme des Holzes hängt offenbar mit den Hemi zusammen.

2.1.9.1 Wie verhalten sich die Cellulose-Begleiter bei der Wasseraufnahme?

Wir hörten bereits, daß Cellulose ihren zahlreichen OH-Gruppen entsprechend, eine erhebliche Wasseranziehungskraft ausübt, die sich freilich wegen des kristallinen Baues der Cellulose und seiner Abgeschlossenheit gegenüber äußeren Einflüssen nur unvollkommen auswirkt. In erhöhtem Maße weisen Hemi wasserbindende Kräfte auf, die sich insbesondere wegen ihres überwiegend amorphen Baues kraftvoll auswirken. Das dreidimensionale Lignin, mit seinen wenigen freien OH-Gruppen wirkt eher hydrophob.

---

[112]) A. R. URQUHARDT, Text. Res. Journ. *28*, 159 — 169; 1958.

[113]) J. R. KATZ „The Laws of Swelling", Transact. FARADAY Soc. *29*, 279; 1933.

[114]) A. J. STAMM, W. K. LOUGHBOROUGH, J. Phys. Chem. *39*, 121; 1935.

Wie experimentelle Untersuchungen zeigten, verläuft die Wasseraufnahme verholzter Stoffe ziemlich parallel mit dem Cellulosegehalt; während sich die Hemi im Holz nur in unbedeutendem Maße mit ihren hydrophilen Kräften geltend machen, sichern sie der isolierten Holzcellulose ein überraschend großes Wasseraufnahmevermögen.

In diesem Zusammenhang wurden besonders die *spezifischen Oberflächen* von Cellulosepräparaten studiert.

Die spezifischen Oberflächen sorgfältig gereinigter und gebleichter trockener Baumwolle, Sulfit- und Sulfat-Zellstoffs wurden durch Adsorption von N_2-Dampf beim Siedepunkt (—195· 7° C) ermittelt, während die spezifischen Oberflächen der gequollenen Produkte nach einer Ionenaustauschmethode bestimmt wurden[115]).

Trockene, sowie gequollene Baumwolle wies eine spezifische Oberfläche von 16—19 m^2/g auf. Trockene Zellstoffe ergaben 2—2,5 m^2/g, gequollene (je nach dem Darstellungsverfahren) 100—200 m^2/g.

Die spezifische Oberfläche von Holocellulose wies 1,7mal höhere Werte auf als die von Cellulose. Nach 2—3jähriger Lagerung lieferte Holocellulose nurmehr 1,4mal höhere Werte. Dies dürfte auf Veränderung des inneren Baues der Holocellulose zurückzuführen sein[116]).

Alle diese Erscheinungen gehen darauf zurück, daß sich die isolierten Holzbestandteile anders verhalten als die im Holzverband stehenden. Der aller Wahrscheinlichkeit nach nur unbedeutend an Lignin und Hemi gebundene kristalline Celluloseanteil zeigt im natürlichen und im isolierten Zustand gleiche Wasseraufnahme, wie sich auch an der Baumwolle als Vergleichsgegenstand erweist, an der wir das Verhalten der natürlichen kristallinen Cellulose studieren können.

Hemi und Lignin kommen nirgends in der Natur in ungebundenem Zustand frei vor und ihre verhältnismäßig geringe Beeinflussung der Wasseraufnahme im Holzverband wäre auf die gegenseitige Bindung Lignin — Hemi zurückzuführen. Wenn V. Nečesaný (1958) von einer „Blockierung“ der Hemi durch Lignin, in Hinblick auf die Wasseraufnahmefähigkeit des Holzes schließt, so können wir ihm darin nur beipflichten.

2.1.10 Cellulose und wässerige Alkalilösungen

Die Einwirkung starker wäßriger Alkalien auf Cellulose führt zu Produkten von ungewöhnlicher technischer Bedeutung, die wir „*Alkalicellu-*

[115]) K. P. Mischtschenko „Über die Größe der spezifischen Oberfläche der Cellulose“ Kolloidn. Žurn. *21*, 330—335; 1959.

[116]) P. N. Odinzow, Nachr. Akad. Wiss. d. Lettländ. SSR *1957* (8): 79—84.

lose" nennen. Am stärksten wirkt 12—22%ige NaOH auf Cellulose, wie schon J. MERCER 1843 beobachtete[117]), der damit den Grundstein zu einer mehr als 100jährigen Reihe von Forschungsarbeiten und gleichzeitig zu einer ungeahnten industriellen Entwicklung legte. Der nach dem Entdecker genannte Mercerisiervorgang erhöht insbesondere die Zugfestigkeit, die Färbeeigenschaften, den Glanz und die Reaktionsfähigkeit der behandelten Baumwolle.

Worin besteht nun der Mercerisationsvorgang? — Bei der außerordentlichen Kompliziertheit der hier verlaufenden Prozesse läßt sich erst seit kurzem etwas genaueres darüber aussagen. Cellulose setzt sich als schwache Säure[118]) (Dissociationskonstante $2 \cdot 10^{-14}$), mit NaOH zu einem Salz um, das bei niedriger Temperatur etwas stabiler ist, bei hoher Temperatur praktisch jedoch vollkommen in Cellulose + Alkali dissociiert ist. Entsprechend der Salzbildung ist die Quellung bei niedriger Temperatur größer. Die offenbar heterogene Reaktion zwischen Cellulose und Alkali spielt sich so ab, als würde sich eine OH-Gruppe des Anhydroglukose-Bausteins der Cellulose mit *annähernd* 1 Mol NaOH umsetzen:

$$(C_6H_9O_4 \cdot OH)_n + n\,NaOH \rightleftharpoons (C_6H_9O_4 \cdot ONa)_n + n\,HOH\,.$$

Reaktionsträger sind zunächst nur die amorphen Bereiche der Faser. Durch die fortschreitende Einwirkung der Mercerisierlauge tritt jedoch von den amorphen Bezirken aus eine ungleichmäßige Aufsprengung und Zerstörung der Cellulosekristallite ein, so daß nach und nach die kristallinen Faseranteile erfaßt werden, was sich durch Veränderung des Röntgenbildes kundtut[119]).

Das normale Röntgenbild der Cellulose wird durch steigende Alkaliaufnahme stufenweise verändert, wobei es durchaus fraglich ist, ob all die gefundenen Modifikationen wirklich konstant zusammengesetzten Verbindungen entsprechen oder — was wahrscheinlicher ist — instabile Übergangsformen solcher darstellen.

Die hervorstechendste Veränderung des Röntgenbildes bei der Mercerisation entspricht der Entstehung von „*Natroncellulose I*", $(C_6H_9O_4 \cdot ONa \cdot 3\,H_2O)_n$[120]).

---

[117]) J. MERCER, Brit. Patent. 13. 296 (1850).

[118]) S. M. NEALE, J. Text. Inst. *20*, 373; 1929. *21*, 225; 1930.

[119]) Hinsichtlich der sehr ausgedehnten Literatur über Alkalicellulose vgl. E. HEUSER „The Chemistry of Cellulose", S. 63—136; New York 1946.

[120]) Bei der Mercerisation hat sich die Entfernung zwischen den Anhydroglukose-Bausteinen in der Längsachse der Faser *nicht* verändert.

Wird die Natroncellulose gründlich mit Wasser ausgewaschen, so geht sie in „*regenerierte Cellulose*" über[121]), die (wie wir schon früher hörten) ein anderes Kristallgitter besitzt, als die gewachsene Cellulose[122]).

Bei dieser durch das Auswaschen hervorgerufenen Gitterveränderung („Rekristallisation") gehen aber keineswegs alle ehemals kristallisiert gewesenen Anteile wieder in den kristallinen Zustand über, sondern *ein bestimmter Anteil davon bleibt amorph* und vergrößert den ursprünglich geringen amorphen Faseranteil[123]).

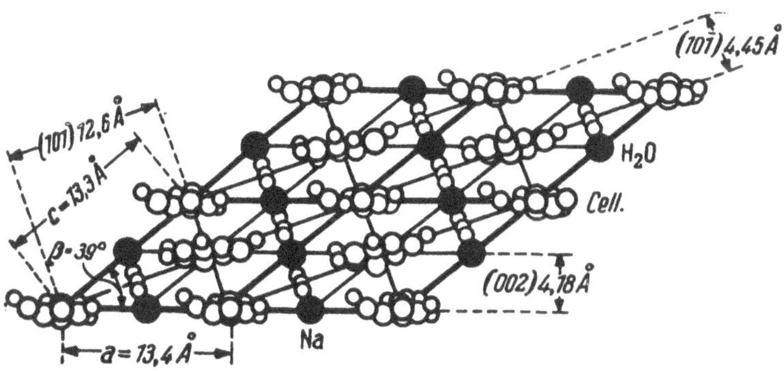

Bild 14 Der Elementarkörper der Natroncellulose

Dieses Anwachsen der amorphen Faserbezirke ist der Hauptgrund sämtlicher erwähnten Veränderungen der Cellulose durch die Mercerisation: erhöhte Hygroskopizität, erhöhte Quellbarkeit, erhöhte Anfärbefähigkeit, erhöhte *Reaktionsfähigkeit* usw. Infolge der gesteigerten Reaktionsfähigkeit verwendet man *Alkalicellulose* als Ausgangsgut für zahlreiche Celluloseabkömmlinge, Xanthate, Methylcellulose usw.

---

[121]) C. G. Schwalbe schlug dafür auch den Ausdruck „gequollene Cellulose" vor.

[122]) Früher nahm man an, daß die „regenerierte Cellulose" 1 Molekül Wasser enthalte und sprach daher von „*Hydratcellulose*". Wir wissen heute, daß die regenerierte Cellulose kein Wasser enthält. Nichtsdestoweniger hat sich die unrichtige Bezeichnung Hydratcellulose im Schrifttum eingebürgert. — Wir verstehen heute darunter sämtliche aus Celluloseverbindungen (Nitraten, Acetaten, Xanthaten usw.) und aus Celluloselösungen regenerierten Cellulosepräparate.

[123]) K. Schwertassek: Melliands Textilber. *47*, 262; 1944. *53*, 188, 764; 1950; ferner „30 Jahre Strukturstudien an Cellulosefasern mittels der Jodsorption", Faserforschung u. Textiltechnik *12*, 369—375; 1961.

2.1.11 Ester der Cellulose

Die Veresterung der Cellulose ist ein heterogener Vorgang, bei dem der Feinbau der Cellulose, Temperatur und Dauer der Umsetzung, Konzentration und spezifische Eigenschaften des Veresterungsmittels eine Rolle spielen. Während z. B. die Cellulose bei der Nitrierung fast augenblicklich vollkommen ergriffen wird, weil die kleine NO_2-Gruppe in das Innere der Faser *rasch* vorzudringen vermag („Permutoide Reaktion"), geht das Eindringen der räumlich umfangreichen Acetylgruppe (CH_3CO—), bei der Acetylierung der Cellulose nur stufenweise vor sich („Topochemische Reaktion").

Die Veresterung wird auch dadurch beeinflußt, daß die Hydroxyle der Anhydroglukose-Bausteine der Cellulose untereinander nicht gleichwertig sind. Die alkoholischen OH-Gruppen reagieren ungefähr 10mal so rasch wie die übrigen. Hält man sich die Unzahl der Cellulosebausteine vor Augen und die verschiedenen Substitutionsmöglichkeiten jedes einzelnen, so gelangt man zur Vorstellung durchaus heterogener Vorgänge.

Ein rascher Verlauf der Veresterung (wie z. B. die Nitrierung) begrenzt auch den Abbau der Celluloseketten, während eine langsame Esterifikation (z. B. Acetylierung) den Abbau der Ketten wesentlich unterstützt.

Die Celluloseester sind in organischen Lösungsmitteln löslich; ihre Löslichkeit ist zugleich ein Maß der Substitution und der Kettenlänge. Geringen Kettenlängen entspricht niedere Viskosität.

Bei der Verseifung zerfallen die Celluloseester in Säure und regenerierte Cellulose. Bei saurer Verseifung wird die entstandene Cellulose weiter abgebaut. Bei alkalischer Verseifung kann die Cellulose — unter völligem Luftausschluß — ihren Polymerisationsgrad beibehalten.

Wir kennen Ester der Cellulose mit folgenden anorganischen Säuren: Schwefelsäure[124]), Phosphorsäure[125]) und Salpetersäure.

Schwefelsäureester der Cellulose

Es sind amorphe Monoester (Cellulose—O—SO_2OH), Di- und Triester vom Polymerisationsgrad bis 100 bekannt[126]). Man wird hier eher von Cellodextrinsulfaten sprechen. Sie stellen gelegentlich Katalysatoren zur

---

[124]) Cellulosesulfate stellen sehr unerwünschte Nebenprodukte bei der Erzeugung von Cellulosenitraten und -acetaten dar. Sie sind jedoch hydrolytisch sehr leicht spaltbar.

[125]) Solche Ester sollen Textilien und Holz gegen schnelle Entflammung schützen. Vgl. R. W. LITTLE „Flameproofing Textile Fabrics", New York 1947.

[126]) G. J. LJANDSBERG, Žurn. prikl. chimii *31*, 1900—1902; 1958.

schnellen Veresterung von Cellulose, z. B. mit Essigsäureanhydrid, Propionsäureanhydrid usw., innerhalb drei Stunden dar.

2.1.11.1 Cellulosenitrate[127])

Die Veresterung verläuft hier nach der Formel:

$$\mathbf{R}\begin{matrix}-OH\\-OH\\-OH\end{matrix} + \begin{matrix}OH\cdot NO_2\\OH\cdot NO_2\\OH\cdot NO_2\end{matrix} \longrightarrow \mathbf{R}\begin{matrix}-O\cdot NO_2\\-O\cdot NO_2\\-O\cdot NO_2\end{matrix} + 3HOH$$ [128]),

Cellulose Cellulosenitrat (mit 14,14% N),

wobei als wasserentziehendes Mittel konzentrierte Schwefelsäure verwendet wird. Die Temperatur darf 30° C nicht überschreiten.

Die starken Mineralsäuren rufen zunächst heftige Quellung der Cellulose und dann rasches Eintreten der Nitrierflüssigkeit in die intrakristallinen Räume (D. h. in die Kristallite selbst) hervor, was zu rascher Umsetzung führt, die sich zunächst hauptsächlich in den alkoholischen Hydroxylgruppen (in 6-Stellung) abspielt.

Zwecks Haltbarmachung der Nitratcellulose müssen die Säurereste und Abbauprodukte gründlich ausgewaschen werden (Stabilisierung). Meist wird die fertige Nitratcellulose überhaupt nicht getrocknet, sondern in feuchtem Zustand verpackt und versandt.

Der Veresterungsvorgang kann an Hand des Röntgenbildes verfolgt werden. Äußerlich unterscheidet sich die erhaltene Nitratcellulose kaum vom Ausgangsgut. Der Abbau der Cellulosekette ist gering, weil die Nitratgruppe stabilisierende Wirkung besitzt.

Die Löslichkeit der Celluloseester hängt vom Polymerisationsgrad einerseits und vom N-Gehalt andererseits ab:

% N	Lösungsmittel	Technische Verwendung
11,5—12,2	Alkohol, Aceton, Äthylacetat	Lacke, Filme (Kunstseide)
13,0—13,9	Aceton	Schießbaumwolle

Im einzelnen spielt sich die Nitrierung der Cellulose folgendermaßen ab:

127) Vgl. z. B. G. Lunge, J. Bebié, Z. ang. *14*, 486; 1901.

128) Die Bezeichnung „Nitrocellulose" ist bekanntlich unrichtig, hat sich aber wie so viele andere fehlerhafte Benennungen im Laufe der Jahrzehnte vollkommen eingebürgert.

Die Salpetersäure zerfällt durch die anwesende Schwefelsäure im Sinne: $HNO_3 \rightarrow OH' + NO\cdot_2$ (A. HANTZSCH, 1927)[129]). Die Veresterungsgeschwindigkeit ist sehr hoch, denn schon nach einer Viertelstunde ist der höchste N-Gehalt erreicht. Am reaktionsfähigsten scheinen, wie erwähnt, die primären alkoholischen Gruppen zu sein, denn nach N. I. NIKITIN (1958)[130]) sind mehr als $^2/_3$ der NO_2-Gruppen am C_6 gebunden. C. B. PURVES[131]) fand 1957 nur die C_3- und die C_6-Stellung besetzt. Im allgemeinen dürften die Estergruppen wohl statistisch am C_2, C_3 und C_6 verteilt sein.

Bei der technischen Nitrierung entstehen als Nebenprodukte gemischte Schwefelsäure-Salpetersäure-Ester. Sie müssen durch Kochen zerstört werden, da die daraus sonst gebildete Schwefelsäure die Verseifungsgeschwindigkeit der Nitratcellulose katalytisch erhöhen würde. Bei trockener Aufbewahrung von Nitratcellulose setzt man Harnstoffabkömmlinge zu, um Autokatalyse hintanzuhalten. Stabilisierte Nitratcellulose ist jahrzehntelang haltbar.

Die Verseifung der Nitratcellulose erfolgt am besten durch Lösen in Methanol + etwas Äther, Wasserzusatz und Anwendung von NH_4SH. Dabei tritt keine Abnahme der Kettenlänge ein.

Beim *Altern der Nitratcellu ose* sollen freie CH_2OH-Gruppen zu Karboxylgruppen oxydiert werden, die sich mit den OH-Gruppen benachbarter Cellulosemoleküle vernetzen.

Kunstseide aus Nitratcellulose

Nitratcellulose begann als erste 1884 mit Naturseide in Konkurrenz zu treten. M. CHARDONNET mercerisierte und veresterte Baumwolle. Er erhielt ein Dinitrat der Cellulose („*Kollodiumwolle*“), welches in Zentrifugen mit Wasser gewaschen und dann in Alkohol-Äther zu einem dicken Syrup gelöst wurde, der bei 40 at aus Glasdüsen an der Luft versponnen wurde. Die Nitratcellulosefäden wurden durch NaSH verseift und dann gebleicht. Diese Fabrikation wurde wegen ihrer Feuersgefahr bald aufgegeben.

Technische Bedeutung der Cellulosenitrate

Schießbaumwolle ist ein Gemenge von Cellulosedinitrat und -trinitrat. Sie wird bei etwa 1000 at zu Prismen von 12% Wassergehalt verpreßt.

---

[129]) A. HANTZSCH, Ber. *60*, 1927.

[130]) G. A. PETROPAWLOWSKIJ, N. I. NIKITIN, Žurn. prikl. chim. *31*, 1862—1869; 1958.

[131]) E. L. FALCONER, C. B. PURVES „Beweise für die Struktur des Cellulose — 3,6 — nitrats“, J. Amer. Chem. Soc. *79*, 5308—5310; 1957.

Sie können ohne Gefahr zerschnitten werden. An der Luft verbrennt Schießbaumwolle rasch und ohne Explosion. Mit Bleiazid (PbN_6) (CURTIUS 1890) explodiert sie selbst bei einem Wassergehalt von 15%, wobei eine Temperatur von etwa 2800° C und etwa 10 m³ Explosionsgase (CO_2, CO, H_2O, H, N) aus 1 kg Schießbaumwolle entstehen.

Celluloid (Zellhorn)

Dies war die erste bekannte Kunstmasse (J. W. HYATT 1869). Kollodiumwolle wird mit alkoholischer Kampferlösung geknetet, in rechteckige Blöcke gepreßt und in Tafeln geschnitten.

Lacke aus Nitratcellulose

Cellulosenitrate werden in Wasser suspendiert und druckerhitzt. Dadurch wird der Polymerisationsgrad herabgesetzt und Lacke niedriger Viskosität, in Amylacetat löslich, entstehen. Wird Cellulosedinitrat in Butylamylacetat gelöst, so erhält man den bekannten *Zaponlack*, einen durchscheinenden, wertvollen Schutzlack für Metallgegenstände. Bei der Synthese von Hochmolekularen wirken Cellulosenitrate polymerisationsbeschleunigend auf Vinylmonomere[132]).

Die Cellulosenitratlacke werden allmählich durch die wesentlich lichtbeständigeren Celluloseester-Gemische verdrängt. Kürzlich wurde die stabilisierende Wirkung von 2,4-Dioxy-benzophenonen

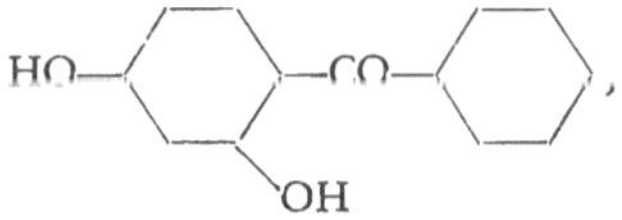

auf Lacke mittels IR-Spektroskopie untersucht[133]).

2.1.11.2 Die Celluloseacetate

Fast alle bekannten organischen Säuren wurden bereits zur Bereitung von Celluloseestern herangezogen. Am wichtigsten wurden hier die Celluloseacetate, die allerdings erst dann technische Bedeutung gewannen, als

---

132) S. A. ROGOWIN u. Mitarb., Wysokomolek. sojed. *3*, 46—49; 1961.

133) A. W. UWAROW, S. W. JAKUBOWITSCH, Lackfarbenmaterialien und ihre Anwendung *1961*, (6): 19—52.

sich zeigte, daß *Teilhydrolyse* des Triacetats der Cellulose gestattet, Ester erwünschter physikalischer Eigenschaften zu schaffen.

Die Acetylierung unterscheidet sich von den anderen wichtigen Celluloseumsetzungen dadurch, daß sie in Abwesenheit von Wasser verläuft.

Die Acetylierung erfolgt nach vorhergegangenem Quellen der Cellulose gemäß der Gleichung:

$$C_6H_7O_2 \cdot (OH)_3 + 3\,O\!\!\begin{array}{l} \diagup OC \cdot CH_3 \\ \diagdown OC \cdot CH_3 \end{array} \rightleftharpoons C_6H_7O_2 \cdot (O \cdot OC \cdot CH_3)_3 + 3\,CH_3COOH\,.$$

Essigsäure-Anhydrid

Als „Katalysator" dient Schwefelsäure, wie bei der Herstellung der Cellulosenitrate. Wie aus der Patentliteratur hervorgeht, bestehen sehr viele Arten von Acetylierungsverfahren[134]). Hierbei spielen zahlreiche Kunstgriffe mit. Während beispielsweise unvorbehandelte Cellulose bei der Acetylierung einen Ester mit 6,5% Essigsäure ergibt, liefert vorher in kaltem Methanol oder Aethanol eingeweichte Cellulose einen Ester mit rund 51% Essigsäure[135]).

Wie Untersuchungen zeigten, reagieren auch hier in erster Reihe die alkoholischen OH-Gruppen der Cellulose (in 6-Stellung). Die Acetylierung verläuft bis zum Triacetat, das in den üblichen Lösungsmitteln nur schlecht löslich ist und daher wenig verwendet wird. Triacetat ist in Chloroform, Tetrachloräthan und Nitrobenzol löslich; auch diese Lösungen lieferten bis vor kurzem technisch unbrauchbare Produkte. Um zu technisch verwendbaren Celluloseacetaten zu gelangen, muß das Acetylierungsgemisch nach Fertigstellung des Triacetats noch einige Stunden weitererhitzt werden. Dabei tritt teilweise Hydrolyse ein. Acetylcellulose erweicht bereits zwischen 130—150° C. Ihre Stabilität hängt mit dem Schwefelsäuregehalt zusammen, der 0,1% nicht übersteigen darf.

Im einzelnen besteht der Herstellungsvorgang der Acetylcellulose aus drei Stufen. Die „Aktivierung" (= Sprengung von Wasserstoffbrücken) erfolgt z. B. mit Eisessig-Schwefelsäure. Sie ist ausschlaggebend für den Verlauf der Umsetzung. Daran schließt sich die Acetylierung bis zum Triacetat mit der dreifachen Menge an Essigsäureanhydrid. Die Ausbeute hängt von der Vorbehandlung, vom „Katalysator" und der Temperatur ab. Der leistungsfähigste Katalysator ist $HClO_4$. Es erfolgt nunmehr die

[134]) Vgl. z. B. C. J. Malm, J. W. Mench, „Aliphatische Celluloseester", Ind. Eng. Chem. *43*, 688; 1951.

[135]) W. I. Scharkow u. Mitarb., Sbornik rabot gidrol. i sulfitspirtowoi prom. *9*, 66—69; 1961.

Hydrolyse des Cellulosetriacetats zum acetonlöslichen Acetat. Sie wird mit wässeriger Essigsäure durchgeführt und stellt einen sehr verwickelten chemischen Vorgang dar.

Bei der Celluloseacetylierung liegen keinesfalls stöchiometrische Verhältnisse vor. Etwa 10% der OH-Gruppen werden durch eine Oberflächenreaktion erster Ordnung angegriffen. Die Reaktionsgeschwindigkeit hängt von der Diffusion ins Innere der Faser und der Ansammlung von Umsetzungsprodukten ab. Die unveresterten OH-Gruppen sind auf die Stellungen C_2, C_3 und C_6 statistisch verteilt. In den technischen Celluloseacetaten dürften bis zu 50% freier OH-Gruppen in C_6-Stellung sein, die auf Löslichkeit, Hydrophobie und Anfärbbarkeit Einfluß haben. — Für Trübungen der Zellstoffacetate werden neuerdings Mannangehalte verantwortlich gemacht.

Technische Verwendung der Celluloseacetate

Etwa 80% aller dargestellten Celluloseacetate werden zur Herstellung von Acetatkunstseide verwendet. Sie ist aber infolge der erforderlichen Rohstoffe wesentlich teuerer als Viskoseseide. Während bei Kupfer-, Nitrat- und Viskoseseide die fertige Faser aus *Hydratcellulose* besteht, stellt die Acetatseide unveränderte Acetylcellulose dar. Technisch wird ein acetonlösliches niederes Celluloseacetat in ungefähr 25%iger Lösung versponnen. Die Festigkeit der Acetatseide ist in feuchtem Zustand höher, als die von Kupfer- und Viskoseseide.

Fortisan

Durch Dehnung bis auf das Zehnfache und darauffolgende Verseifung von dünnen Fäden aus Acetylcellulose gelangt man zu sehr stark orientierten und kristallisierten Kunstfasern, deren Zugfestigkeit außerordentlich hoch ist und diejenige von Stahldrähten gleichen Durchmessers übertrifft (100 kg/mm^2). (Vgl. SILK and RAYON *22*, 11; 1948. US Pat. 2,407.105 Brit. Pat. 79.238)

Cellon (1909)

Lösungen von Acetylcellulose mit Kampfer geknetet ergeben Cellon, ein unbrennbares Ausgangsgut für Kinofilme. Die öl- und wasserwiderstandsfähigen Cellonlacke dienen zur Flugzeug- und Autolackierung, zum Imprägnieren von Luftballonhüllen, von Ankern für Elektromotoren und Dynamos usw.

Acetatlacke

Auch die Acetatlacke, die meist in Aceton + Methanol gelöst werden, sind gegenüber Mineralölen widerstandsfähig. Sie werden mit steigendem Prozentsatz an Acetyl unempfindlicher gegen den Einfluß der Atmosphärilien. — Vom technischen Standpunkt sind eine Reihe gemischter Ester (z. B. Acetobutyrate u. ä.) wichtig geworden. Man kann hier durch Veränderung der Komponenten Ester mit vorher gewünschten Eigenschaften herstellen. Ein solcher gemischter Celluloseester, der einen sehr gut löslichen, äußerst widerstandsfähigen Überzugslack von großer Glätte darstellt, ist Cellulose-aceto-propionat.

2.1.11.3 Cellulosexanthate[136])

Der technisch wichtigste Celluloseester ist zweifellos das Cellulosexanthat, das zur Herstellung von Viskoseseide[137]) und Cellophan dient und in größtem Maßstab aus *Natroncellulose* und CS_2 hergestellt wird.

Läßt man auf *Alkalicellulose* Schwefelkohlenstoff einwirken, so entsteht das Natriumsalz des Sulfthio-Kohlensäureesters der Cellulose, das sog. *Natrium-Cellulosexanthat* (C. F. Cross, E. J. Bevan 1892).

$$\underset{}{S=\overset{\overset{\displaystyle S}{\|}}{C}} + \underset{\text{Natroncellulose}}{(C_6H_9O_4)\cdot ONa} \longrightarrow \underset{\text{Cellulosexanthat}}{S=\overset{\overset{\displaystyle SNa}{|}}{C}-O-(C_6H_9O_4)}\,.$$

Cellulosexanthat löst sich in verdünnter NaOH zur *Viskose*, woraus mit verdünnten Säuren die Cellulose („regenerierte Cellulose") ausgefällt werden kann. Etwa 90% der Welterzeugung an Kunstseide werden nach diesem Verfahren hergestellt. Heute können bereits Viskosefäden erzeugt werden, welche die dreifache Festigkeit von Baumwollfäden gleichen Durchmessers aufweisen. Viskoselösungen sind sehr instabil und spalten von selbst Xanthatgruppen ab (Reifen der Viskose).

Im einzelnen läßt sich über dieses wichtigste Arbeitsverfahren zur Herstellung von Kunstfasern aus Cellulose folgendes sagen. Die Neigung eines Alkohols zur Umsetzung mit CS_2 fällt mit seiner steigenden OH-Gruppenanzahl. Das gilt auch für Cellulose, die daher besonders günstiger Bedingungen bedarf, um erfolgreich xanthiert zu werden. Deshalb wird

---

[136]) C. F. Cross, E. J. Bevan, C. Beadle, Ber. *26*, 1090; 1893. Brit. Patent 8700; 1892. DRP 95520; 1892. US Patent 520770; 1894.

[137]) Über Einzelheiten der Viskoseseide-Erzeugung vgl. z. B. K. Kürschner „Holzchemie" S. 223—248; Bratislava 1952.

die Alkalicellulose vor der Umsetzung mit CS_2 einem Alterungsvorgang, der „*Vorreife*" überlassen. Hierbei tritt Spaltung glukosidischer Bindungen, teilweise Bildung von Karboxylgruppen am C_6 und Abbau der anwesenden Hemicellulosen ein. Im übrigen ist der Ablauf der Vorreife noch nicht völlig geklärt.

$MnSO_4$ und $FeSO_4$ beschleunigen die Vorreife wesentlich. (Z. B. 0,2 bis 1 mg Mn/kg Zellstoff; weniger wirksam sind 8—20 mg Cu/kg Zellstoff.) CO-Gruppen[138]) der Zellstoffe üben keinen wesentlichen Einfluß aus (A. G. Jaschunskaja, 1962)[139]).

Die Alkalicellulose liefert bei der Umsetzung mit CS_2 Wärme, weshalb gekühlt werden muß, damit die Xanthierungstemperatur nicht über den optimalen Wert von 30° C ansteige.

Das erhaltene Xanthat wird nun in einer Knetvorrichtung mit 4%iger NaOH im Laufe einiger Stunden zur „Viskose" gelöst. Sie weist noch (unerwünschte) Quellkörper auf, die wenig xanthierte Faserzellen mit erhaltenem biologischem Aufbau besitzen. Während der anschließenden „*Reife*" wird die Veresterung der Xanthate gleichmäßiger. Nach B. Philipp (1959)[140]) hängt das Substituentenverhältnis von den Sulfidier-, Alkalireife- und Reifebedingungen ab. Während der Reife erfolge eine Umesterung von C_2- und C_3-Xanthat zum C_6-Xanthat. C. B. Purves[141]) findet die primären OH-Gruppen zu 60%, die OH-Gruppen am C_3 schwächer substituiert.

Nach S. A. Rogowin (1957)[142]) wird eine weitgehende Verbesserung der Viskoseeigenschaften durch gleichmäßige Kettenlänge (unter einem Polymerisationsgrad von 1000) der angewandten Zellstoffe, durch vollständige Zerstörung der noch in ihnen anwesenden primären Zellwandanteile, sowie schließlich durch weitgehende Entfernung der „*Nullfasern*"[143]) ermöglicht.

[138]) Interessant in diesem Zusammenhang ist, daß ein mehrmals nacheinander mit $NaBH_4$ reduzierter Sulfitzellstoff nicht vollständig von CO-Gruppen befreit werden konnte, wie dies aus dem Sinken der Kupferzahl von 1,0 auf 0,1 hervorgeht.

[139]) A. G. Jaschunskaja, J. M. Konowalowa, Chim. wolokna *1961* (6): 24—28. *1962* (1): 68—70.

[140]) B. Philipp, Ke Tsing Tiu, Faserforschung und Textiltechnik *10*, 555—562; 1959.

[141]) C. B. Purves, Canad. Journ. Chem. *35*, 1522—1533; 1957.

[142]) S. A. Rogowin „Reaktionsfähigkeit der Viskosecellulose", Bum. prom. *32*, (7): 2—5; 1957.

[143]) Nullfasern entsprechen Bruchstücken der äußeren Sekundärwand von Markstrahl- und Parenchymzellen und weisen höheren Gehalt an Harz, Pentosan, Lignin und Karboxyl, sowie geringere Viskosität ihrer Lösungen auf. Solche Beimengungen ungeeigneter Celluloseanteile geben Anlaß zu Filtrationsschwierigkeiten der Viskose und Festigkeitsverringerung der Kunstfaser (s. u.).

Bei fortgesetztem Reifevorgang würde allmählich eine vollkommene Hydrolyse des Cellulosexanthats stattfinden, die bis zur Ausfällung (Regeneration) der Cellulose führte. In den Spinnbändern geht eine solche sehr rasch verlaufende Hydrolyse des Xanthats durch Säure vor sich, was unmittelbare Regeneration der Cellulose zur Folge hat.

Vorher sorgfältig filtrierte Viskose tritt unter Druck aus den Spinndüsen[144]) in das Spinnbad. In zahllosen Patenten wird die Zusammensetzung solcher Spinnbäder (vorwiegend aus etwa 10% Schwefelsäure, Na_2SO_4, etwas $ZnSO_4$ und Glukose) geschützt.

Beim sogenannten „*Streckspinnen*" läßt sich der Xanthatfaden leicht in einen plastischen und zugleich desolvatisierten Zustand überführen, wodurch es gelungen ist, hochfeste, hochorientierte Viskoseseide zu erzielen. Man nimmt an, daß die unmittelbar hinter der Spinndüse auf der Oberfläche des Fadens entstandene sehr dünne Cellulosehydrathaut entscheidend den Diffusionsverlauf der Spinnbadbestandteile ins Fadeninnere bestimme. Diese Haut verzögert das Eindringen von $H^{\cdot}$- und $Zn^{\cdot\cdot}$-Ionen.

Eine solche für „Supercord"-Fäden (s. u.) offenbar kennzeichnende Außenhaut bildet sich aber nur dann, wenn auch eine Umsetzung zwischen „Modifikator" (s. d.), CS_2 und $Zn^{\cdot\cdot}$ abläuft, was vom Bau des zugesetzten Modifikators abhängt und zur Zeit *nur empirisch* ermittelt werden kann.

K. A. Jurbergs[145]) untersuchte die ungelösten Teilchen in der Viskose, die das Enderzeugnis, die Viskoseseide, u. U. erheblich schädigen können und fand mikroskopische Bruchstücke gequollener Fasern, ferner Teilchen verschiedener Herkunft (von 1—5 μ ∅), submikroskopische Teilchen, schließlich Nichtkohlehydratanteile (Staub, Sand, Ligninreste, koagulierte Viskosereste aus Chemikalien und der Apparatur stammend).

Eine Untersuchung über die Luftverunreinigung durch Viskoseanlagen wurde von T. Lutkiewicz vorgenommen[146]) und ergab bei ruhiger Witterung in einer Entfernung von 500 m von der Viskosefabrik 0,4 mg H_2S/m^3 und 0,06 mg CS_2/m^3, in 2000 m Entfernung 0,0 mg H_2S und 0,03 mg CS_2/m^3.

Hochfeste Kunstseide („Supercord")

Nicht uninteressant ist die Geschichte der Entwicklung hochfester Kunstfasern. Die Herstellung hochfester Reifenseide nach dem Viskoseverfahren begann Courtaulds 1935 durch Heißwasserstreckung der noch nicht völlig regenierten Viskosefäden. Die Verzögerung wurde durch

[144]) Sie bestehen meist aus Tantal und weisen 600—3000 Öffnungen von 0,1 mm Durchmesser auf.

[145]) K. A. Jurbergs, Journ. Applied Polymer Sci. 7, 375—382; 1963.

[146]) T. Lutkiewicz u. Mitarb., Roczn. panstw. zakladu Hyg. 9, 543—548; 1958.

$ZnSO_4$ hervorgerufen. 1950 zeigte N. L. Cox, daß Viskose durch Zusatz sogenannter „Modifikatoren“[147]) noch um 50—75% festere „Supercord“-Fäden liefern kann. Eine besondere Gütesteigerung erlauben die sogenannten „hochveredelten“ Zellstoffe, die sich durch hohen Reinheitsgrad (Alfagehalt), hohe Gleichmäßigkeit (die zu homogenem übermolekularem Bau führt), einen Mindestwert an Pentosan, resistentem Pentosan, sowie niedermolekularen Anteilen und Extraktstoffen auszeichnen, ferner einen höheren DP der Viskoselösung als gewöhnlich aufweisen und in weniger sauren Spinnbädern (mit höherem $Zn^{··}$-Gehalt) bei höherer Temperatur versponnen werden.

Zusammenfassend kann man sich vorstellen, daß die Feinstruktur der Cellulosefasern auf die Kunstfaser übertragen wird[147a]). Die gewachsene Cellulose wird in Fibrillenabschnitte zerlegt, die dann in regelloser Mischung in die neue Form der Kunstfaser umgebildet werden. Heute stellt man übrigens bis zu 84% der gesamten Cellulosekunstfasern aus Holzzellstoffen her.

F. G. Hurtubise[148]) empfiehlt 1960 die IR-Spektroskopie als routinemäßiges analytisches Klassifizierungsverfahren der Feinbaueigenschaften der Cellulose.

Ungesättigte Celluloseverbindungen

Aus einem Dixanthat der Cellulose erhielt S. A. Rogowin (1960)[149]) einen Celluloseabkömmling, der Doppelbindungen aufwies. Das Dixanthat, das 32% Schwefel enthielt, wurde durch Erhitzen in Tetralin auf 130° C bis auf 2% Schwefel abgebaut. Die Jodzahl der erhaltenen Probe wies auf eine Doppelbindung innerhalb vier Anhydroglukose-Einheiten hin.

---

[147]) J. C. Witkamp u. W. R. Saxton (Tappi *45*, 650—654; 1962) studierten die Wirkung der Modifikatoren beim Spinnen von „Superkord“, hochfester Viskoseseide, welche die Baumwolle auf dem Gebiete der Reifenerzeugung bereits verdrängt hat. Die „Modifikatoren“ sind Regenerationsverzögerer der Viskose (primäre Amine, quaternäre Ammoniumverbindungen, verschiedene N-Verbindungen, Polyäthylenglykol, neuerdings Cyklohexanon, Formaldehyd usw.). Sie wurden rein empirisch entdeckt, über ihre Wirkung bestehen lediglich Hypothesen. H. Klare u. A. Gröbe (Z. f. Chemie *2*, 15—19; 1962) nehmen an, daß die Modifikatoren beim Spinnen eine feine Kutikula bilden, die Diffusionen aller Art ins Innere des Fadens verzögert, da zur Erzeugung hochfester Fäden vor allem stark verzögerte Diffusion der $H^{·}$-Ionen ins Fadeninnere erforderlich ist. Man muß hier mit der Entstehung einer anders gearteten Feinstruktur des Fadens mit intermolekularen Wasserstoffbrücken rechnen. (Vgl. auch E. Treiber „Viskosefasern mit großer Zukunft“, Chemiefasern *1*, 25—39; 1964).

[147a]) Vgl. H. Dolmetsch „Zur Frage der Übertragung von Feinstrukturen nativer Cellulose in das Gefüge der Kunstfaser“, Holz als Roh- und Werkstoff *13*, 178—185; 1955.

[148]) F. G. Hurtubise, H. Krässig, Anal. Chemistry *32*, 177—181; 1960.

[149]) S. A. Rogowin u. Mitarb., Wysokomol. sojed. *2*, 386—389; 1960.

Die Viskosekunstfaser übertrifft heute alle Cellulosefasern an Güte und niedrigem Preis. Das zur Erzeugung eines bestimmten Gewichts Viskosekunstfaser erforderliche Holz beansprucht bloß ein Drittel der Bodenfläche, die zur Herstellung des gleichen Gewichts Baumwolle erforderlich ist. Zur Aufbringung einer Tonne Baumwolle benötigt man 296 Arbeitsstunden, also ungefähr 6,5mal soviel Arbeitszeit als zur Erzeugung einer Tonne Viskosezellwolle. Der Preis der Viskosekunstfaser ist durch kontinuierliche Arbeitsverfahren, Chemikalienrückgewinnung und Vergrößerung der Erzeugungseinheiten im Sinken begriffen. In Zukunft kann die Viskosefaser mit vielen Verbesserungen und Neuerungen rechnen, zu denen heute bereits bemerkenswerte Ansätze bestehen, wie nun kurz angedeutet werden soll.

Renaissance der Cellulosefasern

Baumwolle erreicht noch immer 70% der Welterzeugung sämtlicher Textilfasern. Doch stehen heute Reyon und synthetische Fasern (insbesondere auf dem sehr wichtigen Gebiet der Reifenkorde) in erbittertem Wettbewerb mit der Baumwolle.

Wiewohl die Herstellung der Viskoseseide erst 1904 so richtig in Schwung kam, wurden schon 1905 5000 jato Viskosefasern hergestellt. Die Entwicklung ging dann sprunghaft weiter.

Infolge der außerordentlichen Fortschritte der Polymerenchemie hat aber nunmehr die jährliche Erzeugung vollsynthetischer Fasern so zugenommen, daß man in Fachkreisen damit rechnet, sie werde etwa 1975 gewichtsmäßig die Cellulosefasern erreichen. Trotz alledem kann heute eine Renaissance der Cellulosefasern nicht bestritten werden[149a]).

Die Viskoseseide ist, wie schon erwähnt, die billigste „Chemiefaser". Sie hat heute insbesondere dadurch an Bedeutung wiedergewonnen, daß sie von den synthetischen Fasern vielfach als textiler Mischungspartner gebraucht wird. Sie kann überdies leicht und wohlfeil speziellen Anforderungen angepaßt werden. Auch ist die Weiterentwicklung der Viskoseseide noch keineswegs abgeschlossen. Man kann, wie wir schon hervorhoben, mit bedeutsamen technischen Ergebnissen dieser Fasergruppe in der Zukunft rechnen.

Am interessantesten scheinen zur Zeit die HWM-Fasern (High-wet-modulus-Fasern) zu sein. Sie werden hauptsächlich als Beimischung zu synthetischen Fasern erzeugt und sollen: erhöhte Feuchtigkeits-Austausch-

---

149a) E. Treiber, Chemiefasern *1*, 25—39; 1964. Vgl. auch K. L. Gray, C. P. Haworth, Chem. and Process Engineering *43*, 406—410; 1962.

fähigkeit, Verbesserung des Griffs und der statischen Aufladungserscheinungen, sowie günstigere Preisgestaltung ermöglichen. Aber auch mit Baumwolle gemischt, gewähren sie hohe Naßfestigkeit, seidigen Griff, niedere Quellung, hohen Trockenmodul (der wichtig für das Verhalten beim Spinnen und Weben ist), sowie leichtere Mercerisierfähigkeit und Waschbeständigkeit.

Die preisgünstige Viskosefaser besitzt daher noch bedeutende Entwicklungsmöglichkeiten.

Zellglas, Cellophan

Cellophan wurde zuerst 1924 in USA hergestellt[150]). Viskose strömt durch eine verstellbare spaltförmige Düse ins Fällbad und wird dort zersetzt. Es wird eine gelatinöse Schicht von Cellulose ausgeschieden, die ein auf Walzen laufendes Führungsband mitnimmt. (Die Säure des Fällbades neutralisiert die Viskoselösung und regeneriert daraus die Cellulose. Nebenbei werden H_2S und andere Schwefelverbindungen, sowie elementarer Schwefel frei.) Cellophan ist ein schwacher Wärmeleiter und infolgedessen gut geeignet zum vorübergehendem Abschluß von Fensteröffnungen. Neuestens wird Zellglas auch auf trockenem Weg hergestellt[150a]).

Viskoseschwämme

Durch Druckerhitzung von Viskose mit Ammonsalzen bei 180° C wird die Viskose durch das entstehende Ammoniak großsporig aufgetrieben und liefert die heute als Ersatz von Naturschwämmen weitverbreiteten Viskoseschwämme.

Celluloseformiat $[(C_6H_7O_2) \cdot (OOC.H)_3]_n$ liefert sehr feste wasserunlösliche Filme.

Cellulosetribenzonat 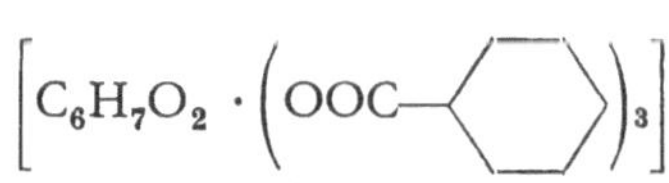 geht durch Erhitzen auf 220° C vom amorphen in den kristallisierten Zustand über[151]).

In einer Übersicht der Celluloseester mit organischen Säuren stellt C. J. MALM[152]) fest, daß es heute infolge großer Auswahl an solchen Estern

---

[150]) Genaue Beschreibung der Cellophanerzeugung bei G. S. INSKEEP, P. VAN HORN, Ind. Eng. Chem. *44*, 2511; 1952.

[150a]) C. R. PRICE, V. C. HASKELL, Tagung der „Division of Cellulose Chemistry" der Amer. Chem. Soc., St. Louis (Miss.), März 1961.

[151]) P. W. KOZLOW u. Mitarb., Doklady AN SSSR *139*, 1149—1152; 1961.

[152]) C. J. MALM, Svensk Kem. Tidskr. *73*, 523—530; 1961.

möglich ist, Mischungen herzustellen, die im herkömmlichen Anwendungsbereich der Ester jeder bestimmten technischen Anforderung genügen.

Plastisches Holz An dieser Stelle wäre noch das „plastische Holz" zu erwähnen, das aus feinstem Holzmehl und Celluloseestern besteht und zur Ausbesserung von Möbelschäden u. dgl. dient. Nach dem Erhärten ist es leicht zu bearbeiten, zu beizen und zu polieren.

2.1.12 Äther der Cellulose[153])

Cellulose ist als Alkohol auch zur Bildung von Äthern befähigt. Die Celluloseäther besitzen erhebliches technisches Interesse, doch reichen sie nicht (schon wegen ihres höheren Preises) an die Bedeutung der Celluloseester heran. Man erhält die Celluloseäther durch Umsetzung von *Alkalicellulose* mit Alkylsulfaten, z. B. mit Dimethylsulfat oder mit Alkylhalogeniden:

$$\underset{\text{Alkalicellulose}}{C_6H_9O_4 \cdot ONa} + \underset{\text{Dimethylsulfat}}{O_2S\begin{smallmatrix}\diagup OCH_3\\ \diagdown OCH_3\end{smallmatrix}} \longrightarrow \underset{\text{Cellulose-Methyläther}}{C_6H_9O_4 \cdot O \cdot CH_3} + O_2S\begin{smallmatrix}\diagup Na\\ \diagdown OCH_3\end{smallmatrix}\,.^{*)}$$

Durch schwache Alkylierung der Cellulose wird deren Hydrolysierbarkeit und Hygroskopizität erhöht, da beim Alkylieren ein Teil der Wasserstoffbrücken verschwindet. Praktisch stellt man nur Produkte mit niedrigem Alkylgehalt dar. Fast immer ist die Verätherung auch mit einem oxydativen Abbau der Cellulose verbunden. Die Löslichkeit der Celluloseäther hängt von ihrem Substitionsgrad, der Art der Substituenten und der mittleren Kettenlänge der Cellulose ab.

Die wichtigsten Äther der Cellulose sind:

$C_6H_9O_4 \cdot O \cdot CH_3$, *Methylcellulose*, wasserlöslich („Tylose", „Methocel"); sie wird als Textilhilfsmittel, Kleister, Schutzkolloid, zu Cremen und Pomaden, zur Plattenerzeugung usw. verwendet. I. CROON[154]) stellte durch Hydrolyse teilweise methylierter Cellulose C_6 als reaktionsfähigstes C-Atom der Cellulose fest, wofür sterische und induktive Kräfte, sowie Wasserstoffbrücken verantwortlich seien.

---

*) Wir schreiben sämtliche Celluloseäther der Übersichtlichkeit halber als Monomere. Richtig müßte z. B. Cellulose-Methyläther als Polymer dargestellt werden: $[C_6H_9O_4 \cdot O \cdot CH_3]_n$.

[153]) E. HEUSER „The Chemistry of Cellulose", S. 378—424, New York 1946.

[154]) I. CROON, Sv. Papp. *62*, 700—702; 1959. *63*, 247—257; 1960.

Äthylcellulose, $C_6H_9O_4 \cdot O \cdot C_2H_5$. E. BERL[155]) stellte schon 1929 eine Triäthylcellulose her, deren C_2H_5-Gehalt sich nur um 0,1% vom theoretischen unterschied. Sie kann durch Sieden mit einem Aceton—Wassergemisch stabilisiert werden, wobei niedermolekulare und karboxylhaltige Anteile entfernt werden. Wie S. A. GLIKMAN (1958)[156]) feststellte, kann eine solche Probe stundenlang auf 130° C erhitzt werden, ohne dabei Veränderungen zu erleiden.

$C_6H_9O_4 \cdot O \cdot (CH_2COOH)$, Celluloseglykolsäure, *Karboxymethylcellulose*. Sie wird folgendermaßen hergestellt:

$$C_6H_9O_4 \cdot ONa + Cl \cdot CH_2 \cdot COONa \longrightarrow C_6H_9O_4 \cdot O \cdot (CH_2 \cdot COONa) + NaCl\,.$$

Alkalicellulose Na-Chloracetat Karboxymethylcellulose

Karboxymethylcellulose besteht, was den Polymerisations- und den Verätherungsgrad anlangt, aus verschiedenen Fraktionen. Sie weist daher recht wechselnde Zusammensetzung und Eigenschaften auf. Die Reaktionsfähigkeit der OH-Gruppen am C_2, C_3 und C_6 verhält sich wie 2:1:2,5 (I. CROON, C. B. PURVES, 1959)[157]).

Das Natriumsalz der Karboxymethylcellulose ermöglicht Untersuchungen in wässeriger Lösung. Bei Ultraschallbehandlung in Gegenwart von Sauerstoff wurde z. B. das Molekulargewicht innerhalb von drei Stunden auf die Hälfte herabgesetzt, bei Gegenwart von Wasserstoff stieg es indessen auf das Doppelte an (T. J. ELPINER, 1960)[158]).

Das Natriumsalz der Karboxymethylcellulose findet als Kleister, Emulgator, Appretur, für Leimung und als Waschmittelzusatz starke Verwendung.

$C_6H_9O_4 \cdot O \cdot (CH_2 \cdot CH_2 \cdot CN)$, *Cyanoäthylcellulose*, aus:

$$C_6H_9O_4 \cdot ONa + CH_2{=}CH \cdot CN + H_2O \longrightarrow C_6H_9O_4 \cdot O \cdot (CH_2 \cdot CH_2 \cdot CN) + NaOH\,,$$

Alkalicellulose Akrylnitril Cyanoäthylcellulose

Cyanoäthylcellulose ist eine „modifizierte" Baumwolle. Wie festgestellt wurde, reagieren bei der oben wiedergegebenen Umsetzung sogar die Cellulosekristallite.

Cyanoäthylcellulose ist ein wasserlösliches Garn, das gegen Schimmelpilze unempfindlich ist.

Um die Aussichten der Cellulose im Wettbewerb mit vollsynthetischen Fasern zu verbessern, wurden weitere geeignete „*Modifikationen*" vorge-

---

155) E. BERL, H. SCHUPP, CCh. *10*, 41; 1929.

156) S. A. GLIKMAN u. Mitarb., Žurn. prakt. chim. *31*, 1087—1091; 1958.

157) I. CROON, C. B. PURVES, Sv. Papp. *62*, 876—882; 1959.

158) T. J. ELPINER, N. I. PYSCHKINA, Wysokomol. sojed. *2*, 243—246; 1960.

schlagen. Die Güte der Cellulosefaser soll durch folgende Maßnahmen gesteigert werden: „Erniedrigung der Packungsdichte“ (etwa gleichbedeutend mit Verminderung des kristallinen Anteils), teilweisen Austausch von OH gegen andere funktionelle Gruppen (z. B. teilweise Acetylierung u. ä.), Oberflächenbehandlung von textilen Cellulosefasern und -Geweben, schließlich Herstellung sogenannter „*Pfropfpolymerer*“[159]).

Mit der Herstellung von „Pfropfpolymeren“[160]) hat es folgende Bewandnis. Läßt man auf einen hochpolymeren Stoff (z. B. Cellulose) die Suspension des Monomeren einer anderen polymerisierbaren Verbindung (etwa unter Bestrahlung mit UV-, Beta- oder Gammastrahlen) einwirken, so erfolgt chemische Anlagerung, sogenanntes „Aufpfropfen“, dieser Verbindung in polymerisiertem Zustand auf den ursprünglichen hochpolymeren Träger (Cellulose), dessen Kern seine Eigenschaften beibehält, während die Oberfläche beträchtlich verändert erscheint.

„Pfropfpolymere“ entstehen z. B. leicht aus der (durch ihre zahlreichen OH-Gruppen zu solchen Umsetzungen sehr befähigten) Cellulose und dem monomeren Äthylenimin, $\begin{matrix} CH_2 - CH_2 \\ \diagdown NH \diagup \end{matrix}$, bei 100° C. Säurehydrolyse der entstandenen „Pfropfpolymeren“ ergibt, daß jeder 4. Anhydroglukosebaustein der Cellulose mit einer Kette von Polyäthylenimin verknüpft ist, die aus etwa sechs Monomeren besteht. Mit Cu- und Co-Salzen werden farbige Verbindungen gebildet (W. COOPER, 1960)[161]). Die aufgepfropften Polymeren können weder durch Säuren, noch durch kochende Alkalien abgespalten werden.

Pfropfpolymere der Cellulose mit Polyakrylnitril liefern Fasern von sehr erheblich gesteigerter Reißfestigkeit und hohem Widerstand gegen Licht und Mikroben[161a]).

Zur Herstellung schwer brennbarer Cellulosepräparate kann bis zu 3% Phosphor in die Cellulose eingeführt werden (I. N. JERMOLENKO)[162]). — Bereits geringe Mengen Chlor-

---

[159]) Eine Übersicht neuer Celluloseabkömmlinge, Block- und Pfropfpolymerer, gibt 1961 S. A. ROGOWIN (Periodica Polytechnica, Budapest), Chem. Ingenieurswesen *5*, 65—87; 1961. Über die Synthese modifizierter Cellulosen mit veränderten Celluloseeigenschaften vgl. S. A. ROGOWIN, Žurn. wsesojusn. chim. obschtsch. im. D. I. MENDELJEJEWA, *7*, 154—163; 1962.

[160]) Die gleichwertige Bezeichnung Graftpolymere stammt von „graft upon“ = aufpfropfen.

[161]) W. COOPER, R. K. SMITH, Macromol. Chem. *40*, 148—160; 1960.

[161a]) S. A. ROGOWIN u. Mitarb., Wysokom. sojed. *5*, 18—23; 1963.

[162]) I. N. JERMOLENKO, F. N. KAPUCKIJ, Wysokomol. sojed. *2*, 626; 1960. Vgl. dazu auch die von S. A. ROGOWIN hergestellten Celluloseester der Methylphosphinsäure (S. A. ROGOWIN u. Mitarb., Wysokomol. sojed. *5*, 506—511; 1963).

valeriansäure genügen, ins Cellulosemolekül eingeführt, um wasserabstoßende Eigenschaften hervorzurufen usw.

Fasern aus Celluloseäthern spielen wegen ihrer mühevollen Darstellung und geringen Zugfestigkeit keine besondere Rolle (Zugfestigkeit von Äthylcellulose: 4—6 kg/mm^2, hingegen von Acetylcellulose: 8—9 kg/mm^2, von Nitratcellulose: 9—10 kg/mm^2).

Chlor-, Amino-, Nitril-Cellulose

Läßt man Thionylchlorid ($SOCl_2$) in Dimethylformamid [$H \cdot CO \cdot N(CH_3)_2$] bei 60° C auf Cellulose einwirken, so erhält man *Chlorcellulose* mit 12,4% Cl. Hieraus läßt sich durch Drücken mit starker Ammoniaklösung (160° C) *Aminocellulose* mit 1,6% N darstellen, die durch Säurefarbstoffe intensiv anfärbbar ist. Chlorcellulose läßt sich durch Drücken mit KCN in Dimethylformamid zum überwiegenden Teil in *Nitrilcellulose* umwandeln[162a]).

2.1.13 Oxydation der Cellulose

Die Besonderheit des chemischen und morphologischen Baues der Cellulose bringt es mit sich, daß auch Oxydationsmittel zu heterogenen Umsetzungen führen. Bei sämtlichen oxydativen Vorgängen der Cellulose spielen sich diese Umsetzungen zunächst im amorphen Anteil der Faser ab. — Schon bei der Herstellung und Verarbeitung der Cellulose können Oxydationserscheinungen auftreten, die erhebliche Veränderungen der Zellstoffe hervorrufen. Aber auch bei allen technischen Umsetzungen der Cellulose verlaufen Oxydationen, die von starken Veränderungen der physikalischen und chemischen Celluloseeigenschaften begleitet sind.

Im Hinblick auf die langen Kettenmoleküle der Cellulose mit ihren glukosidischen Bindungen, sowie den primären und sekundären Alkoholgruppen, kann man sich bei mäßiger Oxydation der Cellulose eine unbegrenzte Anzahl verschiedenartiger Abkömmlinge vorstellen, denn die glukosidischen Bindungen können an den verschiedensten Stellen gesprengt werden; die primären alkoholischen Gruppen in 6-Stellung können in Aldehyd- und in Karboxylgruppen umgewandelt werden, während die sekundären alkoholischen Gruppen (in 2- und in 3-Stellung) in Ketongruppen übergehen können.

Formelmäßig lassen sich diese Veränderungen kurz und übersichtlich kennzeichnen. Die zunächst bei Sprengung von Celluloseketten auftreten-

---

[162a]) A. I. Poljakow, S. A. Rogowin, Wysokomol. sojed. *5*, 11—17; 1963.

den, halbacetalartig gebundenen endständigen Aldehydgruppen können (z. B. durch chlorige Säure) in Karboxylgruppen überführt werden.

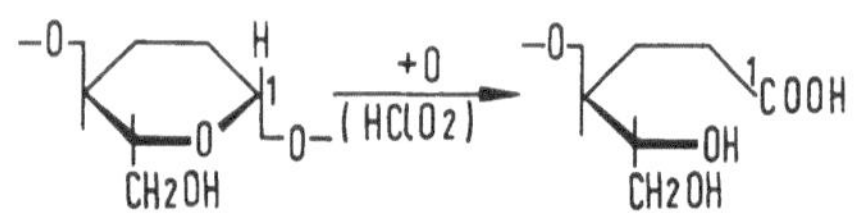

Da es sich hierbei um unbedeutende Prozentsätze handelt, ändert dieser Eingriff die Celluloseeigenschaften nur unwesentlich. Tiefer greifende Veränderungen liefert hingegen die Oxydation der primären OH-Gruppen der Cellulose:

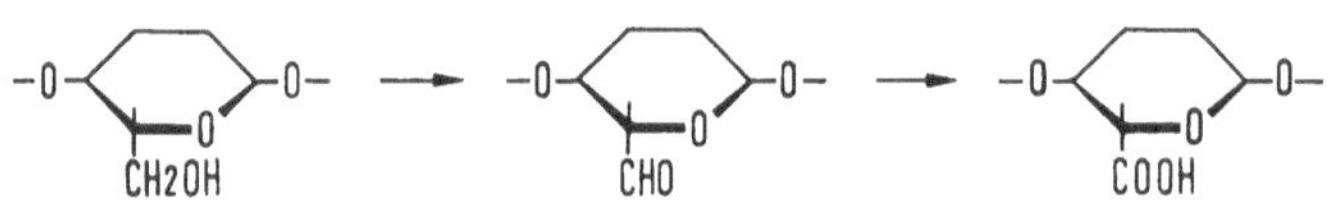

Bei der Oxydation sekundärer OH-Gruppen kann zunächst eine Ketogruppe gebildet werden:

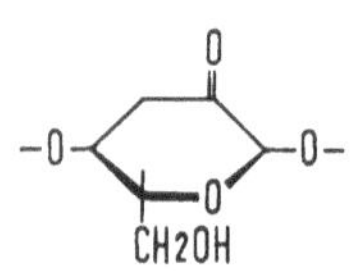

oder es entstehen, wie erwähnt, zwei Ketogruppen je Anhydroglukose-Einheit:

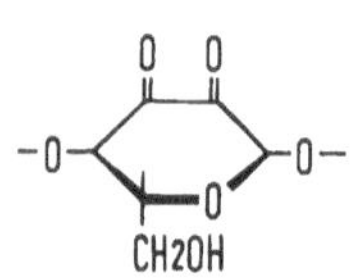

Schließlich kann der Pyranring unter oxydativer Bildung von Dialdehydcellulose gesprengt werden, die dann weiter bis zur Dikarboxylcellulose oxydiert werden kann[163]):

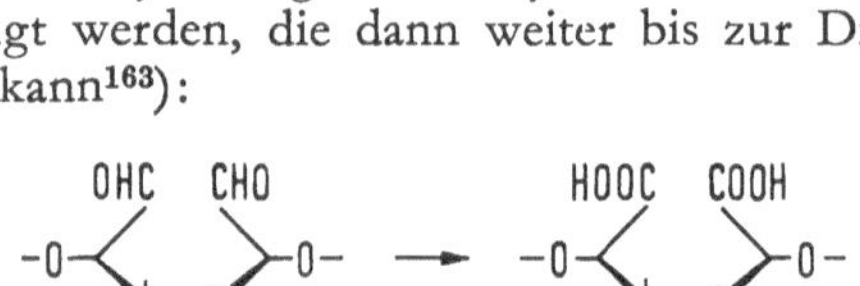

[163]) Durch Perjodat- und die anschließende Chlorit-Behandlung entsteht zunächst Dialdehyd-, dann Dikarboxyl-Cellulose (W. I. Iwanow u. Mitarb., Izw. AN SSSR, otd. chim. nauk *1958*, 775—777 *1959*, 1559. Über die Eigenschaften von Dialdehydcellulose,

Auch eine Trikarboxylcellulose wurde sichergestellt: Die Oxydation am C_6 ist wesentlich schwächer als am C_2 und C_3 (W. I. IWANOW, 1959)[164].

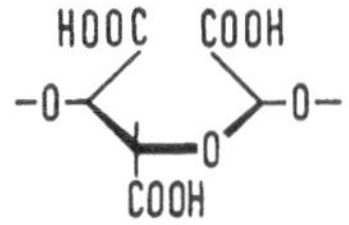

Aus der Dialdehydcellulose wurde bereits eine Dioximcellulose gewonnen, die bei der Reduktion mit $NaBH_4$ zu etwa 25% in die Diamincellulose umgewandelt wird: (S. A. ROGOWIN, 1960)[165].

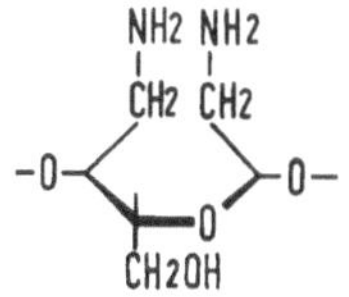

Im besonderen wäre folgendes zu sagen:

Die meisten Oxydationsmittel wirken zunächst auf die primären alkoholischen Gruppen, die sie in aldehydische, bzw. Karboxylgruppen überführen. Dabei spielen natürlich Art und Konzentration des Oxydationsmittels, sowie Temperatur, Reaktionsdauer und insbesondere die Größe des amorphen Celluloseanteils eine wichtige Rolle.

„Oxycellulose"[166])

Oxycellulose ist ein sehr verwickeltes Gemisch von Cellulose und deren Oxydations- und Abbauprodukten.

Man unterscheidet zwei Typen von Oxycellulose[167]), den reduzierenden „*Oxycellulose R*"-Typ und den nichtreduzierenden Typ „*Oxycellulose MB*". Zwischen beiden Gruppen bestehen zahlreiche Übergänge.

Dikarboxylcellulose und daraus durch Borhydrid erhaltener Dialkohol-Cellulose vgl. H. SIHTOLA, Makromol. Chem. *35*, 250—265; 1960.

164) W. I. IWANOW u. Mitarb. „Oxydation von Dialdehydcellulose durch Stickoxyd", Doklady AN SSSR, otd. chim. nauk *129*, 325—327; 1959.

165) S. A. ROGOWIN, J. S. KOZLOWA, Wysokomol. sojed. *2*, 614—618; 1960.

166) Der Name „Oxycellulose" stammt von G. WITZ, Bull. ROUEN. *10*, 447; 1882. *11*, 2210; 1883.

167) Die Unterscheidung stammt von C. BIRTWELL u. Mitarb. (J. Textile Inst. *16*, 13; 1925), welcher als Erster reine Cellulose unter genau bekannten Versuchsbedingungen planmäßig oxydierte.

Oxycellulose R entsteht in saurer oder neutraler Umgebung und weist mit Alkalien Gelbfärbung und eine erhebliche Löslichkeit auf. Sie reduziert stark. Die Kettenlänge bleibt erhalten. —

Oxycellulose MB[168]) entsteht in alkalischer Umgebung und ist wenig alkalilöslich. Die glukosidischen Bindungen sind sehr empfindlich gegen Alkali.

Die Unterscheidung beider Gruppen ist namentlich für die Textilchemie wichtig, infolge der zahlreichen Übergänge aber nicht einfach.

Einige wenige Oxydationsmittel wirken ganz spezifisch auf die Cellulose. So oxydiert NO_2 die primären alkoholischen Gruppen zu Karboxylgruppen und es entsteht Celluronsäure[169]).

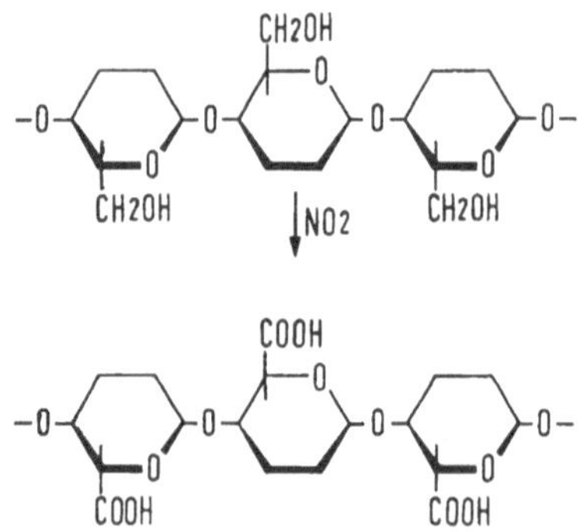

Bei dieser Reaktion bleibt die Faserform erhalten. Celluronsäure ist in 2%iger Natronlauge löslich. Sie wirkt blutstillend und wird vom Körper resorbiert. Dieses Präparat hat in der Verbandstechnik umstürzend gewirkt, denn es treten nach Operationen kaum mehr Eiterungen auf, wie sie durch die übliche Verbandwatte oft vorkamen (CARBOCELL, W. O. KENYON 1942).

Ein weiteres spezifisch wirksames Oxydans ist Perjodsäure[170]), die unter Sprengung des Pyranrings zur Bildung von Oxycellulosen führt, die je Anhydroglukosebaustein am C_2 und am C_3 eine Aldehydgruppe enthalten:

---

[168]) Anfärbbar mit *M*ethylen-*B*lau!

[169]) E. C. YACKEL, W. O. KENYON, J. Amer. Chem. Soc. *64*, 121; 1942. C. C. UNRUH, W. O. KENYON, ibid. *64*, 127; 1942. Vgl. auch M. TREJWAS u. Mitarb., Žurn. prakt. chim. *22*, 1214; 1949. H. DEMUS, Faserforschung u. Textiltechnik *10*, 319—327; 1959. J. D. KAWERSNEWA, A. S. SALOWA, Izw. AN SSSR, otd. chim. nauk *1959*, 344—349.

[170]) E. L. JACKSON, C. S. HUDSON, J. Amer. Chem. Soc. *58*, 378; 1936. *59*, 994, 2049; 1937. *60*, 989; 1938.

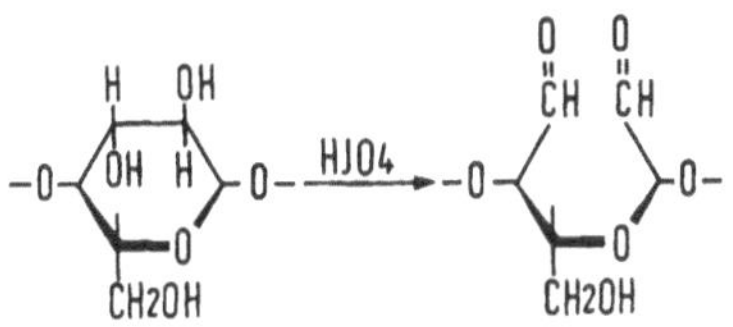

Oxycellulose entsteht auch beim Lagern der Cellulose. H. CHATTERJEE[171]) lagerte z. B. Alfacellulose von Jute drei Monate lang bei einer relativen Feuchtigkeit von 75%, worauf die Viskosität um $^1/_6$ abgenommen hatte, Cu-Zahl und Azidität aber angestiegen waren. An der Oberfläche der Probe konnte Oxycellulose nachgewiesen werden.

Der *thermisch-oxydative Abbau* der Cellulose dürfte hauptsächlich durch Spaltung der C_1—C_2-Bindung des Pyranrings erfolgen, wie Abbauversuche in radio-aktiv markierter Acetylcellulose ergeben haben[171a]).

Photocellulose

Ähnlich dem oxydativen Abbau der Cellulose spielen sich auch bei intensiver UV-Bestrahlung heterogene Umsetzungen ab. O. B. SAPOLSKIJ (1961)[172]) setzte z. B. Sulfitzellstoff 55stündiger UV-Bestrahlung aus und studierte die entstandenen Veränderungen. An Hand des IR-Spektrums wurde die Entstehung von CO- und COOH-Gruppen sichergestellt, die durch Spaltung glukosidischer Bindungen entstanden waren. Bei neueren Untersuchungen ermittelte O. B. SAPOLSKIJ Oxydation der primären alkoholischen Gruppen der Cellulose und verstärkte Luminiszenz[172a]).

TH. N. KLEINERT[172b]) stellte nach UV-Bestrahlung der Cellulose die Bildung freier Celluloseradikale an Hand der Elektron-Spin-Messung fest. Die Lichtenergie ruft Spaltung der Celluloseketten hervor. — Auch zur Vergilbung tragen CO-Gruppen wesentlich bei. Eine Übersicht über Vergilbungsfragen gab H. STÜBCHEN-KIRCHNER[173]).

Interessant ist das Absinken des Polymerisationsgrads frisch geernteter Baumwolle durch Sonnenbestrahlung. Setzt man den ursprünglichen Poly-

---

[171]) H. CHATTERJEE, A. K. MAZUMDAR, Text. Res. J. *29*, 282—283; 1961.

[171a]) O. P. KOSMINA, A. K. CHRIPUNOW, W. I. KURLJANKINA, Wysokomol. sojed. *5*, 1232—1234; 1963.

[172]) O. B. SAPOLSKIJ, Wysokomol. sojed. *3*, 376—381; 1961.

[172a]) O. B. SAPOLSKIJ, Wysokomol. sojed. *5*, 68—70; 1963.

[172b]) TH. N. KLEINERT, Holzforschung *18*, 24—28; 1964.

[173]) H. STÜBCHEN-KIRCHNER, Oest. Ch. Ztg. *63*, 319—330; 1962. Nach D. KAEMPGEN (Arbeitstagung für Cellulosefragen in Graz, 1961) zeigt vergilbte Cellulose ein UV-Maximum im Bereich von 3750 mm^{-1}, das einer ascorbinartigen Gruppierung entspräche.

merisationsgrad gleich 100, so sinkt er bereits nach einer Woche auf 84,3 und nach 3 Wochen auf 69[174]).

Hydrierung der Cellulose

Säurehydrolyse bei gleichzeitiger katalytischer Hydrierung der Cellulose liefert fast quantitativ Alkohole. Baumwolle wird z. B. (bei Gegenwart von 0,7% Phosphorsäure und Ru-Katalysator auf Kohle) bei 165° C und 80 atü H_2 innerhalb einer Stunde bis zu 90% zu *Sorbit* umgewandelt. Sulfitzellstoff lieferte bis 96% Sorbit (A. A. BALANDIN, 1959)[175]).

2.1.14 Pyrocellulose[176])

Wir verstehen unter Pyrocellulose Muster von Cellulose, die längere Zeit erhöhter Temperatur ausgesetzt waren. Die Umwandlung der Cellulose hängt aber nicht nur von der Temperatur, sondern auch von der Gegenwart von Wasser, Luft, Säuren usw. ab. Cellulose ist zwar Wärme gegenüber ziemlich stabil, doch kann man mitunter, auch nach verhältnismäßig milder Trocknung, sogenannte „*Verhornung*" beobachten. Eine solche Cellulose quillt langsamer und reagiert auch chemisch weit langsamer als vor der Trocknung.

Man führt dieses Verhalten auf verstärkte Entstehung von Wasserstoffbrücken zwischen benachbarten Celluloseketten zurück. Mehrtägiges Trocknen der Cellulose bei 80° C führt bereits zum Absinken des DP (Durchschnittspolymerisationsgrads) und zu steigender Kupferzahl, ein Zeichen, daß das Molekül angegriffen ist.

Ist der ursprüngliche Wassergehalt der Cellulose unbedeutend, so sind die Veränderungen, die Cellulose beim Trocknen unter 120° C erleidet,

[174]) Sch. KADYROW, chlopkowodstwo *6* (6): 43—45; 1956.

[175]) A. A. BALANDIN u. Mitarb. „Hydrolytische Hydrierung von Cellulose", Doklady AN SSSR *128*, 941—944; 1959. Sorbit:

CH_2OH
|
HCOH
|
HOCH
|
HCOH
|
HCOH
|
CH_2OH

[176]) H. HAAS, Melliand Textilber. *18*, 912; 1937. Kunstseide u. Zellwolle *21*, 88; 1939. Vgl. auch K. KÜRSCHNER, A. MELCEROVA, Holzforschung *19*, 161-179; 1965.

gering. Die feststellbaren Veränderungen der Faser gehen auf Hydrolyse und teilweise Oxydation zurück. Die Kupferzahl steigt dabei schwach an.

Cellulose die nach 48stündigem Erhitzen auf 100° C eine Viskosität in Cuoxam[177]) von 61,9 und eine Kupferzahl von 0,393 aufwies, zeigte nach 852stündigem Erhitzen auf 100° C nurmehr eine Viskosität von 10,3 und bereits eine Kupferzahl von 1,18. Es ist also ersichtlich, daß der Bau der Cellulose durch allzulanges Trocknen bereits teilweise geschädigt wird, was sich auch in den mechanischen Eigenschaften kundtun dürfte.

Nach W. I. Iwanow (1957)[178]) zeigt sich beim Erhitzen der Cellulose auf 125° C nach 10 min noch keine Veränderung. Erst bei 185° C erfolgt scharfer Abfall des Polymerisationsgrads. Als Ursache werden Lockerstellen der Cellulose angenommen. Nach anfänglichem raschen Abbau stellt sich schließlich ein Grenzpolymerisationsgrad von etwa 200 ein, der praktisch konstant bleibt.

Beim Studium der Zellwände fand W. N. Sergejewa[179])(1958), daß die primäre Zellwand bei 200° C bereits vollständig zerstört werde, während die sekundäre Zellwand erst bei 280° C angegriffen wurde.

Cellulose bei Temperaturerniedrigung

Über das Verhalten von Cellulose bei niederen Temperaturen wurde bisher wenig berichtet. Nach Untersuchungen von A. N. Bykow (1960)[180]) sinkt der Polymerisationsgrad mit fallender Temperatur. Eine gebleichte Cellulose wies in wässeriger Suspension bei 20° C einen Polymerisationsgrad von 2820 auf, der bei —21° C auf 2720 sank und bei —75° C nurmehr 2470 betrug. Die Auflockerung des Cellulosebaues machte sich auch durch erhöhte Jodsorption geltend.

2.1.15 Hydrocellulose

Durch Säurehydrolyse geschädigte Cellulose nennen wir „*Hydrocellulose*". Schwache Säuren wirken ziemlich langsam und unregelmäßig abbauend auf Cellulose, wobei neben stärker angegriffenen Anteilen auch völlig ungeschädigte Partien bestehen. Der Widerstand der Faser gegenüber

---

[177]) Schweizers Reagens. Vgl. auch die Untersuchungen von H. Lewis, Paper Trade J. *95*, 19; 1932.

[178]) W. I. Iwanow, Izw. AN SSSR, otd. chim. nauk *1957*, 358—365.

[179]) W. N. Sergejewa, S. M. Miljutina, Gidrolizn. i lesochim. prom. *11* (3): 3—5; 1958.

[180]) A. N. Bykow, S. S. Frolow, Chim. wolokna *1960*, 33—37

Säureangriffen ist um so größer, je stärker sie kristallisiert ist. Der Säureangriff spielt sich in den amorphen Bezirken der Faser ab. Die einzige feststellbare Veränderung ist die Sprengung glukosidischer Bindungen und das Ansteigen der Zahl aldehydischer Endgruppen in den Ketten, sowie das Sinken der Viskosität der Hydrocelluloselösungen[181]). Die Verkürzung der Ketten ist eng verknüpft mit dem Steigen der Löslichkeit in Alkalien, der Anstieg der Aldehydgruppen mit erhöhter Reduktionsfähigkeit, bzw. vergrößerter Kupferzahl.

Die Reaktionen der *Hydrocellulose* sind jenen der *Oxycellulose R* sehr ähnlich. In der Textilchemie ist es oft schwer, diese beiden Faserschäden auseinander zu halten.

Gemahlene Hydrocellulose ist mikrokristallin und weist scharfe Röntgeninterferenzen auf. Durch Trocknen entsteht ein weißes, mehlartiges Pulver, das extrem große Oberfläche besitzt und hohes Adsorptionsvermögen aufweist[182]).

2.1.16 Trockene Destillation der Cellulose[183])

Sie beruht auf der Zersetzung der Cellulose bei erhöhter Temperatur und gleichzeitiger Destillation der entstandenen Abbaustoffe, die teilweise auch aus sekundären Umwandlungen stammen. Die trockene Destillation der Cellulose beginnt bei 200° C und erreicht ihr Maximum bei 270° C. Es entstehen dabei etwa 10,5% der Cellulose an CO_2, 4,2% an CO, $CH_2{=}CH_2$, Formaldehyd, etwa 35% H_2O, 1,4% Essigsäure, 0,07% Ameisensäure, ferner verschiedene Ketone, schließlich etwa 4,2% Teer und etwa 10% Koks. Im Teer wurden Phenol, Kresol und Spuren von Toluol festgestellt, im wässerigen Destillat wurde Fural, Oxymethylfural und eine Reihe von Furanabkömmlingen gefunden, auch wurden Benzol und Diphenyl isoliert.

Lävoglukosan

Bei der trockenen Destillation der Cellulose im Vakuum wird als Hauptprodukt eine braune, ölige Flüssigkeit erhalten, die allmählich fest wird

181) H. Staudinger, M. Sorkin, Ber. *70*, 1565; 1937. Vgl. auch R. F. Nickerson, I. A. Haberle, Ind. Eng. Chem. *37*, 1115; 1945. *38*, 299; 1946. *39*, 1507; 1947. W. N. Haworth u. Mitarb., J. Chem. Soc. (London) *1939*, 1904.

182) O. A. Battista, P. A. Smith, Ind. Eng. Chem. *54* (9): 20—29; 1962.

183) P. Klason u. Mitarb., Arkiv Kemi, Mineral., Geol. *3*, (1); 1907. W. Wislicenus, G. Büttner, J. pr. Ch. *79*, 177; 1909. F. Fischer, W. Schneider, Ges. Abhandlungen zur Kenntnis d. Kohle *3*, 290; 1918. *5*, 113; 1922.

und teilweise auskristallisiert[184]). Die Summenformel des kristallisierten Stoffes ist $C_6H_{10}O_5$. Er wurde als β-Lävoglukosan erkannt und ist auch bei der Vakuumdestillation von β-D-Glukose erhältlich:

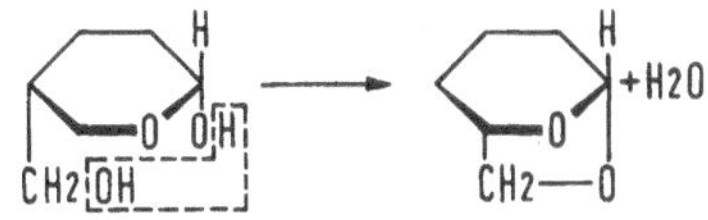

O. P. Golowa (1958)[185]) erhielt aus dem öligem Destillat bis zu 70% β-Lävoglukosan (1,6-Anhydro-1,5-Glukopyranose), daneben 3,6% eines rechtsdrehenden Isomeren (1,6-Anhydro-Glukofuranose). Die naheliegende Anschauung, das β-Lävoglukosan aus primär entstandener β-D-Glukose entstehe, erwies sich als unrichtig, denn β-D-Glukose lieferte bei der Vakuumdestillation nur etwa 5% β-Lävoglukosan. — Weitgehend kristalline Cellulose lieferte die besten Ausbeuten.

2.1.17 Zur quantitativen Bestimmung der Cellulose in verholzten Membranen

Bei dem verwickelten chemischen und morphologischen Bau des Holzes stellt jede analytische Bestimmung eines seiner Hauptbestandteile einen erheblichen Eingriff in dieses System gegenseitiger Durchwachsung und chemischer Bindungen dar. Dies gilt um so mehr dann, wenn das zu untersuchende Holz bereits physikalischer oder chemischer Vorbehandlung ausgesetzt war und eine Reihe mitunter unkontrollierbarer Veränderungen mitmachte.

Um ein einfaches und reproduzierbares analytisches Verfahren zu finden, ist es durchweg erforderlich, einen Ausgleich zwischen einer ganzen Reihe einander widerstrebender Tatsachen zu schließen[186]). Man gewinnt so den Eindruck, daß die grundlegenden Untersuchungen des analytischen Umfangs der drei Hauptbestandteile der Hölzer, auf denen wieder so zahlreiche weitere Forschungen fortschreitend aufbauen, noch sehr im Argen liegen[187]).

---

184) A. Pictet, J. Sarasin, Helv. Chim. Acta *1*, 87; 1918.

185) O. P. Golowa u. Mitarb., Izw. AN SSSR, otd. chim. nauk *1957*, 389—391, 430—432. *1958*, 1127. J. W. Epstein u. Mitarb., ibid. *1959*, 1126—1127.

186) So bedarf z. B. der erwünschte rasche Verlauf einer Analyse drastischerer Umsetzungsbedingungen, die ihrerseits wieder zu einer Verringerung der Ausbeuten führen. Umgekehrt können zu milde Arbeitsbedingungen ungenügende Hydrolyse und Fehlergebnisse verursachen. Usw.

187) K. Kürschner „Einige kritische Erwägungen zur Analyse von Hölzern", Holz als Roh- und Werkstoff *16*, 286—297; 1958. Holztechnologie (Dresden) Heft 3,4 (1966).

Die quantitative Cellulosebestimmung in verholzten Membranen ist eines der wenigen analytischen Verfahren der Holzchemie, das zutreffende Werte liefert und es wäre schon viel getan, wenn wir auch für das Lignin oder die Hemi je ein brauchbares summarisches Verfahren besäßen. Leider ist dies nicht der Fall und alle bisher entwickelten Methoden sind mit erheblichen Fehlerquellen belastet.

Die analytische Bestimmung der Cellulose kann entweder dadurch erfolgen, daß man nach der älteren, umständlichen Methode von CROSS und BEVAN (1880)[188]) durch Einwirkung von Chlorgas Lignin und Hemi fortoxydiert und deren Rückstände durch Kochung mit einem schwachen Sulfit-Alkaligemisch in Lösung bringt oder daß man nach KÜRSCHNER-HOFFER (1929)[189]) mit alkoholischer Salpetersäure (4:1) 2—3mal aufeinanderfolgend je 1 Stunde kocht, wobei Nitrolignin und Abkömmlinge der Hemi in Lösung gehen.

Beide Verfahren liefern annähernd gleiche Werte. Sie wurden in der Weltliteratur eingehender Kritik unterzogen und zahlreiche Abänderungen wurden im Laufe der Jahre vorgeschlagen[189a]). Die beiderseits isolierten Holzcellulosen enthalten noch einige Prozente festgebundener Hemicellulosen (Cellulosane, Gitterpolyosen), die offenbar in das Cellulosegitter eingebaut sind.

1960 gelang es K. KÜRSCHNER durch „Mercerisation des Holzes" mittels 20%iger KOH bei 0° C (wobei ein erheblicher Teil der Hemi in Lösung geht) eine derartige Auflockerung des Holzgefüges zu erzielen, daß anschließende einstündige Nitrierung mit alkoholischer Salpetersäure bereits einen reinweißen Celluloserückstand hinterläßt[190]). Die errechenbaren Prozentsätze an Cellulose bewegen sich in gleicher Höhe, wie die des landläufigen KÜRSCHNER-HOFFER Verfahrens. Da sämtliche früher erforderlichen analytischen Zwischenoperationen entfallen, benötigt das neue Cellulosebestimmungsverfahren weniger als ein Drittel der bisher gebrauchten Arbeitszeit.

Während der Cellulosekochung geht das gesamte vorhandene Lignin in Nitrolignin über, das sich gleichfalls rasch ermitteln läßt. Auch hier bestätigen sich die an anderer Stelle (S. 133, 178) erwähnten niedrigen

---

[188]) C. F. CROSS, E. J. BEVAN, J. Chem. Soc. (London) *55*, 199; 1889.

[189]) K. KÜRSCHNER, A. HOFFER, Technol. u. Chem. d. Papier- und Zellstoff-Fabrikat. *26*, (8/9): 25; 1929.

[189a]) Neue Untersuchungen wurden 1959 von J. SAVARD und Mitarbeitern vorgenommen. („Analyse Chimique des Bois Tropicaux", Tome 2, Paris 1959. Vgl. insbesondere den Abschnitt: „Celluloses Corigées de KÜRSCHNER et HOFFER et SEIFERT", S. 28ff.)

[190]) K. KÜRSCHNER, M. G. POPIK, Holzforschung *16*, 1—11; 1962.

Ligningehalte, die wesentlich tiefer liegen, als die einschlägige Weltliteratur anführt[191]).

Mit Hilfe vorhergehender Mercerisation läßt sich auch die Ligninbestimmung nach P. KLASON[192]) beschleunigen und präzisieren[190]).

2.1.18 Lösungsmittel der Cellulose[193])

Unter einem Lösungsmittel der Cellulose verstehen wir eine Flüssigkeit, die imstande ist, unter Sprengung der Wasserstoffbrücken der Cellulose sich selbst an diese Valenzreste anzuhängen. Man nimmt hier neuerdings durchweg *Anlagerungs-Verbindungen* an.

Tritt Cellulose mit einem Lösungsmittel zusammen, so ist zunächst Quellung und entsprechende Volumenzunahme zu beobachten. Diese geht kontinuierlich in die Lösung über. Anfangs bildet sich ein Zustand aus, in dem die Moleküle sich aus Raummangel gegenseitig behindern. Bei weiterer Verdünnung bleibt jedes Molekül von seinem Nachbarn unbeeinflußt. Da die Moleküle der Cellulose die Größe von Kolloidteilchen besitzen, kann die Cellulose nur kolloide Lösungen bilden.

Kettenförmige Makromoleküle besitzen in Lösung die Gestalt verknäuelter Fäden. Auch die Cellulosemoleküle weisen infolge freier Beweglichkeit der Valenzen zwischen Brückensauerstoff und Kohlenstoffnachbarn die Gestalt lockerer Knäuel auf. Da diese Gestalt wegen der Wärmebewegung dauernd wechselt, kann sie nur statistisch erfaßt werden. Man kann aus sehr verdünnten Lösungen Parameter für die mittlere Knäuelgröße errechnen. Die Konzentration, bei der nicht nur Einzelmoleküle vorliegen, sondern auch die zwischenmolekularen Wechselwirkungen keine Rolle mehr spielen („Grenzkonzentration"), ist aber viel geringer, als man früher annahm und die Meßergebnisse (z. B. von Viskositätsbestimmungen, vgl. N. S. NIKOLAJEWA)[194]) sind daher sehr unsicher. Die gelösten Makromoleküle streuen aber sichtbares Licht und Röntgenstrahlung seit-

[191]) Während in Hölzern kaum mehr als 25% Lignin feststellbar ist, werden in einer sonst ausgezeichneten, sehr verbreiteten neueren Publikation (Brockhaus ABC der Naturwissenschaften u. Technik, Leipzig 1955, S. 304, 305) für Holz 25—45% Lignin, neben ungefähr 40% Cellulose angeführt. Diese Zahlen entsprechen keineswegs der Wirklichkeit.

[192]) P. KLASON, Hauptversammlungs-Bericht d. Vereins d. Zellstoff- und Papierchemiker u. Ingenieure *1908*, S. 52.

[193]) H. STAUDINGER „Organische Kolloidchemie", Braunschweig 1950. F. BUECHE, J. Chem. Phys. *20*, 1959; 1952. J. SCHURZ, K. SCHÄFER, Das Papier *14*, 139—148; 1960. J. SCHURZ „Licht- und Röntgenstreuung an gelösten Cellulosederivaten", Hauptversammlung Zellcheming Garmisch-Partenkirchen, Juni 1960.

[194]) N. S. NIKOLAJEWA u. Mitarb., Chim. wolokna *1960* (4): 20—22.

lich, wobei die Streuung von der Größe und Gestalt der Teilchen abhängt. So kann man mit Hilfe der Röntgen-Kleinwinkelstreuung die Verknäuelung z. B. von Cellulosenitraten berechnen[195]).

Lichtstreuungs-Messungen, die S. A. GLIKMAN[195a]) an Solen von Nitratcellulosen in Aceton-Wasser, sowie an Acetylcellulosen in Aceton-Methanol vornahm, ergaben kugelige Teilchen, die einen Radius von 200 Å aufwiesen. Dies entspräche etwa 200—400 Celluloseketten.

Das Lösungsmittel ist nicht nur für die Sprengung der zwischenmolekularen Kräfte (durch Wechselwirkung mit der Cellulose) verantwortlich, sondern auch für die Ausbildung von *Solvathüllen*, deren wahre Natur noch unbekannt ist. Als solche Solvathüllen werden z. B. bei Cellulosenitraten oder Celluloseacetaten 2—4 Moleküle des Lösungsmittels rund um die Anhydroglukosebausteine angenommen[196]).

Eine Begleiterscheinung der Celluloselösungen ist die gleichzeitige Hydrolyse durch saure Lösungsmittel, sowie die Oxydation durch alkalische Solventien.

Die bekanntesten Lösungsmittel für Cellulose sind:

a) anorganische Salzlösungen (Rhodanate von Ca, NH_4, Al, ferner $AlCl_3$ und $[HgJ_4]K_2$).

b) Anorganische Säuren. Am besten lösen 65%ige H_2SO_4, 41%ige HCl, 83%ige Phosphorsäure.

c) Organische Basen: $(C_2H_5)_3 \cdot CH_3 \cdot NOH$, $(CH_3)_3 \cdot C_4H_9 \cdot NOH$, $(C_6H_5)_4 \cdot NOH$, $(C_3H_7)_4 \cdot NOH$, $(C_4H_9)_3 \cdot C_2H_5 \cdot NOH$, usw.

Die Celluloseketten werden durch die sperrigen organischen Gruppen soweit auseinandergedrängt, daß sich keine Wasserstoffbrücken mehr zwischen ihnen bilden können.

d) Metallhydroxyd-Basen: in erster Reihe SCHWEIZERS Reagens, Cuoxam; ähnlich Nioxam: $[Cu(NH_3)_4]\ (OH)_2$ und $[Ni(NH_3)_6]\ (OH)_2$; ferner Cuoxen[197]) $[Cu(en)_2]\ (OH)_2$; Cooxen[198]) $[Co(en)_3]\ (OH)_2$; Nioxen $[Ni(en)_3]\ (OH)_2$; Zinkoxen $[Zn(en)_3]\ (OH)_2$; Cadoxen $[Cd(en)_3]\ (OH)_2$; schließlich Fe (III) — Weinsäure — NaOH, entsprechend $[Fe(C_4H_3O_6)_3]Na_6$.

195) J. SCHURZ, Paperi ja Puu *42*, 343—346, 348—349; 1960.

195a) S. A. GLIKMAN, und Mitarb., Kolloidn. Žurn. *24*, 696—711; 1962.

196) W. R. MOORE, Chem. Age *74*, 191—195; 1956.

197) „en“ = Aethylendiamin.

198) Von Cooxen angefangen wurden sämtliche aufgezählten Celluloselösungsmittel durch G. JAYME eingeführt. Cooxen (G. JAYME, Das Papier *5*, 244; 1955), Zinkoxen (G. JAYME, Naturwissensch. *42*, 536; 1955), Cadoxen (G. JAYME, K. NEUSCHÄFFER,

Das beste Celluloselösungsmittel ist und bleibt noch immer SCHWEIZERS Reagens, ammoniakalisches $Cu(OH)_2$, Cuoxam, das ungefähr gleichzeitig i. J. 1857 von E. SCHWEIZER[199]) und J. MERCER entdeckt wurde und durch Lösung von $Cu(OH)_2$ in einer konz. NH_4OH-Lösung hergestellt werden kann. Bei normaler Temperatur gehen bis 4,5% frischer Baumwolle in Cuoxamlösung. Von mercerisierter Cellulose kann mehr als doppelt soviel gelöst werden.

Die Celluloselösungen in SCHWEIZERS Reagens sind sehr luftempfindlich. Die Cellulose unterliegt darin raschem oxydativem Abbau. Analytische Untersuchungen müssen deshalb in Stickstoffatmosphäre durchgeführt werden, was mühsam und langwierig ist. Auch stört die dunkle Farbe der Lösung. Es fehlt daher nicht an Bemühungen, dieses klassische Lösungsmittel durch andere Verbindungen zu ersetzen.

Über den Verlauf der Cellulose-Lösung wurden viele Hypothesen veröffentlicht; doch ist dieser Lösungsvorgang heute noch keineswegs geklärt. W. TRAUBE[200]) sprach sich an Hand langjähriger Untersuchungen für die Entstehung einer Cupritetrammin-Cupricellulose bei der Lösung von Cellulose in Cuoxam aus:

$$[Cu(NH_3)_4] \cdot [Cu(C_6H_8O_5)_2]$$ [201]).

Demgegenüber gelangt neuerdings M. J. ARCHIPOW[202]) durch potentiometrische Untersuchung der Celluloselösung in SCHWEIZERS Reagens zur Überzeugung, es erfolge zwischen dem C_2 und dem C_3 der Anhydroglukoseeinheit und den Hydroxylen von $[Cu(NH_3)_4]\ (OH)_2$ Wasseraustritt, wobei die einzelnen Kettenglieder der Cellulose sich wie kinetisch unabhängige Teilchen verhalten.

Durch verdünnte Schwefelsäure wird die Celluloselösung in SCHWEIZERS Reagens gefällt. Es entsteht Kupfersulfat, daneben Ammonsulfat und *regenerierte Cellulose* kann in Garnform gewonnen werden[203]).

Makromol. Chem. *23*, 71; 1957. Letzteres scheint infolge seiner farblosen Lösung wenig abgebauter Cellulose für analytische Zwecke besonders geeignet. $[Fe(C_4H_3O_6)_3]Na_6$ löst 1 V% Cellulose und ist völlig unempfindlich gegen Sauerstoff. (G. JAYME, W. VERBURG, Reyon, Zellwolle u. a. Chemiefasern *32*, 193, 275; 1954.

[199]) E. SCHWEIZER. J. pr. Chem. *72*, 109; 1857.

[200]) W. TRAUBE, Ber. *44*, 3319; 1911. *54*, 330; 1921. *55*, 1899; 1922. *63*, 2086; 1930.

[201]) H. HOELKESKAMP („Über die Zusammensetzung der Kupferoxydammoniak-Cellulose", Das Papier *16*, 102—105; 1962) bestätigt an Hand neuerer Untersuchungen den Befund TRAUBES.

[202]) M. J. ARCHIPOW, Izw. wyschsch. utschebn. zawedenii, chim. i. chim. technol. *3*, 725—730; 1960.

[203]) Die Bedeutung des Kupferseideverfahrens ist heute wieder im Steigen begriffen. (Vgl. H. HOELKESKAMP „Herstellung der Kupferstreckseide" Melliand Textilber. *42*,

Kupferäthylendiamin gibt nach TRAUBE eine Verbindung mit Cellulose, die der mit Kupfertetramminhydroxyd entstandenen ähnlich ist:

$$[Cu(en)_2] \cdot [Cu(C_6H_8O_5)_2].$$

Die in Cuoxen gelöste Cellulose erfährt geringeren oxydativen Abbau an der Luft als die in SCHWEIZERschen Reagens gelöste.

Nach Untersuchungen von L. SEGAL[204]) verliert der Cellulose-Cuoxen-Komplex beim Stehenlassen Aethylen, was sich auch im Röntgenbild zeigt. Dann scheinen zwei Anhydroglukoseeinheiten mit einer Diamingruppe zusammenzutreten, was für eine Vernetzung durch Wasserstoffbrücken spräche.

H. STAUDINGER vertritt die Ansicht, daß die hohe Viskosität solcher Celluloselösungen so zu erklären sei, daß die Kristallite in der Lösung in *Makromoleküle* zerfallen, die leicht abgebaut werden können und Cellulosen von verschiedenstem Polymerisationsgrad liefern. In konzentrierten Lösungen seien Associationen von Molekülen vorhanden. Werden aus einer Celluloselösung die Fadenmoleküle ausgeschieden[205]), so lagern sie sich wieder zu Bündeln zusammen. Dabei können kristalline und amorphe Bereiche entstehen. Je besser sich die Ketten parallel lagern können, um so leichter bilden sich kristalline Gebiete. Das entstehende Gel besteht dann aus zwei Komponenten: aus der Flüssigkeit und aus einem Netzwerk von Kettenmolekülen.

Die durch Fällung aus hochverdünnten Lösungen erhaltenen charakteristischen Bauelemente der Cellulose gleichen denen, die bei der Quellung gewachsener Fasern, sowie bei enzymatischer Lockerung entstehen.

2.1.19 Zellstoffgewinnung

Zellstoff wird im größten Maßstab zur Erzeugung von Papier (einem dünnen, blattförmigen Filz aus Zellstoffasern und Füllstoffen)[206]) und zu

1215—1221; 1961). Moderne Rückgewinnung von Cu und NH_3, sowie die Überwindung des starken Klebens der Fäden durch kationenaktive Avivagemittel und die Herstellung hochfester Kupferseidefäden, die an Festigkeit fast die besten Viskosefäden erreichen, führten zu dieser überraschenden Entwicklung. Kupferseide kann dünnste Fäden von 2μ Durchmesser liefern. Demgegenüber besitzen die Fäden von Spinnweben 3—5μ Durchmesser, die dünnsten Fäden von Viskose- oder Acetatseide 10μ, von Baumwolle 15μ und von Seide 18μ Durchmesser.

[204]) L. SEGAL, L. LOEB, J. Polymer Sci. *42*, 341—350; 1960.

[205]) Dies gilt ebenso auch für Xanthatlösungen der Cellulose.

[206]) Die Welterzeugung an Papier und Pappe betrug 1952 etwa 45 Mill. t, an Zeitungspapier 9,667.000 t. Laut FAO verbrauchen derzeit 23% der Weltbevölkerung etwa 86% der Welterzeugung an Papier.

chemischen Zwecken (s. „Abkömmlinge der Cellulose") verwendet. Zur Darstellung von Zellstoff aus verholzten Zellen werden bei dem heute ständig fühlbareren Mangel an Nadelhölzern (vorwiegend Fichte und Tanne), in immer stärkerem Maße Laubhölzer verwendet.

Neben Buche, Pappel und deren schnellwüchsigen Arten kommen hier hauptsächlich Erle, Espe, Birke, Ahorn, Linde, Weide, Eiche, sowie in steigendem Maße exotische Hölzer in Betracht.

Eine Tonne Nadelholzzellstoff erfordert 2 ha Waldfläche; die gleiche Fläche liefert, mit Pappelholz besetzt, hingegen 10 Tonnen Zellstoff[207]). Heute besteht eine reiche Auswahl von Varietäten und Klonen von Pappel[208]).

Daneben werden auch einjährige Pflanzen, Stroharten, Schilf, Pfahlrohr (Arundo donax), Esparto, Bagasse (extrahiertes Zuckerrohr), Maisstengel usw. herangezogen[208a]). Während des zweiten Weltkrieges wurde in Deutschland sogar aus Kartoffelkraut durchaus brauchbarer Zellstoff erzeugt.

Diesen wechselnden Ausgangsstoffen müssen die Darstellungsverfahren angepaßt werden. Die Darstellung von Kartoffelzellstoff scheiterte z. B. an der Sperrigkeit und starken Verunreinigung des Ausgangsgutes.

Nadelholzzellstoff mit seinen langen Tracheiden und ihren dünnen Zellwänden verfilzt sich leicht und gibt hochfeste Papiere. Laubholzzellstoff oder solcher von Einjahrespflanzen weist kurze Zellen mit dicken Zellwänden auf und liefert Papiere bedeutend geringerer Festigkeit. Bei der chemischen Verarbeitung von Zellstoff auf Kunstfasern hingegen geben beide Arten von Zellstoff Kunstseiden gleicher Festigkeit.

Erwähnenswert ist, daß Zellstoffe infolge ihrer CHO- und COOH-Gruppen etwa doppelt so rasch hydrolysierbar sind, wie Baumwolle[209]).

Chemisch erfolgt die Isolierung des Zellstoffs aus dem verholzten Ausgangsgut derart, daß man Lignin und Hemi (unter möglichster Schonung des Cellulosegerüsts) tunlichst vollständig in Lösung zu bringen trachtet. Diesem Zweck dienen zwei technische Großverfahren: der Sulfit- und der

---

[207]) J. FEEST, Holztagung, Salzburg, Juni 1952.

[208]) Für die in baldiger Zukunft verfügbar werdenden großen Mengen schnellwüchsiger Holzarten muß sich die Industrie klar werden über die optimale Abgrenzung zwischen holzverarbeitender und chemischer Wirtschaft, sowie über die ökonomische Rohstofftrennung für die einzelnen Spezialverarbeitungen (Furniere, Spanplatten, Faserplatten usw.).

[208a]) Über die Verwendung landwirtschaftl. Abfälle zur Zellstofferzeugung vgl. T. R. NAFFZIGER, Tappi *42*, 609—612; 1959.

[209]) Durch diese Gruppen sollen Lockerstellen der Cellulose induktiv beeinflußt werden.

Sulfatprozeß. Einwandfreier Zellstoff kann nur auf Kosten des Lignins aus dem Holz isoliert werden und umgekehrt.

Vom morphologischen Standpunkt betrachtet, spielen sich die *chemischen Reaktionen beim Holzaufschluß* örtlich an der Grenzfläche des Zellverbands ab, d. h. an der Zellwand, deren morphologische Beschaffenheit die Umsetzungen beeinflußt. Wir sprechen daher von topochemischen Umsetzungen.

Die Aufschlußreaktionen bestehen im Delignifizieren und Lösen der Mittellamelle M und der Ligninentfernung aus der Zellwand. Bei dem verwickelten Bau der Holzbestandteile und den verschiedenartigen Aufschlußmitteln verläuft die topochemische Umsetzung keineswegs nach irgendeinem Schema.

Bei saurem Aufschluß quillt zunächst die amorph gebaute Mittellamelle M, es wird Lignin gelöst, bis allmählich Lücken zwischen den Fasern entstehen.

Die Primärwand P mit ihren netzförmig gelagerten Cellulose-Mikrofibrillen wird bei saurem Aufschluß verhältnismäßig rasch gelöst, bleibt aber bei alkalischem zunächst unverändert.

Die Sekundärwand S enthält, wie erwähnt, in S_1 und S_3 Kristallitstränge, die quer zur Faserachse liegen und starke Doppelbrechung aufweisen. In S_2 verlaufen die Mikrofibrillen steil in der Richtung der Faserachse, die Doppelbrechung dieser Schicht ist sehr schwach.

S_1 ist sehr widerstandsfähig gegen alle Aufschlußmittel. S_2 wird erst nach Entfernung des Lignins angegriffen. Durch Alkali erfolgt Quellung der Hemi, durch Säuren Hydrolyse der Hemi, Schrumpfung und Ablösen von S_1. S_3 ist schwer quellbar und gegen Säuren und Alkalien widerstandsfähig. Sehr empfindlich[209a]) ist S_3 gegen Säurebehandlung (Säureaufschluß, Vorhydrolyse) mit nachfolgendem Alkalieinfluß (HClO-Bleiche, Veredlung).

2.1.19.1 Sulfitverfahren[210])

Das älteste und für Europa heute noch wichtigste Aufschlußverfahren verholzter Membranen ist der Sulfitprozeß. Hierbei werden Holzschnitzel, die sorgfältig von Rinde und Bast befreit sein müssen[211]), der Druckkochung

[209a]) H. Meier, S. Yllner, Svensk Papperst. *59*, 395—401; 1956.

[210]) Vgl. H. F. J. Wenzl „Entwicklung und Stand der Sulfitzellstoff-Erzeugung", Holzforschung *17*, 33—54, 71—86, 111—121; 1963 (402 Ref.). Vgl. auch Seite 170 „Chemisches Verhalten des Lignins bei der Sulfitkochung".

[211]) Rinde würde den fertigen Zellstoff verunreinigen; Bast ist sehr schwer bleichbar.

mit einer Kochsäure unterzogen, die eine wässerige Lösung von freiem SO_2+Bisulfit enthält. Gegenüber dem Sulfatverfahren ist schlechtere Quellung der Holzschnitzel und stärkerer Widerstand bei der Diffusion der Kochflüssigkeit festzustellen. Meist wird hier Calciumbisulfit verwendet, neuerdings vielfach aber auch Na-, Mg-, NH_4- oder Al-Bisulfit. Die Kochtemperatur erreicht bis 145° C und die Kochdauer beträgt 7—15 Stunden.

Beim Sulfitverfahren geht Lignin durch eine ganze Reihe von Umsetzungen, in denen die Sulfonsäuregruppe (—SO_3H) sehr fest gebunden wird, in die wasserlöslichen, heterogenen Ligninsulfonsäuren über.

Die Ligninlösung erfolgt schichtenweise vom Lumen der verholzten Zellen aus. Erst am Schluß der Kochung löst sich das Lignin der Mittellamelle[212]), wodurch dann der Zellverband zerfällt. Der größte Teil der Hemi wird zu Monosen hydrolysiert, die weiterhin in Aldonsäuren und huminartige Stoffe übergehen, aber auch teilweise zu Fural, Formaldehyd und CO_2 abgebaut werden. Galaktan wird ganz hydrolysiert, Mannan nur teilweise; die Pentosane lösen sich erst später.

Nach M. I. Tschudakow (1958)[213]) findet zu Beginn der Sulfitkochung rasche Sprengung einer acetalartigen Bindung zwischen Kohlehydrat und Lignin, dann aber allmählich verlaufende Spaltung des gesamten Kohlenhydrat-Ligninkomplexes statt. Die freigelegten Xylanketten werden verhältnismäßig rasch gelöst und hydrolysiert. Polymere Kohlehydrate und Aldosen werden durch die Sulfitionen z. T. zu Karbonsäuren oxydiert (O. Samuelson, 1962)[214]).

Das Lignin muß ganz allgemein rasch sulfoniert und gelöst werden, sonst kondensiert es leicht, namentlich bei erhöhter Temperatur, wobei sein kolloider Zustand erheblich mitspielt. Rasche Sulfonierung wird durch niedrige Anfangstemperatur der Sulfitkochung und hohen SO_2-Gehalt erreicht.

Im allgemeinen kann gesagt werden, daß Lignin und Hemi vollständiger aus der Sekundärwand gelöst werden, als beim Sulfatverfahren. Auch ein Teil der Cellulose selbst wird hydrolysiert, somit wasserlöslich und geht verloren. Kocht man in stark saurem Milieu bei hoher Temperatur, so tritt Kondensation des Lignins mit Hemi zu dunklen verharzten Produkten

---

[212]) Nach neueren Untersuchungen soll das Lignin der Mittellamelle bereits *bald* nach dem Beginn der Kochung angegriffen werden.

[213]) M. I. Tschudakow, Bum. prom. *33*, (7): 9—11; 1958.

[214]) O. Samuelson „Über den Abbau von Kohlehydraten bei der Zellstoffherstellung", Hauptvers. d. Ver. d. Zellstoff- und Papierchemiker und -Ingenieure, Baden-Baden, Juni 1962.

(*Schwarzkochung*) ein. Manche phenolische Inhaltsstoffe der Hölzer können den Sulfitaufschluß erschweren[215]).

Das Endergebnis der Sulfitkochung ist einerseits Zellstoff, d. h. eine lignin- und hemihaltige Cellulose[216]), andererseits die Sulfitablauge (mit etwa 12% Trockengehalt), die annähernd die Hälfte des Holzgewichts in Form von Ligninsulfonsäuren, organischen Säuren, vergärbaren Zuckern (1—1½% der Sulfitablauge) und ihren Zerfallsprodukten, ferner in geringen Mengen Methanol, Fural, Cymol, Eugenol[217]), SO_2 und H_2SO_4 enthält. Der Kalk ist an die Säuren gebunden.

Die chromatographische Untersuchung der Sulfitablaugen[218]) ergab neben vorwiegenden Ligninsulfonsäuren, Konidendrin, Oxymatairesinol-Sulfonsäure, Kohlehydratsulfonsäuren, Methylglukuronsäure (z. T. an Xylose gebunden), Glukuronsäure und Polysaccharide. Diese lieferten bei der Hydrolyse: D-Glukose, D-Xylose, D-Mannose, D-Galaktose, L-Arabinose.

Ligninsulfonsäuren

Zu ihrer Darstellung wird Sulfitablauge durch Ionenaustauscher von Mineralsäuren und Ca-Base befreit und die hochmolekularen Ligninsulfonsäuren werden durch Dialyse abgetrennt. Durch Ultrafiltration können Fraktionen vom MG 3700—58000 erhalten werden.

Die überaus großen Mengen an Sulfitablaugen (die z. B. in der ČSSR jährlich allein etwa 3 Mio m³ betragen) stellen einen überaus lästigen und schlecht verwertbaren Abfall dar und damit den Hauptnachteil des Sulfitverfahrens.

Beim Einstufenverfahren der Sulfitkochung werden Zellstoffausbeuten bis zu 60% erzielt, bei den Zweistufenverfahren (s. u.) können bis 68% Zellstoff erhalten werden.

---

[215]) Z. B. das Pinosylvin der Kiefer, das Dihydroquercetin der Douglastanne und etwa 15 ähnliche bekannte Inhaltsstoffe.

[216]) Ein weicher (langgekochter), ungebleichter Nadelholz-Sulfitzellstoff enthält etwa 1—2% Lignin und 5—6% Pentosan. Ein für chemische Zwecke verwendbarer Zellstoff soll tunlichst gleichmäßigen Polymerisationsgrad besitzen und einen Gehalt von mindestens 98% Alfa-Cellulose aufweisen; Lignin-, Pentosan-, Harz- und Aschengehalt sollen sehr niedrig sein. Besonders unerwünscht sind Erdalkalien.

[217]) P. F. Nelson, C. G. Kalipsakis, Holzforschung *16*, 189—190; 1962. Untersuchung der kondensierten Abgase einer Sulfitkochung von Pinus radiata ergab die Anwesenheit von Ameisen- und Essigsäure, von Eugenol und Isoeugenol, Vanillin, Fural und Guajakol (P. F. Nelson, C. G. Kalipsakis, Holzforschung *17*, 134—138; 1963.

[218]) K. Forss, K. E. Fremer, Paperi ja Puu *43*, 676; 1961.

2.1.19.1.1 Neuere Sulfitverfahren

Heute werden vielfach, wie schon kurz erwähnt, an Stelle von Calciumbisulfit Na-, NH_4-, Mg- und Al-Bisulfit zur Herstellung der Kochsäure verwendet. Da die Sulfite und Sulfate dieser Kationen leicht löslich sind, besteht keine Gefahr einer Verkrustung. Die pH-Konzentration der Kochsäure kann hier in weiten Grenzen verändert werden, so daß man die Sulfitkochung einer großen Anzahl von Hölzern anzupassen vermag, um optimale Herauslösung des Lignins und weitgehende Hydrolyse der Hemi zu erreichen. Die Lignosulfonate (besonders der einwertigen Kationen) gestatten rasche Diffusion der Kochsäure in die tiefergelegenen Holzschichten. Deshalb können niedrigere Aufschlußtemperaturen eingehalten werden, was der Ligninkondensation entgegenwirkt und den Aufschluß erleichtert. Auch bestehen hier gute Aussichten darauf, die Sulfitkochung kontinuierlich gestalten zu können.

Zur *kontinuierlichen Sulfitkochung* äußert sich L. P. SCHEREBOW (1958)[219]. Grunderfordernis ist hier die tiefgreifende Durchtränkung der Holzschnitzel. Dies gelingt durch Dämpfen, Evakuieren und anschließende Druckimprägnierung mit Kochsäure. Bei 170° C kann der eigentliche Aufschluß in 70 min. beendet werden[220].

L. G. STOCKMAN (1960)[221] untersuchte den Sulfitaufschluß *ohne Basen*. Er ist glatt durchführbar, wenn man der Ligninkondensation vorbeugt, was durch rasche Sulfonierung bei niedriger Temperatur, hohen SO_2-Gehalt und nachfolgende Hydrolyse bei höherer als der normalen Kochtemperatur geschieht. Die Vorteile sind: Ausbeuten bis zu 60% und geringer Schwefelverbrauch. Nachteilig macht sich nur der hohe Preis der Zellstoffkocher geltend. — Ähnlich verläuft der Aufschluß des Holzes *nur in der Dampfphase*, wobei höhere Ausbeuten in kürzerer Kochzeit erreicht werden[222].

Höchstausbeute—Sulfitzellstoffe[223]

Dies sind lignin- und hemihaltige Zellstoffe, deren Ausbeute bis 65% beträgt. Sie werden hauptsächlich für Zeitungspapier hergestellt und bil-

[219] L. P. SCHEREBOW, Bum. prom. *33*, (5): 2—5; 1958. Vgl. auch N. A. ROSENBERGER „Über kontinuierlichen Sulfitaufschluß", ib. *32*, (1): 10—14; 1957. — Die heute noch vorhandenen Schwierigkeiten dürfen freilich nicht unterschätzt werden.

[220] Über kontinuierlichen Sulfitkochung vgl. auch S. 231!

[221] L. G. STOCKMAN, Tappi *43*, 112—120; 1960.

[222] J. G. BUTKO, M. M. KOPANCEW „Sulfitaufschluß in der Dampfphase", Bum. prom. *34* (1): 6—10; 1959.

[223] F. P. SILVER, L. R. BEATH, Tappi *36*, 305; 1953. G. de CAROUFEL, Pulp Paper Mag. Can. *60*, 272; 1959. D. L. STEWART, H. F. CROTIGNO, ibid. *60*, 284; 1960. L. PALMÉN, Sv. Papp. *63*, 550; 1960.

den bereits einen Übergang zu den *Halbzellstoffen* (s. u.). Wichtig für ihre Erzeugung sind: gleichmäßig imprägnierte Holzschnitzel, geeignete Kochflüssigkeit (lösliche Basen, Acidität), angemessene Kochtemperatur, Kochdauer, schließlich erhöhter Kraftaufwand für die Defibrierung des aufgeschlossenen Gutes (Curlator, Scheibenrefiner).

2.1.19.2 Sulfatverfahren[224])

Das zweite technische Großverfahren zur Zellstoff-Darstellung, das infolge der geänderten Rohstofflage der Welt heute immer größere Bedeutung gewinnt, ist das Sulfatverfahren, das besonders für einheimische und für exotische Laubhölzer, z. B. Tupelo (Nyssa sylvatica), Götterbaum (Ailanthus glandulosa), Liquidambar, Mangroven, Eukalypten, Araukarien usw., für einjährige Pflanzen und für harzreiche Nadelhölzer geeignet ist[225]). Das Holz muß hier ebenfalls entrindet werden, doch spielen Rinden- und Bastreste bei der Kochung keine Rolle. Der Sulfatprozeß beruht auf der Kochung von Holzschnitzeln mit einem Gemisch von NaOH, $Na_2S+Na_2CO_3$ bei Temperaturen bis 170° C und 4,5—5 Stunden Dauer. Durch die hydrolytische Spaltung von Na_2S wird *allmählich* NaOH gebildet; das Verfahren ist also schonender als unmittelbare Kochung mit NaOH[225a]).

Im Vergleich zum Sulfitverfahren durchdringt die Kochlauge die Holzfibrillen schneller. Daran ist die starke Wasseraufnahme der Polysaccharide der sekundären Zellwand (im alkalischen Milieu) schuld.

Die alkalische Druckkochung verursacht rasches Herauslösen des schwach kondensierten Lignins der Mittellamelle zu alkalilöslichen „Ligninsäuren". Die Holzzellen werden dadurch aus ihrem Verband befreit. Daneben treten aber gleichzeitig in den Zellwänden Kondensationen der Lignin — Hemi-Komplexe zu huminartigen Körpern ein, die nur schwie-

---

[224]) Vgl. auch S. 174 „Chemisches Verhalten des Lignins bei der Sulfatkochung".

[225]) Vgl. insbesondere H. F. J. Wenzl „Entwicklung und Stand der Sulfatzellstofferzeugung", Holzforschung *13*, 97—112; 1959. *14*, 4—21; 1960 (398 Ref.).

[225a]) Nach G. Tschirkin u. D. W. Tischtschenko (Žurn. prikl. chimii *35*, 153—159; 1962) liegt der Grund für die besseren Ergebnisse des Sulfataufschlusses gegenüber dem reinen Natronaufschluß in der reduzierenden Wirkung des entstehenden H_2S. Auch andere Reduktionsmittel wirkten vorteilhaft.

Bei Verwendung von NaOH+Resorzin zum Aufschluß, geht Lignin bedeutend rascher in Lösung als sonst. Tannenholz lieferte so aufgeschlossen 50% Zellstoff, gegenüber 33% ohne Resorzinzusatz. Andere Phenole zeigten nur unbedeutende Wirkung. (M. J. Sarubin, D. W. Tischtschenko, Žurn. prikl. chimii *35*, 2724—2729; 1962.

rig (erst bei rund 170° C) in Lösung gehen. Man kann auch danach schließen, daß Lignin und Hemi in der Zellwand einander ziemlich entsprechend verteilt sind. Hemi werden bei der alkalischen Druckkochung teilweise hydrolysiert und liefern die mannigfaltigsten Abbauprodukte, hauptsächlich Saccharinsäuren.

Nach R. W. COLLIER (1960)[226]) werden die reduzierenden Endgruppen der Hauptketten von Hemicellulosen in Form von Saccharinsäuren abgespalten, während am Kettenrest neue reduzierende Gruppen entstehen. Diese Umsetzung schreitet in gleicher Art stufenweise fort.

Die Pentosane sind jedoch verhältnismäßig widerstandsfähig und finden sich schließlich im fertigen Sulfatzellstoff wieder[227]). Während der Alkalikochung werden die Primärwände zerstört, die Xylanketten spalten einen großen Teil ihrer Acetyl- und Uronsäuregruppen ab und werden (in verhältnismäßig unlöslichem Zustand) an die Cellulosefasern, irreversibel adsorbiert[228]). Die Cellulose wird schwächer als beim Sulfitverfahren hydrolysiert. Erst bei längerer Kochung (zwecks Entfernung der o. e. huminartigen Körper) wird auch die Cellulose stärker abgebaut.

Als Nebenprodukte der Sulfatkochung entstehen Terpentinöl[228a]), Methanol, Aceton und höhere Ketone. Bei der Verarbeitung harzreicher Hölzer wird noch Tallöl, eine Mischung aus Harz- und Fettsäuren, gewonnen[228b]).

Ein *kurz* gekochter Sulfatzellstoff weist gute Festigkeitseigenschaften und höhere Ausbeuten auf, als ein Sulfitzellstoff der gleichen Holzart. Aber die Bleichbarkeit und Reaktionsfähigkeit des Sulfatzellstoffs (z. B. bei der Verarbeitung zu Viskoseseide) sind ungenügend.

2.1.19.2.1 Vorhydrolyse

In den letzten Jahren wird deshalb kaum eine Sulfatkochung ohne *Vorhydrolyse* vorgenommen. Dieses Verfahren wurde wohl zuerst durch ein

---

[226]) R. W. COLLIER, Tappi *43*, 15—18; 1960.

[227]) Ein weicher, ungebleichter Nadelholz-Sulfatzellstoff enthält etwa 4—6% Lignin und 10—11% Pentosan.

[228]) J. K. HAMILTON, Vortrag beim Symposium über Holzchemie, Montreal, August 1961.

[228a]) Die Ausbeute beträgt etwa 0,5% des Holzgewichts. (Vgl. E. O. BARNES, M. L. TAYLOR, Tappi *41*, (8): 16A; 1958). An Sulfat-Terpentin wurden z. B. 1959 in den USA rund 1,4 Mio hl gewonnen.

[228b]) An Tallöl-Harz wurden 1959 in den USA etwa 72000 Tonnen, an Tallöl-Fettsäuren rund 55000 Tonnen erzeugt.

Patent von E. BRONNERT 1922 ins Leben gerufen, später namentlich von R. O. H. RUNKEL gefördert[229]). Zu gleicher Zeit wurden auch die US-Patente von G. A. RICHTER bekannt[230]). Die Vorhydrolyse kann mit 0,2—1%iger Mineralsäure bei 120—130° C durchgeführt werden, wird aber heute meist mit Wasserdampf bei 150—160° C vorgenommen, wobei ohnehin aus dem behandelten Holz Essigsäure abgespalten wird. Durch Änderung des pH, der *Gesamtmenge* angewandter Säure, der Temperatur, Dauer und des Druckes kann die Hydrolyse in weiten Grenzen abgeändert werden. Durch die Vorhydrolyse wird die chemische Bindung zwischen Hemi und Lignin gelockert, Hemi und niedermolekulare Celluloseanteile gehen in Lösung, so daß gleichmäßigere Celluloseketten zurückbleiben. Bei der Vorhydrolyse werden so bis zu 25% des Holzes gelöst. Gleichzeitig wird der (stabilisierenden) Anlagerung von Xylan an Cellulose vorgebeugt, sowie der DP der restlichen Hemicellulosen auf 50 erniedrigt[231]). Lignin unterliegt an sich während der Vorhydrolyse (besonders bei Nadelhölzern) saurer Kondensation.

Bei der folgenden Sulfatkochung können dann mildere Arbeitsbedingungen eingehalten werden, die trotzdem zu gut bleichbaren Zellstoffen führen, die zu jeder Art von Verarbeitung ebenso geeignet sind, wie die erprobten Sulfitzellstoffe.

Durch die vorgenommene Vorhydrolyse sinkt natürlich die Zellstoffausbeute. Sie beträgt z. B. bei Fichte 33% ungebleichten Sulfatzellstoffs mit rund 94% Alfacellulose.

Bei der papierchromatographischen Untersuchung der in verschiedenen Vorhydrolysaten anwesenden Kohlehydrate, fand R. WITWER[232]) Xylose-Uronsäureverbindungen in den Vorhydrolysaten von Buche und Pappel. Diese Verbindungen konnten bei Fichte und Kiefer nur spurenweise festgestellt werden.

Das Vorhydrolysat kann infolge hohen Monosegehalts vergoren werden. Für praktische Zwecke ist die Verdünnung freilich zu groß. Die Ablaugefrage ist beim Sulfatverfahren (durch Verbrennung der eingedickten Laugen) weitgehend gelöst[233]). Praktisch wäre noch die starke Geruchsbe-

---

[229]) R. O. H. RUNKEL, DRP. 533. 647, 574. 921.

[230]) G. A. RICHTER, U. S. Patent 1, 787. 953 (1931).

[231]) L. J. BERNARDIN, Tappi *41*, 491; 1958.

[232]) R. WITWER, Faserforschung und Textiltechnik *6*, 58—62; 1955. Vgl. auch die interessante Untersuchung von M. FAULHABER u. Mitarb., Materialprüfung *4*, (3): 94—101; 1962.

[233]) Über die vorteilhafte Verwertung eines Teils der (vorher oxydierten) Schwarzlauge zur Herstellung von Ameisensäure, Essigsäure, allenfalls Fural vgl. M. E. FINDLAY, Tappi *43*, 183—188; 1960.

lästigung durch Merkaptane in erheblichem Umkreis der Sulfatzellstoffanlagen zu erwähnen.

Da je Tonne Sulfatzellstoff rund 1600 g Merkaptan (vorwiegend $CH_3 \cdot SH$, daneben $[CH_3]_2 S$ und H_2S) frei werden, so kann sich diese Geruchsbelästigung unter Umständen auch auf eine Fläche von 200 km² erstrekken[234]). Als wirksamste Maßnahme dagegen hat sich Oxydation der Schwarzlauge vor dem Eindampfen erwiesen.

In Anbetracht dessen, daß vom ursprünglichen Cellulosegehalt des Holzes (rund 50%) nur etwa 30—33% (des Holzes) an „Edelzellstoffen"[235]) gewonnen werden können, stellt die Cellulosegewinnung einen überaus unwirtschaftlichen technischen Vorgang dar. Der Sulfatprozeß kann heute bereits vollkommen automatisiert werden[236]).

Bild 15[237]) Sulfit- und Sulfatverfahren in den USA

[234]) Die Angaben über das Gewicht der Geruchsstoffe, die beim Sulfatprozeß entbunden werden, schwanken je nach der Art des Ausgangsguts und der Arbeitsbedingungen sehr beträchtlich. So führt P. Ghisoni (Tappi *37*, 201; 1954) je Tonne erkochten Sulfatzellstoffs nicht weniger als 4,5 kg Merkaptan und 9 kg H_2S an.

[235]) Die Veredlung fertiger Zellstoffe für chemische Zwecke (Ester, Äther der Cellulose) erfolgt durch 5—12%ige NaOH in der Kälte oder 0,1—0,5%ige NaOH bei 90 bis 120° C und ist entsprechend verlustreich. Nach dieser Behandlung bleibt nurmehr ein unbedeutender Anteil an Hemi (Mannan, Xylan) in der Cellulose zurück.

[236]) Über kontinuierliche Sulfatkochung vgl. die Pionierarbeit von J. Richter, Tappi *32*, 330; 1949. Vgl. ferner die zusammenfassende Untersuchung von W. J. Nolan u. Mitarbeitern, Tappi *40*, 170; 1957, daneben W. J. Nolan u. Mitarb., Tappi *34*, 529; 1951. *35*, 425, 505; 1952. *36*, 406; 1953. *37*, 460; 1954.

[237]) Während sich laut FAO im Jahre 1960 Sulfit- und Sulfat-Zellstofferzeugung in Schweden, Finnland und Canada nahezu die Waage hielten, erreichte die Sulfat-Zellstofferzeugung in den USA 13,6 Mio Tonnen, während die Sulfit-Zellstofferzeugung bloß 3,3 Mio Tonnen betrug. Deutschland erzeugt fast ausschließlich Sulfitzellstoff.

Nach dem 2. Weltkrieg zeigte das Sulfatverfahren insbesondere in den USA einen bedeutenden Aufstieg, während die Sulfitzellstoff-Erzeugung eher zurückging. Dieses Ansteigen beruht zweifellos auf der allseitigen Verwendungsmöglichkeit des Sulfataufschlusses, der Zellstoffe höchsten Reinheitsgrades herzustellen erlaubt und bei kontinuierlicher Durchführung bedeutende Ersparnisse an Anlagekosten, Personalausgaben und Räumlichkeiten ermöglicht. Der Sulfataufschluß hat auch den Vorteil, in allen Klimaten durchführbar zu sein.

Neue aussichtsreiche Rohstoffe, die nach kurzer Vorhydrolyse Sulfatzellstoffe mit hohen Alfagehalten liefern, sind Weizen- und Roggenstroh, sowie Zuckerbagasse.

Über den Anstieg des Sulfatverfahrens in den USA, dem z. Zt. stärksten Zellstoffverbraucher der Welt und den Abstieg des Sulfitverfahrens dortselbst im Zeitraum von 1930—1960 unterrichtet Bild 15.

2.1.19.3 Mehrstufenkochung[238])

Man versucht neuestens vorwiegend mittels sogenannter Zweistufen-Aufschlußverfahren vorteilhafter zu arbeiten. Es sind hierbei Zweistufenkochprozesse mit a) abschließender saurer Sulfitkochung und b) abschließender alkalischer Kochung zu unterscheiden.

Zur Gruppe a) gehören z. B. folgende Kombinationen von Aufschlußmitteln: (Neutralsulfit—saures Sulfit) oder (Bisulfit—saures Sulfit) usw.

Zur Gruppe b) gehören Kombinationen wie (Vorhydrolyse—Sulfat) oder (saures Sulfit-Sulfat) usw.[239]).

Man kann mit Hilfe der Zweistufen-Verfahren der Gruppe a) die Schwierigkeiten überwinden, die phenolische Tannine bei der Sulfitkochung verursachen. Diese Tannine diffundieren während des Flössens der Stämme ins Holz. Bei *stark* saurer Sulfitkochung kondensieren sie sich mit dem Lignin, wodurch die Delignifikation sehr erschwert wird. Dieser Kondensation kann man durch *schwach* saure Kochung entgehen, da die hierbei erfolgende Ligninsulfonierung die Ligninkondensation verhindert. Deshalb eignen sich Kombinationen der Gruppe a) besonders für die Verkochung von Kiefer oder von tanningeschädigten Hölzern.

---

[238]) Vgl. S. A. Rydholm „Mehrstufenkochung", Das Papier (Vortragsheft) *14*, 535—541; 1960 (69 Ref.).

[239]) Unter „saurem Sulfit" ist ein mit SO_2 angesäuertes Sulfit zu verstehen. — Im Zweistufenverfahren „Saures Sulfit—Sulfat" der Gruppe b) wird Lignin zunächst durch die milde Sulfonierung gegen Säurekondensation geschützt, so daß der Ligninrest während der darauffolgenden Sulfatkochung leicht entfernt werden kann.

Zur Gruppe b) gehören vorzugsweise Kombinationen, die geeignet sind, die meisten Faserrohstoffe zu brauchbaren Zellstoffen mit hohem Alfacellulosegehalt aufzuschließen. Von besonderer Bedeutung erwies sich die Kombination Vorhydrolyse — Sulfat.

Laubhölzer liefern nach den Zweistufen-Verfahren b) Zellstoffe mit 94—95% Alfacellulose, Nadelhölzer solche bis zu 95 und 96% Alfacellulose, in Ausbeuten von 35—40%.

Eine Variante der Gruppe b), darin Lignin mit Na-Sulfit herausgelöst wird, worauf man mit starker Sodalösung unter Temperaturerhöhung um etwa 30° C zu Ende kocht, stammt von Y. G. Sivola (1959)[240]) („Rauma-Verfahren"). Die Chemikalien können dabei wiedergewonnen werden.

Es ist anzunehmen, daß die kommenden Jahre zu einer beträchtlichen Steigerung der mittels Zweistufen-Verfahren hergestellten Zellstoffmengen führen werden. Hier stehen besonders das Vorhydrolyse-Sulfat-Verfahren und das Rauma-Verfahren im Vordergrund. Durch kontinuierliche Ausgestaltung dürften diese Kochverfahren vereinfacht und die Wärmeverluste verringert werden.

Schließlich sei noch darauf hingewiesen, daß die übliche „*Veredelung*" von Einstufen-Sulfatzellstoff durch 1%ige NaOH bei 90—120° C, die Alfagehalte von 96—97% bei niedrigstem Pentosangehalt liefert, eigentlich bereits einen Zweistufenprozeß darstellt.

2.1.19.4 Unterschiede zwischen Sulfit- und Sulfatzellstoffen[241])

Bei der Kennzeichnung der Unterschiede zwischen Sulfit- und Sulfatzellstoffen muß man berücksichtigen, daß Sulfatzellstoffe heute meist nach vorhergegangener Vordydrolyse hergestellt werden, so daß sie bereits das Ergebnis eines Zweistufenverfahrens darstellen. Bei den Zweistufenprozessen mit ihren überaus wandlungsfähigen Erzeugnissen, kann aber nicht mehr von typischen Sulfit- oder Sulfatzellstoffen gesprochen werden. Wir müssen daher zu Vergleichszwecken einen Einstufen-Sulfitzellstoff und einen ohne Vorhydrolyse erzeugten Sulfatzellstoff heranziehen.

Saure oder alkalische Kochung beeinflussen in verschiedener Weise die morphologischen Zellwandbestandteile, somit auch die Entstehungsbedingungen von langen, kurzen und Nullfasern[242]), sowie deren Verhalten bei

[240]) Y. G. Sivola, Tappi *42*, 265; 1959.

[241]) B. G. Rånby „Die Feinstruktur der Cellulosefibrillen", Fasersymp., Cambridge 1957. L. Jörgensen „Die Chemie der Zellstoff-Fasern", ibid. J. K. Hamilton, N. S. Thompson, Pulp Paper Mag. Can. *61*, 263—272; 1960. G. H. Tomlinson, ibid. *61*, 283 bis 288; 1960.

[242]) Sulfatzellstoffe enthalten 4—30% Nullfasern.

der Mercerisation, Nitrierung, Xanthierung und Lösung der Viskose, wobei insbesondere die Fasern der amorphen Bezirke von Bedeutung sind. Bei der Sulfitkochung werden sämtliche Zellwandbestandteile geschädigt, Pektine, Arabogalaktan und Galakto-Glukomannan abgebaut.

Sulfitzellstoffe sind (bei gleichem Ligningehalt) in höherer Ausbeute gewinnbar. Sie sind leichter bleichbar, mahlbar, hydrolysierbar und auflösbar. Bei niedrigerem Pentosangehalt weisen sie geringere mechanische Festigkeit auf. An Hemicellulosen enthalten sie vorwiegend Mannan, daneben Xylan, die bei der Kochung als Schutzkolloide der Cellulose wirken. Beim Sulfitaufschluß verbleiben immer noch *Harze* im Zellstoff, die mit Joddämpfen braune Färbungen liefern (Unterscheidung von Sulfatzellstoff, E. KÜHNEL, 1960)[243]).

Die Hauptvertreter der hierher gehörigen Laubholz- und Nadelholz-Zellstoffe, Fichtensulfit- und Buchensulfit-Zellstoff, unterscheiden sich im einzelnen deutlich.

Schonend hergestellter Fichtensulfitzellstoff wies z. B. (bei der mechanischen Trennung in zwei morphologische Zellwand-Bestandteile) eine $(P+S_1)$-Fraktion mit 81% Alfacellulose, 5,8% Lignin, 13% Hemi und einem DP von 2000 und eine (S_2+S_3)-Fraktion mit 84,0% Alfacellulose, 0,4% Lignin, bis 17% Hemi und einem DP von 3000 auf (O. KALLMES, 1960)[244]). Chromatographisch zeigt die Gesamtcellulose von Fichtensulfitzellstoff noch Xylose, Mannose, Glukose und Galaktose.

Buchensulfitzellstoff weist größeren Widerstand gegenüber der Mercerisation und Xanthierung auf (was morphologisch durch die dickeren Wände der Sklerenchymfasern bedingt ist) und zeigt bei der Zerlegung in Langfasern (Sklerenchymzellen, lange Gefäße) und in Kurzfasern (Markstrahlenzellen) etwa 30% Kurzfasern (B. PHILIPP, 1962)[245]).

Sulfatzellstoffe sind im allgemeinen schwerer mahlbar, bleichbar, hydrolysierbar und auflösbar und werden (bei gleichem Ligningehalt) in niedrigeren Ausbeuten gewonnen. Sie weisen bei höherem Pentosan-(Xylan)-Gehalt größere mechanische Festigkeit auf. Pentosan bildet — zum Teil abgebaut — auf der Celluloseoberfläche eine alkaliresistente Schicht. Chromatographisch weist die Alfacellulose von Buchensulfatzellstoff neben Glukose noch erhebliche Mengen Xylose auf, während die Gammacellulose neben vorwiegender Xylose noch Arabinose zeigt. Buchensulfatzellstoff enthält nur 16% Kurzfasern. Er stellt ein wertvolles Ausgangsgut für Papier dar, ist aber zur Erzeugung von Cellulosekunstfasern wenig geeignet.

[243]) E. KÜHNEL, Das Papier *14*, 96—100; 1960.

[244]) O. KALLMES, Tappi *43*, 143—153; 1960.

[245]) B. PHILIPP, T. LUKANOW, Zellstoff u. Papier *11*, 95—105; 1962.

2.1.19.5 Andere Aufschlußverfahren

Alle übrigen Verfahren der Zellstofferzeugung treten aber gegenüber den erstgenannten beiden in den Hintergrund, so z. B. die Verwendung von *Chlor* zum Aufschluß verholzter Membranen[246]).

Chlor greift die Kohlehydrate verholzter Stoffe nicht an, chloriert und oxydiert hingegen deren Ligninanteil. Die entstandenen Ligninabkömmlinge können durch schwache Natronlauge, worin sie leicht löslich sind, ausgewaschen werden. Die bei der Chlorierung des Lignins stattfindenden chemischen Umsetzungen sind sehr verwickelt. Ihre Erforschung wird durch den gleichzeitigen Ablauf der verschiedensten Oxydationsvorgänge, Substitution, Hydrolyse und Addition sehr erschwert[247]).

Da Chlor nur an der Oberfläche einwirkt, muß das verholzte Gut weitgehend zerkleinert werden. Deshalb eignet sich dieses Verfahren hauptsächlich zur Zellstofferzeugung aus Stroharten. Es gelang U. Pomilio diese Arbeitsweise in Italien einzuführen[248]).

Die Pflanzenfaser wird bei 90° C mit 1%iger NaOH behandelt, gewaschen und abgepreßt, hierauf chloriert, gewaschen und mit verdünnter NaOH extrahiert. NaOH und Chlor werden elektrolytisch am Ort und im Ausmaß ihres Verbrauches erzeugt.

Sehr reiner Zellstoff, mit einem Gehalt bis zu 98% Alfacellulose, kann durch Einwirkung 5%iger *Salpetersäure* auf Hölzer bei Temperaturen um den Siedepunkt erhalten werden. Lignin wird hierbei nitriert und oxydiert und kann durch verdünnte Alkalien ausgewaschen werden[249]).

Diese Arbeitsweise wurde von P. Krais sehr eingehend studiert[250]), doch war es erst nach Einführung des Kruppschen V2A-Stahls möglich, das Verfahren in die Praxis einzuführen, wo es sich bei Vorhandensein billiger Abfall-Salpetersaure fur die Aufschlleßung von Stroharten und Schilf eignet.

Methylalkohol mit 3—5% SO_2

löst bei 130° C innerhalb weniger Stunden aus Fichte ein cremefarbenes, verhältnismäßig wenig sulfoniertes Lignin und hinterläßt bis 85% Halbzellstoff (s. u.) mit etwa 10% Lignin[251]).

[246]) E. Heuser, R. Sieber, Z. ang. Chem. *26*, 801; 1913.

[247]) N. I. Nikitin „Die Chemie des Holzes", Akademieverlag Berlin, 1955. Vgl. darin „Delignifikation des Holzes mit Chlor", S. 537—546.

[248]) Vgl. P. Waentig, Zellstoff und Papier *17*, 352, 392; 1937.

[249]) Das einschlägige Schrifttum wurde von S. Aronovsky u. Mitarb., Pap. Ind. *21*, 41, 151, 355; 1939 zusammengestellt.

[250]) P. Krais, Papierfabr. *23*, 797; 1925. DRP. 391. 713 (1922), 393. 191 (1923).

[251]) P. Schorning, Faserforschung u. Textiltechnik *12*, 105—108; 1961.

Theoretisches Interesse verdient die Tatsache, daß man sehr reinen Zellstoff (von Polymerisationsgrad 1300) erreichen kann, wenn Holz mit 75—125% $NaClO_2$ bei 60° C behandelt wird[252]).

Hydrotropische Lösungsmittel

Über die Zellstoffgewinnung mit Hilfe hydrotropischer Lösungsmittel (C. NEUBERG, 1916) vgl. R. H. McKEE[252a]), der mit 23%iger Lösung des billigen Na-Xylolsulfonats arbeitet. Trotz anscheinend günstiger Ergebnisse konnte sich das Verfahren nicht einbürgern.

Die großtechnischen Verfahren führen nur zu einer annähernden Isolierung der Cellulose. Diese Freilegung ist sowohl mit Celluloseverlusten als auch mit Verunreinigungen der isolierten Cellulose durch restliche Fremdanteile verknüpft.

2.1.20 Annähernder Prozentsatz a. d. Fichtenholz isolierbarer Anteile

Das nachfolgende Diagramm liefert einen ungefähren Überblick über die prozentuale Verteilung von Cellulose, Hemi und Lignin im Fichtenholz und in den daraus durch bekannte Verfahren isolierbaren Anteilen.

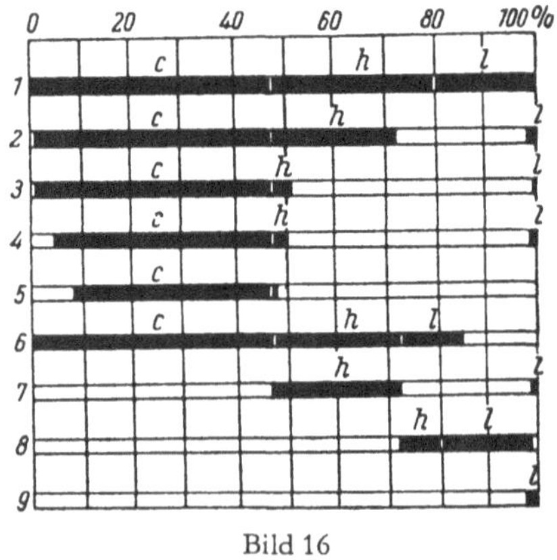

Bild 16
Prozentuale Zusammensetzung des Fichtenholzes und daraus isolierbarer Anteile

[252]) A. W. SOHN, F. REIFF, Papierfabr. *40*, 1—7; 1942.
[252a]) R. H. McKEE, Pulp Paper Mag. Can. *52* (2): 64; 1954.

1. Fichtenholz.

Enthält rund 47,5% Cellulose, etwa 20% Lignin und den Rest Hemi.

2. Holocellulose aus Fichtenholz

Holocellulose aus Fichtenholz entspricht theoretisch jenem Holzrückstand, der nach der Beseitigung des Lignins zurückbleibt. Praktisch enthält Holocellulose jedoch bis 1,5% Lignin (auf Holz bezogen) und weist Verluste an Hemi, allenfalls auch geringe Cellulose-Verluste auf. Aus Fichtenholz wurden 70—75% Holocellulose erhalten.

3. Kürschner-Hoffer Cellulose

Unlöslicher Rückstand nach 2—3maliger alkoholischer Nitrierung von Hölzern. Mittlere Ausbeute bei Fichte rund 50%. Enthält noch bis 3% Pentosan (auf Holz bezogen) und 0,15% Lignin (auf Holz bezogen). Nach der Berechnung von K. Seifert liegt Kürschner-Hoffer-Cellulose 93% Reincellulose zugrunde.

4. Fichtensulfitzellstoff

Die Ausbeute beträgt je nach Ausgangsgut, Kochsäure, Temperatur, Dauer usw. der Kochung 45—50% an ungebleichtem Fichtenzellstoff; z. B. 46% Sulfit-Fichtenzellstoff mit rund 43% Cellulose, 39% Alfa-Cellulose, 2,5% Hemi und 1% Lignin (alle Werte auf Holz bezogen).

5. Alfa-Cellulose in Fichten-Sulfitzellstoff

Ausbeute z. B. 39% des Holzes. Die Alfacellulose enthält noch Hemi.

6. Halbzellstoff (s. u.)

Durch milde Behandlung (Na_2SO_3) wird die Mittellamelle der Holzzellen schwach angegriffen, so daß bei der darauffolgenden mechanischen Zerfaserung (Defibration) die Zellen voneinander leicht getrennt werden können. Ausbeuten bis 85% an stark lignin- und hemicellulosehaltigem Gut. Nach der Bleichung erhält man bis 65% Ausbeute.

7. Isolierte Hemicellulosen

Die Isolierung mit 4%iger NaOH u. ä. erfolgt unter wechselnden Verlusten an Hemicellulosen, während Ligninanteile darin zurückbleiben.

8. Isoliertes Lignin

Je nach der Art der Isolierung findet man im isolierten Lignin noch erhebliche Anteile von Hemi, mitunter auch von Cellulose, während leicht lösliche Ligninanteile gelöst wurden und so verloren gingen.

9. Lignin nach F. E. Brauns (s. u.)

Es wird in etwa 2,5%iger Ausbeute (bezogen auf das Gesamtholz oder in etwa 11%iger Ausbeute bezogen auf das Lignin) durch längeres Einwirkenlassen von Äthylalkohol auf Holzmehl bei normaler Temperatur erhalten.

Wir sehen, daß sämtliche Isolierungsverfahren der einzelnen Holzkomponenten bloß zu einer wechselnden, unscharfen Abgrenzung des jeweilig zu isolierenden Anteils führen. Dies hängt mit der innigen Durchwachsung und der gegenseitigen chemischen Bindung der Holzkomponenten zusammen.

Ganz ähnlich liegen die Verhältnisse selbstverständlich auch bei sämtlichen anderen Holzarten, so daß man die zahllosen „genauen" prozentualen Angaben des Schrifttums mit großer Vorsicht betrachten muß.

2.1.21 Halbzellstoff

Die aus dem Holz gewonnenen Edelzellstoffe spielen bei der chemischen Verwertung der Cellulose eine hervorragende Rolle. Doch gehen, wie erwähnt, bei ihrer Darstellung fast 70% des gesamten Holzes verloren. Es fehlte daher nicht an Bestrebungen, zunächst einen Teil der aus Edelzellstoffen herstellbaren Waren (z. B. Lacke, Celluloid, Sprengstoffe) aus anderen Ausgangsstoffen zu erzeugen und den Hauptanteil des im Preise ständig steigenden Rohstoffes Holz in weniger verlustreicher Weise aufzuarbeiten. Das Bestreben zu einer solchen „komplexen" (vollständigen) Verwertung des Holzes führte zu den Halbzellstoffen, die sich stetig wachsender Bedeutung erfreuen.

Unter Halbzellstoff verstehen wir einen Faserstoff, der in seinen Eigenschaften zwischen Zellstoff und Holzschliff steht. Die Halbzellstoffe enthalten noch beträchtliche Mengen an Lignin und Hemicellulosen. Ihre Ausbeuten sind daher wesentlich höher, als die üblichen Zellstoffausbeuten. Halbzellstoffe eignen sich zu zahlreichen Verwendungen, bei denen besondere Reinheit der Cellulose nicht unbedingt erforderlich ist.

Unter den älteren Bestrebungen zur Herstellung von Halbzellstoffen ist namentlich das „*Keebra-Verfahren*" zu nennen[253]), das im Laufe der Jahre in manigfacher Weise abgeändert worden ist. Sehr eingehend wurde die Herstellung von Halbzellstoffen vom Forest Products Laboratory in Madison (Wis.) untersucht und anschließend daran ein Verfahren entwickelt[254]), das sich allmählich überall durchzusetzen vermochte.

Durch milde Behandlung von Hölzern mit Na_2SO_3, das mit (etwa $^1/_3$ des Gewichts) Soda oder Natriumbikarbonat gepuffert ist, wird das Lignin der Mittellamelle teilweise gelöst, so daß die folgende mechanische Defibrierung raschen Zerfall in den einzelnen Zellen (Fasern) hervorruft. Die Frage der Rückgewinnung der kostspieligen Chemikalien ist bis heute noch nicht vollkommen gelöst.

Neben dem Studium der verschiedensten Abänderungen dieses Arbeitsvorgangs (Verwendung von saurem Sulfit, Soda, Sulfat), wurde insbesondere der Einführung kontinuierlicher Kochverfahren für Halbzellstoffe Beachtung geschenkt[255]), wobei NaOH, Na_2CO_3 oder Na_2SO_3 zur Kochung verwendet werden und nachträgliche Zerfaserung mit Platten-Refinern erfolgt[256]). Man gelangt so bei niedrigem gleichmäßigem Energieaufwand zu größeren Ausbeuten an Halbzellstoffen höherer Güte und gleichmäßiger Beschaffenheit.

Eine neue Arbeitsweise zur Herstellung besonders fester Fasern ist das „*Chemi-Holzschliffverfahren*" ("Chemi-groundwood process")[257]), wobei Holzklötze einem milden Aufschlußverfahren mit nachfolgender mecha-

---

[253]) E. P. McKeefe, L. Bradley, Canad. Patent 219, 557 (1922). Paper Trade J. *88*, (7): 131; 1929.

[254]) Vgl. J. D. Rue u. Mitarb., Paper Trade J. *83* (13): 50, 1926. An neueren Untersuchungen vgl. R. Aries, Paper Trade J. *128* (I): 21; 1949. E. L. Keller, J. N. McGovern, Tappi *32*, 400; 1949. G. H. Chidester, Paper Tr. J. *129* (21): 84; 1949.

[255]) Hier ist besonders das „Pandiaverfahren" (*P*aper *and I*ndustrial *A*ppliances) und das „Kamyrverfahren" zu erwähnen. Beim Pandiaverfahren besteht der Reaktionsraum aus mehreren Druckrohren, durch die das Kochgut mit Schnecken allmählich hindurchgeschleust wird. Anschließend erfolgt Zerfaserung im Asplund-Defibrator. Beim Kamyrverfahren ist der wichtigste Teil der Anlage der Zuführungsrotor, der abwechselnd Hackschnitzel und Kochflüssigkeit durchläßt.

[256]) J. A. Asplund, Wochenbl. Papierfabr. *71*, 590, 607; 1940. A. H. Lundberg, Pacific Pulp Paper Ind. *15*, (6): 16; 1941. A. W. Nickerson, Techn. Assoc. Papers *24*, 461; 1941. G. J. Ritter, Pulp and Paper *22* (8): 44; 1948.

[257]) C. E. Libby, F. W. O'Neil, Tappi *33*, 161; 1950.

nischer Zerfaserung unterzogen werden. Auch das Bleichen der Halbzellstoffe wurde in den letzten Jahrzehnten sehr eingehend studiert[258]).

Durch die neue Technik kann man aus Laubhölzern (Pappel, Birke usw.) bis zu 85% Papierrohstoffe gewinnen, die in mancher Beziehung sogar Nadelholzzellstoffen überlegen sind[259]). Die Ablaugen gehen heute noch in die Abwässer, sind aber, was den biologischen Sauerstoffbedarf anbelangt, nur etwa $^1/_5$ so schädlich, wie die Sulfitablaugen der Zellstoffabriken. Ungebleichte Halbzellstoffe dienen zu Dachpappen, Kartons, Faserplatten und als Beimischung zu Zeitungspapier. Bei der Bleiche geht die hohe Ausbeute an Halbzellstoffen auf etwa 60% des Holzes zurück. Solche gebleichten Halbzellstoffe dienen zur Erzeugung von Schreib- und Druckpapier.

2.1.22 Enzymatischer Abbau der Cellulose[260])

Schon 1886 beschrieb A. DE BARY[261]) das cellulosezerstörende Enzym von Schimmelpilzen und nannte es Cellulase. Später ergab sich, daß solche Enzyme nicht nur von anaeroben und aeroben Bakterien, Schimmelpilzen, sondern auch von höheren Pilzen (Basidiomyceten und Aktinomyceten) ausgeschieden werden. Zum Studium der celluloseabbauenden Wirkung versetzte H. PRINGSHEIM (1912)[262]) die Kulturen anaerober Bakterien mit desinfizierenden Mitteln, die das weitere Wachstum der Bakterien hinderten, aber die Enzymtätigkeit nicht schädigten. Es zeigte sich, daß der anaerobe biologische Zerfall der Cellulose in ähnlichen Stufen verläuft, wie die Säurehydrolyse.

Es gelang, zwei Gruppen celluloseabbauender Enzyme sicherzustellen, die Gruppe der *Cellulasen*, welche die Cellulose hauptsächlich bis zur Cellobiose abbauen, und die Gruppe der *Cellobiasen*, welche vorwiegend Cellobiose (aber auch Oligosaccharide) in Glukose umwandeln, die bei weiterem Abbau schließlich zu einfachen organischen Verbindungen (Butter-, Milch-, Essigsäure, CO_2, H_2, CH_4) zerfällt. Wiewohl sich die Abbautätigkeit der genannten beiden Enzymgruppen überlagert, können Cellulasen das Cellobiosemolekül nicht mehr sprengen.

---

[258]) J. N. McGOVERN u. Mitarb., Tappi Monograph No. *4*, 138; 1947.

[259]) Nadelhölzer liefern übrigens bei höherem Chemikalienverbrauch schlechtere Halbzellstoffe.

[260]) S. A. WAKSMAN „Humus" 2. A., Baltimore 1938. E. HÄGGLUND „Chemistry of Wood", New York 1951: „The Enzymatic Degradation of Cellulose", S. 109—116.

[261]) A. DE BARY, Bot. Ztg. *44*, 377, 420; 1886.

[262]) H. PRINGSHEIM, Z. physiol. Chem. *78*, 266; 1912.

Über den *aeroben* Cellulosezerfall ist weniger bekannt. Hierbei wird Cellulose bis zu CO_2 und H_2O oxydiert, wobei reichlich Wärmeenergie frei wird, die zum Aufbau „*mikrobieller Zellsubstanz*“[263]) (= Bakterienkörper) dient. —

Praktisch spielt die enzymatische Spaltung der Cellulose in der Holz-, Papier- und Textilindustrie eine bedeutende Rolle. Neuerdings wurden diese Abbauvorgänge elektronenoptisch geprüft (B. R. PORTER, 1960)[264]) und festgestellt, daß alle mikromorphologischen Abbauerscheinungen durch Hydrolyse der glukosidischen Bindungen erklärt werden können. Der weitere Abbau geht ebenso wie bei milder Säurehydrolyse vor sich. Die amorphen Bezirke werden dabei stärker angegriffen.

Die Darmbakterien des Menschen vermögen bloß 15% der mit der Nahrung zugeführten Cellulose zu verwerten. Bei verschiedenen Nutztieren steigt der durch die Darmflora ausgenutzte Anteil der Cellulose bis auf etwa 90% an[265]). Cellulose ist für den Menschen fast unverdaulich, regt aber die Darmmuskulatur stark an und fördert die Verdauung. Durch ihre große Oberfläche erleichtert Cellulose katalytische Umsetzungen und bindet Giftstoffe des Darmtraktes.

2.2 Hemicellulosen

2.2.1 Allgemeines

Als zweiter Hauptbestandteil des Holzes gelten die Hemicellulosen, heute oftmals im Schrifttum der Kürze halber „Hemi“ genannt. Die Bezeichnung stammt noch aus dem vergangenen Jahrhundert und E. SCHULZE[275]) faßte unter dem Sammelbegriff Hemicellulosen den im Vergleich zur schwer hydrolysierbaren Cellulose *leicht hydrolysierbaren Anteil der Zellwand* zusammen. Wir verstehen heute unter Hemi: kurze Ketten glukosidisch verknüpfter Zuckerreste, die meist durch Säuren leichter hydrolysiert und durch Alkalien leichter gelöst werden als Cellulose.

Es hat seither nicht an Kritiken dieser umfassenden und wenig genauen Benennung gefehlt. Es wurde vorgeschlagen, anstelle von Hemi unmittelbar von ihren Hauptgruppen: Pentosanen und Hexosanen zu sprechen

[263]) S. A. WAKSMAN „Principles of Soil Microbiology“ 2. A., Baltimore 1932.

[264]) B. R. PORTER u. Mitarb. „Einwirkung von Cellulase auf den Feinbau der Baumwollfaser“, Textile Res. J. *30*, 249—267; 1960.

[265]) N. N. IWANOW („Methoden der Pflanzenphysiologie und -anatomie“, S. 132; Moskau-Leningrad 1935) führt als ausnutzbaren Celluloseanteil für Rinder 56%, Pferde 40,6%, Schweine 28,8% und Geflügel 0% an.

[275]) E. SCHULZE, Ber. *24*, 2285; 1891.

oder aber die „Polysaccharide der Zellwand" streng wissenschaftlich gemäß ihren Zuckerkomponenten zu trennen (P. KARRER)[276]). K. HESS schlug den Namen „begleitende Kohlehydrate" vor und A. G. NORMAN[277]) schließlich unterscheidet zwischen Cellulosanen und Polyuroniden. Cellulosane sind mit der Cellulose aufs engste verknüpfte Kohlehydrate, während Polyuronide durch Uronsäuregruppen[278]) gekennzeichnet sind und offenbar mit den Ligninen in engem Verband stehen. Die von H. STAUDINGER[279]) geschaffene Bezeichnung „Holzpolyosen" für Hemi erfreut sich steigender Verwendung in der Literatur des Holzes.

Man sollte glauben, daß es ziemlich gleichgültig sei, unter welchem Namen wir diesen zweiten Hauptbestandteil des Holzes kennzeichnen. Da es sich hier aber nicht wie bei der Cellulose um eine der Hauptsache nach ziemlich einheitliche Verbindung handelt oder wie beim Lignin um ein charakteristisches Kondensations- und Umwandlungsprodukt im Grunde genommen bloß dreier Bausteine, sondern um eine verwickelte Reihe von Polysacchariden, die noch dazu in recht unzulänglicher Weise (oft als unterschiedliche Fraktionen) isolierbar sind, so muß man die Bestrebung durchaus würdigen, hier durch eine strenge Bezeichnung in einem chaotischen Gewirr Klarheit zu schaffen, um durch bestimmte Umgrenzung der Hauptgruppen eine wissenschaftliche Übersicht dieses heterogenen Holzbestandteils zu erreichen.

Nichstdestoweniger bleibt die Bezeichnung „Hemi" fest in der gesamten Literatur verankert, eine Tatsache, der wir in unserer kurzen Besprechung Rechnung tragen müssen.

Während Cellulose und Lignine seit mehr als einem Jahrhundert wissenschaftlich erforscht werden und diese beiden Gebiete (trotz zahlreicher noch offener Einzelfragen) in großen Zügen als so weit geklärt gelten können, daß uns weitere Untersuchungen keine wesentliche Überraschung mehr bringen dürften, steckt die Erforschung der Hemi sozusagen noch

---

276) P. KARRER „Polymere Kohlehydrate", S. 263; Leipzig 1925.

277) L. F. HAWLEY u. A. G. NORMAN, Ind. Eng. Chem. *24*, 1190; 1932.

278) Unter Uronsäuren verstehen wir Aldeyd-Karbonsäuren der Zuckerreihe, z. B.

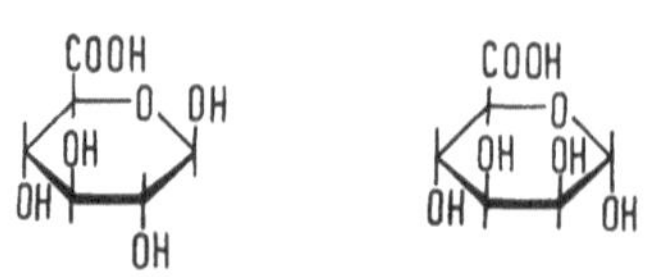

β-D-Glukuronsäure oder *α*-D-Mannuronsäure.

Der Name rührt daher, daß ihr erster Vertreter, D-Glukuronsäure, aus Harn (lat. urea) gewonnen wurde.

279) H. STAUDINGER, F. REINECKE. Holz als Roh- u. Werkstoff *2*, 321; 1939.

in den Kinderschuhen. Unser grundlegendes Wissen über die große Vielfältigkeit der Hemi, selbst über ihren Einbau in die Pflanze, ist recht spärlich. Sie umgeben — zusammen mit dem assoziierten Lignin — die Cellulosemikrofibrillen und blockieren die freien Hydroxylgruppen der Cellulose.

Unsere noch geringe Gesamtkenntnis der Hemi hat verschiedene Ursachen. Bei dem überwältigenden technischen Interesse, das die Cellulose und ihre zahllosen Abkömmlinge boten, ebenso wie bei den großen — unbegründeten — Erwartungen, zu welchen mitunter die in riesigen Mengen abfallenden Lignine nach gelungener technischer Verwertung zu berechtigen schienen, ist den industriell meist als lästigen und bedeutungslosen Nebenprodukten angesehenen Hemi von vornherein wissenschaftlich weniger Interesse geschenkt worden, zumal die früheren verstreuten und unsicheren Mitteilungen über sie stark divergierten, ihre ungenauen Isolierungsmethoden[280]) und überaus lästigen analytischen Trennungsverfahren, die unklare Nomenklatur usw. keinen wesentlichen Anreiz zu tiefergreifenden wissenschaftlichen Untersuchungen boten. Wir sind daher genötigt, uns mit verschiedenen grundlegenden Fragen zu beschäftigen, die sowohl bei der Cellulose als auch bei den Ligninen längst überholt sind.

Ohne daß diese grundlegenden Fragen (z. B. der einwandfreien Darstellung und Isolierung von Hemi) noch völlig geklärt wären, strömt uns heute plötzlich eine Fülle von Einzeltatsachen zu, die mittels der hier weitgehend und sehr erfolgreich eingesetzten Chromatographie gewonnen wurden. Sie sind so vielseitig und anscheinend so heterogen, daß es oft schwer fällt, sie von einem gemeinsamen Blickpunkt aus übersichtlich zusammenzufassen.

Der derzeitige Zustand der Hemiforschung erinnert lebhaft — mutatis mutandis — an die Cellulosechemie vor 1920. E. Heuser[281]) schrieb damals: „Was wir kennen, sind nur eine Reihe von Tatsachen und daneben eine gewaltige Fülle von Versuchsergebnissen, die in der Literatur oft ohne Zusammenhang und ohne Ordnung auf uns einstürmen." „Machen wir uns aber die Mühe, durch diese Fülle hindurchzukommen, so sind wir verwirrt und am Ende nicht viel klüger geworden."

Erst durch seinen klaren Hinweis auf die Alkoholnatur der Cellulose und auf die wichtigsten Umsetzungen eines solchen primären aliphatischen Alkohols schuf Heuser damals die Grundlage für eine wissenschaftlich wohlgeordnete Betrachtung und einen sinngemäßen Ausbau der gesamten Cellulosechemie.

---

[280]) Infolge Überlagerung mit anderen Zellwandkomponenten (Pektin, Gummi usw.), Bindung an Lignine usw.

[281]) E. Heuser, Einleitung zum „Lehrbuch der Cellulosechemie", Berlin 1921.

In eindrucksvoller Sprache begründete E. HEUSER diese „Einteilung, der das Langweilige und Verwirrende einer Wiedergabe von endlosen Tatsachen — bis auf einen kleinen Rest des Unvermeidlichen — fehlt."

Man darf freilich nicht aus dem Auge verlieren, daß die außerordentliche Anzahl und Vielfältigkeit der Hemicellulosen hier niemals eine solche konzentrierte Betrachtungsweise gestatten wird, wie sie grundsätzlich bei der Cellulose möglich ist. Doch muß es unser dringendes Bestreben sein, die Fülle experimentell gesicherter neuer Tatsachen tunlichst in wenige grundlegende Gruppen klar und übersichtlich einzugliedern, um eine zielbewußte weitere Forschung zu ermöglichen.

Auch hier wurden, analog wie bei der Cellulose, als Baugrundlage Ketten dreiwertiger Alkoholreste sichergestellt. Nur bestehen diese Zwerge von Ketten, verglichen mit Cellulose, aus anderen Aldehydalkoholen u. zw. bei den Nadelholzhemi vorwiegend aus Mannoseresten, bei den Laubholzhemi hauptsächlich aus Xyloseresten[282]).

2.2.2 Isolierung der Hemi

Die Bedeutung der Hemi als Aufbau- und Reservestoff der Pflanzen ist groß. Ihr Gesamtanteil schwankt in der Pflanzenwelt zwischen 15 und 40%. In Nadelhölzern sind vorwiegend Hexosane, in Laubhölzern Pentosane enthalten. Eine genaue Übersicht über die Verteilung der Komponenten in der extraktfreien Zellwand ist nach dem Gesagten nicht leicht zu gewinnen, denn die Grundlagen für die optimale Isolierung der Hemi sind noch umstritten.

Bei Laubhölzern scheint die Extraktion mit KOH unter N_2-Atmosphäre am empfehlenswertesten zur Gewinnung der Hemi zu sein. Sie liefert bis 90% der vorhandenen Hemi. Der nicht extrahierbare Rest kann erst nach Delignifizierung mittels Chlor erhalten werden. Der Alkaliextrakt enthält zuweilen etwas Lignin, das manchmal selbst durch mehrmaliges Umfällen nicht beseitigt werden kann (N. YAMAMORI 1950).

Bei Nadelhölzern ist jedoch vorhergehende Delignifizierung erforderlich, weil die Hemi sonst nur teilweise isolierbar sind. G. J. RITTER[283]) und seine Mitarbeiter haben in einer Reihe von Untersuchungen (1933) versucht, das gegenseitige Verhältnis der Hauptbestandteile des Holzes dadurch analytisch zu klären, daß sie den Ligninanteil des Holzes quan-

[282]) Vgl. E. L. HIRST „Chemische Struktur der Hemicellulosen", Vortrag beim Fasersymposion in Cambridge 1957. E. L. HIRST „Der chemische Bau der Hemicellulosen", Vortrag beim Symposion über Holzchemie, Montreal, 1961. L. E. WISE, Indian. Pulp. Paper *15*, 41—50; 1960 (Übersicht). T. E. TIMELL, Sv. Papp. *63*, 472—476; 1960.

[283]) G. J. RITTER, E. F. KURTH, Ind. Eng. Chem. *25*, 1250; 1933. Dieselben, J. Amer. Chem. Soc. *56*, 2720; 1934. G. J. RITTER, C. D. BIRD, ibid. *59*, 802; 1937.

titativ vom gesamten Kohlehydratanteil abtrennen. Sie nennen den zurückbleibenden Kohlehydratkomplex des Holzes „*Holocellulose*"[284]). Sie haben die alte Cellulose-Bestimmungsmethode von CROSS und BEVAN[285], die, wie wir hörten, abwechselnd mit gasförmigem Chlor und Alkali arbeitet, dahin abgeändert, daß sie abwechselnd chlorieren, den Chlorüberschuß mit Alkohol auslösen und die entstandenen Chlorierungsprodukte mittels einer heißen Lösung von Monoäthanolamin, $(C_2H_4OH) \cdot NH_2$, in Alkohol auswaschen. Sie sind nun der Ansicht, daß sie ihre Arbeitsweise durch diese Milderung so selektiv gestalteten, daß der gesamte Kohlehydratkomplex des Holzes unbeschädigt zurückbleibe, während die chlorierten und oxydierten Ligninanteile vollkommen entfernt wurden. In der Tat konnten sie bei einer Reihe amerikanischer Hölzer aus der Summe von Holocellulose + Extraktstoffen + Lignin + Asche annähernd 100% Holzsubstanz analytisch sicherstellen.

Daß diese 100% rein zufälliger Art sind, geht daraus hervor, daß die Holocellulose erwiesenermaßen stets einige Prozente Lignin enthält, daß es weiterhin keineswegs sicher ist, ob nicht etwa ein besonders empfindlicher Anteil der Hemi bei der angewandten Arbeitsweise angegriffen[286]), jedenfalls aber gelöst und aus dem Kohlehydratkomplex entfernt wurde, ob weiterhin die verwendete konventionelle Methode der Ligninbestimmung brauchbare Werte liefere und ob schließlich die o. e. Extraktstoffe des Holzes nicht am Holzaufbau selbst teilnehmen.

Es unterliegt heute keinem Zweifel mehr, daß Lignin und Hemi aneinander, zumindest teilweise, chemisch gebunden sind[287]). Aus Weizenstroh wurde z. B. *Xylolognin* (A. HAYASHI 1958)[288]) isoliert, das eine phenoglukosidische Bindung zwischen dem phenolischen OH des Lignins und der reduzierenden Gruppe des Kohlehydrats aufwies[289]). Es ist daher sehr wahrscheinlich, daß die drastische Sprengung solcher Verbindungen durch Chlor die Hemianteile in unkontrollierbarer Weise schädigt. Doch soll laut Literaturangaben diese Schädigung harmloser sein, als die bei der Herstellung von ClO_2-Holocellulose erfolgende. Dies letztere kann man indessen nach neueren Erfahrungen nicht durchweg behaupten.

---

284) Griechisch: holos—ganz.

285) C. F. CROSS, E. J. BEVAN, J. Chem. Soc. (London) *55*, 199, 1889.

286) Viskositätsmessungen von Hemi, die aus Holocellulose gewonnen wurden, weisen auf Abbau der Hemi hin. Auch der verringerte DP deutet in dieselbe Richtung (T. E. TIMMELL, E. C. JAHN, Svensk Papp. *54*, 831; 1951).

287) J. W. T. MEREWETHER „A Lignin-Carbohydrate-Complex in Wood", Holzforschung *11*, 65—80; 1957 (156 Ref.) .Vgl. ferner S. 139.

288) A. HAYASHI, I. TACHI, Tappi *41*, 173—178; 1958.

289) Vgl. hierzu jedoch K. FREUDENBERG, G. GRION, Chem. Ber. *92*, 1359; 1959.

E. SCHMIDT führte 1921 erstmalig Chlordioxyd, ClO_2, zur Delignifizierung von Hölzern ein[290]). Durch abwechselnde Behandlung mit ClO_2 und Na_2SO_3 wurde Lignin fortoxydiert[291]). Dieses Verfahren wurde in den folgenden Jahrzehnten wesentlich verkürzt und vereinfacht und lieferte die sogenannte „*Skelettsubstanz*“, die wiederum den gesamten Kohlehydratkomplex des Holzes in unversehrtem Zustand enthalten sollte. Es wurde mittlerweile nachgewiesen, daß nicht unerhebliche Anteile von Hemi bei der Ligninoxydation verloren gehen, ferner das Molekulargewicht der isolierten Hemi erheblich verringert wird, wodurch diese Arbeitsweise an Bedeutung eingebüßt hat und die Skelettsubstanz als Ausgangsgut für Hemiuntersuchungen nur bedingt in Frage kommt. I. R. C. MCDONALD führt (1952)[292])eine Reihe von Fehlerquellen an, die sich auch bei der Herstellung von Chlorit-Holocellulose ergeben sollen.

Nach H. HAAS (1955)[293]) wirkt Peressigsäure ($CH_3CO \cdot O \cdot OH$) ähnlich wie Chlorite. 10%ige Peressigsäure wandelte Buchenholz bei 90° C innerhalb 15 min. in eine Skelettsubstanz um, die nur noch 1% Lignin, fast unveränderten Hexosangehalt und um 4% verringerten Pentosangehalt aufwies.

Die grundlegende Erkenntnis der großen Bedeutung des ClO_2 als wichtiges Bleichmittel (Ligninrückstände werden dabei oxydiert und entfernt, indem deren aromatische Kerne zerstört werden) ist ausgebaut worden und führte zur großtechnischen Erzeugung von Chloriten, die sich als hervorragendes Bleichmittel bewährt haben[294]).

---

290) E. SCHMIDT, E. GRAUMANN, Ber. *54*, 1863; 1921.

291) (→CO_2, Oxalsäure, Essigsäure usw.) vgl. E. HONSIG, Ber. *59*, 2850; 1926.

C. B. PURVES u. Mitarb. (Can. Journ. Chem. *33*, 68—82; 1955) stellten fest, daß Lignin dabei entmethyliert und oxydiert wird, wobei der phenolische Teil in Chinone und zyklische Peroxyde übergeht.

Nach K. KAHEKI u. Mitarb. (Tappi *45*, 24; 1962) wird Vanillin durch ClO_2 zu 25% in einen chlorfreien kristallisierten Abkömmling des Muconsäuremethylesters umgewandelt:

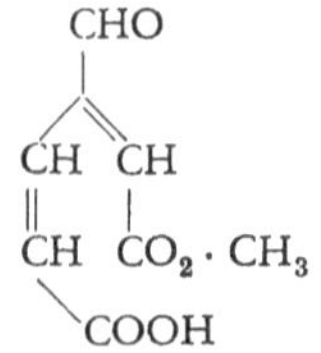

Vgl. auch K. KAHEKI u. Mitarb., Pulp Bleaching Conference, Chicago (Ill.), Juni 1960.

292) I. R. C. MCDONALD, J. Chem. Soc. (London) *1952*, 2644, 3183.

293) H. HAAS u. Mitarb., Das Papier *9*, 469—475; 1955.

294) Das Verfahren von E. KERSTING liefert nach der Gleichung:

$$NaClO_3 + 2\,HCl \rightarrow NaCl + ClO_2 + Cl + H_2O$$

Mit Hilfe der heute leicht erhältlichen Chlorite und insbesondere deren Kombination mit nachfolgender Chlor-Monoäthanolamin-Behandlung soll übrigens die Isolierung der Holocellulose von anhaftenden Fehlern befreit werden[295]), was auch für die aus der Holocellulose bereiteten Hemicellulosen von Bedeutung wäre.

Wie wir sehen, ist sowohl das Ausgangsgut (Holz, Holocellulose, Skelettsubstanz) für die Herstellung der Hemi umstritten, als auch die bisherige Namensgebung vielfach irreführend.

Über die beste Isolierungsmethode der Hemi gehen die Ansichten der Forscher gleichfalls auseinander. Wir halten dafür, daß jede einzelne Holzart ihr besonderes, nur für sie zutreffendes Verfahren optimaler Isolierung der Hemi besitzt.

Als geeignetstes Ausgangsgut zur Erzielung nahezu quantitativer Ausbeuten an möglichst unveränderten Buchen-Hemicellulosen fanden wir 1960 nicht das Buchenholz selbst, sondern die daraus schonend bereitete Holocellulose. Die besten Ergebnisse lieferte Buchen-Holocellulose, die nach dem Chloritverfahren von W. Klauditz (1957)[296]) hergestellt und bei normaler Temperatur in Stickstoff-Atmosphäre mittels KOH extrahiert worden war.

Die Löslichkeit der Hemi hängt von der Kettenlänge, den Karboxylgruppen und von allfälligen Associationen mit anderen Wandbestandteilen ab. Dementsprechend verhält sich auch die Fällbarkeit der Hemi.

Die erhaltenen Lösungen werden mittels Essigsäure + Alkohol oder mittels Essigsäure allein gefällt. In diesem letzteren Falle kann vollständige Trennung nur durch scharfes Zentrifugieren (10000 Umdrehungen je Minute, 10 Min. Dauer) erzielt werden. Nach dem Waschen und vorsichtigem Trocknen erhält man die einzelnen Fraktionen der Hemi in Form mehr oder minder farbloser Pulver. Ihre Wiederauflösbarkeit ist mitunter nicht mehr vollkommen, was mit Alterungserscheinungen, bzw. mit Verhornung beim Trocknen zusammenhängt[297]).

---

besonders billiges Chlordioxyd. Aus dem erhaltenen Gasgemisch wird ClO_2 in einer Kolonne ausgewaschen. In saurer Lösung ist das Oxydationsvermögen des ClO_2 5 mal stärker, als in alkalischer.

Über die kontinuierliche Darstellung von ClO_2 durch elektrolytische Reduktion vgl. W. Wiesner, Pulp Paper Mag. Can. *58*, (2): 83; 1957.

[295]) B. L. Browning, L. O. Bublitz, Tappi *36*, 452; 1953.

[296]) W. Klauditz, Holzforschung *11*, 110; 1957.

[297]) Ähnliche Erscheinungen sind auch bei Cellulose und Ligninen bekannt. A. J. Stamm u. Mitarbeiter (Ind. Eng. Chem. *38*, 630; 1946) führen solche beim Trocknen entstandenen, schwerhydrolysierbaren Bindungen auf Ätherbrücken zwischen den einzelnen Molekülen zurück. — In Dioxan-Wasser lösliches Björkman-Lignin, das vorsichtig bei

Die Schwierigkeit der Hemi-Forschung liegt nun hauptsächlich an der Darstellung reiner Präparate. Selbstverständlich kann auch die sorgfältigste Aufarbeitung von Hemi-Extrakten, die durch wenig schonende Behandlung von Hölzern erhalten wurden, nur Gemische von unübersichtlichem Chemismus liefern. Die meisten Untersuchungen über Hemi werden an solchen komplexen Stoffgemischen vorgenommen. Nach neuesten Angaben soll eine Zugabe von 3—4% H_3BO_3 zum Alkali des Extraktionsmittels eine erhöhte Menge mannanhaltiger Hexosane herauslösen. Als sehr schonendes Lösungsmittel für Hemi wird ferner Dimethylsulfoxyd, $(CH_3)_2SO$, angeführt (E. HÄGGLUND, 1956)[298]. Es dürfte besonders für acetylhaltige Hemi geeignet sein.

Als günstiges Mittel zur fraktionierten Fällung von Hemiextrakten gilt $(NH_4)_2SO_4$. Ein selektives Fällungsreagens von Glukomannan und Mannan ist $Ba(OH)_2$ (H. MEIER, 1958)[299]. Es reagiert offenbar mit den benachbarten Hydroxylgruppen am C_2 und C_3 der Mannosebausteine.

Ganz allgemein aber kann gesagt werden, daß die Aussicht, reine, einheitliche Fraktionen zu erhalten, gering ist.

2.2.3 Kurzer Überblick über den heutigen Stand der Hemi-Forschung

Manche Verschiedenheit in der Betrachtungsweise der Hemi-Forschung läßt sich dadurch erklären, daß der Forscher von Hemicellulosen ausgeht, die nach Möglichkeit unverändert sein sollen, während der Betriebstechniker es mit Hemi zu tun hat, die vielfach schon Veränderungen sekundärer Art mitmachten[300].

Eine ganz allgemeine Eigenschaft der Hemi ist es, mit kochenden verdünnten Mineralsäuren in die entsprechenden Monosen und Uronsäure-Gruppen[301] überzugehen, die heute auf einfache Weise chromatographisch sichergestellt werden können. Freilich ist es so nicht möglich festzustellen, ob die gefundenen Monosen einer einzigen Polyose angehören oder einem Gemisch verschiedener einfacher Polysaccharide.

55°C getrocknet wurde, war unlöslich. Dies könnte mit der Entstehung von Wasserstoffbrücken im Ligninmolekül zusammenhängen.

[298]) E. HÄGGLUND, Acta Chem. Scand. *10*, 1160—1164; 1956.

[299]) H. MEIER, ibid. *12*, 144—156; 1958.

[300]) Die sogenannten „Hemi" der Kunstseidenindustrie stellen zwar der Hauptsache nach Hemicellulosen dar, enthalten aber daneben noch erhebliche Anteile β- und γ-Cellulose und sonstige Verunreinigungen. β-Cellulose stellt chemisch abgebaute, aber auch *veränderte* Cellulose dar, γ-Cellulose enthält Hemi, die mitunter stark verändert sind.

[301]) Hauptsächlich in Glukuronsäure und ihre Monomethyl-Abkömmlinge.

Bei der Hydrolyse der Hemi des Holzes wird nur eine beschränkte Anzahl von Kohlehydratbausteinen festgestellt: D-Glukose, D-Mannose, D-Xylose, daneben in geringerer Menge auch D-Galaktose, ferner L-Arabinose, L-Rhamnose und L-Fukose. Dann wird noch Essigsäure erhalten, die in Form von Acetylgruppen in den Hemi gebunden ist, ferner Methanol aus Methoxylgruppen, die an D-Uronsäuren ätherartig gebunden sind.

Will man einen allgemeinen Überblick über die Hemi gewinnen, so muß man zunächst deren kristallinen und amorphen Anteil auseinanderhalten, zwischen denen vielfache Übergänge bestehen. Umgekehrt wie bei der Cellulose, beträgt hier der kristalline Anteil nur wenige Prozente. Dieser kristalline Anteil der Hemi liegt vorwiegend in Form von „*Cellulosanen*“ vor. Wir verstehen darunter jene Polyosen, die im kristallinen Teil der Cellulose als ein Bestandteil ihres Gitters eingebaut sind, wozu sie die gleiche Länge ihrer Baueinheiten mit den Anhydroglukose-Bausteinen der Cellulose befähigt. Es sind dies Xylan-, Mannan-, Galaktan- und Araban-Anteile. Nach W. I. Scharkow (1953)[302] genügen 8—10 Celluloseketten, um Mannan einzubauen, 50—100 Celluloseketten, um Xylan einzubauen.

Freilich wird dem Begriff „Cellulosane“ von verschiedenen Autoren heute verschiedene Bedeutung beigelegt. Neuestens wurde an Hand physikochemischer Untersuchungen auf eine kovalente Bindung zwischen Alfacellulose und Hemicellulosen hingewiesen[303].

In den weitaus überwiegenden amorphen Hemi unterscheiden wir einen „Polyuronid-Anteil“, der teilweise oder vollkommen an Lignin gebunden ist und einen „Nichtpolyuronid-Anteil“. Beide enthalten Mannan, Xylan, Galaktan, Glukan und Araban. Der Polyuronid-Anteil besitzt noch Polyuronsäureanhydride.

Ein schematisches Bild der Verteilung der Hemi zwischen den anderen Hauptbestandteilen des Holzes gibt die nachfolgende Zeichnung:

Kristalliner Anteil etwa 97% der Cellulose	Cellulose und Cellulosane	DP 4000
Überwiegend amorpher Anteil	Nichtpolyuronide	DP 50—300
	Polyuronide	
	Lignin	DP > 50

302) W. I. Scharkow, O. A. Dobusch, Bum. prom. *28*, 14; 1953.

303) J. A. Epstein, Tappi *43*, 630; 1960. (Über Cellulose-Hemi-Bindungen vgl. z. B. R. E. Dörr, Papierfabr. *39*, 273; 1941).

Systematische Untersuchungen über die prozentualen Anteile dieser einzelnen Gruppen in den verschiedenen Hölzern wurden bisher nur vereinzelt durchgeführt. E. ANDERSON[304]) wies schon 1940 auf die große Ähnlichkeit der Polyuronidanteile von Laubhölzern hin, darin Xylan 78—93%, Methylhexuronsäureanhydrid 7,8—19,5% betragen.

In Nadelholzhemi wurden 44—55% Xylan, 36—46% Mannan und 10—15% Methylhexuronsäureanhydrid gefunden. Sehr ähnliche Werte ermittelte L. E. WISE 1946. Er stellte in Hemifraktionen von Kiefer bis 45,2% Mannan, von Fichte bis 44,9% Mannan fest.

Auf Grund jahrzehntelanger (nicht immer planvoller) Arbeit wurde das chemische Verhalten der Hemi schrittweise näher erkannt. Es mehrten sich systematische Untersuchungen gleich den vorerwähnten. Schließlich brachten die heutigen überlegenen Verfahren der Analyse bereits eine gewisse Zielstrebigkeit in die Untersuchungen über Hemi.

Die chemische Erforschung der Hemi verläuft meist nach dem gleichen Muster. Da die Bindung der Hemi an Lignin eine vorhergehende vollkommene Delignifikation des untersuchten Holzes ratsam erscheinen läßt, so pflegt man wohl meist die entsprechende Holocellulose darzustellen[305]).

Die Holocellulose wird in N_2-Atmosphäre mit starker KOH-Lösung extrahiert. Man methyliert nunmehr die einzelnen Hemifraktionen in der üblichen Weise, hydrolysiert anschließend vorsichtig die methylierten Abkömmlinge und stellt hierauf die gebildeten Monomeren chromatographisch oder elektrophoretisch sicher. Aus der Anzahl und der Stellung ihrer Methylgruppen können nun Schlüsse über den Kettenaufbau der Hemi gezogen werden.

Selbstverständlich sind die verschiedensten Verfahren der Delignifikation, Hemiextraktion und -Fraktionierung, Methylierung und Hydrolyse, sowie schließlich der chromatographischen oder elektrophoretischen Trennung der methylierten Monomeren denkbar.

Da aber die Ergebnisse dieser vielseitigen Forschungen trotz verschiedenartiger Arbeitsverfahren und trotz weitentfernter Standorte der einzelnen Holzarten (Europa, Sibirien, Amerika) innerhalb der untersuchten Nutzholzgattungen gut übereinstimmen, so ist daraus ersichtlich, daß die Hemiforschung auf dem richtigen Weg voranschreitet.

An Hand neuester Arbeiten[306]) kann man sich heute bereits in groben Umrissen ein Gesamtbild des Baues der grundlegenden Hemi machen.

---

[304]) E. ANDERSON u. Mitarb., J. Biol. Chem. *135*, 189; 1940.

[305]) Hierbei geht aber der gesamte Galakturonsäureanteil in Lösung. Er dürfte mit dem Lignin in der Mittellamelle vergesellschaftet sein (G. JAYME, G. HAHN, Holzforschung *14*, 52—60; 1960).

[306]) E. L. HIRST „Chemische Struktur der Hemicellulosen", Vortrag beim Fasersymposion in Cambridge 1957. E. L. HIRST „Der chemische Bau der Hemicellulosen",

2.2.3.1 Hemi der Nadelhölzer

Der Hauptbestandteil der Nadelholzhemi ist *Glukomannan*, neben welches noch Galakto-Glukomannan tritt. Beiden liegt eine Anhydropolymannose-Hauptkette aus 1,4-β-glukosidisch gebundenen D-Mannosebausteinen zugrunde:

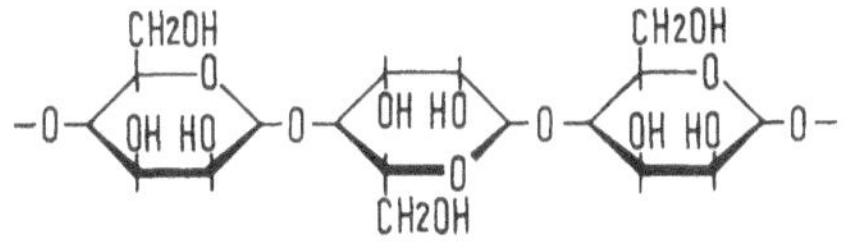

Mannan-Hauptkette

In geringeren Mengen treten in Nadelhölzern noch Arabo-Galaktan und Galaktan auf, denen eine Anhydropolygalaktose-Hauptkette zugrunde liegt:

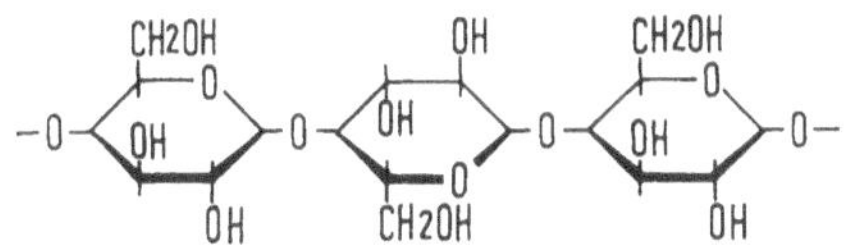

Galaktan-Hauptkette

2.2.3.2 Hemi der Laubhölzer

Die Hauptrolle bei den Hemicellulosen der Laubhölzer spielt die aus 1,4-β-glukosidisch gebundenen D-Xylosebausteinen gebildete Anhydropolyxylose-Hauptkette:

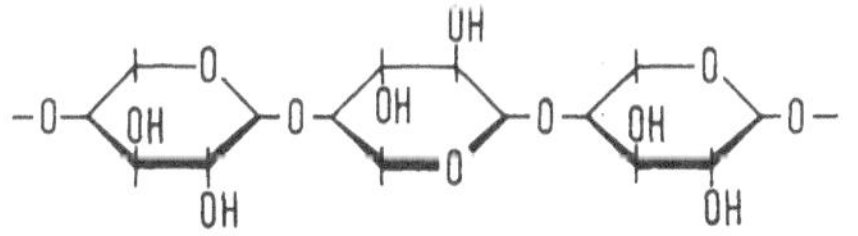

Xylan-Hauptkette

In der Regel enthält diese Kette noch am C_2 des Xyloserestes gebundene D-Glukuronsäure (I) oder deren 4-Methyl-Äther, die 4-O-methyl-Glukuronsäure (II):

Vortrag beim Symposion über Holzchemie, Montreal 1961. L. E. Wise, Indian. Pulp· Paper *15*, 41—50; 1960. T. E. Timell, Svensk Papp. *63*, 472—476; 1960. G. G. S· Dutton (Canad. Pulp and Paper Ind. *16*, 41—44; 1963) unterscheidet neuestens in *Hartbölzern* hauptsächlich Glukurono-xylan, in *Weichbölzern* aber zusammengesetzte Hemi: Glukurono-xylane, ferner Glukomannane und Galakto-gluko-mannane.

I

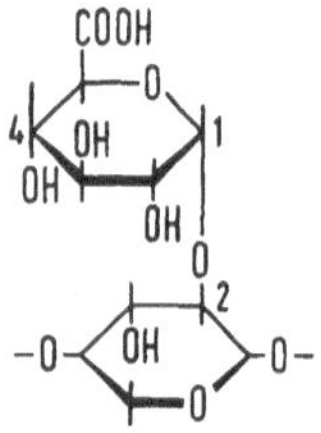

II

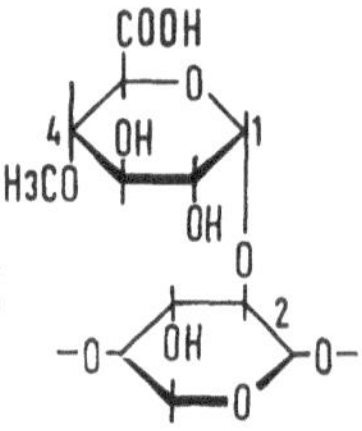

Wir schließen auf diese Bindungen aus den beim Abbau der Hemi gefundenen Aldobiuronsäuren:

2-O-(β-D-Glukopyranosyl-uronsäure)-D-Xylopyranose (I) und

2-O-(4-methoxy-β-D-glukopyranosyl-uronsäure)-D-Xylopyranose (II)

(Über die an andere Zucker als Xylose gebundenen Aldobiuronsäuren ist wenig bekannt [R. A. LAIDLAW, 1961][307]).

In bestimmten Fällen sind am C_3 des D-Xyloserestes der Hauptkette auch L-Arabinosereste gebunden:

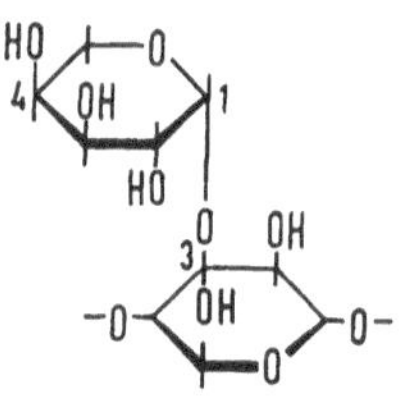

Eine solche Gruppierung wurde auch bei den Hemi von Weizen-, Gersten- und Roggenmehl festgestellt.

Wenig Beachtung wurde bisher dem *Laubholz-Glukomannan* geschenkt. (Laubhölzer liefern 2—3% Mannose). T. E. TIMELL isolierte (1960)[308]) aus sieben untersuchten Angiospermen (Ahorn, Birke, Aspe, Buche, Ulme) durch KOH-Extraktion ein Rohglukomannan, das nach Umfällung dem Nadelholzglukomannan (bis auf den niedrigen Mannosegehalt) ähnlich war.

Ob die Hauptketten der Hemicellulosen (: Glukomannan bei Nadelhölzern und Xylan bei Laubhölzern) verzweigt oder unverzweigt sind, wissen wir zur Zeit noch nicht (E. L. HIRST, 1961) (a. a. O.).

Wasserlösliche Hemi. Es ist seit langem bekannt, daß junge Hölzer in heißem Wasser teilweise löslich sind. So löst sich z. B. Fichte zu etwa 10%;

[307]) R. A. LAIDLAW u. Mitarb., Holzforschung *15*, 15—19; 1961.

[308]) T. E. TIMELL „Isolierung von Glukomannan aus Laubholz", Sv. Papp. *63*, 472—476; 1960.

davon sind etwa ¼ Pentosane. In Lärche wurde ein wasserlösliches Arabo-Galaktan festgestellt[309]). Aus dem Haferstroh-Zellstoff konnte wasserlösliches Xylan isoliert werden. — Auch Weizenstroh enthält wasserlösliche Hemi. Daneben sind noch wasserlösliche Hemi in verschiedenen exotischen Hölzern bekannt. Doch ist im großen Ganzen die Frage löslicher Kohlehydrate und Polysaccharide in Hölzern bisher nur wenig untersucht worden.

2.2.4 Technische Bedeutung der Hemi

Bis vor kurzem wurde der technischen Bedeutung der Hemi nur geringes Augenmerk geschenkt. Heute, da es bekannt ist, daß Hemi die Darstellung und Verarbeitung der Zellstoffe beeinflussen und auch der Fertigware wertvolle oder unerwünschte Eigenschaften erteilen können, wird ihnen erhebliches Interesse entgegengebracht. Doch gibt es hier zahlreiche offene Fragen.

J. K. Hamilton und N. S. Thompson[310]) haben dargetan, daß die speziellen Eigenschaften der Sulfit- und Sulfat-Zellstoffe eng mit der Beständigkeit der Hemicellulosen des jeweiligen Holzes gegenüber saurer und alkalischer Hydrolyse zusammenhängen. Die Anteile einzelner Hemi in Sulfit- und Sulfatzellstoffen untersuchte F. G. Osipenko[311]). Die beim Mercerisieren der Zellstoffe (zur Viskoseerzeugung) in Lösung gegangenen Saccharide wurden gefällt, hydrolysiert und der chromatographischen Analyse unterzogen. Auf den erhaltenen Gesamtzucker (aus Hemi) bezogen, gab Sulfitzellstoff: 47% Xylose, 37% Glukose, 6% Mannose, 6% Galaktose, 4% Uronsäuren, Spuren von Arabinose, methylierten Zuckern und Oligosacchariden. Sulfatzellstoff lieferte: 44% Xylose, 26% Mannose, 16% Glukose, 7% Galaktose, 2% Uronsäuren, 2% methylierter Zucker und Spuren von Oligosacchariden.

J. Sundmann[312]) fand bei der Sulfitkochung von Fichte, Aspe, Kiefer und Birke nach erfolgter Probenahme aus dem Kocher und anschließender chromatographischer Analyse *unabhängig* von der Holzart: Arabinose,

---

[309]) In duinischer Lärche fanden A. F. Sajcewa und Mitarbeiter 10—12% lösl. Arabogalaktans (Žurn. prikl. chim. *32*, 690—693; 1959. Vgl. ferner I. P. Cwetajewa, J. D. Paskerowa, ibid. *35*, 1128—1132; 1962).

[310]) J. K. Hamilton, N. S. Thompson „A Chemical Comparison of Kraft- and Sulphite-Pulps", Pulp Paper Mag. Can. *61*, 263; 1960. Vgl. auch J. K. Hamilton, Wood Chemistry Symposium, Montreal (Qu.), August 1961.

[311]) F. G. Osipenko, Doklady AN SSSR *5* (4): 159—162; 1961.

[312]) J. Sundman, Paperi ja Puu *37* (9); 1950.

Xylose, Galaktose (unterhalb 130° C), dann Mannose und erst bei 140° C Glukose.

Auch kolloidchemische Fragen der Hemi sind technisch offenbar von Bedeutung. Die verklebende Wirkung des Mannans auf die Einzelfasern bei der Papierblattbildung war schon lange bekannt. — Neuerdings nimmt man an, daß die Hemi bei der Alkalikochung von Hölzern gelöst und an den Cellulosefibrillen adsorbiert werden[313]). In wässerigen Lösungen wirken sie schutzkolloidartig. Diese Neuverteilung der Hemi und ihre Rolle bei der Verkochung gemischter Holzarten, sowie bei der Weiterverarbeitung der erkochten Zellstoffe, ist noch ungeklärt.

Daß Hemi die Alkaliaufnahme der Zellstoffe, die Filtrierbarkeit und die spinntechnischen Eigenschaften der Viskose stark beeinflussen, ist bekannt; doch ist es unerforscht, in welcher Weise dies geschieht. Sichergestellt ist, daß die Trübstoffe von Celluloseacetat-Lösungen reich an Xylan und Mannan sind[314]).

Bei dem großtechnischen Verfahren der *Vorhydrolyse* (siehe „Sulfatkochung“) wurden 1955 in den wässerigen Hydrolysaten von Buche, Pappel, Kiefer und Fichte übereinstimmend chromatographisch folgende Zucker festgestellt: Glukose, Xylose, Arabinose, Mannose, Galaktose und Uronidfraktionen[315]). J. K. Hamilton[316]) ermittelte, daß Xylan bei der Vorhydrolyse seine Arabinose- und Hexuronsäuresubstituenten verliere.

Bei der chromatographischen Prüfung der Zusammensetzung von Kondensaten, die beim Dämpfen von Buchenholz entstehen, stellten L. und E. Plath[317]) fest, daß zunächst vorwiegend Buchenpektine in Lösung gehen, wobei als Hauptbestandteil Arabinose, daneben Galaktose, Galakturonsäure und in kleiner Menge auch Glukuronsäure nachgewiesen wurden. Weiterhin lösen sich bestimmte Ligninanteile, die aldehydische Stoffe mit positiver Ligninreaktion liefern. Schließlich gehen nichtkristalline Hemi in Lösung, deren Hydrolyse Glukose, Xylose und Rhamnose liefert. Xylose wurde wider Erwarten in wesentlich geringerer Menge gefunden als Arabinose. Mannose ist gegenüber den hydrolytischen Vorgängen der Dämpfung sehr widerstandsfähig. Viele mit den Hemicellulosen zusammen-

---

[313]) S. Yllner, B. Enström, Sv. Papp. *59*, 229—232; 1956. G. E. Annergren, S. A. Rydholm, ibid. *62*, 737; 1959. *63*, 591; 1960.

[314]) K. E. Bradway, Tappi *37*, 440; 1954.

[315]) R. Witwer, Faserforschung u. Textiltechnik *6*, 58—62; 1955. Vgl. auch Ch. Gustafsson u. Mitarb., Papper och Trä *33*, 300; 1951.

[316]) J. K. Hamilton u. Mitarbeiter, Tappi *41*, 803; 1958.

[317]) E. u. L. Plath „Dämpfen von Rundholz“, Holz als Roh- u. Werkstoff *13*, 226 bis 237; 1955. *15*, 80—86; 1957.

hängende allgemeine und technologische Fragen harren noch ihrer Bearbeitung.

So fehlen neben grundlegenden Studien über das physikochemische Verhalten der Hemi noch planvolle Untersuchungen über ihre Rolle bei der technischen Verarbeitung von Zellstoffen (: Kraftverbrauch im Holländer, Durchsichtigkeit, Oberfläche des Papiers, Festigkeitseigenschaften des Papiers). Bisher noch nicht untersucht ist z. B. das Verhältnis steigender Mannangehalte von Nadelholz-Sulfit- und Sulfat-Zellstoffen zu deren steigender Zugfestigkeit.

Wichtig wären systematische qualitative und quantitative Analysen der Hemi von Hölzern, ferner Untersuchungen über die Art, Verteilung und die gegenseitigen Verhältnisse der Hemianteile im Zellgewebe[318]); auch der Hemigruppen in der Alfacellulose. In der Alfacellulose von Pinus caribea wurde je eine Glukosido-Mannose und eine Mannosido-Glukose ermittelt, in der Alfacellulose von Laubhölzern wurde Xylan festgestellt. Ob es chemisch gebunden oder adsorbiert ist, wäre von Bedeutung für „Chemie-Zellstoffe".

Wertvoll wären auch Röntgenbilder von Holocellulosen nach stufenweiser Entfernung der Hemi. Über den Unterschied der Röntgenbilder wasserfreien Xylans und seiner Hydratform wurde vor einiger Zeit berichtet[319]).

2.2.4.1 „Aktivierung von Lignin?"

Wenn wir diese für die Verarbeitung von Holzabfällen zur Plattenherstellung so wichtige Frage nicht im Kapitel Lignin behandelt haben, so geschieht dies deshalb, weil Untersuchungen von K. Kürschner und Mitarbeitern (1957) gezeigt haben, daß die sogenannte „Aktivierung" des Lignins in Wirklichkeit vorzugsweise eine „Aktivierung" der Hemicellulosen ist.

Man versteht unter „Aktivierung" das Plastischwerden des Holzes nach anfänglicher Erweichung der Mittellamelle unter dem Einfluß gespannten Wassers oder Dampfes[320]) oder auch durch Zusatz schwacher Säuren und anschließende Druckerhitzung. Durch dieses Vorgehen werden Lignin und Hemi (aus ihrer gegenseitigen Bindung befreit) reaktionsfähiger. Die

---

[318]) Vgl. z. B. H. Meier, Svensk Papp. *62*, 687—691; 1959. O. Kallmes, Tappi *43*, 143—153; 1960.

[319]) R. H. Marchessault, T. E. Timell, J. Phys, Chem. *64*, 704; 1960.

[320]) W. H. Mason u. Mitarb., US Pat. 2,080. 078 (1937) erhitzen 5 sec auf 280°C (90 atü); A. J. A. Asplund, US Pat. 2,008. 892 (1935) defibriert bei 160°C (6 atü).

Hemi spalten in dem sauren Milieu Fural ab und gehen mit Lignin[321]) in Phenol-Furalharze über, die eine bakelitartige Verklebung von Holzfasern zu Faserplatten und Briketts ermöglichen. Durch die Gegenwart des Lignins sind die Erzeugnisse hydrophob.

Offenbar spielen bei der Entstehung solcher „Lignoplasten" auch *Wasserstoffbrücken* eine bedeutsame Rolle, da unter den Preßbedingungen (geschlossene Form, 10% Wassergehalt der Sägespäne, 190° C, 200 kp/cm², 10 min) starke Annäherung der aktivierten OH-Gruppen der Holzkomponenten unter Bildung von Wasserstoffbrücken eintritt[321a]).

Daß die Hemi bei der „Ligninaktivierung" entscheidend mitwirken, geht daraus hervor, daß Herauslösung der aktivierten Hemi mittels heißen Wassers zum Verlust des Klebevermögens führt[322]). Auch W. Klauditz spricht sich in diesem Sinne aus[323]). Infolge seines höheren Hemigehaltes ist Buchenholz reaktionsfähiger u. plastischer als Fichte[324]).

Werden isolierte Hemi und isolierte Lignine getrennt hydrolysiert, so erweist sich die Schmelzbarkeit der Hemi als auffallend gut, die der Lignine jedoch als äußerst gering, was offenbar auf die Kondensations- und Polymerisationsvorgänge bei der Ligninisolierung zurückzuführen ist, welche die Schmelzbarkeit fast vollkommen aufheben. Für die Plattenherstellung kommt daher nur Verwendung des im *Holzverband* stehenden Lignins in Betracht.

Wie wir nachgewiesen haben, können aus isolierten und anschließend hydrolysierten Hemi allein mit den verschiedensten ligninfreien Füllmitteln (z. B. Zellstoffen, Glasgewebe, Quarzpulver, die bis zu 80% vom Gesamtgewicht zugegeben wurden) widerstandsfähige, feste Platten hergestellt werden. Aber erst durch Mitverarbeitung von Lignin werden diese Platten wasserfest.

2.2.4.2 Hemicellulosen und großtechnische Verfahren

Sowohl Hemicellulosen als auch Lignine werden großtechnisch am vorteilhaftesten *im Holzverband* verwertet. Für Hemicellulosen kommen hier-

---

[321]) Brauns-Lignin erweicht bei 80—90°C; in wasserfreiem Zustand erweicht es bei 120°C und schmilzt bei 140°C (F. E. Brauns, Tappi *32*, 157—160; 1949).

[321a]) Vgl. auch die Dissertation von J. Holota „Piezothermische Plastifikation des Holzes", Zvolen 1965 (124 Ref.).

[322]) Vgl. das Schlußkapitel zur čech. Übersetzung von N. I. Nikitins „Chemie des Holzes" (S. 527; Prag 1956), verfaßt von K. Kürschner.

[323]) W. Klauditz, G. Stegmann, Holzforschung *5*, 66; 1951.

[324]) Allg. Literatur über „Aktivierung" des Lignins: R. M. Böhm, Paper Tr. Journ. *110*, Tappi Sect. 249; 1940. G. Jayme, Holzforschung *3*, 80; 1948. A. Nowak, H. Drach, Internat. Holzmarkt *4*, 12; 1949. R. O. H. Runkel, Holzzentralbl. *76*, 517; 1950. Holz als Roh-Werkstoff *9*, 41, 260; 1951.

bei neben den schon erwähnten Holzfaser- und Holzspan-Platten insbesondere die *Halbzellstoffe* (s. d.) in Betracht.

Isolierte Hemicellulosen, die nach dem „Kaskadenverfahren" von F. LENORÁK hergestellt werden können, scheinen sich nach den bisherigen Erfahrungen in der Praxis noch nicht recht durchgesetzt zu haben. Im Kaskadenverfahren, das 1956 in der Kunstseidenfabrik Senica (Slowakei) entwickelt wurde, werden die beim Mercerisieren der Zellstoffe entstehenden sogenannten „Gelblaugen" zweimal hintereinander dialysiert. Dabei können erhebliche Mengen NaOH rückgewonnen werden, während die Hemi aus den alkaliverarmten Laugen ausfallen. Neben der Entlastung der Abwässer kann so gleichzeitig eine erhebliche Ausbeute an Hemi (-Verunreinigungen) aus den verarbeiteten Zellstoffen erzielt werden.

Berechnungen ergaben, daß allein in der ČSSR jährlich einige tausend Tonnen an „Hemicellulosen"-Abfall gewonnen werden könnten, also technisch bereits durchaus in Betracht kommende Mengen. Freilich deckt sich hier wie schon erwähnt, der betriebstechnische Ausdruck „Hemi" nicht mit dem wissenschaftlichen Begriff. Die Analyse dieser je nach dem wechselnden Betriebsbedingungen[325]) wechselnden Hemi ergab z. B. folgende Zahlen:

Pentosan	41,40%
Hexosan	20,36%[326])
Cellulose	26,32%
Lignin	6,76%
Asche (vorwiegend Kalk)	5,16%

Wie man sieht, liefert dieses billige Abfallprodukt *Pentosane* in einem so großen Ausmaß, wie kein anderer bekannter Rohstoff. Die chemische Verwertung dieses Abfalls ist in verschiedenen Richtungen denkbar: hauptsächlich aber zur Furalerzeugung und zur Verfütterung.

Eine noch umfassendere Nutzung der den Abfallhemi innewohnenden Energien durch Hydrolyse zu Monosen, darauffolgende Vergärung zu Futterhefe und deren Verfütterung erscheint vielleicht noch aussichtsreicher.

Über die Verwertung isolierter Hemi als Viehfutter ist noch wenig bekannt. Doch kann nach den spärlichen vorliegenden Untersuchungen kein Zweifel darüber herrschen, daß die Hemi im tierischen Organismus als Kalorienträger ebenso verwertbar sind wie andere Kohlehydrate. Neuestens (1965) hat A. VIRTANEN bei Milchkühen mit Hemiverfütterung günstige Ergebnisse erzielt.

2.2.4.3 Furalgewinnung[327])

Die Furalerzeugung beruht auf dem von B. TOLLENS[328]) zuerst festgestellten quantitativen hydrolytischen Zerfall der Pentosane beim Erhitzen mit verdünnten Mineralsäuren:

---

[325]) Entsprechend den qualitativ und quantitativ wechselnden verarbeiteten Zellstoffen.

[326]) Aus der Differenz zu 100% errechnet.

[327]) A. P. DUNLOP, F. N. PETERS „The Furans", New York 1953.

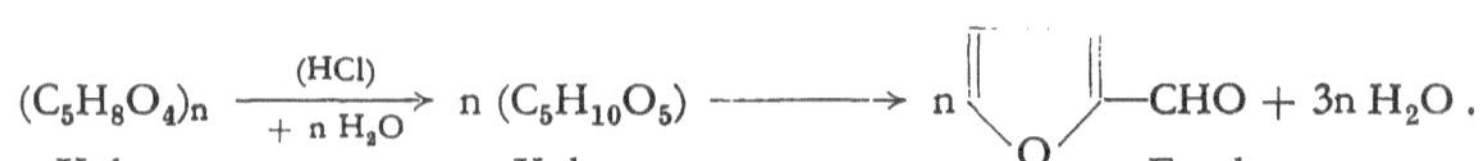

Xylan Xylose Fural

Da Fural heute ein Lösungs- und Kondensationsmittel (:Kunstharze)[327]) von wachsender Bedeutung darstellt, so sind die Pentosane der eben erwähnten Abfallhemi[329]), ebenso wie solche Abfälle von Laubhölzern (Buche, Eiche), die nur schlecht auf Zellstoff zu verarbeiten sind (: Sägespäne), als Ausgangsgut zur Furalerzeugung bedeutungsvoll.

Praktisch enthalten Buchenholzsägespäne über 20% Pentosan. Sie werden im kontinuierlichen Betrieb in Reaktoren mit Füll- und Entleerungs-Einrichtung mittels Dampf in Gegenwart schwacher Schwefelsäure druckerhitzt, wobei Fural und Essigsäure abgespalten und sofort weitergeführt werden. Die Furalausbeute beträgt bis zu 7% des Holzgewichts. Das zurückbleibende „Cellolignin“ (Vgl. S. 141) wird brikettiert.

2.2.5 Analytische Bestimmung der Hemi

Die eben erwähnte Hydrolyse der Pentosane nach B. TOLLENS führt uns zu einer kurzen Betrachtung der quantitativen Bestimmungsverhältnisse der Hemi. Eine summarische Gesamtbestimmung der Hemi ist nach dem früher Gesagten nur nach Sprengung ihrer chemischen Bindungen sowohl an das Lignin als auch an die Cellulose denkbar. Eine solche Sprengung bedeutet aber einen mit qualitativen und quantitativen Veränderungen (Depolymerisation, Lösung) verbundenen Eingriff, nach dem man eine einwandfreie Gesamtbestimmung nicht erwarten darf.

Annähernd kann die Gesamtmenge an Hemi durch wiederholte Alkali-Extraktion des verholzten Gewebes in Stickstoffatmosphäre ermittelt werden, wie dies schon bei der Isolierung der Hemi besprochen wurde.

In der Praxis kommt es nun hauptsächlich auf die analytische Bestimmung der *Pentosane* an, die zweifellos die verbreitetste und wichtigste Gruppe der Hemi darstellen. Hier setzt die klassische Methode von B. TOLLENS ein, die im Laufe der Jahrzehnte zahlreiche Modifikationen erlebte und die eines der elegantesten und genauesten Verfahren der organischen Chemie und der Pflanzenanalyse überhaupt darstellt.

Es wurde von verschiedenen Seiten zwar behauptet, die Hydrolyse der Pentosane mit heißen verdünnten Säuren zu Fural sei nicht vollkommen quantitativ. Wird hier jedoch dafür Sorge getragen, daß sich diese Umsetzung in einem inerten Gas abspielt, daß ferner das entstandene Fural aus dem heißen Reaktionsraum rasch fortgeführt und

[328]) B. TOLLENS, Ber. *24*, 3575; 1891.

[329]) Vgl. K. KÜRSCHNER „Verfahren zur Furalherstellung“, ČSSR Pat. 93. 967 (1959).

chemisch gebunden wird, so verläuft die Umsetzung ohne Zweifel quantitativ[330]). Am besten ist 2,4-Dinitrophenylhydrazin zum Abfangen des freigewordenen Furals geeignet.

Bei der Untersuchung pflanzlicher Präparate muß erwogen werden, daß sich neben Pentosanen noch Hexosane (Cellulose) und Pektine im Analysengut vorfinden. Pektine gehen bei der Säuredestillation nach und nach über Galakturonsäure in Fural, Hexosane gehen *allmählich* in Oxymethylfural:

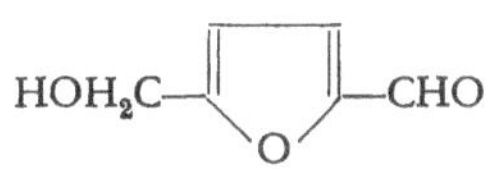

über. Ehe dies aber noch beginnt, ist die Furalabspaltung aus den Pentosanen beendet.

Empfindlich stören Glukose und Mannose, die bei der Säuredestillation sofort Oxymethylfural liefern; sie müssen daher vor der Destillation entfernt werden.

Der Ablauf der Umsetzung geht aus folgender Gleichung hervor:

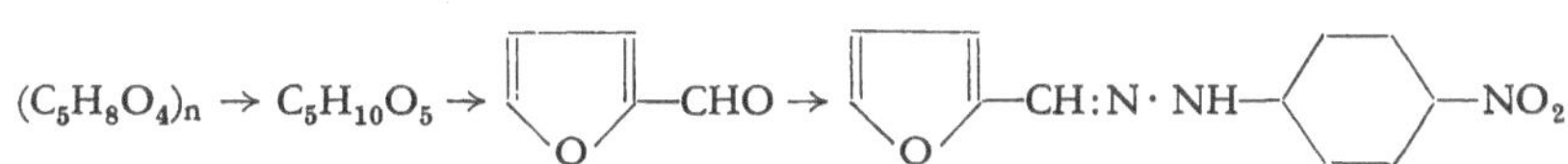

Pentosan	Pentose	Fural	Fural-2,4-dinitro-phenylhydrazon	
132,1	150,1	96,1	276,2	NO_2

Eine analoge Bestimmung für die Gruppe der *Hexosane* ist leider nicht bekannt. Die weit weniger wichtige, seltene Ermittlung der Hexosane kann nur indirekt erfolgen. Sie ist sehr umständlich und ungenau.

In der auf Hexosane zu untersuchenden Holzprobe müssen zunächst

a) der Prozentsatz Cellulose und
b) der Prozentsatz Pentosan gesondert ermittelt werden. Unabhängig davon wird
c) eine Einwaage der Holzprobe mit starker Schwefelsäure bei normaler Temperatur stehen gelassen, dann stark verdünnt und gekocht, die Schwefelsäure mittels $BaCO_3$ neutralisiert, das entstandene $BaSO_4$ abfiltriert und der Gesamtzucker schließlich mit FEHLINGS Reagens als Cu_2O bestimmt[331]).

[330]) K. KÜRSCHNER, Faserforschung u. Textiltechnik *6*, 402—412; 1955.

[331]) FEHLINGS Reagens besteht aus 2 getrennt gehaltenen wässerigen Lösungen:

1. Kupfersulfat 2. K-Na-tartrat (Seignettesalz) + NaOH.

Das erhaltene Cu_2O entspricht der bekannten Menge Glukose (aus Cellulose), der bekannten Menge Pentosen (aus Pentosan) und der unbekannten Menge Hexose aus Hexosan, das somit leicht errechnet werden kann. Man muß sich vor Augen halten, daß eine Differenz-Bestimmung, deren Genauigkeit an eine ganze Reihe nicht besonders durchsichtiger Einzeloperationen und selten zutreffender Voraussetzungen geknüpft ist, nicht gerade überzeugende Werte liefert.

Die Quantitative Bestimmung des Uronidanteils der Hemi erfolgt durch Ermittlung ihrer CO_2-Abspaltung beim Erhitzen mit verdünnten Säuren. Die Reaktion verläuft anfangs rasch und erlischt praktisch nach etwa 4 Stunden. Da aber Glukose und andere Monosen unter denselben Umständen ebenfalls 0,2—0,4% CO_2 abspalten, bietet eine Ausbeute innerhalb dieser Grenzen keine Sicherheit für die Anwesenheit von Uronsäuren.

Die quantitative Bestimmung des Hauptvertreters der Pentosane, des *Xylans*, erfolgt im Holz in der gleichen Weise, wie bei der Pentosanbestimmung dargelegt wurde. Die quantitative Bestimmung des *Mannans*, des Hauptvertreters der Hexosane, wird so durchgeführt, daß Holz 3,5 Stunden mit 5%iger HCl gekocht wird, der Extrakt neutralisiert, mit Essigsäure angesäuert und die entstandene Mannose mittels Phenylhydrazin als Hydrazon gefällt wird.

Sehr unverläßlich ist die quantitative Bestimmung des *Galaktans*. Man hydrolysiert zunächst mit verdünnter HNO_3 zu Galaktose, die durch 25%ige HNO_3 in Schleimsäure übergeführt wird. Diese ist in *kaltem* Wasser unlöslich.

2.2.6 Pentosane und Hexosane

Es ist nicht unwahrscheinlich, daß jeder tierische Organismus seine besonderen Eiweiße besitzt und daß in ganz ähnlicher Weise jede Pflanze ihre eigenen Hemi aufweist. Im Gegensatz zu den Eiweißen hat aber die Natur die unzähligen Kombinationsmöglichkeiten, die sich hier aus der Aneinanderreihung wechselnder Zuckerbausteine und Uronsäuren zu geraden und verzweigten Ketten ergeben, nur mäßig in Anspruch genommen.

Gleiche Teile beider Lösungen werden mit der zu untersuchenden reduzierenden Substanz genau 2 Minuten gekocht und das entstandene Cu_2O nach Bertrand (G. Bertrand, Bull. Soc. chim. *35*, 1285; 1906) titrimetrisch bestimmt. Da die Reaktion nicht im stöchiometrischen Verhältnis erfolgt, müssen die vorgeschriebenen Bedingungen genau eingehalten werden. Es ist deshalb eine große Anzahl von Abänderungen des Verfahrens vorgeschlagen worden, die sich aber nicht recht eingebürgert haben.

Die Zusammensetzung einer ganzen Reihe eingehend untersuchter Pentosane und Hexosane weist dementsprechend eine ziemliche Gleichmäßigkeit auf.

Ihre Moleküle stellen kurze gerade Ketten vor, die ziemlich steif und stäbchenartig sein dürften. Was deren *Ordnungszustand* anlangt, so sind alle Übergänge vom völlig amorphen bis zum hochkristallinen Zustand festgestellt worden. Die *chemischen Umsetzungen* einzelner Vertreter der Pentosane und Hexosane bei der Nitrierung, Acetylierung, Methylierung und Verseifung wurden wiederholt untersucht[332]). 1957 wurde auch die Bildungs- und Zerfallsgeschwindigkeit von Xanthaten der beiden Hauptvertreter der Hemi, des Xylans und Mannans, untersucht[333]).

Pentosane

Xylane („Holzgummi")[334]). Sie stellen zweifellos die wichtigste Gruppe der Hemi überhaupt dar. Laubhölzer enthalten bis zu 30% Xylan, während Nadelhölzer niedrigere Prozentsätze aufweisen. Die bereits eingehend untersuchten *Laubholzxylane* unterscheiden sich deutlich von den noch wenig bekannten Nadelholzxylanen[335]). Die Plastizität der Hölzer hängt weitgehend mit deren Pentosangehalt zusammen.

Ähnlich wie die Laubholzxylane sind die Xylane der Stroharten gebaut. Es handelt sich hier durchweg um Hauptvalenzketten von 50—200 Xylosebausteinen, die in 1,4-β-glukosidischer Bindung verknüpft sind und kurze Seitenketten (L-Arabinose, Glukuronsäure) tragen.

Den einfachsten linearen Bau besitzt das Xylan der Maiskolben:

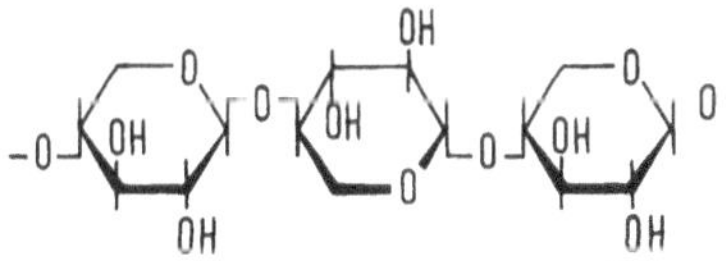

oder vereinfacht geschrieben[336]):

[332]) Vgl. z. B. Nitrierung von Xylan: A. A. Konkin, S. A. Rogowin, Žurn. prikl. chim. *23*, 536; 1950. Acetylierung von Xylan: N. J. Soletschnik, Lesochim. prom. *1934* (5/6): 20. Methylierung von Xylan: E. Heuser, W. Ruppel, Ber. *55*, 2084; 1922. Aus Mannan-Nitrat-Lösung in Aceton konnten feste Filme erhalten werden.

[333]) B. Philipp, Faserforschung u. Textiltechnik *8*, 21; 1957.

[334]) Konstitutionsermittlung: A. A. Hampton, W. N. Haworth, E. L. Hirst, J. Chem. Soc. (London) *1929*, 1739.

[335]) Das Xylan von Pinus strobus enthält z. B. neben Xylose- und Methylglukuronsäure-Bausteinen noch Mannose.

[336]) Wir sehen die große Ähnlichkeit mit der Cellulosekette, die sich durch DP und CH_2OH-Gruppe in 6-Stellung von der Kette des Maiskolben-Xylans unterscheidet.

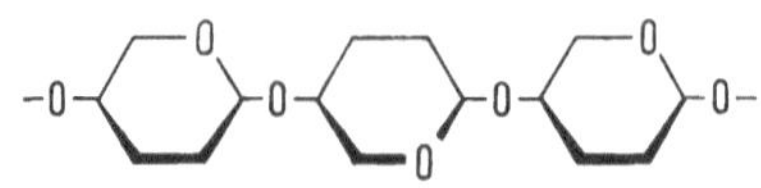

Für *saure Xylane*[337]) (Buche, Birke, Aspe usw.) dürfte, wie schon erwähnt, die Methylglukuronsäure-Gruppe kennzeichnend sein.

Das Buchenxylan enthält etwa 50—70 Bausteine, wovon jede 10. Einheit am C_2 einen Methylglukuronsäure-Rest trägt:

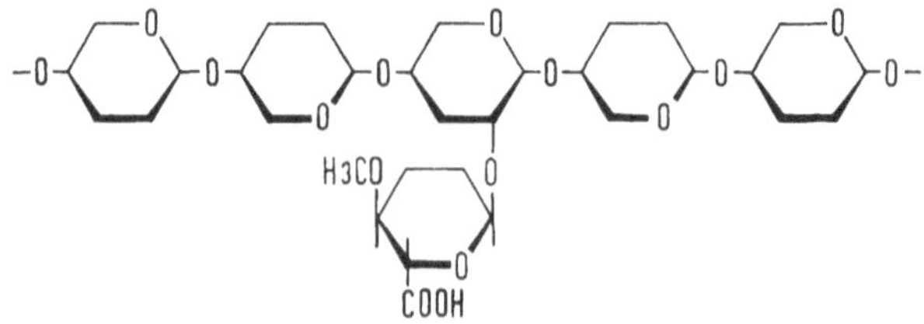

Durch FEHLINGS Reagens wird aus dem Alkaliextrakt von Laubhölzern eine Xylan-Kupferverbindung gefällt, die durch Säure zerlegt wird. So kann man sehr reine Xylanpräparate gewinnen.

Zweifellos bestehen Zusammenhänge zwischen Cellulose, die in der Pflanze zu Polyglukuronsäure oxydiert werden kann, deren Dekarboxylierungsprodukt und Xylan:

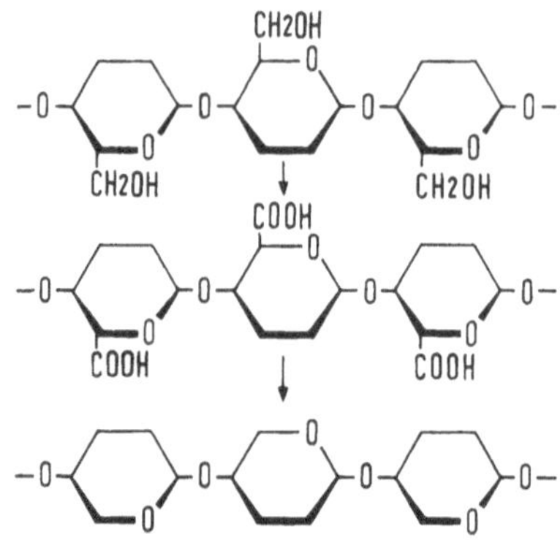

Wiewohl dieser Übergang recht einleuchtend erscheint, widersprechen ihm anscheinend einige experimentelle Ergebnisse (Verzweigungen der Hemi gegenüber der unverzweigten Cellulosekette!).

[337]) Der Uronsäuregehalt von Rotbuche beträgt 5,36%, der von Birke 5,1% und der Methylglukuronsäuregehalt von Kiefer beträgt 2,9%.

Arabane[338]). Sie sind wesentlich seltener als die Xylane und weniger erforscht. Sie kommen hauptsächlich in Laubhölzern vor und wurden auch im Diffusionssaft der Zuckerrüben ermittelt. Reine Arabane wurden bisher nicht mit Sicherheit festgestellt, sondern nur *Gluko-arabane* oder *Galakto-arabane*. Letzteres ist z. B. in Lärche zu 3—4% enthalten und konnte vor kurzem in eine α- und eine β-Komponente zerlegt werden, die beide wieder Arabo-galaktane darstellen.

Bei der Sulfit- und Sulfat-Kochung werden Araban und Galaktan vollständig gelöst[339]).

Hexosane

Mannane[340]). Sie stellen die wichtigste Gruppe der Hexosane dar und sind in den Nadelhölzern stark vertreten. Das *Fichtenholzmannan* soll sehr einfach gebaut sein und eine reine Anhydropolymannose mit einem Polymerisationsgrad bis 160 darstellen (vgl. S. 111).

Der Mannangehalt von Fichte wurde zu 7,6—10,5%, der von Kiefer zu 4,6—8,4% ermittelt.

Das eingehend studierte *Steinnuß-Mannan* stellt gleichfalls eine lineare Kette von 1,4-β-glukosidisch verknüpften Mannosebausteinen dar. Es

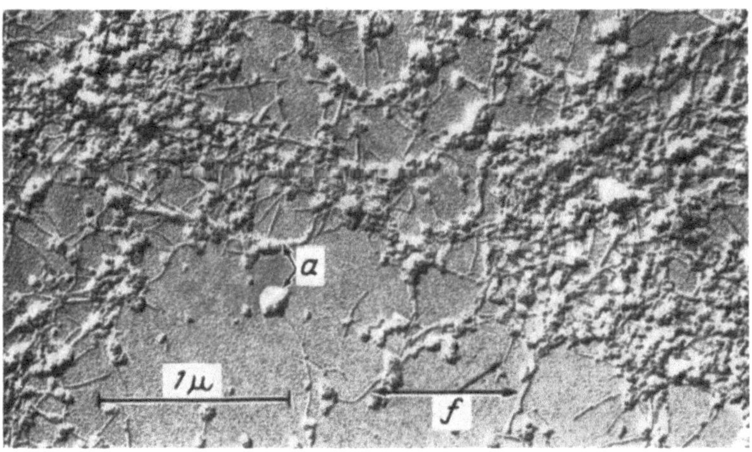

Bild 17 Steinnuß-Mannan

338) E. L. Hirst, J. K. N. Jones, J. Chem. Soc. (London) *1947*, 1221. *1948*, 2311.

339) Ch. Gustafsson, Papper och Trä *38*, 383—390; 1956.

340) F. Klages, Ann. *509*, 159; 1934. *512*; 185; 1934. *535*, 175; 1938.

kann durch 5%ige NaOH in lösliches *Mannan A* und unlösliches *Mannan B* getrennt werden. Elmi-Aufnahmen zeigen fadenförmige Teilchen von Mannan B mit etwa 100 Å Durchmesser und knollige Teile von Mannan A. Beide sind kristallin.

Galaktan[341]). Der Galaktangehalt in Laub- und Nadelhölzern ist gering. Für Fichtenholz wurden 0,2—2,6% Galaktan ermittelt, für Kiefer 0,5 bis 4,3%, für Espe um 0,5%. Ferner wurde auch im Rindengewebe Galaktan beobachtet.

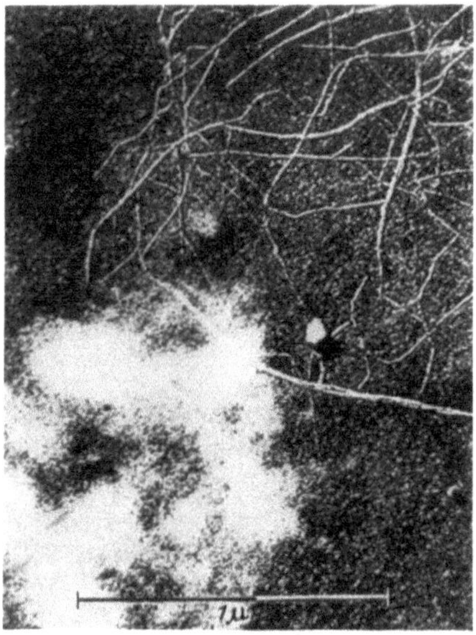

Bild 18 Cellulose-Elementarfibrillen und wölkchenförmige Hemi

Zusammengesetzte Pentosan—Hexosane

Am Aufbau dieser Polyosen nehmen meist mehrere Zucker teil, wobei als Baugrundlage entweder die Xylosekette oder die Mannosekette dient.

2.2.7 Neue Untersuchungen über die Hemi einiger Nutzhölzer

In den letzten Jahren mehren sich die Untersuchungen über die Hemicellulosen der Familie Pinaceae. Die Aufmerksamkeit der Forscher wurde

[341]) E. L. HIRST, J. K. N. JONES. J. Chem. Soc. (London) *1939*, 452, 1865. *1942*, 70.

besonders durch die Gattungen Picea (Fichte), Abies (Tanne), Pinus (Kiefer) und Larix (Lärche) gefesselt.

Aus der Familie Betulaceae und Fagaceae wurden insbesondere die Gattungen Betula (Birke) und Fagus (Buche) auf die Art ihrer Hemicellulosen untersucht. In der Familie Ginkgoineae wurden die Hemi des Ginkgobaumes (Ginkgo biloba) studiert, der den Koniferen ähnelt.

Wenn wir schließlich in diesem, den Hemicellulosen der Nutzhölzer gewidmeten Abschnitt, die Hemi der nicht hierher gehörigen Familie Graminaceae (Gräser) i. a. und der Gattung Esparto (Halfagras) im besonderen hervorheben, so geschieht dies, um auf die große Ähnlichkeit ihrer Hemicellulosen mit denen der Nutzhölzer hinzuweisen.

Um überflüssige Wiederholungen zu vermeiden, fassen wir die Ergebnisse der einzelnen Autoren übersichtlich und ganz kurz zusammen:

Gattung Fichte

Art	Isolierte Hemi, bzw. Abkömmlinge	Eigenschaften	Lit.
Weißfichte (Abies alba)	Glukomannan, liefert	hydrolysiert: 3 T. Mannose : 1 T. Glukose	1
Picea excelsa	Glukomannan, liefert	hydrolysiert: 4 T. Glukose : 1 T. Mannose	2
Norwegische Fichte	Glukomannan, liefert	hydrolysiert: 4 T. Glukose : 1 T. Mannose	3
Sitkafichte (P. sitchensis)	{ Glukomannan ⟶ Aldobiuronsäure	1,4-β-glukosid. gebundene Anhydromannose mit Seitenketten	4
Picea excelsa	Glukomannan, liefert	hydrolysiert: 3,5 T. Mannose : 1 T. Glukose	4a
Picea excelsa	{ Glukomannan neben Xylankette		5
Sitkafichte (P. sitchensis)	Xylankette ⟶	1,4-β-glukosid. gebundene Anhydroxylose mit Uronsäureresten an C_2 und L-Arabinoseresten an C_3	6
Picea excelsa	Galakto-Glukomannan ⟶	15 T. Mannose : 5 T. Glukose : 1 T. Galaktose	7
Norwegische Fichte, Druckholz	{ Galaktankette ⟶ 13% Uronsäuren	1,4-β-glukosid. gebundene Anhydro-galaktose	8

Gattung Tanne

Art	Isolierte Hemi, bzw. Abkömmlinge	Eigenschaften	Lit.
Schwarztanne	{Mannankette, Xylankette}		9
Western Hemlock, Tsuga heterophylla	Xylankette, verzweigt	Seitenketten: 4-Methoxy-D-Glukuronsäure, L-Arabofuranose	10
West. Hemlock Ts. heterophylla	{Glukomannan (hydrolys.) →, 2 Xylanpolyuronide}	4 T. Mannose : 1 T. Glukose	11
West. Hemlock Ts. heterophylla	Verzweigte Xylanketten	Seitenkette: 4-Methoxy-D-Glukuronsäure	12
West. Hemlock Ts. heterophylla	Glukomannan (hydrolys.) →	3 T. Mannose : 1 T. Glukose	13

Gattung Kiefer

Art	Isolierte Hemi, bzw. Abkömmlinge	Eigenschaften	Lit.
Pinus silvestris	Verzweigte {Mannankette, Xylankette} →	5 T. Glukose : 1 T. Mannose : 1 T. Xylose	14
Pinus silvestris	Glukomannan (hydrolys.) →	2—4 T. Mannose : 1 T. Glukose	15
Südkiefer, Pinus palustris	{Galakto-Glukomannan →, Arabo-Xylan}	3 T. Mannose : 1 T. Galaktose : 1 T. Glukose	16

Gattung Lärche

Art	Isolierte Hemi, bzw. Abkömmlinge	Eigenschaften	Lit.
Sibir. Lärche (Larix sibiriaca)	Verzweigte {Mannankette, Xylankette} →	7 T. Glukose : 2 T. Galaktose : 1 T. Mannose : 1 T. Xylose	17
Larix occidentalis	Arabogalaktankette →	2 Galaktane verschied. Verzweigung	18
Larix sibiriaca	Im Kernholz: Arabogalaktan →	4 T. Galaktose : 1 T. Arabinose	19
Duinische Lärche	Arabogalaktan (wasserlöslich, 10—12% des Holzes) →	4,5 T. Galaktose : 1 T. Arabinose	20

Gattung Ginkgo

Art	Isolierte Hemi, bzw. Abkömmlinge	Eigenschaften	Lit.
Ginkgo biloba	Glukomannan und 4-Oxymethylglukuronomannan		21

Gattung Birke

Weißbirke (Betula verrucosa)	Xylankette	Seitenketten: 4-Oxymethylglukuronsäure, Arabofuranose	2
Papierbirke (Betula papyrifera)	Xylankette	Auf 120 Anhydroxylose-Einheiten etwa 10 Uronsäurereste	21a
Papierbirke (Betula papyrifera)	Xylankette	Uronsäuren ungleichmäßig über die Xylankette verteilt	22
Betula papyrifera	Xylankette	Rund 230 Anhydroxylose-Einheiten in 1,4-β-glukosid. Bindung mit 4-Oxymethyl-α-Glukuronsäureseitenkette an jedem 10. C_2 der Xylankette	23

Gattung Buche

Buche, Fagus silvatica	Xylankette	Besetzt mit Oxymethyl-Glukuronsäure und mit L-Arabinose	24
Fagus silvatica	Xylankette von etwa 70 Bausteinen	Am C_2 der Xylankette etwa 10% 4-Oxymethyl-D-Glukuronsäurereste	25
Amerik. Buche (Fagus grandifolia)	Xylankette aus etwa 45 Bausteinen		26
Fagus silvatica	{Xylankette $\xrightarrow{\text{(hydrolys.)}}$ Glukomannan-Fraktion	Uronsäurereste, Galaktose, Rhamnose	27

Familie Gramineae

Art	Isolierte Hemi, bzw. Abkömmlinge	Eigenschaften	Lit.
Getreideschalen	Netzwerk von Xylanketten durch D-Glukuronsäure-Einheiten verknüpft		28
Esparto	Xylankette, unverzweigt		29

1 T. E. TIMELL, Tagung der Amer. Chem. Soc. in Miami und New York, 1957.
2 CH. GUSTAFSSON, Papper och Trä *38*, 383—390; 1956.
3 B. LINDBERG, H. MEIER, Sv. Papp. *60*, 785—790; 1957.
4 G. G. S. DUTTON, K. HUNT, J. Amer. Chem. Soc. *80*, 4420—4422, 5697—5701; 1958.
4a B. G. RÅNBY, 1960.
5 A. J. MORAK, K. W. WARD jr., Tappi *43*, 413—419; 1960.
6 G. G. S. DUTTON, K. HUNT, J. Amer. Chem. Soc. *82*, 1682—1684; 1960.
7 K. KRINGSTAD, Hauptversammlung Zellcheming Baden-Baden 1961.
8 H. O. BOUVENG, H. MEIER, Acta Chem. Scand. *13*, 1884—1889; 1959.
9 L. P. CLERMONT, Pulp Paper Mag. Can. *56*, 107—114; 1955.
10 G. G. S. DUTTON, F. SMITH, J. Amer. Chem. Soc. *78*, 3744—3748; 1956.
11 J. K. HAMILTON u. Mitarb., ibid. *78*, 2508—2514; 1956.
J. K. HAMILTON, Tagung der Amer. Chem. Soc. in Miami und New York, 1957.
12 J. K. HAMILTON, N. S. THOMPSON, J. Amer. Chem. Soc. *79*, 6464—6469; 1957.
13 J. K. HAMILTON, W. KIRCHER, ibid. *80*, 4703—4709; 1958.
14 = (2).
15 I. CROON u. Mitarb., Acta Chem. Scand. *13*, 1299—1304; 1959.
16 J. K. HAMILTON u. Mitarb., J. Amer. Chem. Soc. *82*, 451—457; 1960.
17 = (2).
18 H. O. BOUVENG, H. MEIER, Acta Chem. Scand. *13*, 1884—1889; 1959.
19 I. P. CWETAJEWA, A. W. MERKURJEWA, Žurn. prikl. chim. *32*, 2707—2711; 1959.
I. P. CWETAJEWA, J. D. PASKEROWA, ibid. *35*, 1128—1132; 1962.
20 F. SAJCEWA u. Mitarb., ibid. *32*, 690—693; 1959.
21 T. E. TIMELL, Sv. Papp. *63*, 652—657; 1960.
21a C. P. GLAUDEMANS, Tagung der Amer. Chem. Soc. in Miami und New York, 1957.
22 C. P. GLAUDEMANS, T. E. TIMELL, Sv. Papp. *60*, 869—871; 1957. *61*, 1—9; 1958.
23 A. J. MIAN, T. E. TIMELL, Tappi *43*, 775—781; 1960.
24 E. L. HIRST, Fasersymposion, Cambridge 1957.
25 G. O. ASPINALL, E. L. HIRST, J. Chem. Soc. (Lond.) *1954*, 1734.
26 G. A. ADAMS, Can. J. Chem. *35*, 556—563; 1957.
27 R. A. LAIDLAW u. Mitarb., Holzforschung *15*, 15—19; 1961.
28 R. MONTGOMERY, F. SMITH, J. Amer. Chem. Soc. *79*, 695—697; 1957.
29 W. N. HAWORTH, E. L. HIRST u. Mitarb., J. Chem. Soc. (Lond.) *1929*, 1739. *1931*, 3850. *1934*, 1917. *1937*, 1983.

2.3 Pektine[342])

Pektine sind in der Natur sehr verbreitete, gallertbildende Kohlehydrate, die auch im Holz in geringen Prozentsätzen auftreten. Sie kommen hauptsächlich in jungen Pflanzen vor (Ca-Pektat, sowie Ca-Mg-Pektat in der Mittellamelle) und zeichnen sich biologisch durch hohes Wasserbindungsvermögen aus. In reifen Nadelhölzern beträgt die Pektinmenge bloß etwa 0,5% des Holzgewichts, in reifen Laubhölzern ist sie höher. So weist z. B. 50—80jähr. Birke 3,7%, Robinie 1,3—1,7%, Citrus limonia 3,4% Pektin auf usw.

Die Isolierung der Pektine erfolgt nach E. ANDERSON[343]) aus vorher völlig delignifigiertem Holz mit 2,5%igem Ammoniak. Der Extrakt wird angesäuert und mit Alkohol gefällt und Pektin über die Ca-Verbindung gereinigt. Dieses Verfahren ist freilich keineswegs quantitativ.

Der genetische Zusammenhang der Pektine des Holzes mit den anderen Kohlehydraten ist noch nicht eindeutig geklärt. Auch über die physiologische Bedeutung der Pektine, die bei der jungen Pflanze zweifellos sehr groß ist[344]), wissen wir noch nichts sicheres.

Bei saurer Hydrolyse liefern die Pektine D-Galaktose, L-Arabinose, D-Galakturonsäure und CH_3OH (aus Estern der Galakturonsäure). Der Hauptbestandteil der Pektine ist wasserunlösliche Polygalakturonsäure, eine Kette 1,4-α-glukosidisch verknüpfter Galakturonsäure-Bausteine, die stark methoxyliert sind. Mit dem Methoxylierungsgrad wächst die Wasserunlöslichkeit. Die Veresterung der Karboxylgruppen steigt bis über 50%:

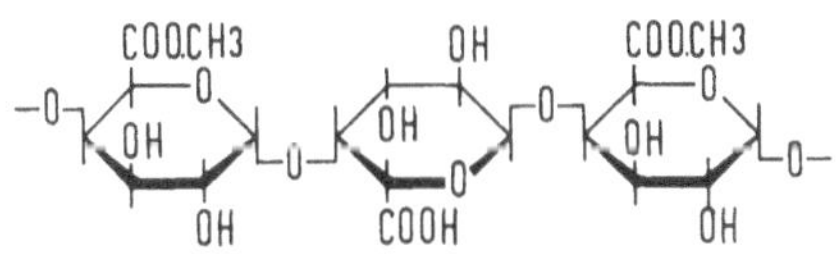

Formel der Pektinkette

[342]) K. H. MEYER, H. MARK „Aufbau der Hochpolymeren“ S. 219; Leipzig 1930. F. A. HENGLEIN, G. SCHNEIDER, Ber. *69*, 309; 1936. E. G. V. PERCIVAL „Carbohydrate Chemistry“ S. 156; London 1950.

[343]) E ANDERSON, J. Biol. Chem. *165*, 233; 1946.

[344]) So erhielten SCHARKOW und Mitarbeiter im Bastgewebe der Fichte etwa 16%, der Kiefer etwa 11% und der Birke gleichfalls annähernd 11% Pektin [W. I. SCHARKOW u. Mitarb., Lesochim. prom. *1939* (2): 9, (3): 40]. Im Kambium der Douglasfichte fanden E. ANDERSON u. Mitarbeiter über 8% Pektin (E. ANDERSON u. Mitarb., J. Biol. Chem. *121*, 165; 1937). W. PIGMAN u. Mitarbeiter wiesen in der Rindenschicht von Schwarzfichte etwa 10% Pektin nach (W. PIGMAN u. Mitarbeiter, J. Amer. Chem. Soc. *70*, 432; 1948).

Die Molekulargewichte der Pektine dürften mehrere 100000 betragen[345]). Die Verseifung der Estergruppen legt die Karboxylgruppen frei und erhöht das Geliervermögen der Pektine[346]) was von technischer Bedeutung ist. Die Rolle der *Holz*pektine in der Praxis ist wegen ihrer kleinen Menge und ihrer Unlöslichkeit gering. Bekannt ist lediglich, daß Cellulose nur bei Anwesenheit von Pektin pergamentierbar ist[347]).

Bei der Alkalibehandlung von Hölzern (: Extraktion der Hemi) oder bei der Herstellung von Holocellulose geht der Galakturonsäureanteil (= Pektin) vollständig in Lösung. Er dürfte mit *Ligninen* in der Mittellamelle vergesellschaftet sein, während Glukuronsäure und Methylglukuronsäure stets an die *Hemicellulosen* gebunden sind[348]).

2.4 Lignine

2.4.1 Allgemeines

Da Lignin neben dem Eiweiß und der Cellulose zu den am weitesten verbreiteten organischen Naturstoffen gehört, so glaubte man schon frühzeitig, daß die Erkenntnis des Baues dieses wichtigen Holzbestandteils den Ausblick auf eine Reihe ungeahnter technischer Verwendungsmöglichkeiten eröffnen werde. Der Aufschwung der Zellstoffindustrie brachte es später mit sich, daß die Erforschung des Lignins neuen Anstoß erhielt, da ja die Herstellung des Zellstoffs in erster Reihe auf der restlosen Entfernung des Lignins aus dem Holz beruht. Hauptsächlich waren es aber die bei der Erzeugung von Sulfitzellstoff in ungeheuren Mengen abfallenden Sulfitablaugen, die die Hälfte der gesamten Holzsubstanz fortführten und besonders die Schwierigkeiten mit der kaum zu bewältigenden Menge dieses Abfallstoffes, die das Augenmerk der Forscher so stark auf die „Ligninfrage" richteten.

Die Anzahl von Veröffentlichungen über Lignin ist allmählich in einem derartigen Maße gestiegen, daß es sogar dem Fachmann schwerfällt, einen

---

[345]) G. Schneider, U. Fritschi, Ber. *69*, 2537; 1936. G. Schneider, H. Bock Z. ang. *51*, 94; 1938. M. Lüdtke, H. Felser, Ann. *549*, 1; 1941.

[346]) Die Gelatinierfähigkeit eines Pektins tritt erst oberhalb eines MG. von 20000 auf (H. Bock, R. Einsele, J. Prakt. Chem. *155*, 225; 1940).

[347]) O. Wurz, Papierfabr. *35*, 185; 1937. Vgl. M. Lüdtke, Holz als Roh- und Werkstoff *5*, 338; 1942. G. Jayme weist darauf hin, daß Zellstoff mit weniger als 1% Uronsäuregehalt nicht pergamentierbar ist (G. Jayme, G. Hahn, Holzforschung *14*, 52—56; 1960).

[348]) G. Jayme, G. Hahn, Holzforschung *14*, 52—56; 1960.

Überblick aller publizierten Einzeltatsachen und Anschauungen zu gewinnen, die hier von Berufenen und Unberufenen unter den heterogensten Gesichtspunkten zusammengetragen wurden. Es fehlt daher nicht an warnenden Stimmen seriöser Fachleute, die darauf hinweisen, wie sehr die gesamte Ligninforschung durch solche Erscheinungen entwertet wird[349]).

Um so mehr ist es zu begrüßen, daß von maßgebender Seite Jahresübersichten oder auch Überblicke über die wichtigsten Ligninuntersuchungen größerer Zeiträume erscheinen, die nach Sondergebieten eingeteilt sind und gestatten, das Übermaß der hier erschienenen Literatur in knapper und klarer Form verarbeiten zu können[350]).

Unter *Lignin* verstehen wir den durch Säuren im allgemeinen nicht hydrolysierbaren, die Verholzung hervorrufenden aromatischen Holzanteil. Lignin enthält 6—24% Methoxyl. Sämtliche Lignine sind (wie hier vorweggenommen sei) aus drei eng verwandten Bestandteilen aufgebaut. Den Hauptbaustein aller Lignine bildet der Koniferylalkohol (I); daneben ist noch sein Methylierungsprodukt Sinapinalkohol (II) und sein Entmethylierungsprodukt p-Kumaralkohol (III) anwesend.

(I) (II) (III)

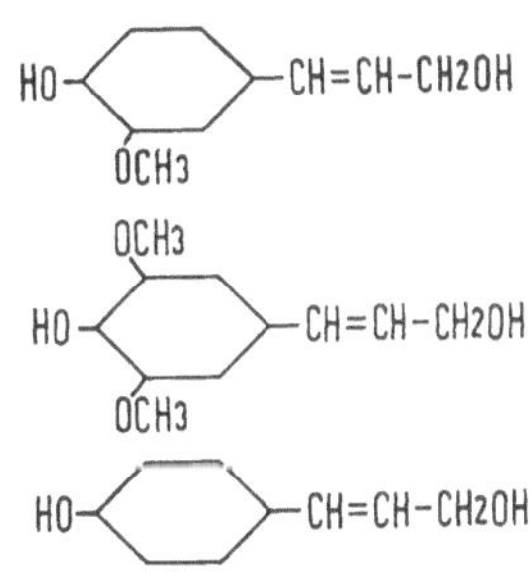

Koniferenlignin weist etwa 90% (I) auf, der Rest besteht aus (II) und (III). Laubholzlignin enthält etwa 50% (I), über 40% (II) und als Rest (III). Diese Bausteine sind durch ätherische —O—Brücken oder durch

349) Vgl. z. B. H. F. LEWIS „Proceedings of the First Natl. Meeting Forest Research Society", 16—19; MADISON (WIS.) 1947. E. B., Internat. Holzmarkt *1953* (19): 7.

350) Z. B. H. B. MARSHALL „Die Verwendung der Sulfitablaugen", Ontario Res. Foundation, Toronto (Canada). (Erscheint jährlich). J. WEINER „Pulp and Paper Manufacture", Bibliographie und US-Patente. (Erscheint laufend und bringt die gesamte Literatur für alle auf Papier bezüglichen Fragen, darunter „Cellulose", „Lignin", „Hemi", „Holz", „Sulfitablaugen" usw.) Verlag Tappi, New York. E. E. HARRIS „Fortschritte in der Ligninchemie" 1943—1945, Tappi *38*, 179—194; 1955.

C—C-Bindungen zum *Ligninpolymolekül* kondensiert. Entsprechend dem höheren Methoxylgehalt des Syringylrestes ist der Methoxylgehalt der Laubholzlignine höher (rund 21% OCH_3) als der Nadelholzlignine (15 bis 16% OCH_3)[351]).

Nicht in jedem Lignin lassen sich die eben erwähnten Ligninbausteine nachweisen. So wurde z. B. 1940 in Asien eine neue Sequoia-Species entdeckt, die Metasequoia glyptostroboides, ein entwicklungsgeschichtlicher Vorläufer unserer heutigen Sequoien. F. F. NORD und Mitarbeiter untersuchten[351a]) das daraus nach A. B. BJÖRKMAN hergestellte Lignin und fanden bei der alkalischen Nitrobenzoloxydation nach L. SCHULZ (s. S. 147) 22,0 $\pm$ 1,2% Vanillin, daneben aber weder p-Oxybenzaldehyd noch Syringaaldehyd, was auf Abwesenheit der Bausteine II und III hinweist.

Die Methoxylgruppe der Lignine ist sehr beständig und kann durch Kochen mit 20%igen Alkalien oder Säuren nur zu Bruchteilen eines einzigen Prozents (auf Lignin bezogen) verseift werden. Entmethylierung tritt erst bei starkem Erhitzen mit konz. HJ, H_2SO_4 oder mit $NaJO_4$ ein.

Im isolierten Lignin wurde an *reaktionsfähigen Gruppen* neben OCH_3 und alkoholischem Hydroxyl etwa 0,3—0,4% freies phenolisches OH je Phenylpropan-Einheit gefunden, ferner wurden einige Prozent Doppelbindungen festgestellt (H. PAULY, 1934)[352]) (K. KÜRSCHNER, 1962)[353]) und Bruchteile eines Prozents an CO-Gruppen ermittelt.

Neuestens wurden in Ligninpräparaten mittels Electron Spin Resonance-Spektrometrie *beständige freie organische Radikale* festgestellt[353a]). Den geringsten Gehalt daran wies Fichtenlignin auf ($1{,}7 \cdot 10^{-5}$ Radikal/OCH_3), den höchsten Alkalilignin der Sulfatkochung ($1 \cdot 10^{-4}$ Radikal/OCH_3). Die Werte von Enzymligninen lagen dazwischen. Lignin soll eine sehr kleine Menge paramagnetischen Phenoxy-Radikals und einen höheren Anteil an chinonartigen Radikalen enthalten.

Die Löslichkeit pflanzlichen Lignins dürfte mit dem Alter (Reifegrad, Polymerisationsgrad) abnehmen. H. RICHTZENHAIN[354]) ermittelte 1953 spektrophotometrisch im Fichtenholz 0,25% löslichen Lignins, im Buchen-

---

[351]) Buchenlignin enthält rund 20,5% OCH_3, Fichtenlignin 14,8% OCH_3.

[351a]) F. F. NORD und Mitarbeiter, 150. Tagung der Amer. Chem. Soc., Sept. 1965 (Symposion on Lignin).

[352]) H. PAULY, Ber. *67*, 1177; 1934.

[353]) K. KÜRSCHNER, J. HOSTOMSKÝ, Holzforschung *16*, 180—189; 1962.

[353a]) C. STEELINK, 150. Tagung der Amer. Chem. Soc., Sept. 1965 (Symposion on Lignin).

[354]) H. RICHTZENHAIN, E. DRYSELIUS, Sv. Papp. *56*, 324—327; 1953.

holz 1,3% und im Aspenholz 1,0%. Im UV-Licht weist Lignin eine bemerkenswerte blaue Eigenfluoreszenz auf, die durch langandauerndes Extrahieren des Lignins mit heißem Wasser verschwindet (J. KISSER, 1951)[355]. Die UV-Absorptionskurve von Lignin zeigt das für die Koniferylgruppe kennzeichnende Maximum bei 280 mμ. Das Röntgenbild weist auf amorphen Ligninbau hin[355a]. Danach dürfte Lignin aus dreidimensional vernetzten Ketten bestehen und die Cellulosefibrillen amorph umhüllen. Hingegen zeigen die wesentlich einfacher gebauten, laut chromatographischer Analyse nicht ganz einheitlichen[355b] *Nitrolignine* zweifellos eine gewisse Neigung zum Kristallisieren. Dies haben unsere eingehenden Untersuchungen über Nitrolignine[355c] erwiesen, daraus wir im nachfolgenden eine der zahlreichen Abbildungen bringen.

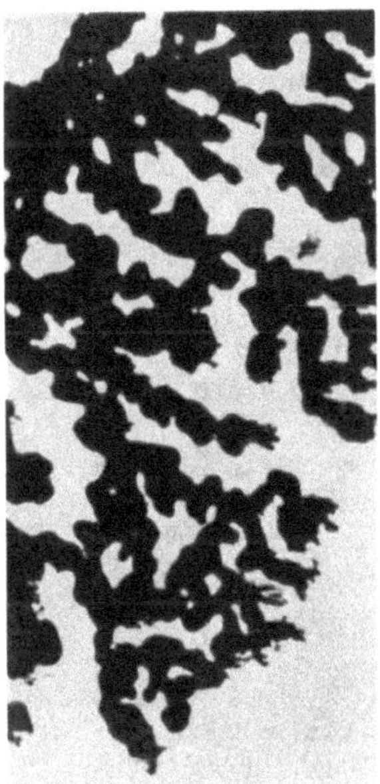

Bild 18a (Fichtennitrolignin etwa 20fach vergrößert)

Über kristallisierte Nitrolignine berichten später ebenfalls P. TRAYNARD und A. ROBERT[355d].

Das den Ligninbausteinen zugrunde liegende *Phenylpropan-Skelett* ist auch im Phenylalanin (I) und seinen beiden Phenolen, dem Tyrosin (II) und dem Dioxy-phenylalanin (III) enthalten. Auf den engen Zusammenhang zwischen Phenylalanin und Lignin hatte K. KÜRSCHNER schon 1952 hingewiesen[356].

Die Phenylpropangruppe ist ferner in vielen ätherischen Ölen, in der Zimtsäure (IV), der Kaffeesäure (V), der Chlorogensäure[357], in den *Lignanen*, dimeren Phenylpropan-Abkömmlin-

---

355) J. KISSER, W. WITTMANN, Mikrochem. u. Microchim. Acta *36/37*, 1134; 1951.

355a) G. BECHERER, G. VOIGTLAENDER—TETZNER, Naturwiss. *42*, 577/578; 1955.

355b) N. N. SCHORYGINA u. Mitarb., Izwest. AN SSSR, otd. chim. nauk *1961*, 1810—1812.

355c) K. KÜRSCHNER, Chemie und Technologie der Papier- und Zellstoff-Fabrikation *31*, 1—14, 17—35, 53—62, 73—80, 85—96; 1934. *32*, 19—28; 1935. K. KÜRSCHNER, Zellstoff-Faser *32*, 17—19, 87—94; 1935.

355d) P. TRAYNARD, A. ROBERT, Assoc. techn. ind. papetière, Bull. *5* (7): 401—405; 1951.

356) K. KÜRSCHNER, Holzchemie, S. 350; Bratislava 1952.

357) Verbreitetes Depsid der Kaffeesäure mit Chinasäure.

gen (s. u.), den Kumarinen[358]), schließlich als wichtiges Bauelement in den Anthocyanen und Flavonen enthalten. Wir sehen, daß die Phenylpropangruppe ziemlich regelmäßig im Stoffwechsel höherer Pflanzen gebildet wird[359]).

(I) 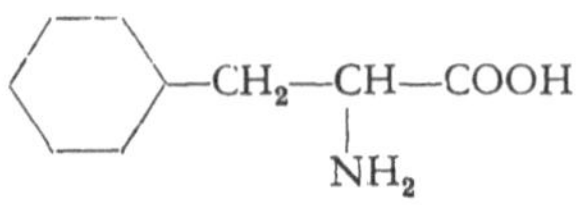 (II) 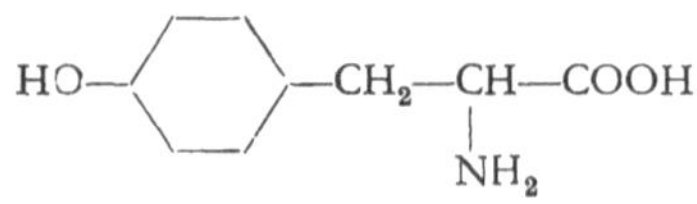

(III) 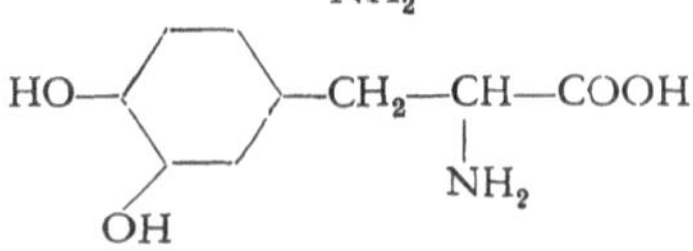 (IV) 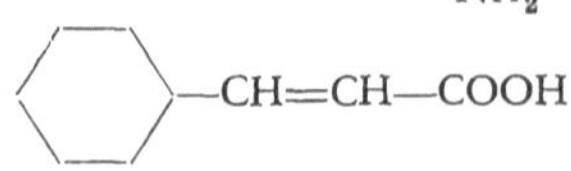

(V) 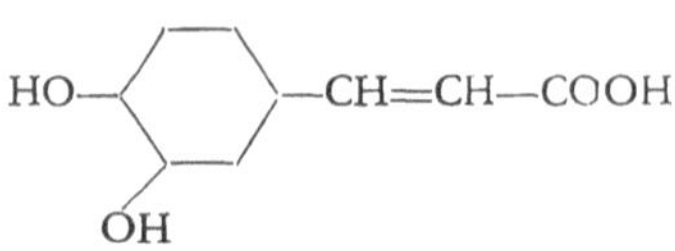

Die in der Literatur angegebenen Ligningehalte[360]) sind nach unseren Untersuchungen um fast 10% zu hoch[361]). Dies hängt mit den völlig unsicheren Methoden der quantitativen Ligninbestimmung zusammen, die meist gravimetrisch (s. u.), aber auch an Hand der OCH_3-Gruppen oder der Doppelbindungen durchgeführt wird. Die beiden letztgenannten Verfahren sind mitunter am Platze, versagen aber bei vorbehandelten Hölzern.

Wurde der Holocellulose-Gehalt eines Holzes mit Hilfe einer geeigneten ClO_2-Methode[362]) ermittelt, so läßt sich der Ligningehalt leicht errechnen, da bekanntlich der durch ClO_2 fortoxydierte Holzanteil dem Gesamtlignin + Pektin entspricht. Letzteres beträgt nur wenige Zehntelprozent des Holzes. Diese indirekte Ligninbestimmung ist wesentlich genauer als alle

---

358) Kumarin ist das Lakton der Oxyzimtsäure:

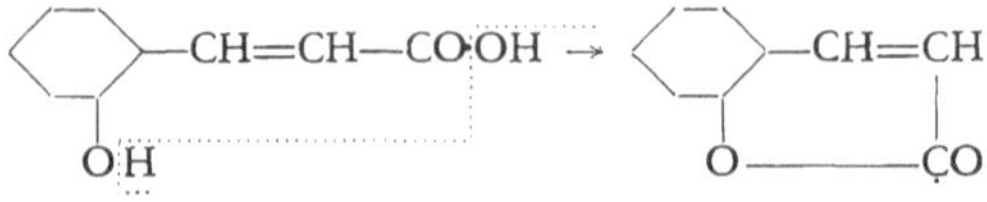

Abkömmlinge sind z. B. Umbelliferon, Aeskuletin, Daphnetin, Skopoletin usw.

359) Vgl. G. STEVENS, F. F. NORD „Natural Phenylpropane Derivatives" in K. PAECH, M. V. TRACEY „Moderne Methoden der Pflanzenanalyse" III., 392—427; Berlin 1955.

360) Laubhölzer: 20—21% des atro-Holzes, Nadelhölzer: 26—30% des atro-Holzes.

361) K. KÜRSCHNER „The Quantitative Analysis of Lignin", Tappi *41*, 168—173; 1958. Holz als Roh- u. Werkstoff *16*, 288—297; 1958.

362) W. KLAUDITZ, Holzforschung *11*, 110—116; 1957.

die zahlreichen entwickelten Schwefelsäureverfahren (vgl. den Abschnitt „Quantitative Ligninbestimmung“).

Die Lignifizierung ist ein irreversibler Vorgang. Das einmal abgeschiedene Lignin nimmt nicht mehr an den Umsetzungen der Pflanze teil. Die *physiologische Rolle* des Lignins ist umstritten. Nach H. MOLISCH[363]) ist die Zelle durch die Verholzung endgültig in ihrer Form festgelegt. Lignin macht gleichzeitig die Zellwand (Cellulose, Hemi) gegen den biologischen Einfluß von Enzymen (Bakterien, Pilzen) widerstandsfähig, wirkt antiseptisch und konservierend. Lignin wird dabei von Harzen und Gerbstoffen unterstützt. Für diese Anschauung sprechen zahllose Patriarchen der Wälder, die überall in der Welt mit Stolz gezeigt werden[364]). Früher wurde angenommen, daß Lignin irgendwie an den Vorgängen der Pflanzenatmung beteiligt sei. Doch ist J. STONE[364a]) auf Grund eingehender Untersuchungen mit $C^{14}O_2$ zur Überzeugung gelangt, daß Lignin ein *Endprodukt* des Pflanzenwachstums ist und mit der pflanzlichen Atmung nichts zu tun hat.

W. KLAUDITZ[365]) nimmt an, daß Lignin die Quellbarkeit der pektopolyuronidischen Baustoffe der Mittellamelle und der Primärwände infolge Hydrophobierung rein mechanisch herabsetze und die hohe, bis aufs Zehnfache gesteigerte „Wasserfestigkeit“ des Holzes verursache.

Nach F. F. NORD u. W. J. SCHUBERT[366]) soll Lignin die Cellulosefaser einzementieren, versteifen und gegen Angriffe schützen, also das Celluloseskelett armieren. Es gibt allerdings ligninarme Gewebe, die größere mechanische Festigkeit aufweisen, als stark lignifizierte[367]).

Nach WARDROP und BLAND[368]) tritt Lignin nach der Synthese der Cellulose und der übrigen Polysaccharide zuerst in der Primärwand auf, von der es in die Außenschichten der Sekundärwand gelangt, um dann allmählich in das Innere der Sekundärwand vorzudringen.

[363]) H. MOLISCH, Z. f. Bot. *25*, 583; 1932.

[364]) In Kalifornien wurde 1925 eine Sequoia gefällt, die 3126 Jahresringe aufwies. R. H. FRANCÉ (Lebenswunder im Pflanzenreich, 3. A., Berlin 1941, S. 285) erwähnt insbesondere Drachenbäume (Dracaena draco) und Brotbäume (Adansonia), denen er bis 5000 Jahre Alters zuschreibt, ferner Sequoien und Platanen bis zu 4000 Jahren, daneben die jüngeren Lebensbäume, Cypressen, Cedern u. a.

[364a]) J. E. STONE, Can. Journ. Chem. *31*, 207; 1953.

[365]) W. KLAUDITZ, Holzforschung *6*, 5; 1955.

[366]) F. F. NORD, W. J. SCHUBERT, Experientia *15*, 245—253; 1959.

[367]) H. E. DADSWELL, L. F. HAWLEY, Ind. Eng. Chem. *21*, 973; 1929. M. PHILLIPS u. Mitarb., J. Agricult. Research *43*, 619; 1931.

[368]) A. B. WARDROP, D. E. BLAND, IV. Internat. Congress of Biochemistry, London 1959. A. B. WARDROP, Tappi *42*, 301; 1959. Vgl. auch M. S. BANDIRSKAJA, Doklady AN SSSR *73*, 133—136; 1950.

Ob bei Hölzern eine Differenzierung der Ligninbausteine in der Zellwand stattfindet, ist schwierig festzustellen. D. E. MARTH[369]) hat bei Aspe Syringylanteile vorwiegend in der Mittellamelle, Guajacylanteile hingegen in der Zellwand gefunden.

Der *Nachweis des Lignins* kann durch die von P. W. LANGE (1954) entwickelte UV-Mikroabsorptionstechnik[370]) oder durch die bekannten Farbenraktionen erfolgen[371]). Die von F. HÖHNEL (1878) gefundene Rotfärbung des Lignins mit Phloroglucin-HCl[372]), ebenso die Gelbfärbung mit Anilin-Essigsäure oder die prachtvolle Ziegelrotfärbung mit p-Nitranilin-HCl und all die zahlreichen anderen Farbenreaktionen mit Aminen oder Phenolen, wie auch die Gelbgrünfärbung des Holzes mit konz. HCl, sind auf den Koniferylaldehyd,

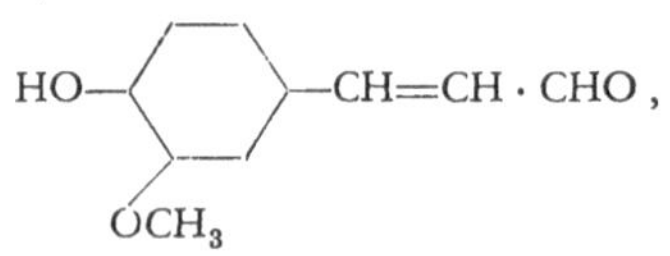

zurückzuführen, der zu etwa 5% im Ligninkomplex (durch seinen phenolischen Sauerstoff) ätherisch gebunden ist.

Die von C. MÄULE gefundene Farbreaktion der Laubhölzer[373]) mittels $KMnO_4$, HCl führt augenscheinlich zu einer Chlorierung des Syringylanteils:

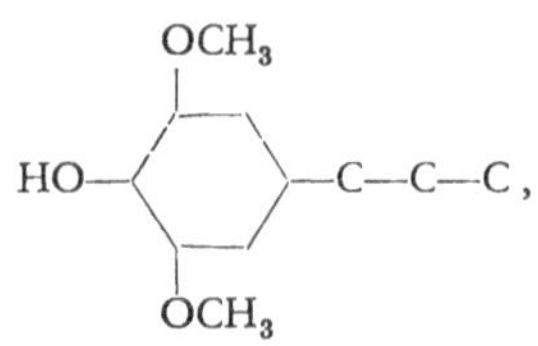

der dann mit NH_3 dauernde Rotfärbung liefert.

Neuestens werden Inkrusten durch das kombinierte Färbeverfahren von H. BUCHER erfaßt[373a]). Dabei liefern ligninfreie Membranen die charakte-

[369]) D. E. MARTH, Tappi *42*, 301; 1959.

[370]) P. W. LANGE, Sv. Papp. *57*, 525; 1954. *57*, 563; 1954 (Literaturübersicht).

[371]) Vgl. z. B. E. HÄGGLUND „Color Reactions of Wood“ in seiner „Chemistry of Wood“, S. 181—193; New York 1951.

[372]) Veröffentlicht von J. WIESNER, Sitzungsber. Akad. Wiss. Wien, Math. Naturw. Klasse *77*, 60; 1878.

[373]) C. MÄULE, Habilitationsschrift, Stuttgart 1901.

[373a]) H. BUCHER, Textil Rundschau *19*, 119—132; 1964. Ligninhaltige Fasern oder Schnitte werden mit 1%igem Malachitgrün kurz gekocht, gründlich ausgewaschen und getrocknet, mit 1%iger alkoholischer Jodlösung versetzt, mit Filterpapier abgepreßt,

ristische blaue Chlorzinkjodreaktion der Cellulose, während ligninhaltige Fasern je nach ihrem Ligningehalt mehr oder minder stark braun gefärbt werden. Die Ligninfärbung scheint hier auf das Entstehen einer widerstandsfähigen Malachitgrün-SnJ_4-Additionsverbindung zurückzuführen zu sein.

Die Löslichkeit des Lignins in Phenolen ist seit langem bekannt[373b]). Neuerdings ergaben Versuche mit markiertem Lignin und Modellsubstanzen, daß die Kondensation mit Phenol in der Alfastellung der Ligninseitenkette erfolge, im Sinne[373c]):

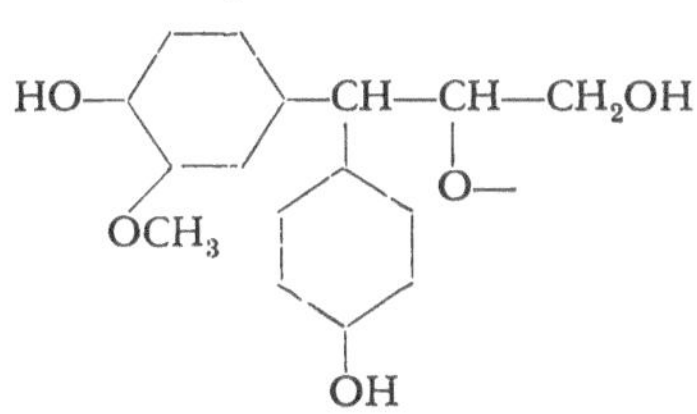

Die *Verteilung des Lignins in der Zellwand* ist sehr unregelmäßig. Während die Mittellamelle etwa 70% Lignin aufweist, nimmt Lignin in der Richtung auf das Lumen bis auf 20% ab. Ähnlich liegt das Verhältnis bei den Hemi, die in der äußeren Sekundärwand etwa 60% erreichen, gegen das Lumen zu aber auf 15—20% zurückgehen[374]).

Das Lignin der Zellwand ist zwischen den Cellulosefibrillen eingelagert. In die Fibrillen selbst vermag es wegen deren kristallinen Baues nicht einzudringen.

2.4.1.1 Reaktionsholz

Ungeklärt noch ist die bevorzugte Ablagerung von Lignin an Stellen hohen Druckes im pflanzlichen Organismus. Tritt bei der verholzten Pflanze durch Wind oder durch einseitige Gewichtszunahme eine Mehrbelastung auf, so wird an solchen Stellen zusätzliches Lignin abgelagert. Nadelhölzer bilden so an der Unterseite der Äste „Druckholz" (Rotholz) aus, das unter Druck steht und kürzere Zellen als normales Holz aufweist. Es besitzt durchschnittlich bis zu 35% mehr Lignin (von abweichender Art, mit geringerem Methoxylgehalt) als gewöhnliches Nadelholz. Nach

---

schließlich mit einem Tropfen 65%iger $SnCl_4$-Lösung und zwei Tropfen Chlorzinkjodlösung (nach HERZBERG) versetzt.

373b) F. A. BÜHLER, DRP. 94, 467 (1898).

373c) K. KRATZL u. Mitarb., Holzforschung *18*, 47—52; 1964.

374) Vgl. den Abschnitt 2.1.7 „Verteilung der Holzbestandteile in der Zellwand".

D. E. BLAND (1961)[375]) sind im Druckholz viele methoxylfreie Kerne enthalten. Das Lignin ist zwischen der äußeren (S_1) und der mittleren Schicht (S_2) der Sekundärwand gelagert und leicht abtrennbar. Morphologisch unterscheidet sich die Sekundärwand des Druckholzes durch teilweise gelatinöse Entartung von den normalen Zellwandschichten. Nach E. CORRENS (1961)[376]) ist die Sekundärwand des Druckholzes von etwa 0,1 μ breiten, ligninfreien Spalten durchzogen.

Druckholz weist durchschnittlich bis zu 10% weniger Cellulose auf und liefert merklich schlechteren Zellstoff mit sehr hohem Ligningehalt (15%) und schlechteren Festigkeitseigenschaften. Auch der Holzschliff aus Druckholz ist schlechter als aus gewöhnlichem Holz.

Der Galaktangehalt im Druckholz ist erheblich gesteigert, der Mannangehalt geringer als normal. Auch die Alfacellulose des Druckholzes weist erhöhten Galaktangehalt auf.

Die Unterschiede der Zusammensetzung eines Nadeldruckholzes und eines normalen Nadelholzes gehen aus dem anschließenden Beispiel hervor:

	Nadeldruckholz		normales Nadelholz
Cellulose	27,3%		41,5%
Hemi	29,3% →	(Galaktan gesteigert)	24,3%
Lignin (konvent. bestimmt) . .	38,0% →	(geringes OCH_3)	28,0%

Laubhölzer bilden an der Oberseite der Äste „Zugholz“ (Weißholz) aus, das unter Zugspannung steht. Es ist cellulosereicher, aber ligninärmer und pentosanärmer als gewöhnliches Holz. Zugholz besitzt auch weniger Extraktstoffe und Polyphenole. Morphologisch unterscheiden sich die Sekundärwände des Zugholzes gleichfalls von normalen. Sie weisen auch einen gewissen Anteil gelatinöser Schichten („G-Schichten“) auf und zeigen beim Trocknen Dauerrisse. Den G-Schichten fehlt Lignin, sie besitzen hingegen hohen Gehalt an sehr gut geordneten Cellulosefibrillen, die parallel zur Faserachse liegen und weisen, wie die normale Zellwand, lamellaren Bau auf (G. CASPERSON, 1962)[377]). Neueste Untersuchungen liegen hier von H. SACHSSE vor[377a]).

---

375) D. E. BLAND „The Chemistry of Reaction Wood“, Holzforschung *15*, 102—107; 1961.

376) E. CORRENS, Paperi ja Puu *43*, Heft 2, 1961.

377) G. CASPERSON, Holztechnologie *3*, 217—223; 1962.

377a) Schriftenreihe der Forstlichen Fakultät der Universität Göttingen, Bd. *35* (1965).

Zugholzlignin weist normalen OCH_3-Gehalt auf, zeigt aber kein UV-Absorptionsminimum. Das Lignin scheint hier mit den Polysacchariden enger verknüpft zu sein, als im normalen Holz. Es ist anzunehmen, daß Zugholz im Verlauf von Wachstumsschwankungen (Unterbrechung der Ligninbildung durch verminderte Enzymtätigkeit) entsteht (W. WERGIN, 1957)[378]).

Der aus Zugholz in höherer Ausbeute erhältliche Zellstoff ist infolge der Risse in der Sekundärwand zur Papiererzeugung wenig, zur Viskoseherstellung hingegen sehr gut geeignet. Die Alfacellulose weist gleichfalls Galaktanreste auf. Der Holzschliff ist dem aus normalem Holz überlegen (W. E. DADSWELL, 1957)[379]).

Das folgende Beispiel zeigt die Unterschiede zwischen Zugholz und normalem Holz von Ailanthus glandulosa:

	Zugholz		normal. Holz
Cellulose	53,5%		40,3%
Pentosan	19,9%		26,0%
Lignin (konvent. bestimmt) . . .	15,9%	(norm. OCH_3)	24,9%

Nach W. KLAUDITZ (1957)[380]) kann der Cellulosegehalt von Pappel-Zugholz bis auf 60% ansteigen, während der normale Cellulosegehalt 42—43% beträgt.

Die Ursache der Entstehung von Reaktionsholz[381]) ist noch nicht recht geklärt. Neben äußeren Reizen (Schwerkraft, Winddruck, Heliotropie) scheinen *genetische Anlagen* eine wichtige Rolle zu spielen.

Über die Art der *Bindung des Lignins an die Kohlehydrate* der Zellwand schwankten die Ansichten der Forscher durch Jahrzehnte. Sowohl für eine rein physikalische Durchwachsung als auch für eine ausgesprochen chemische Bindung des Lignins an die Kohlehydrate wurden zahlreiche überzeugend wirkende Beweisgründe erbracht und erschwerten so den Einblick in die wahren Verhältnisse. Heute haben sich indessen soviel einwandfreie Beweise für die gegenseitige Bindung zwischen Ligninen und Kohlehydraten des Holzes angesammelt, daß man wohl kaum in der Annahme

[378]) W. WERGIN, Faserforschung u. Textiltechnik *8*, 257—262; 1957. *13*, 51—53; 1962.

[379]) H. E. DADSWELL, A. B. WARDROP, „Morphologie und Chemie des Reaktionsholzes und Eigenschaften daraus hergestellter Zellstoffe", Vortrag beim Fasersymposion Cambridge, 1957.

[380]) W. KLAUDITZ, Holzforschung *11*, 158—169; 1957.

[381]) Unter der Bezeichnung „Reaktionsholz" wird sowohl Druckholz als auch Zugholz verstanden.

fehlgeht, daß die Zellwandkomponenten des Holzes sämtliche Stufen gegenseitiger Verknüpfung, von der Adsorption bis zur festen Valenzbindung aufweisen.

Im Jahre 1957 hat J. W. T. MEREWETHER[382]) an Hand von 156 bis dahin erschienenen Abhandlungen über Kohlehydrat-Ligninbindungen zwar darauf hingewiesen, daß sich viele Lignin-Kohlehydratverknüpfungen durch bloße Ligninikrustierung deuten lassen. Zahlreiche andere sind aber nur „durch Gegenwart definierter Komplexe von Lignin und Kohlehydrat in chemischer Bindung" erklärbar. Seither ist eine Reihe neuer Untersuchungen erschienen, worin gleichfalls die chemische Bindung zwischen Lignin und Kohlehydraten überzeugend dargetan wird. Über die Art der gegenseitigen Verknüpfung gehen die Ansichten der Forscher auseinander[383]).

A. BJÖRKMAN extrahierte 1957 aus feingemahlenem Fichten-, Kiefern- und Birkenholz Lignin-Hemi-Verbindungen, die in gereinigtem Zustand grauweiße Pulver darstellen und ein MG. von etwa 8000 aufweisen[384]). H. GROHN (1958)[385]) zeigte, daß bei der Schwingmahlung von Hölzern bis an die Grenzen des kolloiden Bereichs ein löslicher Lignin-Kohlehydrat-Komplex erhalten bleibt. Über das *Xylolignin* von A. HAYASHI (1958)[386]) wurde schon gesprochen. M. LÜDTKE[387]) stellte 1962 ein in der Holocellulose von Fichte, Buche, Jute, Kennaf, Sisal zurückbleibendes, an Kohlehydrat gebundenes „*Lignin b*" fest, daß ein UV-Absorptionsmaximum bei 205 mμ, neben einem zweiten Maximum bei 280 mμ aufwies.

---

[382]) J. W. T. MEREWETHER „A Lignin-Carbohydrate-Complex in Wood", Holzforschung *11*, 65—80; 1957 (156 Ref.)

[383]) B. O. LINDGREN (Sv. Papp. *61*, 669—674; 1958) nimmt -O-Brücken von Phenylglukosiden oder Benzyläthern an, während M. I. TSCHUDAKOW (Bum. prom. *33*, (7); 9—11; 1958) Acetalkomplexe aus Ligninkarbonyl und Kohlehydrat-OH folgert. I. CROON (Acta chem. scand. *13*, 1299—1304; 1959) faßt Glukomannan, Arabogalaktan und Xylan als an ein und dasselbe Ligninmolekül gebunden auf. Ø. ELLEFSEN (Norsk Skogsind. *14*, 105—112; 1960) nimmt chemische Lignin-Kohlehydrat-Bindung an, ohne sich über deren Art zu äußern, während J. J. LINDBERG (Paperi ja Puu *42*, 193—196; 1960) auf chemische Bindungen im Netzwerk der H-Brückenbindungen schließt.

C. SCHUERCH („The Chemistry of Wood", S. 223, edited by B. L. BROWNING; New York 1963) ist der Ansicht, daß die Hemi-Lignin-Bindungen nur „minor linkages" darstellen, wobei er offenbar an kovalenzmäßige Bindungen denkt. Auch K. V. SARKANEN (ibid., S. 271) bezeichnet die Frage der Lignin-Kohlehydrat-Bindungen als „noch immer sehr problematisch".

[384]) A. BJÖRKMAN, Sv. Papp. *60*, 243; 1957. Ind. Eng. Chem. *49*, 1395—1398; 1957.

[385]) H. GROHN, W. DETERS, Faserforschung Textiltechnik *9*, 526; 1958. H. GROHN, F. SCHIERBAUM, Holzforschung *12*, 65—73; 1958. H. GROHN, Journ. Polymer Sci. *1958*.

[386]) A. HAYASHI, I. TACHI, Tappi *41*, 173—178; 1958.

[387]) M. LÜDTKE, Holzforschung *16*, 129—134; 1962.

Cellolignin

Unter dieser in den letzten Jahren im Schrifttum auftretenden Bezeichnung versteht man den Cellulose + Lignin enthaltenden Holzrückstand, der sich nach mehrstündiger Kochung des Holzes mit verdünnten Säuren (z. B. 3 St. mit 2,5%iger HCl), ergibt. Das angereicherte Lignin erhöht die Sprödigkeit des Rückstands, so daß die Vermahlung in der Kugelmühle wesentlich rascher verläuft, als die des ursprünglichen Holzes (P. N. ODINZOW, 1962)[388]).

2.4.2 Abbau und Aufbau des Lignins

2.4.2.1 Ligninisolierung

Zur Erforschung des Lignins war es zunächst erforderlich, aus dem Holz tunlichst unversehrtes Lignin zu gewinnen und es den zur Ermittlung des Baues von Hochmolekularen notwendigen (gegebenen Falles erst neuzuentdeckenden) Umsetzungen zu unterziehen. Hierher gehören Oxydation ($KMnO_4$, Nitrobenzol, Luft), Methylierung mit nachfolgender Oxydation, Hydrogenolyse, Behandlung mit Alkalimetall in flüssigem NH_3, mit alkoholischer HCl, Sulfitkochung usw. Aus den dabei entstandenen Abkömmlingen konnten dann voraussichtlich bereits Schlüsse auf die Konstitution des Lignins gezogen werden. Dieser einfache Gedankengang war jedoch sehr schwierig zu verwirklichen.

Da Lignin teilweise sowohl an die Hemi, als auch an die Cellulose chemisch gebunden ist, müssen diese Bindungen zuerst hydrolytisch bei höherer Temperatur gesprengt werden. Danach kann aus dem verholzten Gewebe entweder

a) Lignin herausgelöst werden oder aber

b) die Kohlehydrate werden in Lösung gebracht und Lignin bleibt zurück.

Bei den a) aus ihrer Lösung gewonnenen Ligninen spielt sich (je nach der Wahl des „Lösungsmittels") ein ziemlich unkontrollierbarer Abbau der noch immer kohlehydrathaltigen Lignine ab; bei der Lignindarstellung b) durch Weglösen der Kohlehydrate, erhält man stark humin- und kohlehydrathaltige Lignine, die schon durch ihre dunkle Färbung auf erlittene Kondensationen und Polymerisationen hinweisen.

Es ist klar, daß weder der eine noch der andere Weg befriedigen kann. Die Aufstellung von *Summenformeln* für die komplizierten Gemische, die hier unter dem Namen „isoliertes Lignin" geführt werden, hat nach dem Gesagten keine Bedeutung und wird heute nurmehr selten vorgenommen.

[388]) P. N. ODINCOW, Gidrolizn. i lesochim. prom. *15*, (2): 9—11; 1962.

Wir gehen nicht fehl, wenn wir isoliertem, kohlehydratfreiem Nadelholzlignin, darin sich der geringe Anteil entmethylierten Koniferylalkohols (= p-Kumaraldehyd) und methylierten Koniferylalkohols (= Sinapinalkohol) ungefähr die Waagschale halten dürften, als oberen Grenzwert die Zusammensetzung polymeren Koniferylalkohols zugrunde legen, d. h. C 66,6%, H 6,7% und OCH_3 17,2%. Isolierte Lignine, die erheblich niedrigere C- und Methoxyl-Gehalte aufweisen, enthalten Kohlehydrat-Verunreinigungen.

Bereits 1928 schrieben wir über die Isolierung des Fichtenlignins, es werde „bei der Darstellung leichter oder schwerer von den begleitenden Zuckern zu trennen sein und einen nach der Art des chemischen Angriffs mehr oder minder veränderten polymeren Koniferylalkohol darstellen, dessen C-, H-, OCH_3-Grenzwerte man ebenso wie das Molekulargewicht (= 180 oder ein Vielfaches davon) voraussagen kann“[389]).

Die *Isolierung des Lignins* durch Herauslösen aus der Pflanze (nach dem Verfahren a) mit Hilfe der üblichen organischen Lösungsmittel[390]) ist ein sehr gewaltsamer Eingriff, der sich meist bei Temperaturen um 100° C und darüber abspielt. Hierbei entstehen je nach Wahl von Ausgangsgut, Lösungsmittel, Temperatur, Art und Menge des „Katalysators“ (: Mineralsäure), Dauer des „Lösungsvorgangs“, Verwendung offener oder Druckgefäße usw. qualitativ und quantitativ sehr wechselnde, meist dunkle Lösungen, die beim Fällen mit geeigneten Flüssigkeiten (Wasser, Äther, Chloroform usw.) braune Ligninpräparate liefern, welche vorwiegend hochmolekulare (unter Wasserverlust entstandene) Ligninanteile enthalten, daneben kondensierte Polyuronide und andere veränderte Kohlehydrate, Huminstoffe, sowie sehr festhaftende Lösungsmittelreste[391]). Daß die versuchten mannigfachen Umsetzungen solch heterogener Lignin-Präparate naturgemäß zu widerspruchsvollen Ergebnissen führen mußten, ist heute einleuchtend. Wir haben auch früher stets darauf hingewiesen.

Schon beim Erhitzen des Holzes mit Wasser tritt (infolge frei werdender Essigsäure) eine milde Acidolyse ein, bei welcher eine Disproportionierung des Lignins in niedermolekulare und in hochmolekulare Anteile stattfindet. Die niedermolekularen Anteile weisen Koniferylaldehyd auf (O. Goldschmid, 1955).

Die weitaus überwiegenden hochmolekularen Gruppen treten[392]) aber zu einem widerstandsfähigen, polymeren Körper zusammen, der Methoxyl- und phenolische OH-Gruppen enthält.

Ein spezifisches Lösungsmittel für Lignine ist die schwefelige Säure, die Lignine in die leichtlöslichen Ligninsulfonsäuren überführt. Auf dieser Umsetzung beruht das technisch so bedeutsame Sulfitverfahren der Zellstoffgewinnung aus Hölzern. Es wird

---

[389]) K. Kürschner, Stoklasa-Festschrift S. 244; Parey-Berlin, 1928.

[390]) Glykol, Methylglykol, Thioglykol, Polyole, Dioxan, Essigsäure, Ameisensäure, (Alkohol + H_2O) unter Druck (180° C) usw.

[391]) Eine Ausnahme bildet das Verfahren von F. E. Brauns. (S. u.).

[392]) O. Goldschmid, Tappi *38*, 728; 1955.

in den überseeischen Gebieten allmählich durch das Sulfatverfahren verdrängt, das auf der Aufschließbarkeit der Hölzer durch 5%ige NaOH bei 170° C beruht. Hierbei geht Lignin in die phenolatartig gebauten, löslichen Ligninsäuren über.

Wenn es im übrigen in verschiedenen zusammenfassenden Betrachtungen heißt, daß nach dem Verfahren (b) isolierte Lignine stets dunkelbraune bis schwarze Farbe aufweisen, so stimmt dies nicht durchweg. Wir stellten z. B.[393]) schon 1923 ein *licht kremefarbenes, völlig cellulosefreies Lignin* her, indem wir entharzte Sägespäne mit 42%iger HCl im Schüttelapparat einige Minuten heftig schüttelten, das Gemisch in heißes Wasser ausgegossen, die ausgeschiedenen zarten Celluloseflocken vom (lichtvioletten) Ligninbodensatz rasch durch eine filterlose Nutsche absaugten und den gesamten Vorgang zweimal wiederholten. Die Säureeinwirkung dauerte, im Gegensatz zu der sonst üblichen bis 24stündigen Behandlung, insgesamt ½ Stunde.

1939 extrahierte F. E. Brauns[394]) entharztes Holzmehl mit 96%igem Alkohol bei Zimmertemperatur, also in denkbar mildester Weise, um der Neigung des Lignins zur Selbstkondensation entgegenzuarbeiten. Es gelang ihm, durchschnittlich etwa 10% des (etwa 23% des Holzes betragenden) Gesamtlignins in Form eines hellgelben Pulvers zu extrahieren. Die Zusammensetzung des Brauns-Fichtenlignins war:

63,7% C
6,1% H
14,8% OCH_3.

Unterwirft man dieses Lignin der Ligninbestimmung nach J. König mittels 72%iger Schwefelsäure, so erhält man in 92%iger Ausbeute ein kondensiertes Lignin mit

65,35% C
5,6% H
15,5% OCH_3.

Brauns-Lignin unterscheidet sich in mancher Beziehung von den mittels chemischer Verfahren „isolierten" Ligninen. Es besteht hauptsächlich aus niedermolekularen, dem Koniferylalkohol verwandten Anteilen (K. Freudenberg, 1956)[395]). Im Brauns-Fichtenlignin wurden ungefähr 0,5% freie phenolische OH-Gruppen gefunden. Ferner wurde darin auf etwa 35 Koniferylalkohol-Bausteine ein Koniferylaldehyd-Baustein festgestellt.

In den letzten Jahren wurde versucht, die chemischen Isolierungsverfahren des Lignins durch milder erscheinende Methoden biochemischer oder

---

[393]) Vgl. z. B. Ch. Dorée „The Methods of Cellulose Chemistry", London 1947.

[394]) F. E. Brauns, J. Amer. Chem. Soc. *61*, 2120; 1939.

[395]) K. Freudenberg, Ang. Chem. *68*, 84, 508; 1956. Vgl. dazu F. E. Brauns, Holzforschung *16*, 97—102; 1962.

physikalischer Art zu ersetzen. So bauen F. F. Nord u. Mitarbeiter[396]) Holz durch Braunfäule (Lentinus lepideus, Poria vaillantii) zu Lignin ab. A. Björkman (1956)[397]) schließt Holz in hochwirksamen Schwingmühlen unter Toluol (darin weder Cellulose, noch Hemi oder Lignin quellen) mechanisch auf und isoliert Lignin mit inerten Lösungsmitteln, wie Aceton oder Dioxan, wobei etwa $^1/_3$ des Gesamtlignins gelöst wird. J. C. Pew (1957)[398]) vereinigt biochemischen und mechanischen Aufschluß zur Ligningewinnung.

Doch dürften die genannten Verfahren kaum harmloser als der chemische Holzaufschluß sein. Dies geht aus einer ganzen Reihe einschlägiger Untersuchungen hervor.

Gegen die Isolierung des Lignins mit Hilfe des wirksamen, aber recht undurchsichtigen Enzymapparats von Pilzen haben wir schon vor geraumer Zeit Stellung genommen[399]). Seither fehlte es nicht an Stimmen, die sich gegen die Freilegung von Lignin aus Hölzern z. B. durch Braunfäule erzeugende Pilze (Coniophora, Lentinus, Poria usw.) aussprechen und insbesondere die Abspaltung von Ligninmethoxyl geltend machen[400]). Vor kurzem beschrieb K. Seifert[401]) eine *Ligninase*, die Lignin bei Braunfäule teilweise, z. B. zu HO—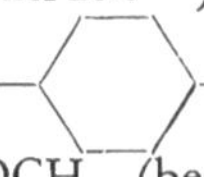—COOH abbaut. Auch bei Berücksichtigung der 10—12% OCH_3 (bezogen auf Gesamtmethoxyl), die an die Kohlehydrate des Holzes gebunden sind, machten sich stets Methoxylverluste des zurückbleibenden Braunfäulelignins geltend. Nach R. Rösch[402]) könnten die oxydativen Veränderungen des Braunfäulelignins mit der Wirkung einer intracellularen, im hochgradigen Fäulezustand freigesetzten Lakkase erklärt werden.

Auch die sehr tiefgreifende mechanische Einwirkung geht nicht ohne chemische Veränderungen des Holzkomplexes vor sich. Erkenntnisse ähn-

[396]) W. J. Schubert, F. F. Nord, J. Amer. Chem. Soc. *72*, 977; 1950. Vgl. auch F. F. Nord, W. J. Schubert „The Biochemical Disintegration of Wood and the Mechanism of Lignification", Holzforschung *15*, 1—8; 1961.

[397]) A. Björkman, Sv. Papp. *59*, 477; 1956. *60*, 243—251; 1957. Ind. Eng. Chem. *49*, 1395—1398; 1957.

[398]) J. C. Pew, Tappi *40*, 553; 1957.

[399]) K. Kürschner, Cell. Ch. *8*, 5—7; 1927.

[400]) R. Falck, W. Cordt, Ber. *61*, 2101; 1928. W. G. Campbell, G. Both, Biochem. J. *23*, 566—572; 1929. E. C. Barton-Wright, J. G. Boswell, ibid. *25*, 494; 1931. O. Fernandez, B. Rogueiro, Farm. nueva *11*, 57, 111, 123; 1946. A. Apenitis, H. Erdtman, B. Leopold, Sv. Kem. Tid. *63*, 195—207; 1951. D. Narayanamurti, J. George, Composita Wood *1*, 51; 1954. H. Grohn, W. Deters, Holzforschung *13*, 8—12; 1959.

[401]) K. Seifert, Holzforschung *16*, 103—114; 1962.

[402]) R. Rösch, Vortrag beim Internat. Symposium Eberswalde 1962.

licher Art veranlassen sogar die Forschung bereits, die chemischen Veränderungen Hochpolymerer durch mechanische Kräfte zu nutzen. Nach GROHN und DETERS[403]), sowie anderen Autoren ist die Schwingmahlung der Cellulose (die bis in die molekularen Bereiche des Mahlguts eingreift) als eine *mechanisch aktivierte Hydrolyse* anzusehen, gekennzeichnet durch gleichmäßiges Fallen des Polymerisationsgrads, zunehmendes Reduktionsvermögen und bemerkenswerte Erhöhung der löslichen Anteile in Wasser, verdünnten Säuren und Alkalien, Salzlösungen und Alkoholen. Auch eine Erhöhung der Reaktionsfähigkeit war festzustellen. R. H. MARCHESSAULT (1959)[404]) stellte neben Depolymerisation auch Abnahme des Kristallisationsgrads fest. Ähnliche Löslichkeitsveränderungen wurden auch bei Ligninen beobachtet.

T. N. KLEINERT[405]) untersuchte die Kugelmahlung lufttrockener Schwarzfichte (Picea mariana). Durch mechanische Zerreißung von chemischen Bindungen entstehen verhältnismäßig unbeständige Lignin-Makroradikale, die zu sekundären Umsetzungen (z. B. mit gleichzeitig, allerdings in wesentlich geringeren Mengen gebildeten) Makroradikalen von Kohlehydraten befähigt sind.

B. LEOPOLD[406]) nimmt an, daß Termiten, die innerhalb weniger Stunden imstande sind, die Kohlehydrate des Holzes aufzuzehren, ziemlich unversehrtes Lignin hinterlassen; sie seien zur Ligninisolierung geeigneter, als z. B. Coniophora puteana und andere celluloseverzehrende Pilze, die zu ihrer zersetzenden Tätigkeit viele Monate benötigen.

Sehr eindringlich zeigte C. L. HESS[407]), welch verwickeltes Gemisch verschiedener Formen *isoliertes Lignin* darstellt. Aus einem isolierten Fichtenlignin gelang es nicht weniger als 54 Fraktionen zu erzielen, die sich durch vollkommen verschiedene IR-Absorptionsspektren auszeichneten.

Dies erinnert an die Inhomogenität eines z. B. nach KLASON[408]) mittels 66%iger Schwefelsäure dargestellten Lignins (etwa aus Buche), das sorg-

---

[403]) H. GROHN, W. DETERS, Faserforschung u. Textiltechnik *9*, 526; 1958. H. GROHN, F. SCHIERBAUM, Holzforschung *12*, 65—73; 1958 (24 Ref.). H. GROHN, Journ. Polymer Sci. *1958*. H. GROHN, W. DETERS, Holzforschung *13*, 8—12; 1959. Vgl. ferner: E. ADLER u. Mitarb., Sv. Papp. *61*, 641—647; 1958. J. M. HARKIN, Experientia (Basel) *16*, 30; 1960. C. J. COSCIA, Experientia (Basel) *16*, 83; 1960. A. ASSARSON, u. Mitarb., Acta Chem. Scand. *13*, 1231—1234; 1959.

[404]) J. A. HOWSMAN, R. H. MARCHESSAULT, J. Appl. Polymer Sci *1*, 22—33; 1959.

[405]) T. N. KLEINERT, J. R. MORTON „Electron Spin Resonance in Wood Grinding", Nature *196*, 334—336; 1962.

[406]) B. LEOPOLD, Svensk Papp. *55*, 784—786; 1952.

[407]) C. L. HESS, Tappi *35*, 312; 1952.

[408]) P. KLASON, Arkiv Kemi, Mineral., Geol. *3* (5): 17; 1906.

fältig von Säureresten befreit und bei tunlichst niedriger Temperatur im Vakuum getrocknet wurde. Durch vielstündige Extraktion mit inerten Lösungsmitteln unter Rückflußkühlung lassen sich (z. B. mit dem üblichen Alkohol-Benzol-Gemisch) je nach der Darstellungsart wechselnde, aber beträchtliche Ligninanteile extrahieren. Diese Extrakte weisen mitunter höhere Methoxylgehalte auf als der unlösliche Ligninrückstand.

Mit Hilfe all dieser heterogenen Lignine und der aus ihnen durch verschiedene Kunstgriffe (meist in sehr geringen Mengen) erhaltenen kristallisierbaren Abbaustoffe wurde nun versucht, ein Bild über die wahre Gestaltung des in der Pflanze gewachsenen unversehrten Lignins zu gewinnen.

2.4.2.2 Aromatische Abbauprodukte des Lignins

Aromatischen Abbauprodukten, die bei der Alkalischmelze des Lignins erstmalig in geringer Menge erhalten werden konnten[409]), durfte anfangs keine größere Bedeutung beigemessen werden, da sie auch aus Cellulose gewonnen wurden und die Möglichkeit aromatischer Ringschließung bei den angewandten sehr hohen Temperaturen (300° C) durchaus nicht ausgeschlossen war.

Erst als es K. Kürschner 1924 gelang[410]), durch *Mikrosublimation* der verschiedensten Nutzhölzer, ferner pilzbefallener Hölzer, fossiler Hölzer, aller Arten von Ligninen, Torfen, Modern, Ligniten und Braunkohlen, ja sogar Steinkohleneinschlüssen bei der verhältnismäßig niedrigen Temperatur von etwa 200° C immer wieder übereinstimmend ein Gemisch von Vanillinsäure + Vanillin in wechselnden, aber erheblichen Prozentsätzen zu erhalten, war es klar, daß sowohl dem gewachsenen, als auch dem isolierten Lignin eine beträchtliche Menge einer aromatischen Gruppierung zugrunde liegen müsse, die imstande war, beim Erhitzen Vanillinsäure + Vanillin, bzw. (bei höherer Temperatur) Brenzkatechin und Protokatechusäure abzuspalten.

Andrerseits ergab sich ein deutliches Bild der engen Zusammenhänge zwischen Holz ⟶ Modern ⟶ Ligniten ⟶ Braunkohlen[411]) aus ihrem analogen Verhalten bei der Sublimation.

1928 wies K. Kürschner nach[412]), daß Fichten-Sulfitablauge bei alkalischer Druckoxydation mit Luft solche Mengen an Vanillin liefere, daß

[409]) Protokatechusäure, Brenzkatechin: E. Heuser, A. Winsvold, CCh. *4*, 49, 62; 1923.

[410]) K. Kürschner, Mikrochemie *5*, 1—20; 1925.

[411]) Ob die Steinkohle dieser Entwicklungsreihe angehört, ist nicht ganz sicher. E. Donath bestreitet dies an Hand überzeugender Überlegungen.

[412]) K. Kürschner „Vanillin aus Sulfitablauge", Vortrag b. d. 90. Hauptvers. d. Vereins Deutscher Naturf. u. Ärzte, Hamburg 1928.

die industrielle Nutzbarmachung der Sulfitablaugen (die bis dahin stets vergeblich gesucht worden war) denkbar erschien. Heute wird der größte Teil des Weltbedarfs an Vanillin durch Druckoxydation von Sulfitablaugen mit Luft in CaO-alkalischer Lösung erzeugt[413]) (SSSR, USA, Canada). In letzter Zeit scheint sich die sehr wichtige Gewinnung synthetischer Kunstfasern (Terylene) aus Vanillin anzubahnen[414]).

1937 zeigt L. SCHULZ (SCHIMMEL & Co., Leipzig), daß alkalische Druckoxydation von Sulfitablauge mittels Nitrobenzol die Vanillinentstehung noch beträchtlich steigere[415]). Diese Umsetzung wurde sogleich auch auf Hölzer und isolierte Lignine übertragen und lieferte aus isoliertem Lignin bis zu 28% Rohvanillin. 1941 gewann H. HIBBERT nach dem Verfahren von L. SCHULZ[416]) aus Ahornlignin 32% Syringaaldehyd und 3,4% Vanillin. Zog man die zahlreichen Verluste durch Nebenreaktionen in Betracht, so war es klar, daß die ursprüngliche Ausbeute noch wesentlich größer sei und Lignin demnach einen aromatischen Kern enthalten müsse.

Wie sah nun dieser aromatische Ligninkern aus[416a]? Schon 1897 hatte P. KLASON, einer der bedeutendsten Forscher des Ligningebiets, rein hypo-

---

[413]) Vgl. K. KÜRSCHNER, Faserforschung u. Textiltechnik *5*, 527—541; 1954.

[414]) Sie erfolgt über Terephtalsäure, HOOC—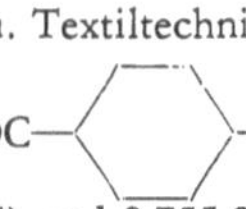—COOH. Ein anderes Verfahren ist in den US Patenten 2.686,198 (1954) und 2,755.273 (1956) geschützt worden. Darin wird aus Vanillin in guter Ausbeute Protokatechusäure (I) hergestellt, die mit Epichlorhydrin (II) eine polymerisationsfähige Oxysäure (III) liefert, deren Polymerisat bei 210° C schmilzt und sich leicht verspinnen läßt.

(I) (II) (III)

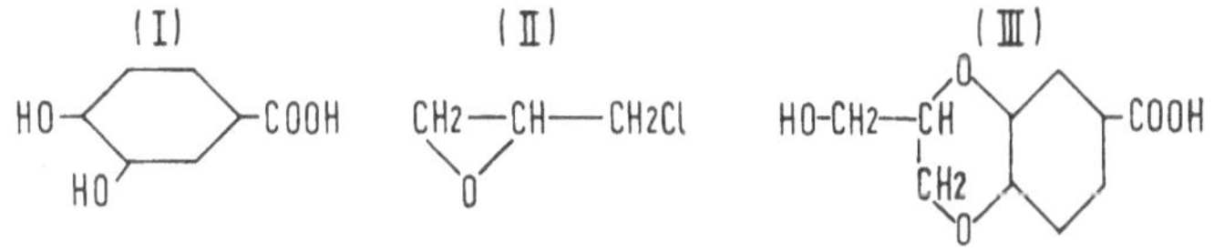

[415]) Schon 1901 hatte A. BISCHLER (CIBA) ein Verfahren der alkalischen Druckoxydation von Isoeugenol mittels Nitrobenzol zu Vanillin ausgearbeitet, das L. SCHULZ 1937 auf Sulfitablaugen-Oxydation ausdehnte. 1940 wurde L. SCHULZ das US Pat. 2, 187.366 auf Vanillinherstellung durch alkalische Druckoxydation von Holz und Sulfitablaugen mittels Nitrobenzol erteilt. Diese Umsetzung ist jedoch infolge des kostspieligen Nitrobenzols und der unverwertbaren Nebenprodukte technisch unwirtschaftlich, außerdem explosionsgefährlich.

[416]) H. HIBBERT, J. Amer. Chem. Soc. *63*, 312; 1941.

[416a] Schon lange vor P. KLASON hatte eine ganze Reihe von Botanikern oftmals betont, daß Koniferin wegen seiner ähnlichen Farbenreaktionen einen konstanten Holzbestandteil darstellen dürfte. Vgl. dazu E. TANGL, Flora *57*, 239; 1874. F. HÖHNEL,

thetisch und ohne jede experimentelle Begründung darauf hingewiesen, daß Lignin möglicherweise ein Kondensationsprodukt von Koniferyl- und Oxykoniferyl-Alkohol sei. Doch kam er später von dieser Hypothese wieder ab und brachte Lignin mit zahlreichen aromatischen Verbindungen, z. B. Oxallyl-Pyrogallussäure, Oxykanelalkohol, Gallussäure usw. in Zusammenhang. 1917 erklärte P. KLASON[417]), daß die Hauptrolle der Pentosane in der Pflanze darin bestehe, als Baustoff für die Ligninsynthese zu dienen. Diese Ansicht erwies sich als unzutreffend.

2.4.2.2.1 Koniferylalkohol als Muttersubstanz der Lignine

Demgegenüber machte K. KÜRSCHNER 1925 auf breiter experimenteller Grundlage seine Koniferinhypothese der Lignine der Öffentlichkeit zugänglich[418]) und hielt an ihr, trotz aller Angriffe fest. Die Untersuchungen der letzten Jahrzehnte beweisen die Richtigkeit unserer Anschauung.

Im Kambialsaft der Nadelhölzer ist die Anwesenheit kleiner Mengen des Glukosids *Koniferin* schon seit langem bekannt. Schon 1874 hatte W. HAARMANN industriell aus dem Kambialsaft der Kiefer Koniferin und durch dessen Spaltung und Oxydation Vanillin erzeugt[419]). Die Koniferinmenge im Kambialsaft beträgt je nach der Jahreszeit 3—8%[420]).

KÜRSCHNER nahm bereits 1925 an, daß Koniferin (Fp. 185°) enzymatisch in Glukose und Aglykon (Koniferylalkohol) zerlegt werde. Der so entstandene Koniferylalkohol (Fp. 73—74°) sei die *Muttersubstanz der Nadelholzlignine:*

Koniferin

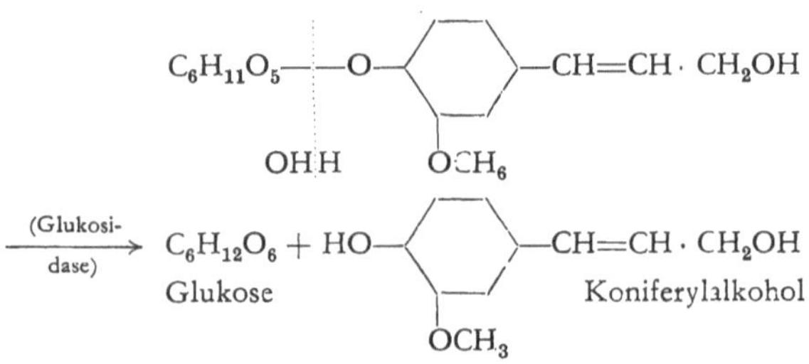

Sitzgsber. Akad. Wiss. Wien *76*; 663; 1877 M. SINGER, ibid. *85*, 345; 1882. H. MOLISCH, Ber. d. d. bot. Ges. *4*, 301: 1886. R. HEGLER, Flora *73*, 31; 1890.

[417]) P. KLASON, Archiv f. Kemi, Mineral. Geol. Nr. *15*, 21; 1917.

[418]) K. KÜRSCHNER „Zur Chemie der Ligninkörper", Stuttgart 1925. (Ins Englische übersetzt von BYRON-BAKER (TAPPI), New York 1928.)

[419]) F. TIEMANN, W. HAARMANN, Ber. *7*, 606; 1874. *8*, 509; 1875.

[420]) F. I. KORTSCHEMKIN u. Mitarb., Žurn. prakt. chimii *27*, 1217; 1954.

Durch Kondensations- und Polymerisationsvorgänge wird aus dem Koniferylalkohol Nadelholzlignin gebildet.

In der Folge wurden bei der Äthanolyse des Lignins, bei Oxydations- und Reduktionsprozessen von Lignin und den verschiedensten anderen Abbauversuchen (zwar prozentuell immer nur in geringer Menge) einige Dutzend kristallisierter Ligninderivate sichergestellt, die dem oben angegebenen Schema der Ligninbildung nicht widersprachen. Bei der Ligninhydrierung z. B. bleibt unter den verschiedensten Umständen stets das Phenylpropanskelett erhalten[421]).

Alle diese überaus schwierigen Pionierarbeiten schufen die Grundlagen der heutigen Ligninforschung.

1928 versuchte K. Kürschner gemeinsam mit O. Richter, parenchymatisches Gewebe der Zuckerrübe durch Phenylpropan-Abkömmlinge zu verholzen. Dazu wurde in die wachsende Zuckerrübe ein dünner Kanal gebohrt, der mit 0,1%iger Lösung von Koniferylalkohol, in einem zweiten Versuch mit 0,1%iger Vanillinlösung und schließlich in einer blinden dritten Probe mit destilliertem Wasser gefüllt wurde, worauf die Rübe etwa einen Monat im Boden weiterwuchs. Normal auf den Einstichkanal geführte Schnitte ergaben schließlich in allen drei Fällen Verholzung, die mit Hilfe von Ligninfarbenreaktionen nachgewiesen werden konnte. Wahrscheinlich war hier eine Verwundungsreaktion des wachsenden Gewebes eingetreten[422]).

Offenbar war damals die Zeit für eine biochemische Ligninsynthese noch nicht reif. Erst 20 Jahre später hat sich an Hand unserer inzwischen sehr vertieften Kenntnisse über Lignin S. M. Manskaja mit den im Kambialgewebe erfolgenden chemischen Reaktionen beschäftigt[423]).

Von der Ansicht ausgehend, daß das Kambium ein stark atmendes Gewebe vorstelle und die in ihm vorhandenen Fermente katalytisch an der Atmung beteiligt sind, hat sie ein Schema für die Oxydation und Reduktion des Koniferylalkohols zu Lignin angeführt.

---

[421]) Neuestens wurden z. B. Angiospermenlignine mit Cu-chromit-Katalysator der Hochdruckhydrierung unterzogen. Aus den erzielten gaschromatographisch nachgewiesenen Abbaukörpern wurde auf einen hohen Anteil an Guajacylglycerin-β-koniferyläther-Bindungen (vgl. S. 158, 169, 172) geschlossen. (F. F. Nord u. Mitarb., J. Org. Chem. *26*, 5085—5091; 1961. Ferner A. Olcay, ibid. *27*, 1783—1786; 1962. Vgl. auch A. Olcay, Holzforschung *17*, 105—110; 1963).

[422]) K. Kürschner, Stoklasa-Festschrift, S. 242; Berlin 1928.

[423]) S. M. Manskaja, Uspechi sowrem. biol. *23*, 203; 1947. Dokl. chim. nauk *62*, 369; 1948.

2.4.2.3 Synthese des Lignins

2.4.2.3.1 Biosynthese des Lignins aus ß-D-Glukose

Wie wir wissen, entsteht in der lebenden Pflanze durch Photosynthese aus dem CO_2 der Atmosphäre D-Glukose, die in der gesamten Pflanzenbiologie eine besondere, zentrale Stellung einnimmt. Glukose ist nicht nur der Baustein von Cellulose, Stärke, Glykogen usw., sondern auch der Kohlehydratbaustein der Lignine.

Im Jahre 1955 gelang es B. D. DAVIS u. Mitarb. aufzuklären, wie sich die biologische Synthese der aromatischen Ligninbausteine aus D-Glukose in niederen Pflanzen vollzieht[424]).

Von der β-D-Glukose ausgehend, stellten sie fest, daß deren Abbau (den wir zunächst nur in großen Zügen andeuten) bakteriell über D-Sedoheptulose[425]) die in Ketten von 3 und 4 C-Atomen zerfällt, zu einer Glukoheptonsäure erfolge, die in einen *zyklischen Abkömmling*, die hydroaromatische Chinasäure übergehe, welche sich über 5-Dehydrochinasäure und 5-Dehydroshikimisäure in Shikimisäure[426]) umwandle.

Shikimisäure stellt eine wichtige Vorstufe der aromatischen Aminosäuren (Phenylalanin, Tyrosin, Dioxyphenylalanin usw.), aber auch der *Lignine* dar.

Dies machte W. J. SCHUBERT[427]) (1956) deutlich, indem er Shikimisäure, die am C_2 und am C_6 mit ^{14}C markiert war:

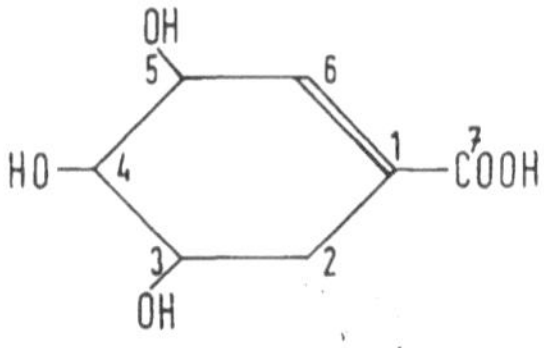

in Proberöhrchen brachte, in welche Blätter der Zuckerrohrpflanze eintauchten. Nach einigen Tagen wurde die Pflanze abgeschnitten, das Lignin isoliert und zu Vanillin oxydiert. Während C_2 und C_6 der Shikimisäure ursprünglich 43% und 52% der Gesamtaktivität aufgewiesen hatten, zeigten sich am C_2 und C_6 des Vanillins noch 41% und

[424]) B. D. DAVIS u. Mitarb., Advances of Enzymology *16*, 247; 1955. Journ. Biol. Chem. *220*, 477/497; 1956.

[425]) Sedoheptulose ist seit geraumer Zeit bekannt und wurde zuerst in Sedum spectabile (Fam. Grassulaceae) festgestellt. D-Sedoheptulose ist eine D-altro-D-fructo-heptose.

[426]) Shikimisäure (F. 184°C) wurde von EYKMANN (Ber. *24*, 1278; 1891) sehr eingehend untersucht. Er stellte bereits ihren leichten Übergang in Abkömmlinge der *aromatischen* Reihe fest.

[427]) G. EBERHARDT, W. J. SCHUBERT, J. Amer. Chem. Soc. *78*, 2835—2837; 1956. — Vgl. auch S. A. BROWN, A. C. NEISH „Shikimic Acid as a Precursor in Lignin Biosynthesis", Nature, *175*, 688—689; 1955.

44% der gesamten Aktivität, woraus hervorging, daß die 6-Ringe der Shikimisäure unmittelbar in die 6-Ringe des Lignins übergegangen waren.

Shikimisäure wird weiter über die hydroaromatische Prephensäure in die *aromatische* p-Oxyphenyl-Brenztraubensäure umgewandelt, wodurch bereits das *Phenylpropanskelett* der unmittelbaren Muttersubstanzen von Ligninen: {p-Kumaralkohol, Koniferylalkohol und Sinapinalkohol} aufgebaut ist.

Es scheint übrigens, daß p-Oxyphenyl-Brenztraubensäure kaum zu den unmittelbaren Vorstufen des *Fichtenlignins* gehört (K. KRATZL, 1959)[428]), wie überhaupt die Bildung der aliphatischen Seitenkette der Ligninbausteine noch nicht ganz geklärt ist.

Formelmäßig läßt sich der Übergang von der β-D-Glukose bis zu den unmittelbaren Ligninvorstufen, z. B. p-Kumaralkohol, wie folgt übersichtlich zusammenfassen[429]):

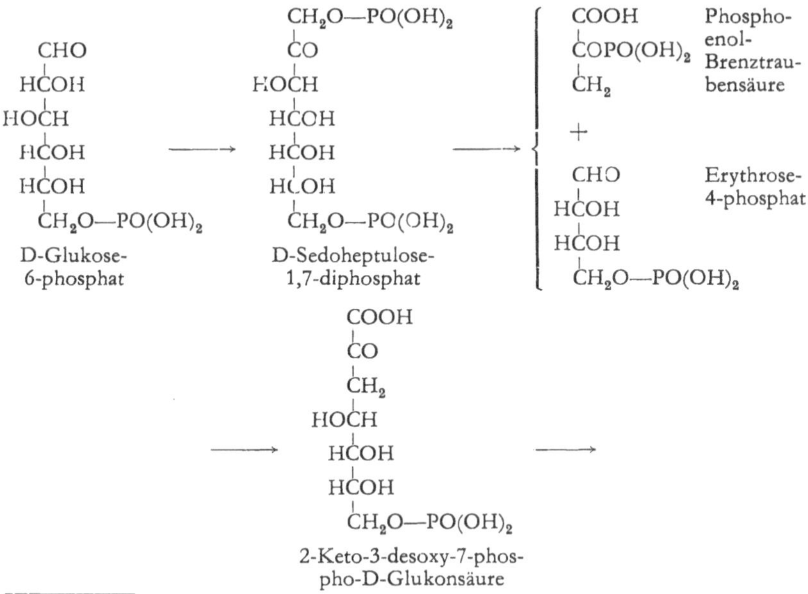

---

[428]) K. KRATZL u. Mitarb., Mh. Chemie *90*, 526—535; 1959. K. KRATZL, Paperi ja Puu *43*, Heft 11; 1961.

[429]) In ähnlicher Weise wird D-Glukose auch durch den holzzerstörenden Pilz Lentinus lepideus über Sedoheptulose in Shikimisäure überführt (W. J. SCHUBERT, F. F. NORD, Advanc. in Enzymol. *18*, 349; 1957).

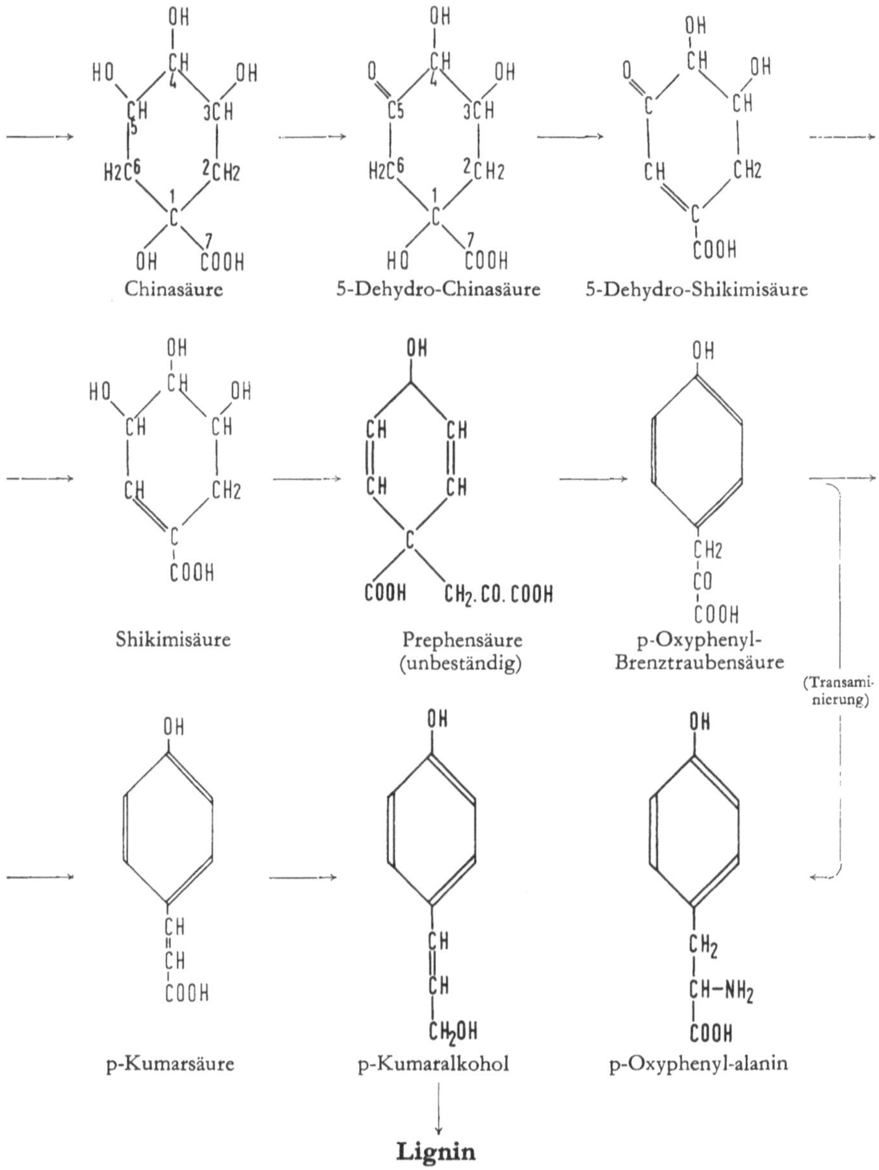
Chinasäure
5-Dehydro-Chinasäure
5-Dehydro-Shikimisäure
Shikimisäure
Prephensäure
(unbeständig)
p-Oxyphenyl-
Brenztraubensäure
(Transaminierung)
p-Kumarsäure
p-Kumaralkohol
p-Oxyphenyl-alanin
Lignin

Es war naheliegend, in ähnlicher Weise wie dies B. D. DAVIS u. Mitarb. bei niederen Pflanzen getan hatten, nunmehr zu prüfen, ob auch höhere Pflanzen imstande seien, mittels ihrer enzymatischen Ausrüstung Lignin aus D-Glukose aufzubauen. Zu derartigen Untersuchungen eignete sich die o. e. Arbeitsweise, die W. J. SCHUBERT bei der Einverleibung markierter Shikimisäure an Zuckerrohr angewandt hatte.

Experimentell wurde lebender Fichte β-D-Glukose-^{14}C geboten[430]). Bereits nach kurzer Zeit wies das im Kambium gebildete Lignin einen erheblichen Teil der zugeführten Aktivität auf. Durch alkalische Nitrobenzol-Oxydation des isolierten Lignins (nach L. SCHULZ, vgl. S. 147) wurde aktives Vanillin erhalten, das die gleiche Aktivitätsverteilung zeigte, wie Shikimisäure.

T. HIGUCHI[431]) gelang es 1960 durch Infusion von β-D-Glukose-1-^{14}C in Eukalyptus ebenfalls Lignin zu synthetisieren und dabei sogar aktive Shikimisäure zu isolieren.

Auch dem Studium der Ligninvorläufer wurde besondere Aufmerksamkeit zugewandt. Neben der (schon oben erwähnten) markierten Shikimisäure wurde eine erhebliche Reihe ^{14}C-markierter Phenylpropan-Abkömmlinge lebenden Pflanzen zugeführt und in Lignin umgewandelt. Her gehören z. B.:

Phenylalanin	Koniferylalkohol	Syringaaldehyd
Zimtsäure	Koniferylaldehyd	Syringin
p-Oxyphenyl-Brenztraubensäure	Koniferin	p-Kumaralkoholglukosid
	Sinapinalkohol	Ferulasäure usw.[431a])

Schon 1935 wies übrigens K. KÜRSCHNER auf die engen Beziehungen zwischen Ferulasäure und Fichtenlignin hin, ebenso 1952 auf den genetischen Zusammenhang zwischen Phenylalanin und Lignin[432]). Alkoholisch nitrierte Ferulasäure und alkoholisch nitriertes Fichtenlignin gleichen einander in wesentlichen Punkten[433]).

Versuche, der Pflanze artfremde Ligninvorstufen aufzuzwingen, z. B. markiertes Koniferin einer Buche zu inkorporieren oder markiertes Syringin (oder markierten Syringaaldehyd) einer Fichte zu infundieren, zeigten die Fähigkeit der Pflanzen, aus den artfremden Ligninvorläufern *arteigene*

[430]) W. J. SCHUBERT, F. F. NORD, Experimentia (Basel) *15*, 249; 1959. K. KRATZL, H. FAIGLE, Mh. Chemie *90*, 768; 1959.

[431]) T. HIGUCHI u. Mitarb., J. JAPAN. Forestry Soc. *42*, 305; 1960.

[431a]) Vgl. hierzu auch H. A. STAFFORD, Plant Physiol. *35*, 108, 612; 1960.

[432]) K. KÜRSCHNER, Chemie des Holzes, S. 350; Bratislava 1952.

[433]) K. KÜRSCHNER, Zellstoff-Faser *32*, 28; 1935.

Lignine aufzubauen, d. h. mit Hilfe ihrer Enzyme zu methylieren und zu entmethylieren[434]).

In Anbetracht des empirischen Grundzugs großer Teile der katalytischen Forschung — und die natürlichen Enzyme sind echte Katalysatoren — dürfte der nähere Einblick in diese Vorgänge noch mit erheblichen Schwierigkeiten verbunden sein. Eine genaue Kennzeichnung der an der Ligninbildung beteiligten Enzymgruppen und eine scharfe Abgrenzung ihrer spezifischen Wirkung wird unsere heutigen Vorstellungen über die Verholzung wesentlich vertiefen.

Angeregt durch die Erfolge der Biosynthese von Ligninen, wurden nunmehr in einer Fülle von Arbeiten Dutzende der verschiedensten aromatischen und nichtaromatischen, markierten und nichtmarkierten mutmaßlichen Vorläufer des Lignins, in vitro und in der Pflanze, in Gegenwart und in Abwesenheit von Enzymgemischen, auf ihre ligninbildenden Fähigkeiten untersucht.

Nach S. M. SIEGEL[435]) soll z. B. Eugenol, in Gegenwart von Peroxydase + H_2O_2 auf bestimmten Makromolekülen (Baumwolle, Filterpapier, Methylcellulose, Stärke, menschlichem Haar, Asbest) die Entstehung ligninartiger Stoffe veranlassen.

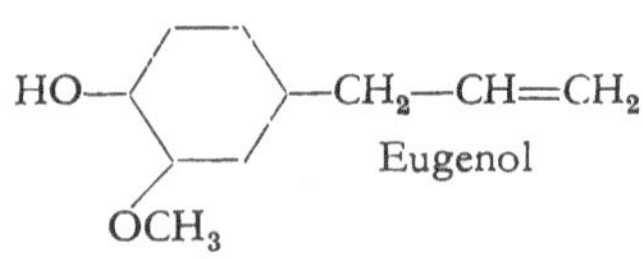

Eugenol

Bei dem bunten Gemisch von Verbindungen der verschiedensten Gruppen, wie sie im Kambialsaft strömen und zum Aufbau der Zellwand dienen, wäre es völlig unangebracht anzunehmen, irgendwelche wegweisenden Zwischenstufen der Ligninentstehung aus dem Koniferylalkohol mit Sicherheit erfassen und bestimmen zu können. Durch denkbare Vereinfachung der Ausgangsbedingungen für die Ligninsynthese (: Koniferylalkohol + Redoxase aus Pilzen) gelang es indessen K. FREUDENBERG (unter steter Verbesserung der Arbeitsweise) die Ligninentstehung nicht nur überzeugend in vitro nachzuahmen, sondern auch deren verwickelte Umsetzungen an Hand chromatographischer Analyse weitgehend aufzu-

[434]) Zum Auf- und Abbau des Lignins vergleiche: S. A. BROWN, A. C. NEISH „Studium der Ligninbiosynthese unter Anwendung von C-Isotopen", J. Amer. Chem. Soc. *81*, 2419—2424; 1959. K. KRATZL „Zur Biogenese des Lignins", Holz als Roh- und Werkstoff *19*, 219—232; 1961 (86 Ref.). F. F. NORD, W. J. SCHUBERT „Der biochemische Zerfall des Holzes und die Lignifizierung", Holzforschung *15*, 1—8; 1961 (24 Ref.). E. ADLER, Das Papier *15*, 165; 1961. S. A. BROWN, Science *134*, 305; 1961.

[435]) S. M. SIEGEL, J. Amer. Chem. Soc. *79*, 1628—1632; 1957.

klären. Dies ist zweifellos einer der größten Fortschritte der modernen Ligninchemie. Wenn auch sicherlich anzunehmen ist, daß die erzielten Ergebnisse in der Zukunft noch mancherlei kleine Berichtigungen und manchen Ausbau erleben dürften, so bieten sie schon jetzt in ihrer schönen Geschlossenheit und Einfachkeit ein überzeugendes Bild der Ligninentstehung.

Abschließend wäre noch zu erwähnen, daß *enzymatischer Abbau* von Lignin in umfassender Weise zu den schon oben hervorgehobenen Ligninbausteinen führt. So fand F. F. NORD[435a]) beim Abbau von Fichten- und Kiefernlignin durch Weißfäulepilze (Fomes fomentarius, Poria subacida und Trametes pini) 15 Abbauprodukte der Koniferylgruppe, darunter Koniferylaldehyd, Ferulasäure, Oxyzimtaldehyd, Oxyzimtsäure, 3-Methoxy-4-Oxy-Phenylbrenztraubensäure:

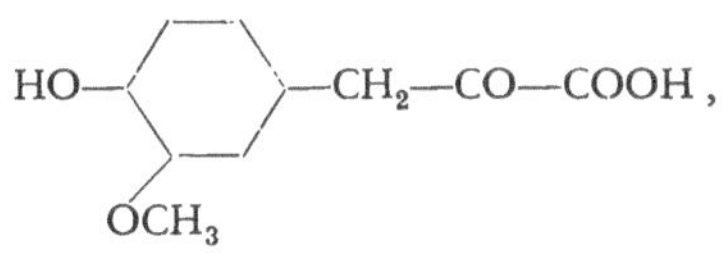

Guajacylglycerin:

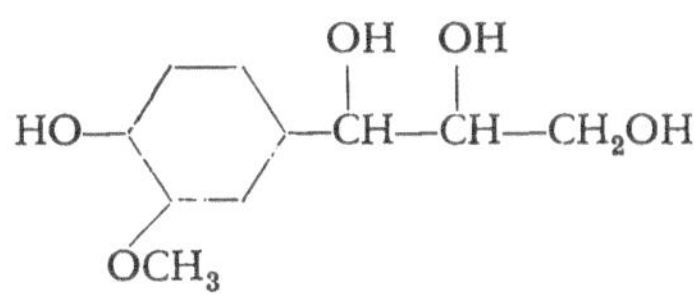

und Guajacylglycerin-β-koniferyläther:

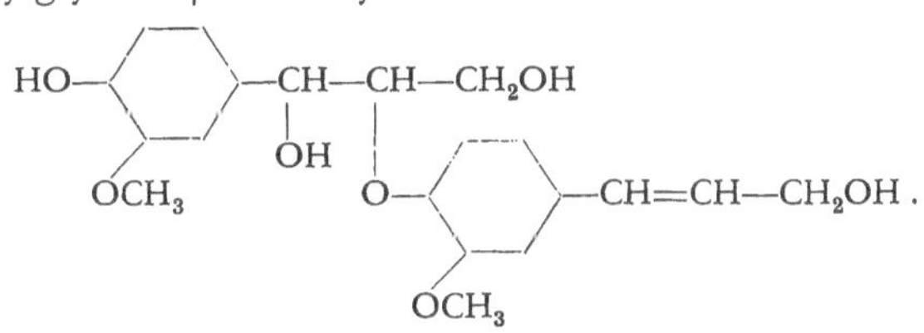

2.4.2.3.2 Enzymatische Dehydrierung des Koniferylalkohols in vitro (Ligninsynthese in vitro)

Von den unmittelbaren Bausteinen des Lignins ist zweifellos Koniferylalkohol der wichtigste. Er ist im Gymnospermenlignin zu etwa 90%, im Angiospermenlignin zu etwa 50% vertreten. Koniferylalkohol entsteht aus dem im Kambialsaft reichlich vorhandenen β-D-Glukosid Koniferin

---

435a) H. ISHIKAWA, W. J. SCHUBERT, F. F. NORD, Life Sciences *1*, 365; 1962.

(Formel s. u.). Wir sahen im Koniferin schon 1928 einen Vorratsstoff zur Deckung des jeweiligen Ligninbedarfs der Pflanze.

Nachdem H. ERDTMAN 1933[436]) zuerst den Gedanken ausgesprochen hatte, daß Lignin durch enzymatische *Dehydrierung* von Koniferylalkohol gebildet werde, ist es K. FREUDENBERG nach jahrelanger zielbewußter Arbeit gelungen, die Dehydrierung des Koniferylalkohols zum Lignin in vitro in großen Zügen zu klären[437]).

Es wurde versucht, hierbei den gleichen Weg einzuschlagen, den die Pflanze bei der Ligninbildung geht. Dabei wird das β-D-Glukosid Koniferin im Kambialgewebe zunächst durch eine β-D-Glukosidase[438]) unter Wasseraufnahme in Glukose und Aglykon, Koniferylalkohol, gespalten:

Koniferin

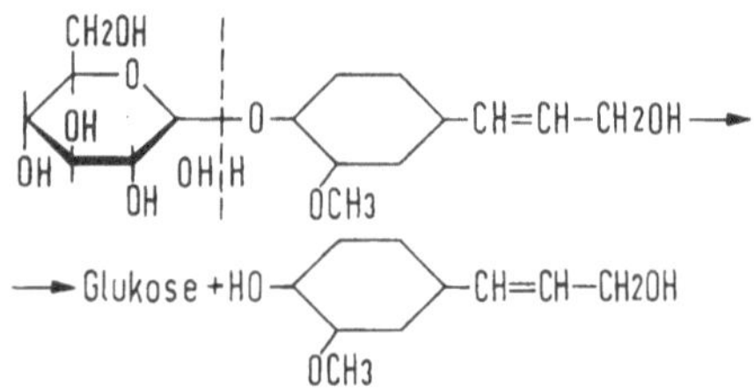

Erst der Koniferylalkohol kann durch eine Redoxase dehydriert und weiter kontinuierlich zu höheren Aggregaten, schließlich zu Lignin kondensiert werden[439]).

Geht man experimentell vom reinen Koniferylalkohol aus und dehydriert ihn nur teilweise, um die Ligninbildung zu unterbrechen, so kann man

---

[436]) H. ERDTMAN, Ann. *503*, 283—294; 1933.

[437]) Vgl. z. B. K. FREUDENBERG u. Mitarb., „Untersuchungen über die Entstehung des Lignins und des Holzes", Naturwiss. *42*, 29—35; 1955. K. FREUDENBERG u. Mitarb. „Nachweis von Chinonmethiden bei der enzymatischen Bildung des Lignins", Z. ang. Chem. *70*, 743—744; 1958. K. FREUDENBERG u. Mitarb. „Die an der Verholzung beteiligten Enzyme", Ber. *91*, 581—590; 1958. K. FREUDENBERG „Entstehung des Holzes und des Lignins", Holz als Roh- u. Werkstoff *18*, 282—287; 1960 usw.

[438]) Nachweisbar durch Indikanlösung, die dabei Indigoblau liefert.

[439]) Bei dem sehr verwickelten Enzymapparat der Pflanze und der geringen Sicherheit genauen Nachweises bestimmter Enzyme, ist es noch nicht völlig geklärt, welches Enzym in der höheren Pflanze die Verholzung bewirkt (Cytochromoxydase, Peroxydase). Doch muß dieses Enzym seine Tätigkeit nur auf die Zellwand beschränken, weil sonst das Innere der Zelle gleichfalls verholzen müßte. Entweder ist das Enzym in der Zellwand streng ortsgebunden oder andere Fermente (Katalase) beeinträchtigen seine Wirkung im Zellinnern.

bis zu 40 Zwischenprodukte erfassen. Sie wurden papierchromatographisch sichergestellt und die Hälfte davon konnte isoliert und geklärt werden.

Besonders geeignet zu den Dehydrierungsversuchen in vitro erwies sich Lakkase[440]).

Es ergab sich, daß der dehydrierende Angriff auf den Koniferylalkohol am phenolischen OH stattfindet, wobei das Radikal $C_{10}H_{11}O_3$ entsteht:

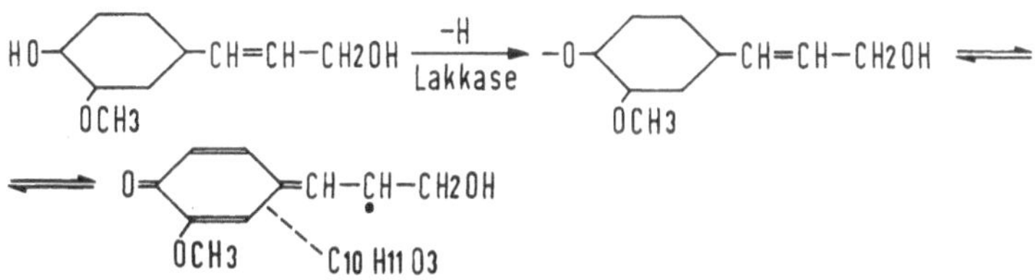

Aus den chromatographisch aufgeklärten, mehr als 20 Zwischenprodukten der Ligninbildung in vitro, wurde der Schluß gezogen, daß das Radikal $C_{10}H_{11}O_3$ in mindestens vier mesomeren Formen auftreten könne, und zwar in der bevorzugten Form

β: 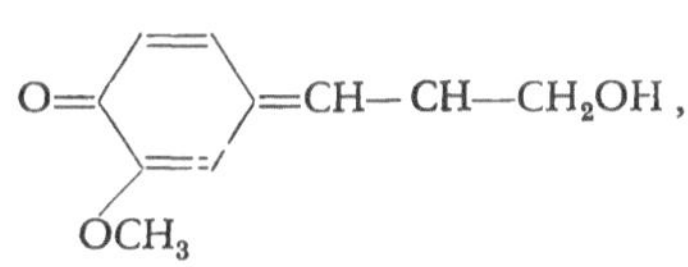

ferner in den Formen:

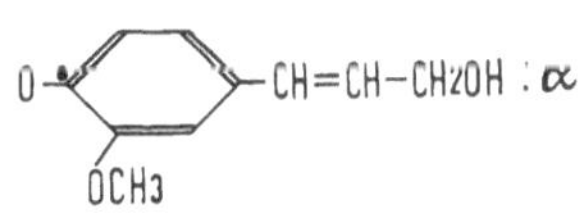

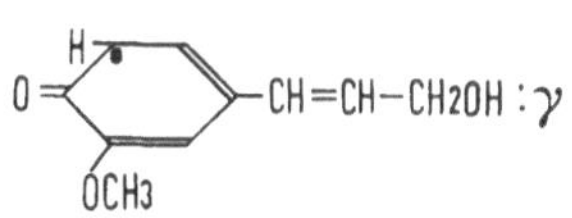

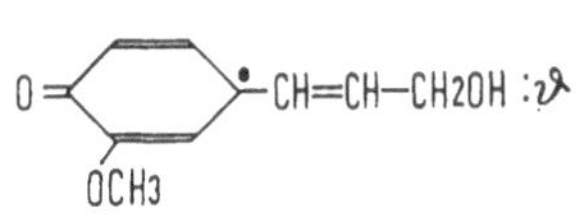

[440]) Gewonnen aus Psalliota campestris oder auch Polyporus versicolor$+O_2$. Peroxydase$+H_2O_2$ wurde in vitro bald wirkungslos.

Diese ungesättigten Radikale sättigen sich rasch zu dimeren „Chinonmethiden" ab, die nur kurzlebig sind (2[h]) und nicht isoliert werden konnten. Sie spielen bei der Ligninbildung in vitro die Hauptrolle. Da sie imstande sind, sich mit OH-Verbindungen (Wasser, Alkoholen, Phenolen, Säuren) durch Addition rasch umzusetzen, weiterhin sich zu polymerisieren, ergeben sich je nach den Versuchsumständen im einzelnen die verschiedensten Wachstumsmöglichkeiten für Lignine.

K. FREUDENBERG schließt auf mindestens sechs solcher Chinonmethide, die sich durch Kombinationen der eben erwähnten Mesomeren in der Art: $(\alpha\beta)$, $(\beta\beta)$, $(\gamma\gamma)$, $(\alpha\gamma)$ deuten lassen. Sie gehen leicht in isolierbare *dimere Zwischenstufen* über, die Phenole sind. Diese können durch neuerliche Dehydrierung mit den mesomeren Radikalen weiter reagieren. Es wurden so fünf derartiger trimerer Dehydrierungsprodukte des Koniferylalkohols sichergestellt und aufgeklärt.

Das Chinonmethid $(\alpha\beta)$ geht durch Wasseraufnahme in den dimeren beständigen *Guajacylglycerin-β-koniferyläther*, $C_{20}H_{22}O_6 \cdot H_2O$, über, der in erheblichem Ausmaß erhalten wird[441]):

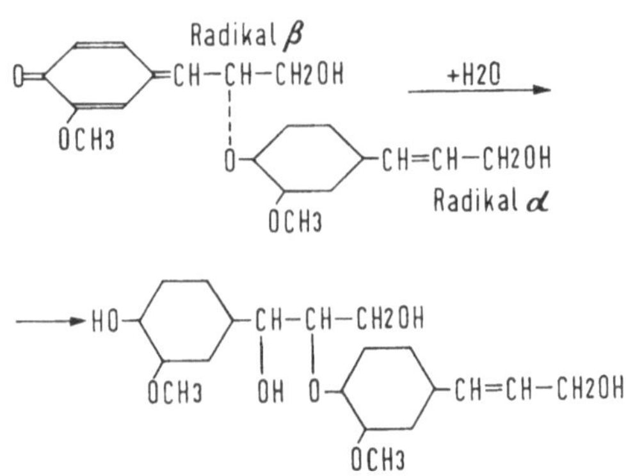

Guajacylglycerin-β-koniferyläther (Stabilisierungsprodukt des Chinonmethids)

Dieser Äther geht durch Dehydrierung, Aufnahme von Wasser und des Radikals β in ein *trimeres Phenol* über, das gleichfalls isoliert werden konnte:

---

441) Die Gruppierung dieses Dimeren dürfte bei den meisten Ligninumsetzungen vertreten sein. F. F. NORD u. Mitarb. (Archives of Biochemistry and Biophysics *100*, 131 bis 139; 1963) wiesen die Gegenwart von Guajacyl-β-koniferyläther-Einheiten im Fichten- und Kiefernlignin nach.

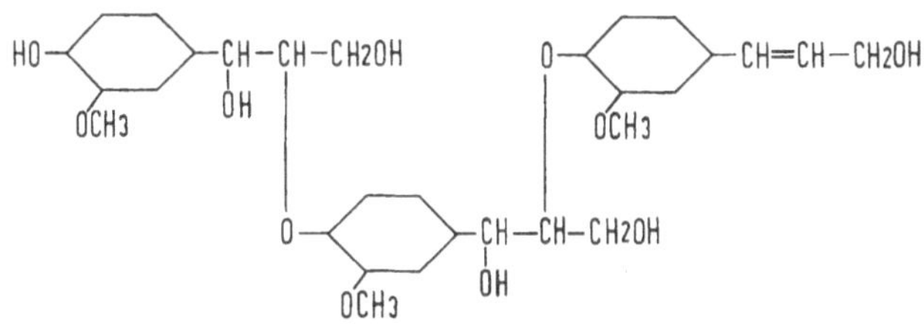

Das Chinonmethid ($\beta\beta$) liefert reichlich *DL-Pinoresinol*, $C_{20}H_{22}O_6$, und wenig *DL-Epi-pinoresinol*, $C_{20}H_{22}O_6$, von derselben Formel:

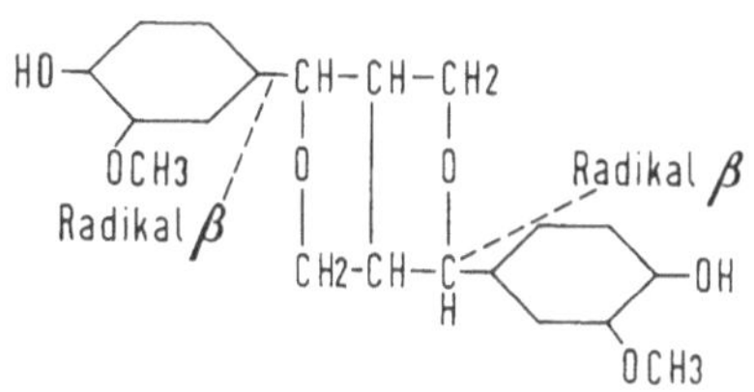

Durch Dehydrierung, Addition von Wasser und Radikal β entstehen aus Pinoresinol und Epipinoresinol je ein *trimeres Phenol*, die beide isoliert werden konnten.

Das Chinonmethid ($\beta\gamma$) gibt reichlich *Dehydro-di-koniferyl-alkohol*, $C_{20}H_{22}O_6$,

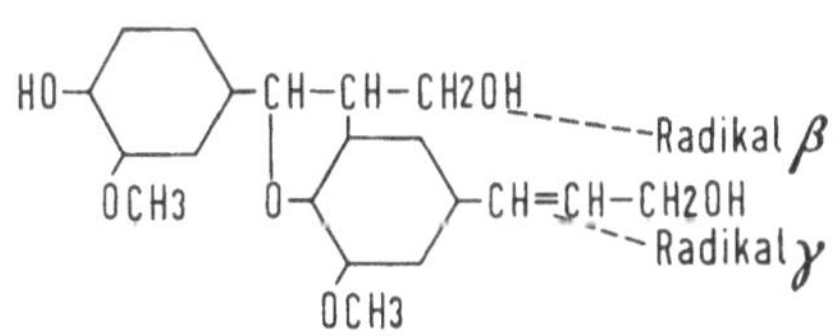

der dehydriert, unter Wasser- und Radikal β-Addition in ein ebenfalls sichergestelltes *trimeres Phenol* überging.

Das Chinonimid ($\gamma\gamma$) liefert eine kleine Menge des sehr empfindlichen *Bis-dehydro-koniferylalkohols*, $C_{20}H_{22}O_6$:

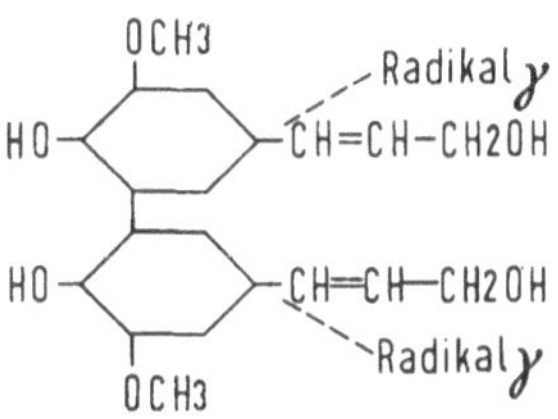

der dehydriert, unter Addition des Radikals β, ein weitererforschtes *trimeres Phenol* gab.

Aus dem Chinonmethid (αγ) entsteht ein *Diaryläther*, $C_{20}H_{22}O_6$, der nicht isoliert, sondern bloß aus den Abbauprodukten gefolgert wurde:

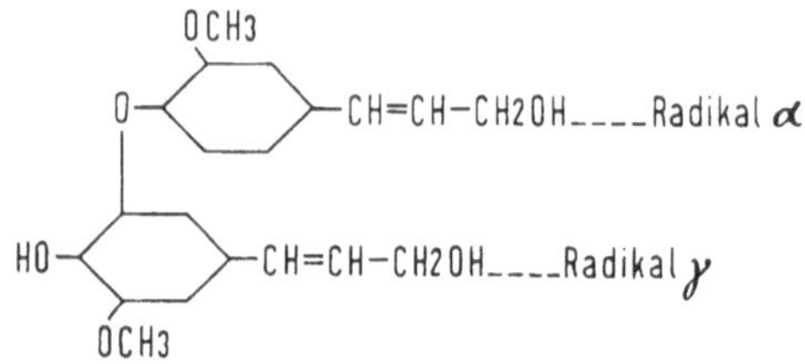

Ein weiteres Dimeres, $C_{20}H_{22}O_6 \cdot H_2O$, wird aus dem Chinonmethid (βδ) unter Wasseraufnahme gebildet:

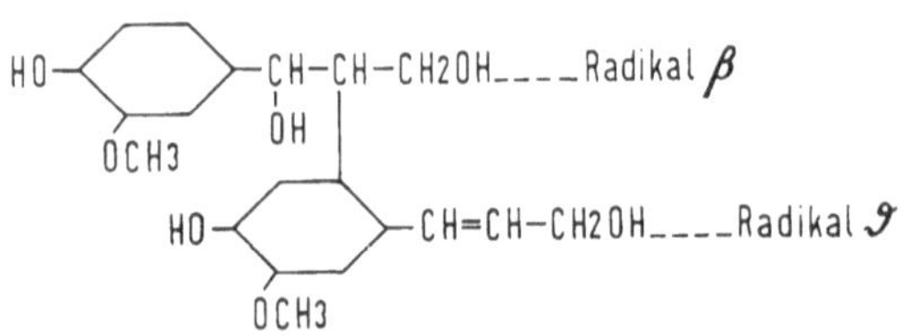

Die Anteile der Dimeren sind von den Arbeitsbedingungen abhängig. Bei geänderten Versuchsumständen entstehen noch andere Dimere, *z. B. Diguajacyl-Gruppierungen*:

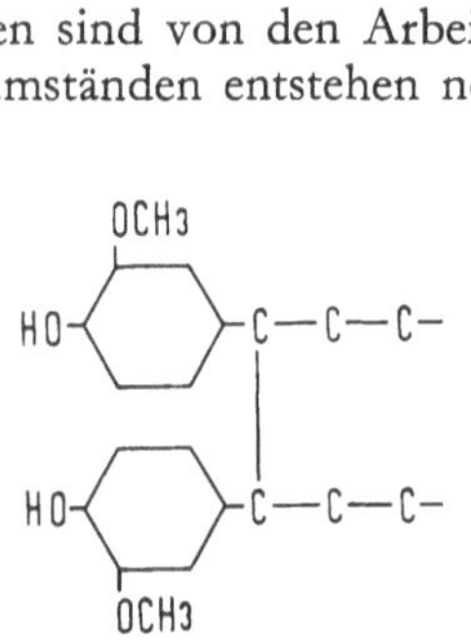

wie sie in den Ligninsulfonsäuren nachgewiesen worden sind.

Interessant sind auch die Additionsprodukte der Chinonmethide mit Alkoholen. So liefert das Chinonmethid (αβ) durch Anlagerung von Koniferylalkohol reichlich ein *trimeres Phenol*, den *Guajacylglycerin-α, β-dikoniferyläther*:

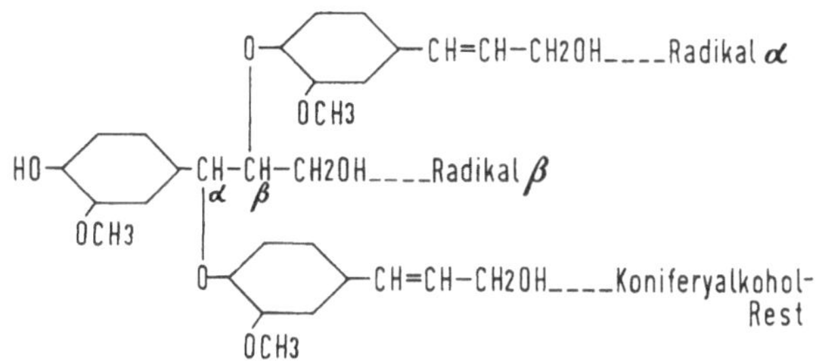

Ein anderes solches Addukt von Chinonmethid + Methylalkohol wird gebildet, wenn man Koniferylalkohol mit Lakkase in wässeriger Lösung (die 30% Methanol enthält) dehydriert. Es entsteht u. a. der Methyläther des Guajacylglycerin-β-koniferyläthers:

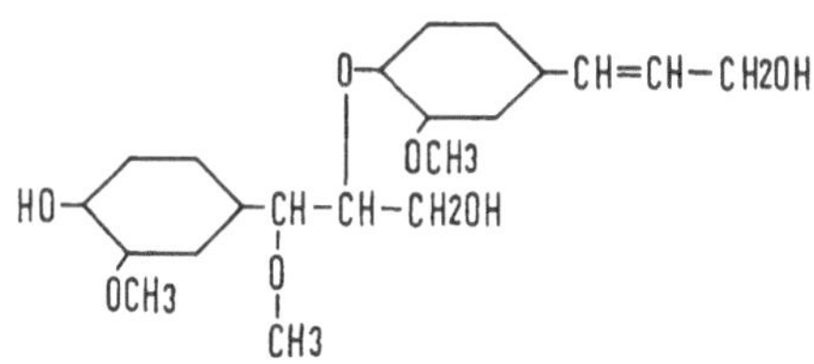

Wurde statt mit Methylalkohol in Gegenwart konz. Rohrzuckerlösung dehydriert, so entsteht neben den üblichen Dehydrierungsstoffen des Koniferylalkohols eine Verbindung, darin das sekundäre Karbinol mit einem OH des Rohrzuckers (vermutlich dem OH-1 des Fruktoseanteils) veräthert ist:

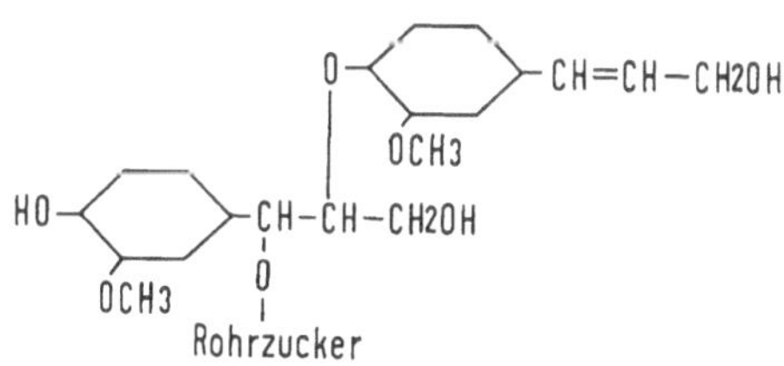

Diese Verbindung stellt einen Äther, kein Glukosid dar[442]). — Da die Dehydrierung des Koniferylalkohols in der Pflanze in Gegenwart von Polysacchariden verläuft, ist die Möglichkeit einer Bindung zwischen Chinonmethiden und Polysacchariden (Cellulose) nicht von der Hand zu weisen:

[442]) In Glukosiden ist der Brückensauerstoff an ein C-Atom gebunden, das noch mit einem zweiten Sauerstoffatom in Bindung steht.

Polysaccharidäther des Guajacylglycerin-β-koniferyl-äthers

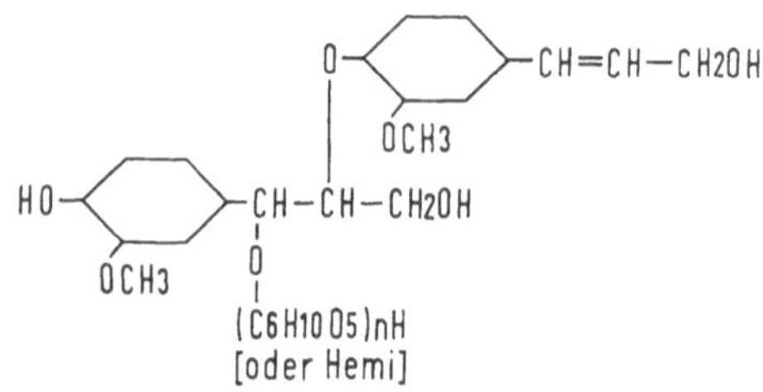

Allerdings werden diese Äther sehr leicht durch Säuren und durch Alkalien gespalten, nicht aber durch Enzyme. Bei der Sulfitkochung der Hölzer werden diese Phenylkarbinol-Polysaccharidäther durch die unter Druck einwirkende heiße schwefelige Säure leicht gespalten.

Ein *Tetrameres* entsteht aus Dehydro-di-koniferylalkohol und dem Chinonmethid ($\alpha\beta$) in reichlicher Menge, der Guajacylglycerin-α-dehydrodikoniferylalkohol-β-koniferyläther:

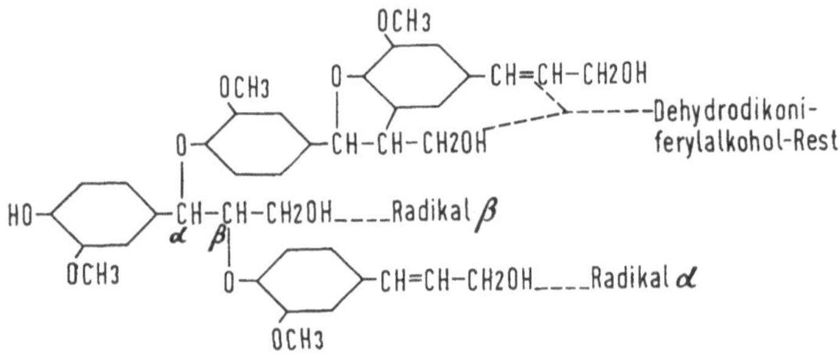

Ein anderes *Tetrameres* wird in geringer Menge aus zwei Molekülen DL-Pinoresinol—2H gebildet, das Dehydro-di-pinoresinol:

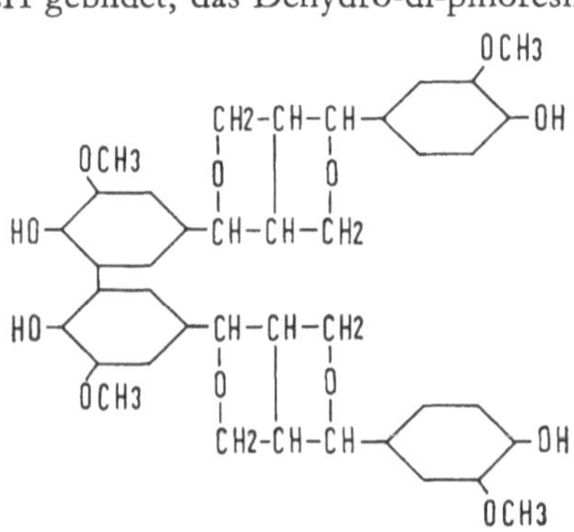

In Laubhölzern tritt neben der vorherrschenden Koniferylalkohol-Komponente noch die Syringylkomponente, der Sinapinalkohol[443]) auf:

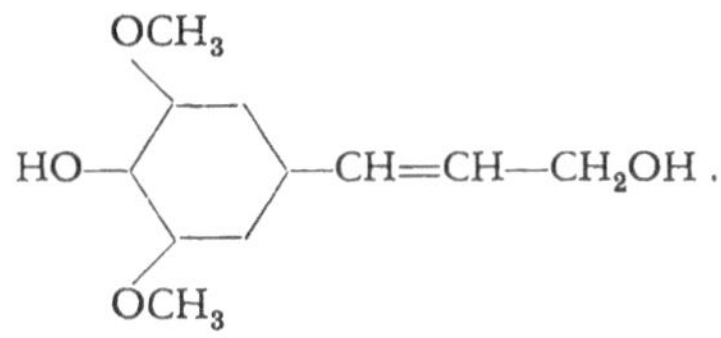

Bei der Dehydrierung durch Lakkase bildet Sinapinalkohol das dem Pinoresinol entsprechende *Syringoresinol:*

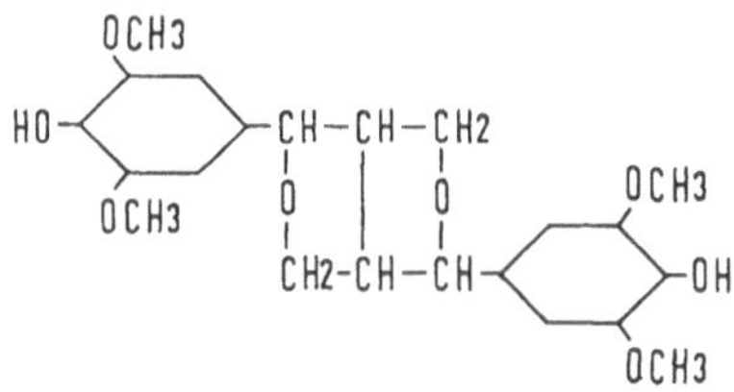

Enzymatische Dehydrierung eines Gemisches von Koniferylalkohol + Sinapinalkohol durch Lakkase führt zu einem Laubholzlignin. Auch hier wurde eine ätherartige Verbindung mit Polysacchariden sichergestellt.

---

[443]) Nicht zu verwechseln mit Syringa-Alkohol.

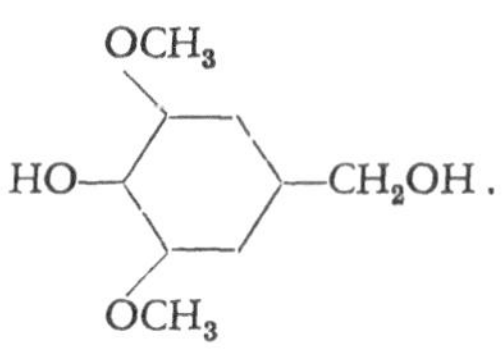

Ihm entspricht Syringasäure:

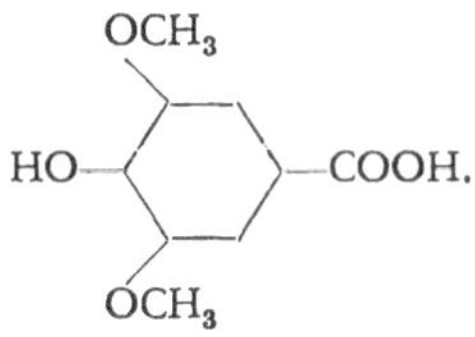

Von den in diesem Abschnitt genannten Verbindungen konnten bei mildem hydrolytischem Abbau von Fichtenlignin *in kristallisierter Form* bereits Guajacylglycerin-β-koniferyläther, Pinoresinol, Dehydrodikoniferylalkohol gewonnen werden. Ein kristallisiertes 2,3-Diguajacyl-1-propanol wurde gleichfalls sichergestellt[443a]).

2.4.2.3.2.1 Enzymfragen

Inwieweit freilich die in vitro, also ohne Mitwirkung des Chlorophylls der Blätter hergestellten Lignine mit den gewachsenen Ligninen des Holzes übereinstimmen, ist noch unentschieden[444]). Doch zeigte sich jedenfalls eine gute Übereinstimmung mit dem Koniferenlignin, was Löslichkeit, Thermoplastizität und optische Eigenschaften (UV-, IR-Absorptionsspektren) anlangt.

Zweifellos enthält das von K. Freudenberg verwendete Enzymgemisch als Hauptbestandteil Lakkase, die auch für die biochemische Dehydrierung des Koniferylbausteins verantwortlich war. Nun ist aber in höheren Pflanzen Lakkase nur *ausnahmsweise* festzustellen (z. B. im japanischen Lackbaum, Rhus succedanea). Infolgedessen wurden auch andere Enzyme auf ihre dehydrierende Wirkung untersucht.

T. Higuchi[444a]) nimmt an, daß Peroxydase bei der Ligninbiosynthese eine wichtigere Rolle spiele als Lakkase. F. F. Nord äußert begründetermaßen die Anschauung: "The biogenesis of lignin probably involves the functioning of not one enzyme system, but rather, there is indicated the functioning of several systems"[444b]).

H. und D. Koblitz sind auf Grund ihrer Untersuchungen zur Anschauung gelangt, daß an der Ligninbildung der Hölzer neben Peroxydase vor allem Cytochromoxydase (Warburgs Atmungsferment) beteiligt ist. In den beiden mir freundlichst von ihnen zur Verfügung gestellten Bildern zeigt Abb. 19 das Auftreten der Peroxydase (Blaufärbung durch Benzidinreagens) in den Zell*wänden* des ganz schmalen Bereichs zwischen Kambium und Holz. Bereits beim Auftreten der ersten Spuren von Verholzung ist die Benzidinreaktion auf Peroxydase negativ.

[443a]) K. Freudenberg, 150. Tagung der Amer. Chem. Soc., Sept. 1965 (Symposion on Lignin).

[444]) Vgl. z. B. H. Koblitz, Faserforschung u. Textiltechnik *13*, 316; 1962.

[444a]) T. Higuchi, Proceedings Fourth Internatl. Congress of Biochemistry, vol. II, p. 161; London 1959.

[444b]) F. F. Nord, W. J. Schubert „Biogenesis of Natural Compounds", S. 695; New York 1963 (92 Ref.)

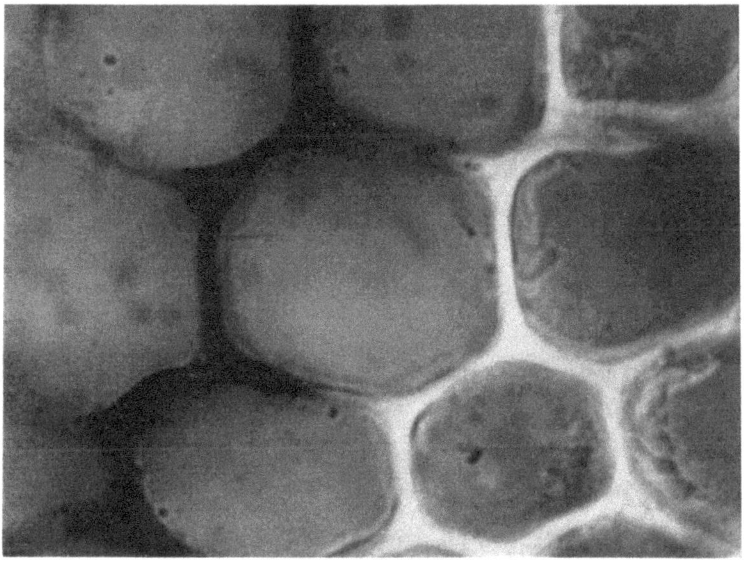

Bild 19 Taxus baccata
Querschnitt durch den Verholzungsbereich der Zellwand
Kambium ↓ Holz
Peroxydasereaktion positiv
(Ligninreaktion negativ)

Abb. 20 zeigt die Gegenwart von Cytochromoxydase (Blaufärbung mit G-Nadi-Reagens)[445]) in den Zellwänden des Verholzungsbereichs. Mit beendeter Verholzung wird diese Farbenreaktion negativ.

Abschließend sei eine von K. Freudenberg 1960 zusammenfassend geäußerte Anschauung über die Ligninentstehung angeführt und mit einer Feststellung von K. Kürschner aus dem Jahre 1928 verglichen.

K. Freudenberg[446]) schreibt: „Es besteht kein Zweifel, daß Koniferin in Lignin verwandelt wird und die wichtigste Vorstufe des Koniferenlignins ist".

K. Kürschner hob damals folgendes hervor[447]): „... doch scheinen die zahlreichen anderen, schon 1925 von mir geltend gemachten Momente, die für Koniferin als den wichtigsten Ligninbaustein sprechen, im Verein mit einer bemerkenswerten Ähnlichkeit

---

[445]) (Dimethyl-p-phenylendiamin + Alphanaphtol) gibt mit Cytochromoxydase Indophenolblau.

[446]) K. Freudenberg, Holz als Roh- u. Werkstoff, *18*, 283; 1960.

[447]) K. Kürschner, Stoklasa-Festschrift, S. 233 (Parey-Berlin, 1928).

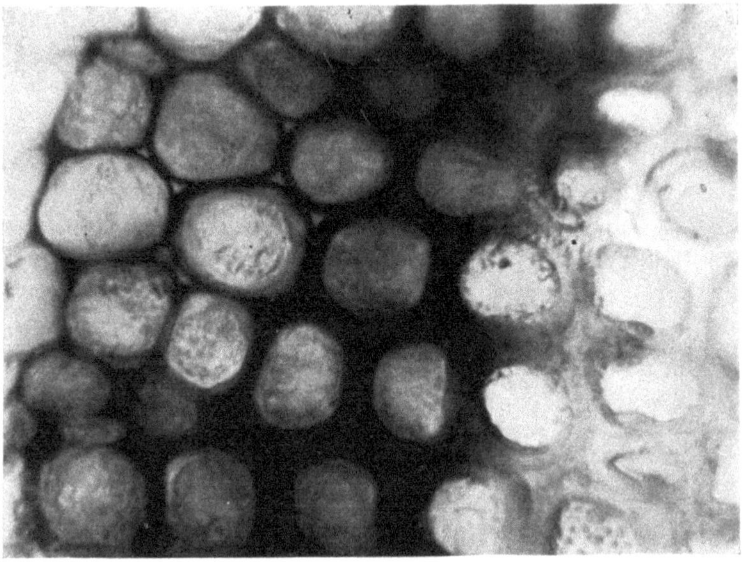

Bild 20 Pinus silvestris
Querschnitt durch den Verholzungsbereich der Zellwand
Kambium ↓ Holz
Cytochromoxydasereaktion positiv
(Ligninreaktion positiv)

der experimentell festgestellten und der vorausgesagten Werte (vgl. K. Kürschner ‚Zur Chemie der Ligninkörper', S. 100; Stuttgart 1925), meine damals aufgestellte Koniferinhypothese sehr wesentlich zu stützen".

2.4.3 Lignane[448])

Weit verbreitet in den Hölzern ist eine Familie von Phenolen, die aus zwei Koniferylbausteinen bestehen und somit den eben beschriebenen Dimeren (wie sie bei der Synthese von Lignin aus Koniferylalkohol in vitro entstehen) ungemein ähneln. R. D. Haworth hat 1936[449]) für diese in verhältnismäßig geringen Mengen in den Hölzern vorkommende Verbindungsgruppe den Namen „Lignane" vorgeschlagen. Sie entstehen offenbar in ähnlicher Weise wie die dimeren Ligninstufen durch Dehydrie-

[448]) Vgl. H. Erdtman „Lignane" in Paech-Tracey „Moderne Methoden der Pflanzenanalyse" III, 428; Berlin 1955.

[449]) R. D. Haworth, J. Amer. Chem. Soc. *33*, 270; 1936.

rung des Koniferylalkohols. Doch sind die Lignane meist optisch aktiv. Hierher gehören folgende Phenole:

Guajaracetinsäure aus dem Kernholz von Guajacum officinale[450]);

Matai-Resinol aus Podocarpus spicatus. Es stellt ein Lakton vor[451]);

Hinokinin aus dem Kernholz von Chamaecyparis obtusa[452]);

Olivil, das in erheblicher Menge im Harz des Olivenbaumes, Olea europaea, enthalten ist[453]);

Iso-olivil im Holz von Olea Cunninghamii[454]);

Larici-Resinol aus den Harzausflüssen von Lärche[455]);

Pino-Resinol aus Harzausflüssen von Kiefern- und Fichtenarten, in der Natur sehr verbreitet[456]);

Konidendrin (Sulfitablaugenketon) im Holz[457]) von Fichten- und Tsuga-Arten, nicht festgestellt in Lärche und Kiefer.

Wird Konidendrin mit HBr entmethyliert, so entsteht daraus Norkonidendrin, ein bewährtes Antioxydans für Fette und Öle[458]).

Bemerkenswert durch seinen Sinapinalkohol-Baustein ist:

Podophyllotoxin aus den Wurzeln von Podophyllum peltatum[459]);

Isotaxi-Resinol kommt in Taxusarten vor.

Während sich aus Fichtenholz mit kaltem Aceton etwa 0,6% optisch aktiven *Oxy-Matairesinols* herauslösen lassen (K. Freudenberg 1957)[459a]), finden sich im Buchenholz nur sehr geringe Mengen Lignan vor.

Ähnlich gebaut wie das Pinoresinol der Kiefer und Fichte ist das *Liriodendrin*, das in der inneren Rinde von Gelbpappel vorkommt[459b]).

---

450) G. Schroeter u. Mitarb., Ber. *51*, 1587; 1918.

451) R. D. Haworth, T. Richardson, J. Chem. Soc. (London) *1935*, 633.

452) Y. Yoshiki, T. J. Ishiguro, J. Pharm. Soc. Jap. *53*, 11; 1933.

453) B. L. Vanzetti, P. Dreyfuss, Gazz. chim. ital. *64*, 381; 1934.

454) L. H. Briggs, A. G. Frieberg, J. Chem. Soc. (London) *1937*, 271.

455) R. D. Haworth, W. Kelly, J. Chem. Soc. (London) *1927*, 384.

456) H. Erdtman, Svensk Kem. Tidskr. *48*, 230, 236; 1936.

457) H. Erdtman, Svensk Papp. *47*, 155; 1944. Wird Sulfitablauge, z. B. von Western Hemlock, mit einigen Prozenten Trichloräthylen gemischt und stehen gelassen, so fällt bis zu 0,66 g Konidendrin je Liter Ablauge aus (H. B. Lackey u. Mitarb., Tappi *32*, 469; 1949).

458) W. G. Bickford u. Mitarb., J. Amer. Oil Chemists' Soc. *24*, 340; 1947.

459) W. Borsche, J. Niemann, Ann. *499*, 59; 1932.

459a) K. Freudenberg, L. Knof, Chem. Ber. *90*, 2817; 1957. Daneben konnten papierchromatographisch noch Dutzende ähnlicher Phenole festgestellt werden.

459) E. E. Dickey, J. Org. Chem. *23*, 179; 1958.

Lignane:

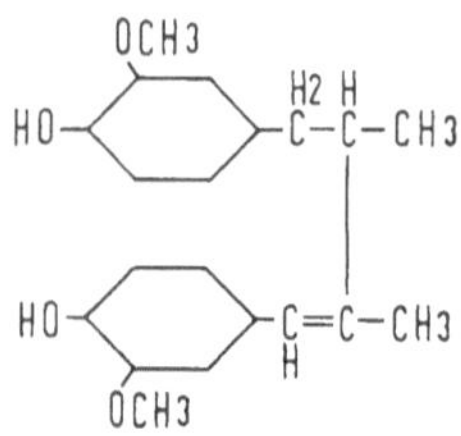

Guajaracetinsäure

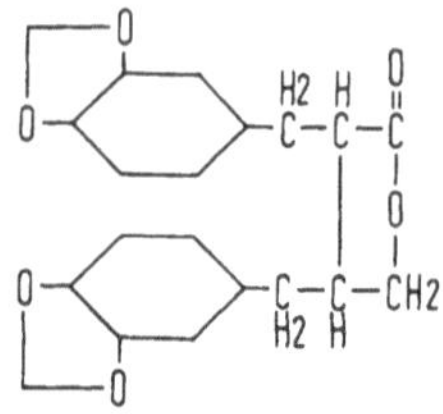

Hinokinin

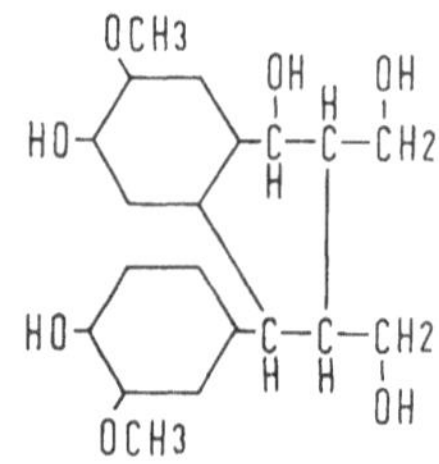

Iso-Olivil

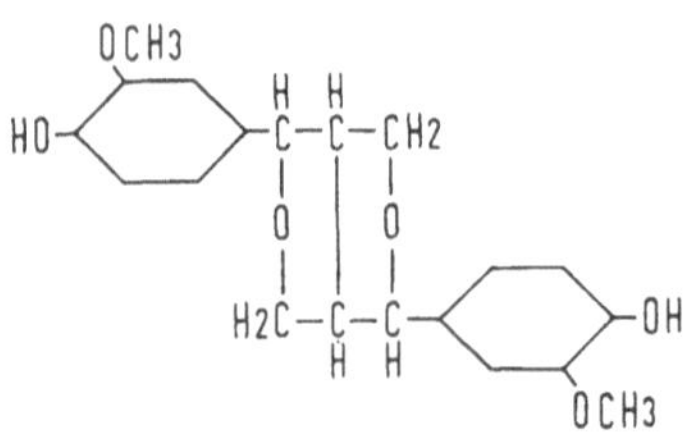

Pino-Resinol, $C_{20}H_{22}O_6$,

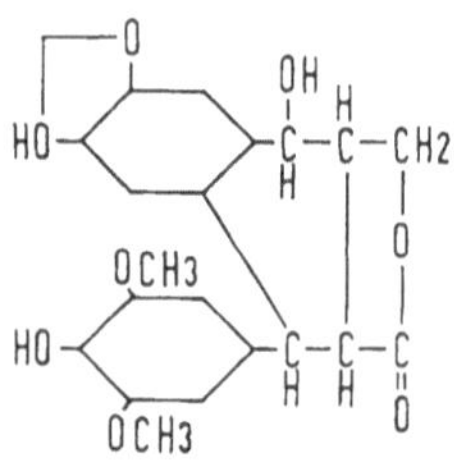

Podophyllotoxin

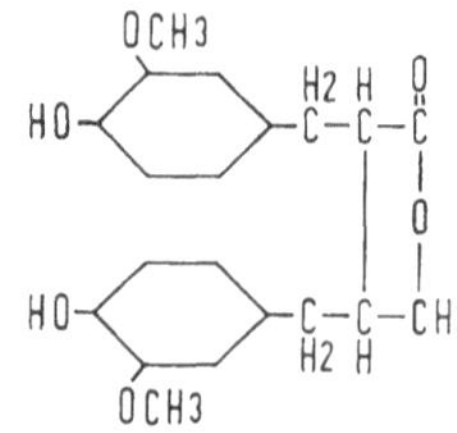

Matai-Resinol, $C_{20}H_{22}O_6$,

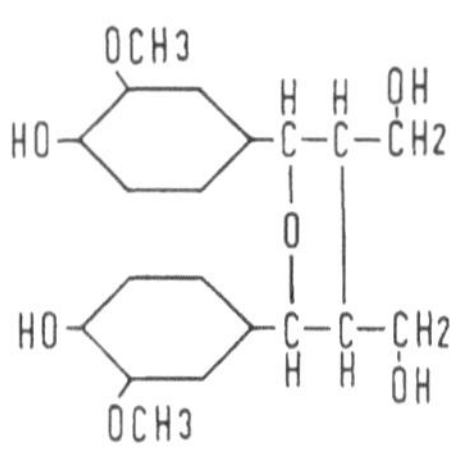

Olivil

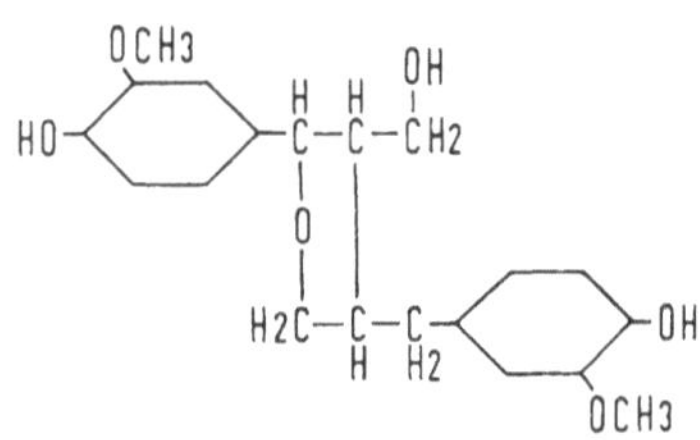

Larici-Resinol

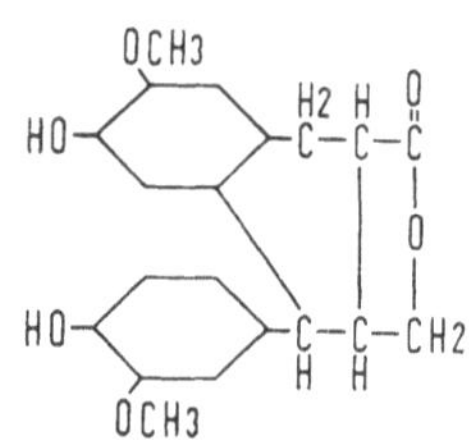

Konidendrin

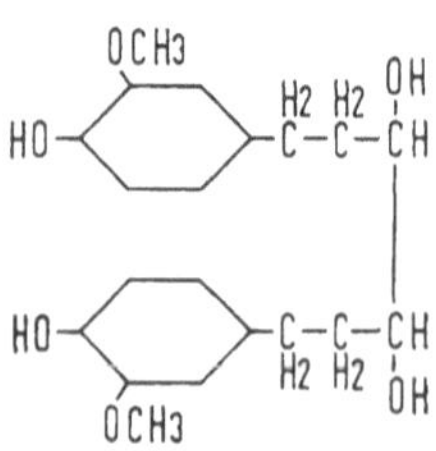

Isotaxi-Resinol

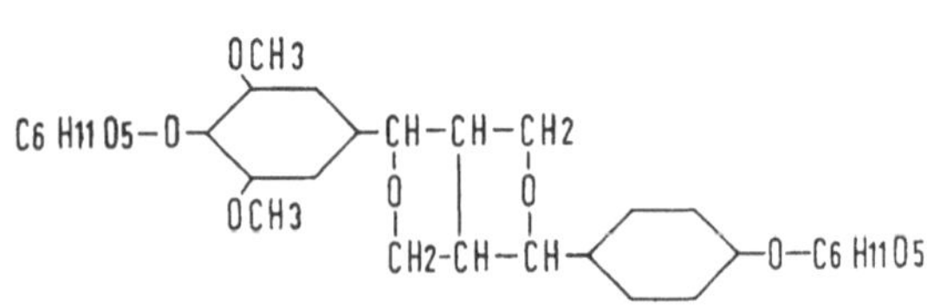

Liriodendrin

2.4.4 Schematischer Bauplan des Lignins

Der Koniferylalkohol stellt zweifellos den wichtigsten und häufigsten Baustein aller Lignine dar. Aus den angeführten Dimeren der Ligninsynthese in vitro (aber auch aus den Lignanen) ist erkennbar, über welche Bindungsmöglichkeiten der Koniferylalkohol-Baustein je nach den wechselnden biologischen Voraussetzungen der Pflanze verfügt. Es ist klar ersichtlich, daß der Koniferylalkohol *mindestens vier reaktionsfähige Stellen* im Molekül besitzt, die befähigt sind, beim Ligninaufbau Bindungen einzugehen. Besonders bevorzugte Stellen sind das phenolische OH und der β-Kohlenstoff der Seitenkette.

Faßt man nur diese einfache Tatsache ins Auge (auch ohne dabei an das allfällige Einkondensieren OH-haltiger Zellinhaltstoffe zu denken), so kann kein Zweifel daran herrschen, daß der Koniferylalkohol schier unbegrenzte Möglichkeiten beim Ligninaufbau in der Pflanze besitzt.

Eine einfache Berechnung erhärtet diesen ersten Eindruck. Selbst bei der Annahme eines geringfügigen Molekulargewichts für junges, reifendes Lignin ist die Anzahl der Kombinationsmöglichkeiten der Koniferylbausteine untereinander bereits sehr hoch. Da der Koniferylbaustein mindestens vier, vermutlich fünf bindungsfähige Stellen besitzt, von denen zwei bis drei zur Bindung anderer Koniferylbausteine *besonders bevorzugt* scheinen, so ergeben sich schon bei einem MG. des Lignins von 2000 nicht weniger als 4608 verschiedene ebene Kombinationsmöglichkeiten seiner Bausteine. Bei einem MG. von 10000 und mehr für Fichtenlignin im Holzverband lassen sich bereits *astronomische Zahlen für ebene Kondensationen* nur der Koniferylbausteine allein errechnen[460]). Nach dem Gesagten ist aber anzunehmen, daß bestimmte Kombinationen der Ligninbausteine selbst unter stark wechselnden Lebensbedingungen der Pflanze häufiger vorkommen[461]).

[460]) Das MG. eines biochemisch aus Koniferylalkohol synthetisierten Lignins ergab an Hand der Diffusions- und der Sedimentations-Konstanten des Lignins einen Wert von 10600 (G. Meyerhoff, Naturwissensch. *46*, 143; 1959). Nach Untersuchungen von V. F. Felicetta (J. Amer. Chem. Soc. *78*, 1899—1904; 1956. *79*, 4499—4502; 1957) lieferten Fraktionen einer Gymnospermenlignin-Sulfonsäure Molekulargewichte bis 100000. — Tannenlignin-Sulfonsäuren gaben Molekulargewichte von 3000—30000.

[461]) Wie schon früher angedeutet, dürfte die Gruppierung des Guajacylglycerin-β-koniferyläthers bei allen Ligninumsetzungen eine bedeutende Rolle spielen: Hydrolyse, Äthanolyse, Sulfitkochung und darauffolgende Alkalispaltung, alkalische Nitrobenzoloxydation, Spaltung mit Na+ flüssigem NH_3, Ligninkondensation mit Phenol, katalytische Druckhydrierung usw. Nach E. Adler (Ind. Eng. Chem. *49*, 1391—1392; 1957) soll etwa ein Drittel der Phenylpropaneinheiten in dieser Art verknüpft sein. Vgl. auch J. C. Pew, Nature *193*, 250; 1962.

Treten nun (ähnlich wie bei Kunstharzen) außer diesen ebenen netzförmigen Bindungen der Phenolbausteine weitere Verknüpfungen zu dreidimensionalen Bildungen ein, so ist die Entstehung der verwickeltsten Gebilde denkbar[462]). Eine „Strukturformel des Lignins" hätte daher ebensowenig Sinn, wie eine Strukturformel für Bakelit. Trotzdem versuchen viele Forscher verschiedenerlei Ligninformeln zusammenzustellen, die naturgemäß in ihrem höchst verwickelten, unübersichtlichen Aufbau unzulänglich sind und bloß verwirrend wirken. Wir *müssen* uns mit einer einfachen schematischen Darstellung der Ligninstruktur begnügen und beschränken uns demgemäß auf die Klarlegung der chemisch gesicherten Grundlagen dafür[462a]).

Gerade die Mannigfaltigkeit der biochemisch entstandenen Abkömmlinge des Koniferylalkohols mit ihrem, je nach dem Reifezustand oder der Lage im Stamm wechselnden Polymerisationsgrad, Methoxylgehalt usw. ist ein Hauptkennzeichen der Lignine.

Man kann daher durchaus F. F. Nord[463]) beistimmen, wenn er Lignin als „a collective term for a whole series of similar, very large compounds which are all closely related to one other" bezeichnet. In so komplexen Molekülen, darin die Einzelbausteine „nicht in Form einer einfachen Schablone gebunden sind" (F. E. Brauns), ließen sich selbst bei vollkommener Kenntnis der Einzelheiten des Baues keineswegs die wichtigen Eigenschaften der Lignine, noch ihrer Abkömmlinge voraussagen.

F. E. Brauns[464]) schreibt mit voller Berechtigung: "If lignin is built up from phenylpropane building stones via various dimers which are condensed at random, then the outlook for a solution to these problems appears dim, indeed." Offenbar hat Brauns hierbei auch in erster Reihe an die Folgerungen gedacht, die sich für die so sehr angestrebte praktische Verwendung von isolierten Ligninen ergeben.

2.4.5 Chemisches Verhalten des Lignins bei der Sulfitkochung

Über die technische Bedeutung der Sulfitkochung von Hölzern wurde schon im Abschnitt „Sulfitverfahren" gesprochen. Hier sei kurz das Verhalten des Lignins für sich (soweit dies möglich ist) bei den verwickelten Umsetzungen der Sulfitkochung gekennzeichnet. Darüber können wir heute, gefördert durch die vertiefte Kenntnis des Ligninbaues und des Verhaltens einer großen Anzahl verwandter Modellsubstanzen, bereits ge-

---

[462]) In der Zellwand bleibt nach dem Herauslösen der Cellulose und der Polyosen durch Säuren ein dreidimensionales Netzwerk von Lignin zurück, das seinen ursprünglichen morphologischen Bau beibehält.

[462a]) Im gleichen Sinn schreiben F. F. Nord und W. J. Schubert („Biogenesis of Natural Compounds", S. 594; New York 1963): „The term ‚Lignin' can no longer be considered the designation of a chemically defined compound".

[463]) F. F. Nord, W. J. Schubert, Experientia (Basel) *15*, 245—253; 1959.

[464]) F. E. Brauns, Holzforschung *16*, 97—102; 1962.

naueres aussagen. Freilich sind die Untersuchungen zur wissenschaftlichen Klärung der Ligninsulfonierung noch keineswegs abgeschlossen. Es zeigte sich, daß hier doch wesentlich verwickeltere Verhältnisse vorliegen, als man lange angenommen hatte.

Es würde zu weit führen, all die zahlreichen Hypothesen anzudeuten, die im Laufe von Jahrzehnten über das Verhalten der einzelnen Zellwandbestandteile von Hölzern während der Sulfitkochung und über die gegenseitige Umsetzung der freigelegten Holzkomponenten und ihrer Abkömmlinge untereinander veröffentlicht wurden[465]).

Wie heute sichersteht, verläuft der Sulfitaufschluß des Holzes in zwei Stufen: bis 120° C lösen sich die leicht hydrolysierbaren Pentosane und werden die Ligninsulfonsäuren in der festen Phase gebildet, beim darauffolgenden Kochungsabschnitt schreitet die Lösung der Hemi weiter, begleitet von ihrer Hydrolyse und teilweisen Oxydation zu Karbonsäuren, während die festen Ligninsulfonsäuren allmählich in Lösung gehen.

Vom morphologischen Standpunkt betrachtet, wird die Mittellamelle viel schneller delignifiziert, als die Zellwand. Die Primärwand wird teilweise oder ganz abgebaut und auch die Sekundärwand (S_1) wird stark angegriffen. Infolge Lösung der Hemi schrumpft die Sekundärwand. Glukomannan erweist sich beständiger als bei der Sulfatkochung und scheint an die Cellulose durch Adsorption angelagert zu werden[466]). Aus den methoxylhaltigen Kohlehydraten entsteht Methylalkohol[467]).

Die Geschwindigkeit dieser Vorgänge hängt von der Wasserstoffionen-Konzentration ab. Es scheint, daß die Art des Kations ($Ca^{\cdot\cdot}$,$Na^{\cdot}$, $NH_4^{\cdot}$) die Lösegeschwindigkeit des Lignins nicht beeinflußt[468]).

M. I. Tschudakow[469]) nimmt in der ersten Stufe des Holzaufschlusses eine schnell verlaufende Spaltung eines Lignin-Kohlehydrat-Acetals, in der zweiten eine langsame Spaltung des gesamten Lignin-Kohlehydrat-Komplexes an. Im übrigen ist es sehr wahrscheinlich, daß sich sowohl bei der Sulfit-, als auch bei der Sulfat-Kochung die gleichen reaktionsfähigen Gruppen des Lignins umsetzen[470]).

---

465) Vgl. z. B. E. Hägglund „Chemistry of Wood", S. 414—473; New York 1951.

466) G. E. Annergren, S. A. Rydholm, Sv. Papp. *62*, 737; 1959.

467) Der Höchstwert beträgt 1 g je kg Ablauge (C. Porck, O. Samuelson, ibid. *58*, 31; 1955).

468) S. Rydholm, S. Lagergren, Sv. Papp. *62*, 103—122; 1959.

469) M. I. Tschudakow, Bum. prom. *33* (7): 9—11; 1958.

470) K. Freudenberg, Ang. Chem. *68*, 508—512; 1956. E. Adler u. Mitarb., Ind. Eng. Chem. *49*, 1391—1392; 1957. J. Gierer, B. Alfredsson, Sv. Papp. *62*, 434—437; 1959. K. Kratzl, Paperi ja Puu 43, Heft 11; 1961. Vgl. auch J. C. Pew, Naturwissensch. *193*, 250; 1962.

Von den dimeren Ligninbausteinen soll zunächst der für die meisten Ligninreaktionen verantwortliche *Guajacylglycerin-β-koniferyläther*[470a]), dann erst der durch sein Ringsystem widerstandsfähigere Dehydro-dikoniferylalkohol sulfoniert werden. Auch das Lignan DL-Pinoresinol soll gleich anfangs umgesetzt werden[471]).

Beim Erhitzen in alkalischer Lösung tritt keine Ligninkondensation ein, leicht hingegen in saurer Lösung, wobei schwerlösliche, hochmolekulare Körper entstehen[472]). Die Einführung der Sulfongruppe schützt Lignin in saurer Lösung gegen Kondensationen.

Zur Sulfonierung des Lignins wäre im einzelnen folgendes zu sagen. Im (hauptsächlich untersuchten) Nadelholzlignin wurden reaktionsfähige Gruppen festgestellt, die sowohl mit neutralen als auch mit sauren Sulfitlösungen reagieren, aber auch solche Gruppen, die sich *nur* mit sauren Sulfitlösungen umsetzen.

Zur Klärung dieser Verhältnisse wurden umfangreiche Untersuchungen an sog. „*Modellbausteinen*" vorgenommen, die zum Teil erst synthetisiert werden mußten. Es ergab sich dabei, daß die Substitution in mindestens 60% der Koniferylbausteine am α-Kohlenstoff der Seitenkette erfolgt, der dem Benzolring benachbart ist. Diese Sulfonsäuregruppen sind verhältnismäßig leicht abspaltbar. Etwa $^1/_3$ besonders widerstandsfähiger Sulfonsäuregruppen scheinen am γ-Kohlenstoffatom der Seitenkette verankert zu sein[473]).

So trefflich der Gedanke auch war, zu versuchen, die außerordentlich unübersichtlichen Verhältnisse bei den Ligninumsetzungen an Hand einfacher, einheitlicher, dem vermuteten Ligninbau angepaßter Modellbausteine aufzuklären, so sehr überwucherte in den letzten Jahren das Bestreben, sämtliche undurchsichtigen Ligninfragen mittels Modellsubstanzen zu enträtseln.

Mit voller Berechtigung klagt einer der erfolgreichsten Ligninforscher der USA[474]) über dieses Abweichen vom Endziel: „It is perhaps unfortunate that much effort has been devoted to work with model substances; if more research were centered on lignin itself . . .".

[470a]) Beim hydrolytischen Abbau von Fichtenlignin (nach A. Björkman) mittels 0,2 N HCl in Dioxan-Wasser (9 : 1) und anschließender Chromatographierung über eine Silikagelsäule wurde als Hauptprodukt (6%) 1-Guajacyl-3-oxy-2-propanon erhalten, was auf die Gegenwart von *Guajacylglycerin-β-koniferyläther-Bausteinen* hinweist. (E. Adler, 150. Tagung der Amer. Chem. Soc., Sept. 1965/Symposion on Lignin/).

[471]) K. Freudenberg, Ang. Chem. *68*, 508—512; 1956. S. D. Tischtschenko, Žurn. prikl. chimii *32*, 157—166; 1959.

[472]) Vgl. z. B. auch M. G. Eliaschberg, Bum. prom. *31* (1): 8—10; 1956.

[473]) J. Gierer u. Mitarb., Sv. Papp. *63*, 201—207; 1960.

[474]) F. E. Brauns, Holzforschung *16*, 97—102; 1962.

Doch kehren wir wieder zur Ligninsulfonierung zurück[475]). Am leichtesten sulfonierbar sind Ligninbausteine vom Typ des p-Oxybenzylalkohols, 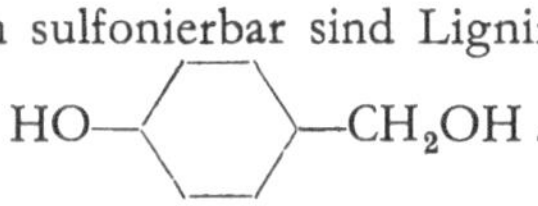 .

Koniferylbausteine, die einen solchen substituierten p-Oxybenzylalkohol-Kern enthalten, sind z. B. methoxylierte p-Oxybenzylalkohol-Abkömmlinge, wie Guajacylglycerin:

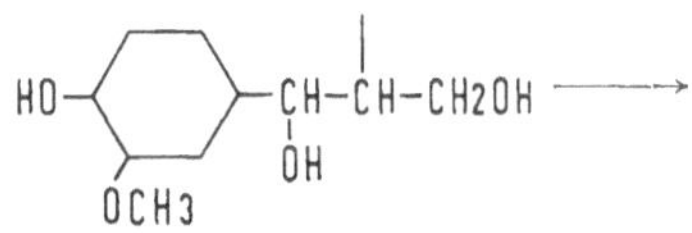

und dessen Äther:

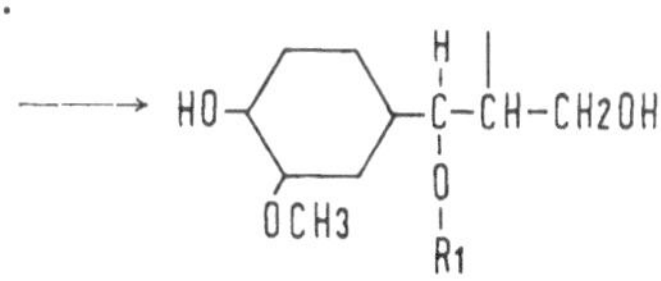

wobei wir uns die Ätherbrücke des letzteren zwischen dem α-Kohlenstoff der Seitenkette und einem der drei Seitenketten-Kohlenstoffe eines anderen Koniferylbausteins, R_1, vorstellen müssen.

Die Sulfonierung verläuft folgendermaßen:

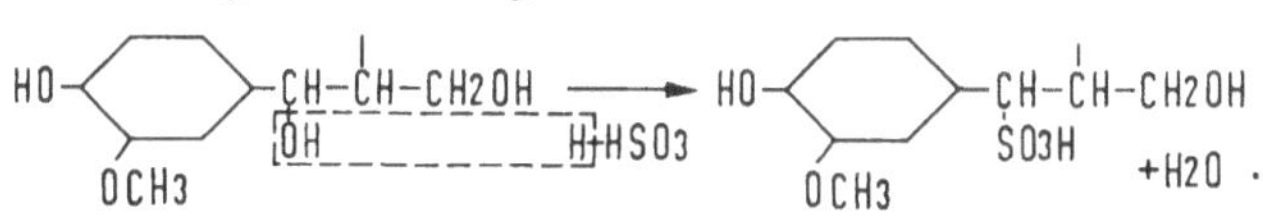

Weniger leicht sulfonierbar ist jene Anordnung in den Koniferylbausteinen, die p-Alkoxy-Benzylalkohol-Abkömmlingen entspricht:

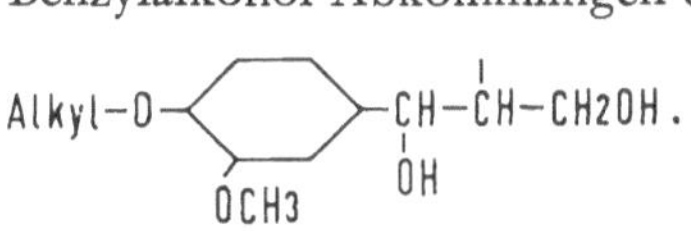

Nicht mehr durch neutrale Sulfitlösungen, sondern nur durch H_2SO_3 sulfonierbar sind schließlich die Äther der eben genannten Gruppe:

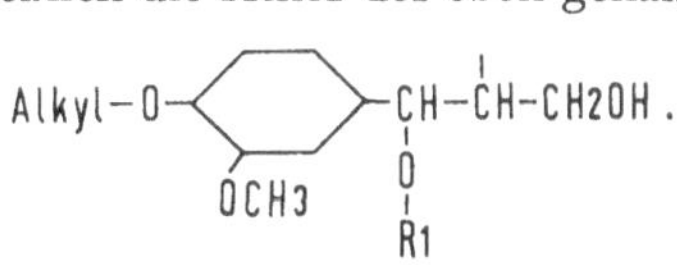

[475]) Vgl. B. Holmberg, Sv. Papp. *39*, 113; 1936. B. O. Lindgren, ibid. *55*, 78; 1952.

Diesen kurzen schematischen Überblick abschließend, muß deutlich hervorgehoben werden, daß hier noch zahlreiche offene Fragen vorliegen.

2.4.6 Chemisches Verhalten des Lignins bei der Sulfatkochung

Auch beim Studium des chemischen Verhaltens der Lignine sind Modellversuche durchaus angezeigt, die unter wesentlich vereinfachten Verhältnissen durchgeführt werden können. Wie schon bei der Herstellung von Sulfatzellstoffen hervorgehoben, wird die Sulfatkochung der Hölzer heute fast ausschließlich erst nach vorangegangener *Vorhydrolyse* der Rohstoffe vorgenommen. Bei der Hydrolyse unterliegt Lignin saurer Kondensation, so daß hochmolekulare widerstandsfähige Ligninkomplexe entstehen und die anschließenden alkalischen Kochbedingungen verschärft werden müssen, um Lignin zufriedenstellend zu lösen. Unter so einschneidenden Umständen wird indessen die Cellulose angegriffen.

Auch bei der Sulfatkochung spielt sich eine ganze Reihe heterogener Umsetzungen ab. Wir wissen, daß die Hemicellulosen nach anfänglicher starker Quellung der Sekundärwände zunächst herausgelöst, dann hydrolysiert werden, wobei die reduzierenden Endglieder der Hauptketten in Form von Saccharinsäuren nach und nach abgespalten werden[476]). Daneben scheint der Komplex Lignin-O-Hemicellulosen in einen Komplex Cellulose-O-Hemicellulosen überzugehen, was einer Substitution der Cellulose durch Hemiketten entsprechen würde[477]).

Nach T. Enkvist[478]) schließlich scheint Lignin bei der Sulfatkochung der Hölzer in einer Art Cannizzaro-Reaktion abgebaut zu werden, wobei Propioguajakon:

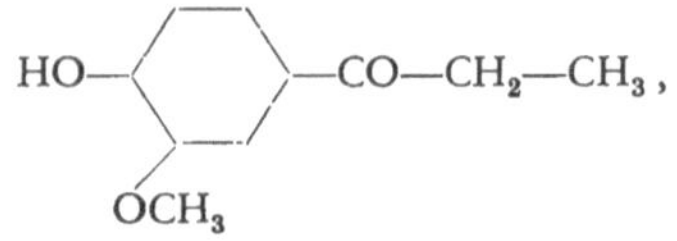

Acetoguajakon:

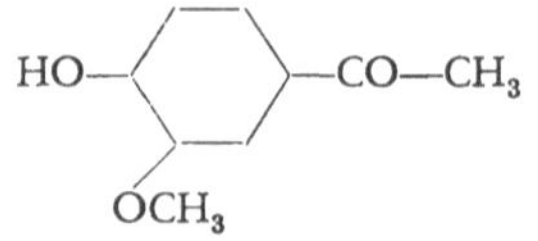

---

476) R. W. Collier, Tappi *43*, 15—18; 1960.

477) S. Häggroth, B. Lindberg, Sv. Papp. *59*, 870—873; 1956.

478) T. Enkvist „Neue Gesichtspunkte über die Reaktion des Lignins im Sulfatprozeß“, Vortrag beim Symposium über Holzchemie, Montreal 1961.

und Koniferylaldehyd entstehen:

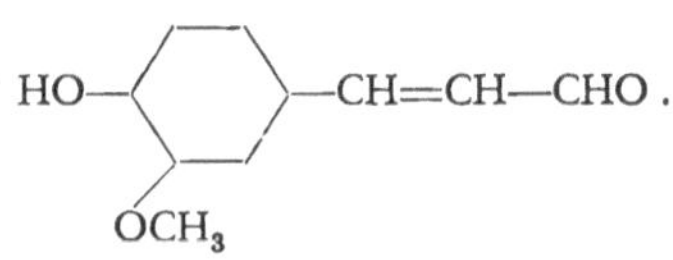

Lignin selbst unterliegt nach allem bei der Sulfatkochung offenbar einem stärkeren Abbau als bei der Sulfonierung. Dies bestätigen auch quantitative Bestimmungen der Produkte alkalischer Nitrobenzol-Oxydation von Sulfatlignin[479]).

Durch Modellversuche, die hier besonders am Platz sind, ist es möglich, alle Abbauprodukte der Holzpolyosen auszuschalten und nur der Ligninumsetzung nachzuforschen. Freilich entfernt man sich dadurch von den Bedingungen der Praxis.

Auf Grund zahlreicher Modellversuche[480]) wird angenommen, daß auch bei der Sulfatkochung zunächst Koniferylbausteine des Lignins mit einer p-Oxybenzylalkohol-Gruppe bzw. deren Äther (mit einem zweiten Koniferylbaustein gebildet) am leichtesten reagieren. Durch die Alkalisulfide werden die freien oder die nach Spaltung der Phenoläther freigewordenen phenolischen Einheiten am α-Kohlenstoffatom der Seitenkette sulfidiert.

Mit NaSH tritt nur dann Umsetzung ein, wenn die Phenolgruppe des aromatischen Kerns frei ist. Erst dadurch werden die Benzylalkohol-, bzw. daraus hervorgegangene Benzyläther-Einheiten

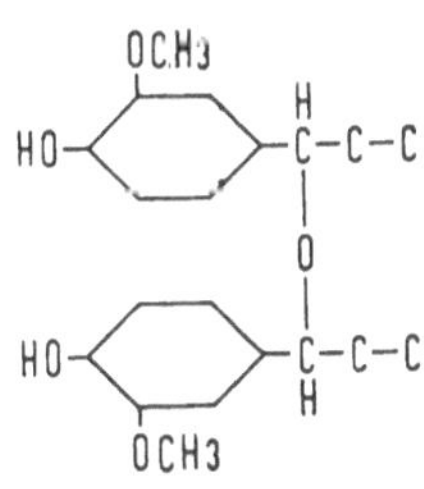

so aktiviert, daß sie mit dem Hydrosulfid-ion (SH') unter Spaltung reagieren können:

---

479) A. K. Sokolowa u. Mitarb., Žurn. prakt. chim. *34*, 2084—2095; 1961.

480) Vgl. E. Treiber „Die Chemie der Pflanzenzellwand", S. 469; Berlin 1957.

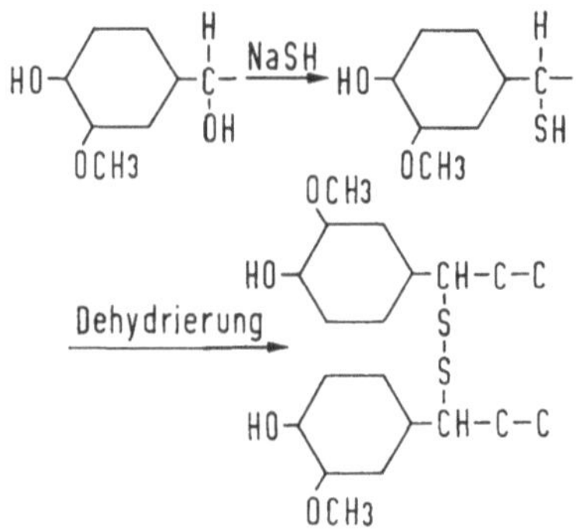

Bei den hohen Temperaturen der Sulfatkochung (170° C) werden die Ligninmerkaptan-Verbindungen, R—SH, sowie Lignindisulfid-Verbindungen, R_1—S—S—R_2, in Ligninbruchstücke (vom MG. etwa 1000) und Schwefel gespalten. Die Ligninanteile werden alkalisch gelöst, während der Schwefel in Hydrosulfid und Thiosulfat übergeht, die im Kreislauf wieder mit frischem Lignin reagieren.

Ein Teil des Schwefels ist so fest gebunden, daß er durch Alkali nicht abgespalten wird und im Lignin der Sulfatkochung verbleibt. Er soll in Form von Ligninsulfiden vorliegen: R_1—S—R_2.

Neuestens wird die Ansicht vertreten, die Hauptmenge des Schwefels im Thiolignin der Sulfatkochung liege als innige Beimischung in elementarer Form vor, während der wirklich organisch gebundene Schwefel einige Zehntelprozent nicht überschreite. Unsere derzeitigen Ansichten wären zu überprüfen[480a]).

2.4.7 Quantitative Ligninbestimmung

Da eine einwandfreie quantitative Ligninbestimmung in verholzten Membranen von ungewöhnlicher Wichtigkeit für zahlreiche theoretische und praktische Erwägungen und Maßnahmen der Holzchemie ist, müssen wir dieser Frage volle Aufmerksamkeit zuwenden. Trotzdem auf diesem Gebiete zahllose Untersuchungen vorgenommen wurden, wissenschaftliche Konferenzen tagten und Ausschüsse berieten, sind hier erst in allerletzter Zeit Fortschritte zu verzeichnen.

[480a]) J. W. SCHIGALOW, D. W. TISCHTSCHENKO „S im Thiolignin", Žurn. prikl. chimii *35*, 147—153; 1962.

Die Grundlage für die meisten der hier vorgeschlagenen Bestimmungen schuf schon 1908 P. KLASON[481]), der Holz mit 70%iger Schwefelsäure bei Zimmertemperatur hydrolysierte und den unhydrolysierbaren Rückstand als „Lignin" veranschlagte. Es zeigte sich freilich bald, daß dieser Operation zahlreiche Fehlerquellen innewohnen, so daß in der Folge die verschiedensten Abänderungen der Klasonschen Bestimmung vorgeschlagen wurden, ohne daß es aber gelang, die Fehler dieses Verfahrens zu beseitigen. Diese bestehen hauptsächlich darin, daß sich die anwesenden Kohlehydrate und Gerbstoffe an der Umsetzung beteiligen und im Ligninrückstand Kohlehydratreste, Humifikationsprodukte der Kohlehydrate und Fural-Lignin-Kondensationsprodukte eingeschlossen werden, sowie Schwefelsäure chemisch gebunden wird. Diese Vorgänge steigern sich bei erhöhter Temperatur, so daß dann die Ausbeuten an „Lignin" ständig wachsen. Wie unsicher diese Arbeitsweise ist, geht aus einigen einfachen Versuchen hervor.

Wir ließen z. B. gereinigte Buchenholzhemi 24 Stunden lang mit 72%iger Schwefelsäure bei Zimmertemperatur stehen, wobei sich wechselnde Mengen von Klasonlignin abschieden. Ein mit FEHLINGS Reagenz umgefälltes, sehr reines Xylan ergab, wie zu erwarten, keinen Ligninniederschlag nach KLASON. Wird dieses Xylan aber zwei Stunden lang im Trockenschrank auf 180° C erhitzt, so findet man mit 72%iger H_2SO_4 nicht weniger als 63,56% Klasonlignin. Nach Angaben von E. E. HARRIS[482]) liefert erhitzte Cellulose, die dann mit 72%iger Schwefelsäure zu lösen versucht wird, einen Rückstand von Klasonlignin. A. J. COREY u. Mitarb.[483]) berichten, daß Fichtenholz, welches mit Wasser druckerhitzt wurde (96 h, pH = 3, 140° C), einen Mehrgehalt von 5,0% Klasonlignin aufwies. Offenbar liegen hier Verunreinigungen durch Fural-Lignin-Kondensationsprodukte vor. Auch L. F. HAWLEY und J. WIERTELAK[484]) stellten nach 2—8tägigem Erhitzen von Eschen- und Tannenholz eine beträchtliche Erhöhung der quantitativ feststellbaren Ligninmenge sicher. Aber auch über zu geringe Ligninwerte wird gelegentlich berichtet. R. O. H. RUNKEL und H. SCHAMBACH[485]) schreiben, daß milde vorextrahiertes Buchenholz nurmehr 50% des Klasonlignins nichtvorextrahierten Buchenholzes lieferte. Diese Beispiele könnten an Hand eigener Erfahrungen beliebig vermehrt werden.

Von unserer 1925 entwickelten Koniferinhypothese der Lignine ausgehend, erschien es uns denkbar, eine vom chemischen Standpunkt übersichtliche, dem Ligninbau entsprechende, quantitative Ligninbestimmung

[481]) P. KLASON, Bericht über die Hauptvers. d. Vereins d. Zellstoff- und Papierchemiker und -Ingenieure *1908*, S. 52. Schon 1819 verwendete H. BRACONNOT (Ann. chim. et phys./2/*12*, 172; 1819) starke Schwefelsäure als Lösungsmittel für Cellulose.

[482]) E. E. HARRIS, Tappi Monograph Series No. 6, S. 233; New York 1948.

[483]) A. J. COREY u. Mitarb., Can. Journ. Res. *B15*, 168; 1937.

[484]) L. F. HAWLEY, J. WIERTELAK, Ind. Eng. Chem. *23*, 184; 1931.

[485]) R. O. H. RUNKEL, H. SCHAMBACH, Holzforschung 14, 33—40; 1960.

dadurch zu erreichen, daß die aromatischen Phenylpropan-Bausteine des Lignins in einen eindeutigen, leicht isolierbaren Abkömmling, tunlichst kristalliner Art, überführt werden. Hierzu erwies sich die alkoholische Nitrierung der Hölzer, Stroharten usw. mittels eines frisch hergestellten Gemisches von 4 VT. Alkohol + 1 VT. Salpetersäure (1,4) geeignet. Während Cellulose nach der Kochung praktisch unangegriffen zurückbleibt und so quantitativ ermittelt werden kann (vgl. S. 78), gehen die durch verdünnte Salpetersäure besonders leicht hydrolysierbaren Hemi in Lösung. Ebenso wird auch Lignin rasch gelöst, indem es quantitativ in das verhältnismäßig niedermolekulare, mikrokristalline Nitrolignin übergeht[486]).

Wie das Studium der Nitrolignine ergab, ist der oxydative Abbau des Lignins durch die stark verdünnte alkoholische HNO_3 geringfügig; doch ist die einwandfreie Isolierung der Nitrolignine aus ihrer Lösung umständlich, weil sie in den üblichen organischen Lösungsmitteln (mit Ausnahme von Äther, Benzol und Homologen, Chloroform) leicht löslich sind, ebenso auch in Alkalien, aber auch von dem als Fällmittel angewandten Wasser merkbar gelöst werden. Dies letztere ist offenbar auf die Hydratisierung von phenolischen OH-Gruppen zurückzuführen. Chromatographisch ist eine ganze Reihe von Nitrolignin-Fraktionen nachweisbar.

Nachdem wir, wie schon früher erwähnt, mittels alkoholischer Nitrierung von Hölzern wesentlich geringere Ligninwerte gefunden hatten, als die gesamte Weltliteratur anführt, prüften wir die nach verschiedenen Forschern durch saure Hydrolyse wechselnder Hölzer hergestellten Lignine und fanden darin durchweg bis zu 30% und mehr an Nichtligninstoffen, hauptsächlich Cellulose[487]). Die Prüfung wurde so durchgeführt, daß die verschiedensten isolierten Lignine in feinstgepulvertem Zustand je 1,5 Stunden lang alkoholisch nitriert wurden, wobei der aromatische Ligninanteil als Nitrolignin quantitativ in Lösung geht, während hellfarbige Kohlehydratanteile zurückbleiben, wie die Elementaranalyse des Rückstands ergibt. Im übrigen weist diese enge Bindung von Kohlehydrat und Lignin erneut auf die Verknüpfung mindestens eines Teiles der Lignine mit Kohlehydraten hin[488]). Bemerkenswert ist insbesondere der noch immer hohe Cellulosegehalt eines Lignins, das durch viermalig aufeinanderfolgende stundenlange abwechselnde Behandlung von Holz mit a) Schweizers Reagens und b) kochender 1%iger Schwefelsäure erhalten wird.

[486]) K. Kürschner, J. Hostomský, Holzforschung *12*, 142—149; 1958. (Vgl. Bild 18a, S. 133).

[487]) K. Kürschner, M. G. Popik, Holzforschung *16*, 1—11; 1962.

[488]) Auch der verhältnismäßig hohe Gehalt von einigen Prozenten Pentosan in den durch organische Lösungsmittel + Säuren gelösten Ligninen spricht dafür.

2.4.7.1 Neue Arbeitsweise der quantitativen Ligninbestimmung

Ähnlich wie man bei der quantitativen Darstellung von Hemi versucht, deren Isolierung aus dem Holz dadurch aussichtsreicher zu gestalten, daß man durch Bereitung der Holocellulose das blockierend wirkende Lignin von allem Anfang an ausschaltet, kann auch die quantitative *Isolierung reinen Lignins* dadurch unterstützt werden, daß wir die überwiegende Menge der Kohlehydrate von vornherein aus dem Holzverband entfernen, indem wir nach einem der landläufigen gravimetrischen Säureverfahren tunlichst rasch Rohlignin darstellen, worin dann durch 1,5stündige alkoholische Nitrierung die Verunreinigungen (als ungelöster Rückstand) quantitativ ermittelt werden. Aus der Differenz von Rohlignin und Verunreinigungen ergibt sich die genaue Menge des wirklich vorhandenen Lignins.

1962 gelang es K. Kürschner, dieses Verfahren dadurch wesentlich abzukürzen, daß die Zu- und Abfuhr der zur Ligninfreilegung erforderlichen starken Schwefelsäure kontinuierlich gestaltet wurde[489]). Zur quantitativen Ligninbestimmung mittels ClO_2 vgl. S. 134.

2.4.8 Technische Verwertung des Lignins

Das weltweite Interesse, das der Ligninfrage seit vielen Jahrzehnten entgegengebracht wird, hat neben all den hier behandelten spannenden theoretischen Problemen auch eine nüchterne, wirtschaftliche Grundlage, nämlich die Suche nach der bestmöglichen Verwertung des ungeheuren Ligninabfalls, der aus den Sulfitablaugen und neuerdings aus den gewaltigen Rückständen der Säurehydrolyse des Holzes (der sogenannten „Holzverzuckerung“) stammt.

Zur Verwertung der Sulfitablaugen wurden unzählige Verfahren erdacht[490]), die in Sammelwerken, Patentsammlungen und vorzüglichen Jahresübersichten zusammengestellt, all diese Bestrebungen deutlich darlegen. Unter der schier unübersehbaren Menge von Nutzungsvorschlägen für die Sulfitablaugen finden wir zahlreiche, die an sich durchaus anwendbar sind, aber entweder nur verschwindende Mengen an Sulfitablaugen verbrauchen (z. B. für Klebstoffe, Dispergatoren, Plastifikatoren usw.)

---

[489]) K. Kürschner, M. G. Popik, a. a. O.

[490]) H. Vogel „Sulfitzellstoff-Ablaugen“, 2. A. (294 S.) Basel 1948. E. E. Harris „Fortschritte in der Ligninchemie 1943—1954“, Tappi *38*, 179—194; 1955. H. B. Marshall „Die Verwertung der Sulfitablaugen“, Ontario Research Foundation; Toronto (Canada); (erscheint laufend). J. Weiner „Pulp and Paper Manufacture“, Bibliographie und US Patente; Verlag Tappi—New York (erscheint laufend).

oder aber die verschiedensten Erzeugnisse liefern, die auf anderem Wege billiger und in besserer Beschaffenheit hergestellt werden können.

Nur wenige Verfahren konnten sich bisher allgemein durchsetzen. Hierher gehört die Eindickung und *Verbrennung* von Sulfitablaugen, die heute bereits in durchaus lohnender Weise durchführbar ist, da Sulfitablaugen im Voranschlag als Nullwerte eingesetzt werden können und die Trockensubstanz der Ablaugen immerhin eine Verbrennungswärme von 4000 kcal/kg entwickelt[491]). Bei geeigneter Mischung von Braunkohle + Sulfitablaugenpulver liegt das Eutektikum beider Aschen (die an sich hohe Schmelzpunkte aufweisen) um 1300° C. Pulverisierte Sulfitablauge kann als Zusatz bei der Verarbeitung bösartiger Kohlen dienen[492]).

Allgemein eingeführt ist heute auch die *Vergärung* der Sulfitablaugen. Da auf die Tonne atro-Zellstoff rund 10 m^3 Sulfitablaugen entfallen, darin etwa 160 kg Zucker zu Alkohol und rund 90 kg Zucker zu Futterhefe vergärbar sind, so kann mit einer Ausbeute von annähernd 100 l Alkohol und rund 30 kg Futterhefe (= 15 kg Eiweiß) je Tonne atro-Sulfitzellstoff gerechnet werden.

Auch die auf Grund unserer Untersuchungen[493]) (1928) heute in technischem Maßstab eingeführte *Vanillindarstellung* aus Sulfitablaugen hat sich bewährt. Allerdings genügen die Ablaugen weniger großer Sulfitzellstoffwerke, um den Weltbedarf der kosmetischen, pharmazeutischen und Lebensmittel-Industrie zu decken. Doch führen neuerdings aussichtsreiche Wege vom Vanillin zu modernen Kunststoffen, also Massenerzeugnissen[494]).

Durch diese genannten Verfahren werden unsere Flüsse wenigstens teilweise vor den überaus schädlichen Sulfitablaugen bewahrt, die fast 60% beim Sulfitverfahren verkochten Holzes fortführen, so daß man die Verunreinigungen der Vorfluter durch eine Sulfitzellstoff-Anlage mit 100 t Zellstoff Tagesleistung annähernd den Abwässern einer Großstadt von 100000 Einwohnern gleichsetzen kann.

---

[491]) Nach H. SADLER u. Mitarb. (Das Papier *7*, 416; 1953) beträgt der Heizwert wasserfreier Sulfitablauge 4170—4370 kcal/kg, während der Heizwert wasserfreier Sulfatablauge nur 3250—3450 kcal/kg erreicht.

[492]) Vgl. auch V. ROSSMAIER, Das Papier *10*, 505—512; 1956.

[493]) K. KÜRSCHNER „Die Darstellung größerer Mengen von Vanillin aus Sulfitablauge", J. pr. *118*, 238—262; 1928. K. KÜRSCHNER, Žurn. prikl. chimii *28*, 629—634; 1955.

[494]) Vgl. den Abschnitt 2. 4. 2. 2 „Aromatische Abbauprodukte des Lignins", Fußnote 414. J. F. HARRIS schreibt (in B. L. BROWNING „The Chemistry of Wood" S. 582; New York 1963): „Unglücklicherweise stellen die erhaltenen Phenole entweder o- oder p-substituierte Verbindungen dar und sind zu einer Phenol-Formaldehyd-Polymerisation unverwendbar". Das Gleiche stellten wir an Hand jahrelanger Versuche schon vor Jahrzehnten fest.

Die großen Mengen vorwiegend ligninhaltigen Rückstands der Säurehydrolyse von Hölzern, der „*Holzverzuckerung*“[495]), die in der Sowjetunion in größtem Maßstab durchgeführt wird, haben insbesondere die sowjetischen Forscher veranlaßt, ihr Augenmerk dem „Hydrolysenlignin“[496]) und seiner angemessenen Verwertung zuzuwenden.

In den westlichen Staaten, mit ihrem vollkommen verschiedenen Wirtschaftsaufbau, scheinen „die unmittelbaren Aussichten für die Holzverzuckerung nicht sehr ermunternd“ und es sollten „gänzlich neue Verfahrenstechniken angestrebt werden“[497]).

Bei der Totalhydrolyse einer Tonne atro-Nadelholzabfall erhält man bis zu 200 l Alkohol, 45 kg Trockenhefe, 70 kg CO_2, 4,5 kg Fural und 300 kg „Hydrolysenlignin“. Dessen Heizwert beträgt im feuchten Anlieferungszustand 1500—1650 kcal/kg, doch gibt atro-Hydrolysenlignin bis 6500 kcal/kg[498]).

---

[495]) M. Gläser, F. Flügge, H. Scholler, P. Praetorius „Chemische Technologie des Holzes“ (151 S.); München 1954. Neuerdings berichten I. I. Beinart u. A. I. Kalninsch (Gidrolizn. i lesochim. promyschl. *15* (6): 3—5; 1962), daß die Holzhydrolyse durch Zugabe hydrophober Flüssigkeiten (Kerosin) zur 75%igen Schwefelsäure wesentlich beschleunigt werden kann.

[496]) I. S. Woronajew, M. P. Tschetyrkin, Gidrolizn. i lesochimitsch. prom. *8*, (6): 18—19; 1955. N. S. Maksimenko, ibid. *8* (7): 21; 1955. S. I. Suchanowskij u. Mitarb., ibid. *9*, (3): 13—14; 1956. B. D. Bogomolow, ibid. 9 (5): 15—17; 1956. S. I. Suchanowskij, M. I. Tschudakow, Žurn. prikl. chimii *29*, 410—415; 1956. M. W. Marder, Gidrol. i lesochim. prom. *9* (4): 24; 1956, *10* (2): 23—24; 1957. L. L. Sergejewa, Isw. AN SSSR, otd. chim. nauk *1957*, 653—654. A. P. Krasnowa, S. I. Suchanowskij, M. I. Tschudakow, Žurn. prakt. chim. *30*, 1827—1831; 1957. N. P. Melnikow, S. I. Suchanowskij, M. I. Tschudakow, Gidrol. i lesochim. prom. *11* (7): 12—13; 1958. I. W. Skrynnik, S. I. Suchanowskij, M. I. Tschudakow, Žurn. prakt. chim. *31*, 655 bis 657; 1958. W. G. Panasjuk, Žurn. prakt. chim. *30*, 598—603; 1957. 1049—1056; 1957. 1185—1193; 1957. *31*, 1409—1414; 1958. 1605—1607; 1958. Gidroliz. i lesochim. prom. *12* (7): 16—17; 1959. J. F. Kurdobowa, S. I. Rubina, Gidrol. i. lesochim. prom. *12* (5): 6—7; 1959. G. W. Opolnowa, M. I. Archipow, ibid. *12* (5): 9—10; 1959. M I. Tschudakow, S. I. Suchanowskij, M. P. Akimowa, Žurn. prikl. chim. *32*, 608—613; 1959. D. W. Tischtschenko, ibid. *32*, 686—690; 1959. *32*, 395—399; 1959. *33*, 2576—2581; 1961. B. W. Tsonow, S. A. Dobronrawowa, Gidrol. i lesochim. prom. *13* (4): 3—4; 1960. N. A. Wasjunina u. Mitarb., Isw. AN SSSR, otd. chim. nauk *1960*, 1312. A. N. Nowikow, Gidrol. i lesochim. prom. *14* (1): 7; 1961. S. A. Dobronrawowa, ibid. *14* (3): 5—6; 1961. Vgl. dazu K. E. Kühl, R. Böhm, Holzforschung *16*, 47—56; 1962.

[497]) J. A. Hall, US Forest Products Laboratory, Madison 1956.

[498]) Hydrolysenlignin enthält 75% Lignin, 15% unabgebauter Stoffe, 5% harzartiger Körper, 4% reduzierbarer Stoffe, 3% Asche und 1,5% Schwefelsäure. Die Elementarzusammensetzung ist C=63,5% H=5,5%.

Mit den Fragen wirtschaftlich lohnender *Verbrennung* des Hydrolysenlignins, der Herstellung von Aktivkohle daraus (durch Trockendestillation und Aktivierung mittels Dampf bei 1000° C) u. a. beschäftigten sich in den letzten Jahren erfolgreich S. I. SUCHANOWSKIJ und M. I. TSCHUDAKOW[499]).

Wie SUCHANOWSKIJ feststellte, unterscheidet sich Hydrolysenlignin grundsätzlich von den reaktionsfähigen Ligninsäuren, kann aber durch alkalische Druckbehandlung (10 st., 180° C, 40%ige NaOH) bis zu 80% in Lösung gebracht werden und liefert nach dem Ausfällen mit CO_2 ein dem „Alkalilignin“ entsprechendes Produkt, wobei offenbar unter den einschneidenden Umsetzungsbedingungen (durch Aufspaltung heterozyklischer Ringe) neue reaktionsfähige phenolische OH-Gruppen entstanden sind.

Dieses Lignin eignet sich als 20%iger Zusatz bei der Gummierzeugung oder als Grundlage für bakelitartige Preßmassen. Alkalilignin soll übrigens durch Formaldehydzusatz besser härtbar, durch Zugabe weniger Prozente Phenol leichter fließbar werden (I. SORGATO, 1941)[500]). Indessen erfordert die Überführung des Hydrolysenlignins, wie auch des Sulfitablaugenlignins in geeignete Ausgangsprodukte zur Herstellung von Preßmassen, soviel Wärmeenergie und Chemikalien, daß die erzielten zweitklassigen Bakelite keine Aussicht haben, sich industriell durchzusetzen.

Nur 5—10% des Hydrolysenlignins wird zur Erzeugung von Isolierplatten verwendet. Der Großteil wandert nach wie vor unter den Kessel.

Neuestens wird Hydrolysenlignin zu Oxalsäure und Nitrophenolen verarbeitet. Man nitriert mit Salpetersäure bei Zimmertemperatur einige Tage lang, erhitzt danach kurz auf dem Wasserbad, wobei das gesamte Gut in Lösung geht. Neben vorwiegender Oxalsäure, konnte 1,8% Pikrinsäure,

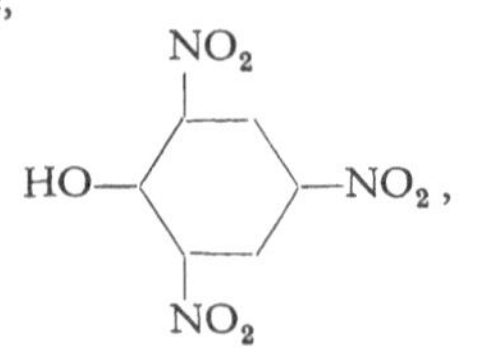

sowie 2,4-Dinitrophenol festgestellt werden, was für die Widerstandsfähigkeit des

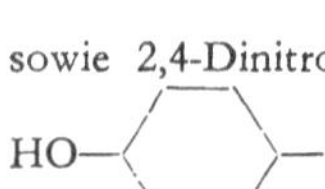 Restes spricht[500a]).

[499]) A. a. O.

[500]) I. SORGATO, Ital. Patente 393. 159 (1941) und 400. 744 (1942).

[500a]) M. I. TSCHUDAKOW, M. G. OKUN, Žurn. prikl. chim. *35*, 1602—1604; 1962. Vgl. ferner N. N. SCHORYGINA u. Mitarb., Gidrolizn. i lesochim. prom. *15* (5): 17—19; 1962.

Zwischen dem Überangebot an Lignin (dessen jährlicher Zuwachs nach übereinstimmenden Schätzungen $5 \cdot 10^7$ Tonnen betragen soll)[501]) und seiner Verwertung zu technisch bedeutsamen Stoffen (die heute nur wenige Promille des genannten Betrags erreicht), besteht ein verblüffender Gegensatz. Wesentlich wichtiger als die allfällige Verwertung isolierter Lignine erscheint uns daher (vgl. S. 5) der Verbrauch des gewachsenen Lignins im Holzverband zur Herstellung der verschiedenen Gruppen von Bauplatten[502]). Wir pflichten hier durchaus E. GLESINGER[503]) bei, es verlange „die Vernunft, daß Lignin in seinem natürlichen Holzverband bleibe und in seinem natürlichen Zustand arbeite." Hierzu stehen überreiche Mengen an Abfallgut zur Verfügung. H. WENZL[504]) schätzt allein den Nutzholzabfall der Welt jährlich auf 100 Mio Tonnen. Ein Vielfaches davon erreichen die forstlichen Abfälle, deren Erfassung zur Zeit freilich noch auf große Schwierigkeiten stößt. Der Weltabfall an Stroh beträgt jährlich etwa 960 Mio Tonnen, wovon rund 50% auf den Feldern bleiben. Für technische Zwecke dürften insgesamt 50—55 Mio Tonnen zur Verfügung stehen.

Über mehrjährige Untersuchungen zwecks chemischer Verwertung von *Alkalilignin* (aus der Sulfatkochung von Südkiefer) berichtet I. A. PEARL[504a]). Von den verschiedenen angewandten Oxydationsverfahren lieferte einzig die Druckoxydation alkalischer Ligninlösungen mit einem großen Überschuß elementaren Sauerstoffs bei 170—180° C technisch erwägenswerte Ergebnisse. Hierbei wurden 80% des Lignins abgebaut und es entstand hauptsächlich Phthalsäure und Oxalsäure, welch letztere offenbar auf synthetischem Weg billiger erhältlich sein dürfte.

Hydrierung von Lignin. Ältere Versuche in dieser Richtung ergaben verwickelte Gemische zyklischer Alkohole und polyzyklischer Kohlenwasserstoffe von geringer technischer Bedeutung. Neuerdings wurden vergleichende Studien über katalytische Hydrierung von Fichtenholzmehl und von isolierten Ligninen unter Verwendung von RANEY-Nickel und Pd auf Holzkohle als Katalysatoren, sowie verschiedener Temperaturen, Erhitzungszeiten, Lösungsmittel und pH-Verhältnisse seitens J. M. PEPPER und Mitarbeitern unternommen[504b]).

---

501) K. KÜRSCHNER, Preh'lad (Bratislava) *4*, 241—242; 1953.

502) Vgl. Anonymus „Uses for Waste and Low-Grade Timber", Holz als Roh- und Werkstoff *19*, Heft 11; 1961.

503) E. GLESINGER, Direktor der Forestry and Forest Products Division der FAO „The Coming Age of Wood" S. 190; London 1950.

504) H. WENZL, Holzforschung *10*, 129—144; 1956.

504a) I. A. PEARL, D. L. BEYER, 150. Tagung der Amer. Chem. Soc., Sept. 1965 (Symposion on Lignin).

504b) J. M. PEPPER und Mitarbeiter, ibid.

Auf der Grundlage der bei der Kohlehydrierung gesammelten Erfahrungen untersuchte das NOGUCHI-Institut in Japan die „*Ligninverflüssigung*". An Hand zweier geheim gehaltener Hydrierungskatalysatoren (und erheblicher, seit 1961 in Camas/Wash. erzielter Verbesserungen des japanischen Verfahrens: Temperatur, Ölverreibung des Lignins, Wasserstoffdruck usw.) gelang es schließlich 21% des Lignins in Phenol, o-, m-, p-Kresol, o-, m-, p-Äthylphenol, o-, m-, p-Propylphenol und 2,4 Xylenol

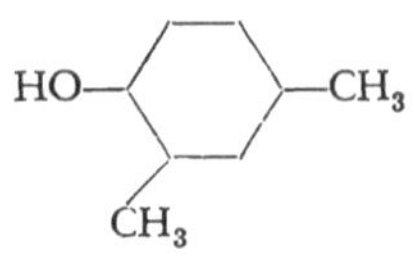

umzuwandeln. Indes erscheint diese Ausbeute an monomeren Phenolen zu gering, um mit der Phenolherstellung aus Kohle oder Petroleum erfolgreich in Wettbewerb treten zu können[504c]).

2.4.9 Zukunftsaufgaben der Ligninforschung

Unter den einfacher erscheinenden Aufgaben der Ligninchemie wären zu erwähnen: die bereits angebahnten Untersuchungen über die Art der chemischen Bindung zwischen Lignin und Kohlehydraten, über ein theoretisch und praktisch befriedigendes Verfahren der quantitativen Ligninbestimmung, die Verbesserung der Kunstfasererzeugung aus dem Vanillin der Sulfitablaugen, eine wohlfeile Herstellungsweise aromatischer Verbindungen aus Ligninen, ferner Studien über extracellulare enzymatische Ligninzersetzung.

Die Löslichkeitseigenschaften isolierter oder bei technischen Prozessen anfallender Lignine sollten im Zusammenhang mit der Einführung hydrophiler Gruppen, dem Vorhandensein von Doppelbindungen und Verzweigungen untersucht werden. Die Farbänderungen von Ligninen bei fortschreitender Sulfatkochung, sowie die Dunkelfärbung von Sulfatzellstoff mit hoher Ausbeute sollten näher geprüft werden, sowie zusammenhängend damit die Möglichkeiten, ohne Bleiche zu wesentlich helleren Zellstoffen zu gelangen. Hierbei könnte die Untersuchung des Verhaltens verschiedener Schwefelverbindungen und Modellsubstanzen bei der Sulfatkochung klärend wirken. Ferner fehlen noch Untersuchungen über die oxydativen chemischen Veränderungen der Lignine beim Bleichen der Zellstoffe und über den Einfluß des Lignins auf die Verfärbung von Papier.

[504c]) D. W. GOHEEN und 5 Mitarbeiter, ibid.

Von hohem Interesse für die Ligninforschung ist die Entwicklung neuer chromatographischer Verfahren zur Ermittlung von Ligninbausteinen bis hinauf zu den hochmolekularen Fraktionen der Lignine.

Sehr wichtig wären genetische Studien, bei denen eine Änderung der Verholzung versucht wird; man könnte so vielleicht zu einem verholzten Körper mit völlig neuen Eigenschaften gelangen. In Teiluntersuchungen wäre zu prüfen, ob und inwieweit der biologische Vorgang der Dehydrierung enzymatisch zu steuern oder durch chemische Zusätze zu beeinflussen ist.

Hierher gehören auch Versuche, den Holzaufbau so zu lenken, daß dabei (ähnlich dem Reaktionsholz) ligninärmere und cellulosereichere Hölzer als besonders geeignetes Ausgangsgut der Zellstofferzeugung entstehen. Besonders wertvoll wäre auch die Entwicklung stickstoffhaltiger Lignindüngemittel auf bakteriellem Wege; ein solches Verfahren könnte größte Bedeutung für den Massenverbrauch von technischem Abfallignin gewinnen.

All diese letztgenannten Vorhaben sind freilich sehr langwieriger und sehr verwickelter Art, da sie die Lösung zahlreicher schwieriger Teilfragen voraussetzen. Hierbei wird voraussichtlich die Verwendung markierter Elemente, sowie die Erforschung der IR-Absorptionsspektren gute Dienste leisten.

2.5 „Akzessorische Bestandteile" des Holzes

Die „Begleitstoffe" des Holzes sind Verbindungen, bzw. Verbindungsgruppen, die mit *neutralen Lösungsmitteln* (z. B. Äther, Alkohol)[505]) aus den einzelnen Holzarten extrahiert werden können, ohne eine wahrnehmbare Veränderung im Bau der Hölzer hervorzurufen. Man sieht diese Verbindungen deshalb nicht als wesentliche (integrierende) Holzanteile an. Freilich gibt es auch zahlreiche Grenzfälle, in denen es schwer zu beurteilen ist, ob eine bestimmte Verbindung integrierender Bestandteil des Zellgewebes der Hölzer ist oder nicht[505a]). Auch schwankt die Verteilung und Zusammensetzung der Begleitstoffe des Holzes in den einzelnen Bezirken eines Baumes oft sehr erheblich. Der Anteil an Begleitstoffen erreicht

---

[505]) Alkalien, Mineralsäuren, Bleichmittel lösen bereits Holzbestandteile, sind also durchaus anders geartet.

[505a]) Z. B. Vanillinsäure, Syringinsäure, Ferulasäure, Vanillin, Syringaaldehyd, die I. A. Pearl und Mitarbeiter (J. Org. Chem. *24*, 443; 1959) in Hydrolysaten von nicht weniger als 46 Hölzern fanden. R. E. Kremers (Tappi *40*, 262; 1957) stellte gleichfalls in Hölzern kleine Mengen von Koniferin, Syringin, Vanillin und Syringaaldehyd fest.

5—10% des atro Holzes, doch sind auch Fälle bekannt (Kernholz alter Kiefern), wo die Extraktstoffe bis zu 30% und mehr ansteigen.

Die Begleitstoffe sind von weitreichender Bedeutung für die chemischen, biologischen und mechanischen Eigenschaften der Hölzer. Viele Arten würden ohne diese akzessorischen Bestandteile ihr besonderes Wesen: Lichtechtheit, leichte Entflammbarkeit, Hygroskopizität, Durchlässigkeit, Widerstandsfähigkeit gegen Insektenfraß usw. verlieren.

Die Begleitstoffe des Holzes sind zahlreich und oft kompliziert gebaut. Sie stellen teils Nebenprodukte der Biosynthese, teils Reservestoffe, teils Schutzkörper gegen Mikroorganismen dar; ihre Aufgabe in der Pflanze ist bisher nur unzureichend erforscht. Sie sind maßgebend für die Verwendung bestimmter Hölzer. Vielfach liegt die Hauptmenge der aktiven Begleitstoffe an der Grenze des Kern- und Splintholzes[506]).

Eine Reihe von Begleitstoffen besitzt erhebliche wirtschaftliche Bedeutung[507]). Andere sind im Zusammenhang mit der Physiologie der Pflanze von Interesse und können zur Erkennung und Unterscheidung von Holzproben dienen (z. B. Alkaloide).

Die Begleitstoffe können bei der Verarbeitung der Hölzer eine große Rolle spielen. Oftmals bedingen sie erst die Eigenart vieler Hölzer (Farbe, Geruch, Giftigkeit, Dauerhaftigkeit). Das Pinosylvin der Kiefer (I)[508]) und sein Methyläther (II):

(I)

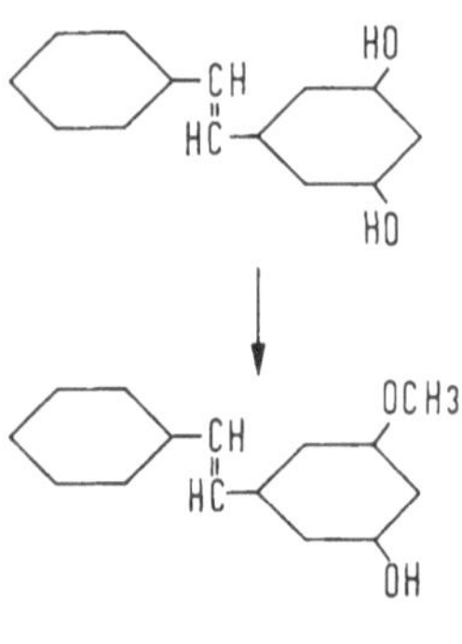

(II)

z. B. kondensieren sich, als Phenole, mit Lignin und beeinträchtigen das Sulfitaufschlußverfahren. Stärkegehalt begünstigt das Blauwerden von Hölzern und ist Ursache von Insektenbefall, ebenso wie die kleinen Eiweiß-

[506]) J. A. F. Gartner, G. M. Barton, For. Prod. Journ. *10*, 171—173; 1960.

[507]) Harze, Terpentinöl, Kautschuk, Gerbstoffe, Farbstoffe, Kampfer, Alkaloide, Glukoside usw.

[508]) H. Erdtman, Ann. *539*, 116; 1939.

mengen erst das Leben bestimmter Holzschädlinge ermöglichen. Darüber ist indessen noch wenig bekannt. Edelhölzer verdanken oft dem Farbstoffgehalt ihre wirtschaftliche Bedeutung. (Fast immer tritt jedoch im Licht Nachdunkeln ihrer Farben ein; einzig bei Nußbaumholz findet Aufhellung statt.) Gerbstoffhaltige Hölzer vergrauen in Gegenwart von Fe- und Säurespuren.

Die Inhaltsstoffe der Hölzer können bei Änderung des pH Verfärbung hervorrufen. So werden Rotbuche, Birke, ebenso auch verschiedene tropische Hölzer (Makoré, Okoumé) in alkalischer Umgebung braun, während in saurer (besonders bei Gegenwart von Fe) blauschwarze Flecken auftreten. Unter dem Einfluß von UV-Strahlung verfärben sich insbesondere die tropischen Hölzer. Oft sind Fehler beim Lackieren von Hölzern, z. B. schlechtes Haften des Lacks, Risse, langsames Trocknen, mangelnde Wetterbeständigkeit usw. auf akzessorische Bestandteile zurückzuführen. Es ist bekannt, daß Phenole Leinöllacke schädigen, während Polyesteranstriche durch chinoide Verbindungen beeinträchtigt werden. Bei der Herstellung von Isolierplatten aus Holzwolle + Zement verhindern mehr als 0,2% Zucker das Abbinden, ebenso wirken Tannin, Konidendrin, Pinosylvin u. a.[509]).

Etwa 5% aller botanisch bekannten Hölzer sind giftig[510]). Dies gilt bei technisch verarbeiteten Hölzern besonders für den Schleifstaub, der mehr als 90% Teilchen unter 5 μ enthält, die befähigt sind, Aerosole zu bilden. Unter den bei uns technisch verwendeten Hölzern sind biologisch wirksam: Kiefer, Lärche, Thuja, Erle, Wachholder, sowie an tropischen Hölzern: Ebenholz, Mahagoni, Avodiré, Teak, Lapacho, Amboine, Abachi. Ausgeprägt giftig sind: Eibe, Buchsbaum, Cocobolo, afrikanische Birne, Greenheart und Mansonia.

Die Vergiftungen werden durch allergene Begleitstoffe (Chinone, Phenole, Stilbene, Pyrane, Glukoside, Alkaloide) hervorgerufen. Der Staub von Mansonia z. B. erzeugt Nasenbluten und Schwächeanfälle, deren Ursache ein Benzochinon sein dürfte[511]).

Ähnliche Verbindungen, Chinon-, Stilben- und Pyranabkömmlinge, die z. T. auf die Mikroorganismen des Termitendarms wirken, sind für die natürliche Termitenfestigkeit verschiedener Hölzer maßgebend. So wird die Dauerhaftigkeit von Teakholz durch den Gehalt an über 1% des gelben Tectochinons hervorgerufen[512]). Sehr widerstandsfähig ist das Kernholz

---

[509]) H. H. Dietrichs, Bois et Forêts Tropiques *62*, 37—63; 1958.

[510]) F. A. Skinner „Toxische Inhaltsstoffe von 72 Pflanzen“ in Paech u. Tracey „Moderne Methoden der Pflanzenanalyse“ III., 626; Berlin 1955/56.

[511]) W. Sandermann, H. H. Dietrichs, Holz als Roh- u. Werkstoff *17*, 88—97; 1959.

[512]) W. Sandermann, H. H. Dietrichs, Holzforschung *13*, 137—149; 1959.

von Robinie. K. FREUDENBERG[513]) isolierte daraus 5,3% des farblosen Dihydro-robinetins, das z. B. den Wuchs von Poria vaporaria und Coniophora cerebella hemmt.

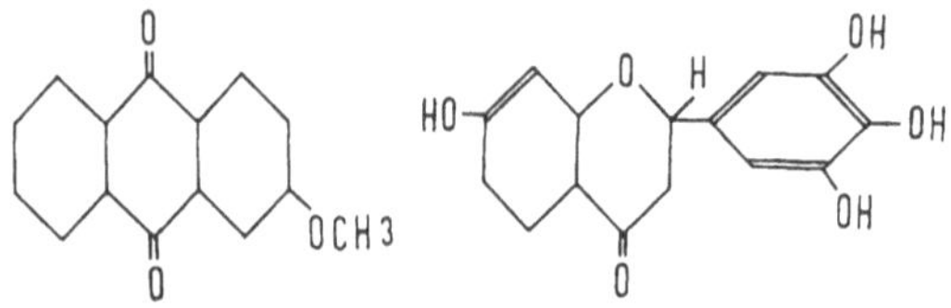

Tectochinon Dihydrorobinetin

Oft ist der Ursprung und die biologische Bedeutung eines Holzbegleiters unklar. Da die Zahl der Holzbegleiter in den tausenden Holzarten sehr groß ist, so ist an eine Vollständigkeit ihrer Aufzählung nicht zu denken. Über die praktische Einteilung der Begleitstoffe des Holzes kann man verschiedener Meinung sein. Den Chemiker interessieren in erster Reihe die *chemischen Verbindungsgruppen* der Begleitstoffe in den einzelnen Holzarten, die sich daraus mit neutralen Lösungsmitteln extrahieren lassen. Die meisten Holzarten enthalten übrigens vorwiegend *eine* bestimmte Verbindungsklasse, der gegenüber andere Gruppen ganz oder teilweise zurücktreten.

An solchen Hauptgruppen von Begleitstoffen des Holzes unterscheiden wir:

Ätherische Öle, flüchtige Säuren, Harze
Fette Öle
Naturfarbstoffe
Gerbstoffe
Glukoside
Lignane
lösliche Polysaccharide
Eiweiße
organische Stickstoffverbindungen (Alkaloide)
Kautschuk
andere organische Verbindungen, Phytosterole usw.
Mineralsalze.

---

[513]) K. FREUDENBERG, L. HARTMANN, Ann. *587*, 207; 1954.

Da diese Begleitstoffe die Ergebnisse von Holzanalysen erheblich beeinflussen können, so ist ihre vorherige Entfernung stets erforderlich. Freilich liefern die konventionellen quantitativen Bestimmungsverfahren der Hölzer auch dann keine einwandfreien Ergebnisse.

Obgleich wir uns auch hier immer wieder der unscharfen Abgrenzung der einzelnen Gruppen voneinander bewußt sein müssen, verläuft die Isolierung der einzelnen faßbaren Verbindungen doch ungleich genauer als die Trennung der hochmolekularen Hauptbestandteile des Holzes, die in ihrer Zusammengesetztheit jeder für sich eine kleine Welt darstellen.

Das Gebiet der Begleitstoffe des Holzes ist seit geraumer Zeit in ruhiger Entwicklung begriffen und wenige theoretische Meinungsverschiedenheiten beeinträchtigen seine im wesentlichen analytische Richtung. Freilich hat auch hier die fortschreitende Entwicklung der Untersuchungsmethoden ergeben, daß so manche seinerseit veröffentliche und von der Literatur übernommene Angabe der Nachprüfung bedarf. Trotzdem dürfte unbewußt noch immer eine große Zahl von Daten mitgeschleppt werden, die einer einmaligen Untersuchung aus längst verflossener Zeit entstammen, seither nicht mehr ergänzt wurden und der Überprüfung mit neuen Untersuchungsverfahren[514]) wohl kaum standhalten würden. Hier wären oft gründliche neue Untersuchungen erforderlich, so daß auch auf diesem Gebiet ein weites Betätigungsfeld vorliegt.

2.5.1 Analytische Trennung der Holzbegleiter

1939 entwickelte E. F. Kurth[515]) ein übersichtliches Schema, nach welchem die Hauptgruppen der Holzbegleiter an Hand ihrer physikalischen Eigenschaften nacheinander erfaßt und getrennt werden. Eine weitere Aufspaltung der einzelnen Gruppen in einfachere Anteile erfolgt dann nach den in der Analyse üblichen Trennungsverfahren von Gemischen, wobei heute besonders die Chromatographie eine hervorragende Rolle spielt.

---

514) Z. B. Chromatographie, UV- und IR-Absorptionsspektren usw.

515) E. F. Kurth, Ind. Eng. Chem. Anal. Ed. *11*, 203; 1939. Vgl. auch den Abschnitt „The Extraneous Components of Wood“ von E. F. Kurth in L. E. Wise „Wood Chemistry“ S. 385—446 (307 Ref.); New York 1950. L. E. Wise „Miscellaneous Extraneous Components of Wood“, I, 638—660 in Wise & Jahn „Wood Chemistry“ II. Edition; New York 1952. M. A. Buchanan „Extraneous Components“, S. 313—367 in „The Chemistry of Wood“ edited by B. L. Browning; New York 1963.

Aus dem lufttrockenen, fein gemahlenen Holz werden zunächst

a) *die mit Wasserdampf flüchtigen Begleitstoffe* abdestilliert. In dieser Fraktion finden wir saure und neutrale Anteile. Zu den sauren gehören: flüchtige aliphatische und cyklische Säuren, zu den neutralen: ätherische Öle, flüchtige Kohlenwasserstoffe, Alkohole und Aldehyde. Diese Verbindungen kommen in Laubhölzern kaum vor, sie finden sich hauptsächlich im Xylem der Nadelhölzer. Aus dem so erhaltenen Rückstand werden

b) *die ätherlöslichen Begleitstoffe* extrahiert[516]). Das sind Fette, gesättigte und ungesättigte Fettsäuren, Harze, Harzsäuren, Wachse, Sterine (Phytosterin) und nicht flüchtige Kohlenwasserstoffe (z. B. Resene, wenig bekannte Kohlenwasserstoffe). Alle die genannten Verbindungsgruppen sind z. B. in der Familie „Pinaceae" enthalten, die etwa 300 wichtige Hölzer aufweist, welche vorwiegend der gemäßigten Zone angehören: Kiefer, Fichte, Tanne, Lärche, Ceder, Sequoja, Wacholder, Lebensbaum usw.

Dem Rückstand der vorangegangenen Behandlungen werden

c) die in *Äthylalkohol löslichen Begleitstoffe* entzogen, die der Hauptsache nach aus Gerbstoffen (Phlobotanninen), Phlobaphenen[517]) und natürlichen Farbstoffen bestehen. In Äthylalkohol sind auch die meisten Glukoside (z. B. Koniferin, Salicin) löslich.

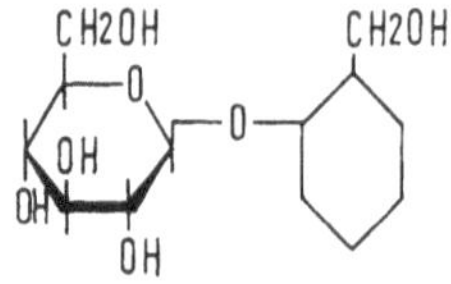

Salicin (Fp. 198°)

Als letzte Gruppe werden schließlich

d) die in *heißem Wasser löslichen Begleitstoffe* des Holzes, das sind Salze, lösliche Kohlehydrate[517a]), Cyklosen (Cyklohexanol-Abkömmlinge, wie

---

[516]) Die Extraktionsdauer im SOXHLET-Apparat beträgt etwa 8 Stunden. An Stelle von Äther wird auch Petroläther oder Chloroform verwendet.

[517]) Gewöhnlich werden Phlobaphene als wasserunlösliche Kondensationsprodukte von Tannin angesehen. Es ist nicht unwahrscheinlich, daß die Phlobaphene in Wirklichkeit *Kondensationsprodukte von Lignin mit Tannin darstellen.*

[517a]) Nach R. E. KREMERS, („The Chemistry of Developing Wood", S. 379, in „The Chemistry of Wood" edited by B. L. BROWNING, New York 1963) fanden sich an *löslichen Bestandteilen* im äußeren Holz und der inneren Rinde mehrerer untersuchter Holzarten charakteristische Verbindungen. Kiefer enthielt: Glukose, Fruktose, Saccharose, Vanillin,

Inosite, Pinit usw.) und *zuckerunähnliche* Polysaccharide: Stärke, Gummi, Schleime, pektinartige Stoffe, sowie schließlich eine Reihe alkoholunlöslicher Glukoside extrahiert.

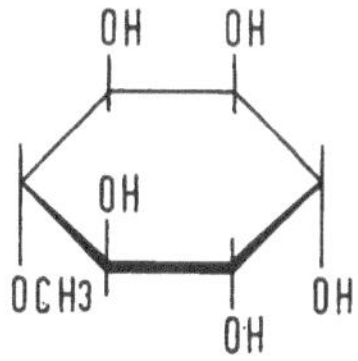

Pinit (Fp. 186—188°)

Die hier gekennzeichneten Gruppen a—d besitzen keine scharfe Abgrenzung gegeneinander. So enthält Gruppe b) die aus der Gruppe a) zurückgebliebenen Anteile; Gruppe c) ist durch die Rückstände der Gruppe a) und b) verunreinigt, usw.

In sehr zahlreichen Fällen kann man aus den abgetrennten Gruppen einzelne genau charakterisierbare Verbindungen isolieren, die oftmals von hervorragender wissenschaftlicher oder wirtschaftlicher Bedeutung sein können. Die Wege, die zu diesem Ziel führen, lassen sich nur in großen Zügen allgemein andeuten.

Im einzelnen jedoch sind sie der Findigkeit der Forscher anheimgestellt. Meist werden in verschiedenen Originaluntersuchungen brauchbare Hinweise zur Aufarbeitung von Extraktgemischen usw. gefunden. Eine hervorragende Rolle spielt heute, wie schon hervorgehoben, die Papier-, neuestens besonders die Gaschromatographie[518]).

2.5.2 Für die Praxis wichtigste Holzbegleiter

Gruppe a). Die mit Wasserdampf flüchtigen Öle verschiedenster Stoffklassen werden summarisch als „*ätherische Öle*" bezeichnet. Nur selten bestehen sie aus wenigen einheitlichen Verbindungen, wie z. B. die Balsam-Terpentinöle der meisten Pinusarten, die hauptsächlich die Terpene α- und β-Pinen, $C_{16}H_{10}$, enthalten[519]).

Koniferin, Ameisensäure, Oxalsäure, Protein und Asche. Fichte: Glukose, Fruktose, Saccharose, Vanillin und Koniferin. Buche: Glukose, Fruktose, Saccharose, Vanillin, Protein und Asche. Weide: Ameisensäure, Salicin, Phenylalanin, Tyrosin, Asparagin und Glutamin.

[518]) E. Bayer „Die Gaschromatographie", 2. A., 324 S.; Berlin 1962.

[519]) Die punktierten Linien hier und in den späteren Formeln deuten die Abgrenzung der Isopren-Bausteine an.

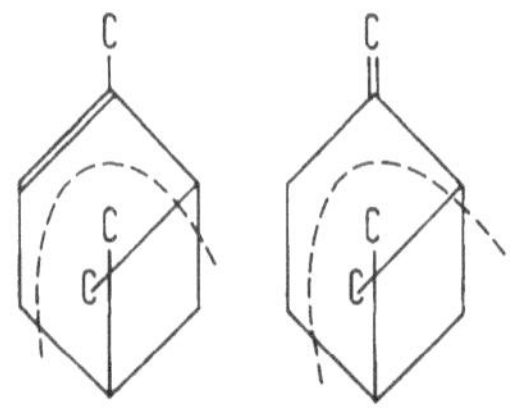

α-Pinen β-Pinen

Da zwischen der chemischen Zusammensetzung der Extraktstoffe von Hölzern und ihrer botanischen Verwandtschaft enge Beziehungen bestehen, so können sogar chemische Anhaltspunkte zur Klassifizierung dienen, falls botanische Merkmale versagen.

Die wichtigsten in den ätherischen Ölen und Harzen vorkommenden Verbindungen gehören zur Klasse der *Terpene* und Terpenabkömmlinge (Alkohole, Aldehyde, Ketone, Ester usw.), die den Baustein *Isopren* enthalten:

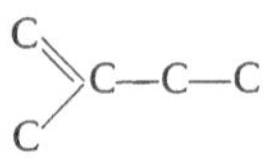

Man kann alle Terpenverbindungen aus dem Isopren entstanden denken[520]). Dies tritt am deutlichsten zutage, wenn man nur die zugrunde liegenden Kohlenstoffgerüste betrachtet und von Ringschlüssen und Oxydationen absieht. Da aber Isopren selbst aus physiologischen Gründen nicht in Frage kommt, so muß der wahre Baustein der Terpene ein anderer sein. Er wurde vor einigen Jahren von K. Bloch[521]), sowie von F. Lynen[522]) als das Isopentyl-Pyrophosphat sichergestellt, das als „aktives Isopren" bezeichnet wird:

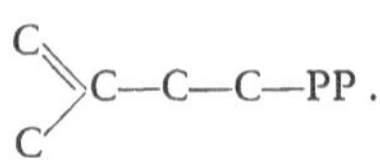

Zwei solcher Isoprenreste liefern das Gerüst der (Mono)Terpene, drei Isoprenreste die Sesquiterpene[523]), vier die Diterpene, sechs die Triterpene, acht die Tetraterpene und zehn die Polyterpene (Kautschuk)[523a]):

520) L. Ruzicka, Experientia *9*, 357; 1953. Proceed. Chem. Soc. *1959*, 341.

521) K. Bloch u. Mitarb., Proceed. Natl. Acad. Sci. USA *41*, 998; 1958.

522) F. Lynen u. Mitarb., Ang. Chem. *70*, 733; 1958.

523) 1½-Terpene.

523a) Kautschuk tritt zwar in mehr als 2000 Pflanzenarten auf, doch ergab sich bei der Untersuchung von 150 Hölzern bloß in 4 Arten mehr als 1% Kautschuk. Den höchsten Kautschukgehalt besitzt das Kernholz von Pockholz mit 65%. Es zeigt besondere Wider-

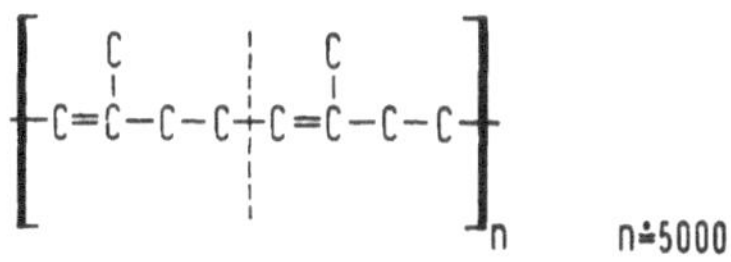

Damit scheinen die *genetischen Zusammenhänge* in dieser Gruppe klargestellt. Mit Wasserdampf flüchtig sind nur die *Terpene*. Zu ihnen gehören neben dem schon erwähnten α- und β-Pinen, Caren, Limonen, Phellandren, Thujen, Kampfer, Borneol usw.

Während der Sulfitkochung werden die Terpene zum aromatischen Cymol (I) dehydriert, welches Hauptbestandteil des Sulfitterpentins ist.

Gruppe b). Nicht mehr wasserdampfflüchtig sind die der ätherlöslichen Gruppe angehörenden *Diterpene*, z. B. die Harzsäuren des Kolophoniums und des Kopallacks, die nach dem Muster der Abietin-(II) und der widerstandsfähigeren Pimarsäure (III) gebaut sind und vier Isopren-Bausteine enthalten[524]):

(I)

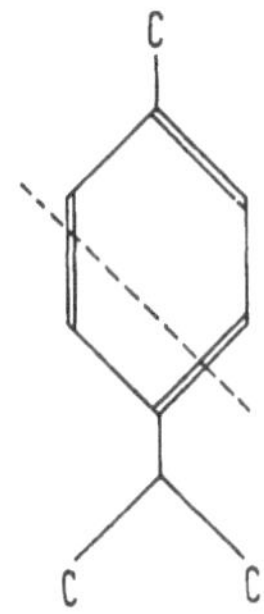

Cymol

(II)

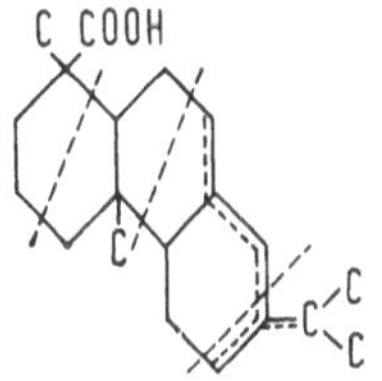

Abietinsäure

(III)

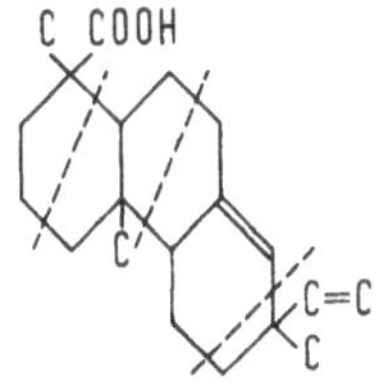

Pimarsäure

standsfähigkeit gegenüber Chemikalien und Atmosphärilien. (W. SANDERMANN u. Mitarb., Holzforschung 17, 161—168; 1963. 42 Ref.).

[524]) Die strichlierten Valenzen in (II) bezeichnen die wechselnden Möglichkeiten von Doppelbindungen verschiedener Harzsäuren dieses Typs.

In dehydriertem Zustand liefern sie Vitamin A, das gleichfalls vier Isopentanbausteinen entspricht:

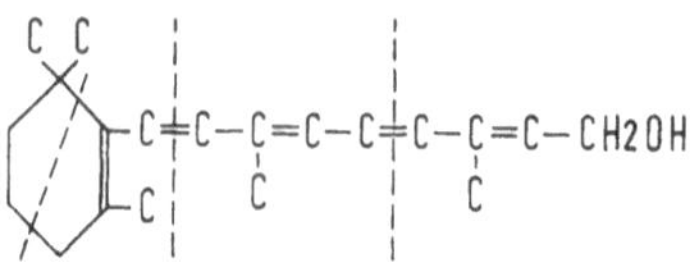

Ein ätherlösliches Tetraterpen ist der Blattfarbstoff β-Carotin, das acht Isopentanbausteine enthält:

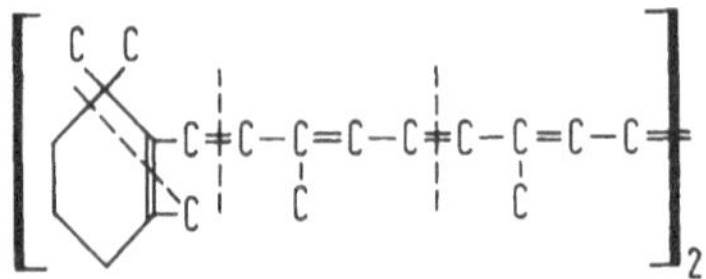

Die meisten *Harze* sind Gemische von Mono-, Sesqui-, Di- und Triterpenverbindungen, die sich gegenseitig in Lösung halten. Bei hohem Anteil flüchtiger Terpenverbindungen spricht man von *Balsamen.*

In den Harzen unserer Nadelhölzer sind Mono- und Diterpenverbindungen vertreten, in tropischen Hölzern vorwiegend Sesqui-, Di- und Triterpenverbindungen.

Verschiedene tropische Hölzer weisen hohen Gehalt an Harzen und Balsamen auf, die Klebrigkeit, Verschmieren von Werkzeugen und Maschinen bei der Verarbeitung hervorrufen, sowie an fertigen Möbelstücken mitunter Harzaustritt verursachen. Diese Hölzer, z. B. Walaba (mit 25% Harz), Niangon, Cedrela u. a. sind chemisch und mechanisch sehr widerstandsfähig. In der Praxis trachtet man durch Trocknung möglichst viel Harz an die Oberfläche zu bringen, worauf diese Schicht abgeschliffen wird und durch einen geeigneten Lack abgeschlossen werden kann.

Beim „Altern der Harze" verflüchtigen sich die niedriger siedenden einfachen Anteile (Terpene, Sesquiterpene) und der Rückstand oxydiert zu höher schmelzenden Körpern, z. B. Oxysäuren. Entstandene Peroxyde wirken hierbei autokatalytisch. Mitunter verhindern holzeigene Inhibitoren (Phenole) die Autoxydation (W. SANDERMANN, 1961)[525]).

Interessant ist der Gehalt mancher Hölzer an fetten Ölen, die sich aus dem Ätherextrakt isolieren lassen. Kiefer, Linde und Birke besitzen etwa 1—2% fette Öle, doch kann dieser Gehalt mitunter bis 8% ansteigen[526]).

---

[525]) R. C. EHLERS, W. SANDERMANN, Holz als Roh- u. Werkstoff *19*, 187—195; 1961 (52 Ref.).

[526]) Beim Sulfataufschluß der Kiefer wird das fette Öl durch Alkalieinwirkung zu Fettsäuren, das Harz zu Harzsäuren aufgespalten, die sich dann im Tallöl der Sulfat-

Gruppe c). Zu den alkohollöslichen Stoffen gehört die Gruppe der Lignane, Flavonoide und Stilbene, die sich im Kern verschiedener Hölzer finden und vielfach deren *Dauerhaftigkeit* bedingen. Die durch Dimerisation aus zwei Koniferyl-Bausteinen entstandenen Lignane sind *im Gegensatz zu den Ligninen* optisch aktiv. Die Flavonoide

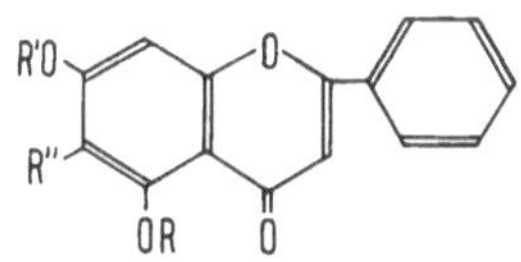

leiten schon zu den Pflanzenfarbstoffen der verschiedenen Hölzer über.

Zur Gruppe alkohollöslicher Begleitstoffe des Holzes gehören auch noch die *Gerbstoffe*, die aber in der Praxis durch Extraktion mit Wasser gewonnen werden, in dem sie gleichfalls löslich sind.

Die Zusammensetzung der meisten Gerbstoffe, ihr analytisches Verhalten, ihre physiologische Bedeutung usw. sind noch umstritten, da bei älteren Untersuchungen zweifellos verwickelte Gemische extrahierter Pflanzenstoffe vorlagen. Neuerdings wird dieses Gebiet unter Zuhilfenahme moderner chromatographischer Verfahren erfolgreich bearbeitet. So gelang es H. ENDRES[527]) aus frischem Fichtenbast mehrere Polyphenol-Glukoside, darunter ein kristallisiertes Piceatannol-4-glukosid, zu isolieren und sie chemisch sicherzustellen.

Die Gerbstoffe sind zusammengesetzte Polyphenole, die beim Abbau einfache Phenolbausteine liefern:

kochung finden. Das Tallöl weist bis 3% des ätherlöslichen Phytosterins auf, das das Ausgangsgut für die Synthese von Sexualhormonen ist.

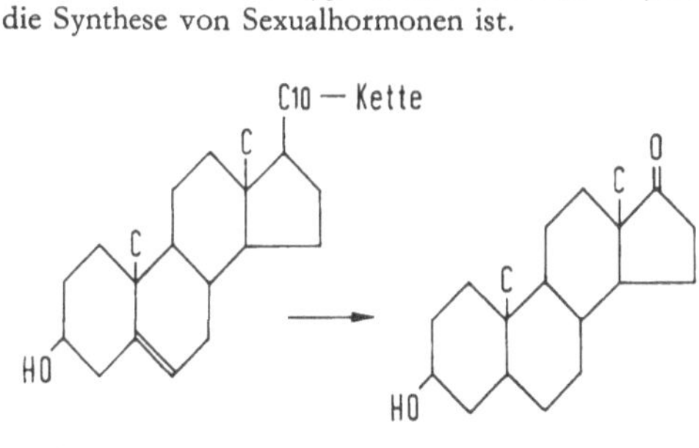

Phytosterol Androsteron

[527]) H. ENDRES u. Mitarb., Chem. Ber. *94*, 419—431, 431—437, 438—441; 1962.

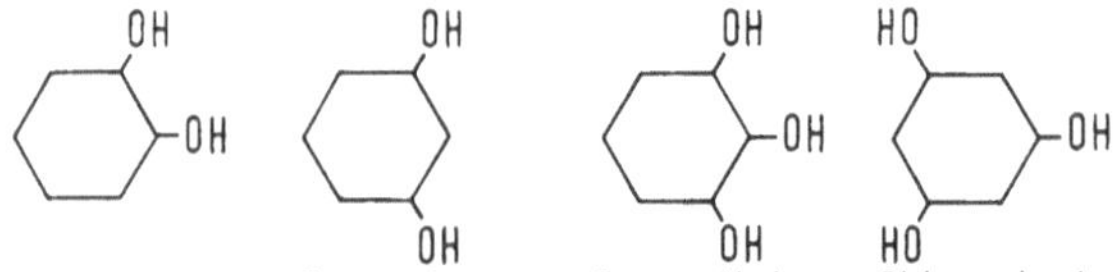

Brenzkatechin, Resorcin, Pyrogallol, Phloroglucin

Sie verwandeln die Hautproteine (Kollagen) in Leder. Dabei scheinen sich Vernetzungen von Makromolekülen des Eiweißes zu bilden, wobei *das Quellungsvermögen sehr erheblich herabgesetzt* wird. Typisch für die Gerbstoffe ist ihr amorpher Zustand. Sie finden sich hauptsächlich in der Rinde[528]), doch gilt dies nicht allgemein[529]).

In der ČSSR zum Beispiel werden jährlich aus einer Million Festmeter Fichtenrundholz etwa 30000 Tonnen geschälter Fichtenrinde und daraus etwa 3000 Tonnen Gerbstoff gewonnen. Frische Fichtenrinde besitzt über 18% Gerbstoff (auf trockenes Gut bezogen), der durch heißes Wasser (85° C) ausgelaugt werden kann. Nach dem maschinellen Schälen, bei dem die Rinde durch mechanische Beschädigung erheblich leidet, unterliegt sie neben mikrobiellen Vorgängen insbesondere rascher Oxydation und Kondensation durch Phenoloxydasen (unter Glukoseabspaltung und dadurch Löslichkeitsverminderung).

Dabei sinkt ihr Gerbstoffgehalt innerhalb weniger Stunden. Durch halbstündiges Dämpfen werden die Phenoloxydasen zwar zerstört, aber allfällige Gärungs- und Verschimmelungsvorgänge nicht verhindert. Aber auch im nichtgeschälten Zustand sinkt der Gerbstoffgehalt der Rinde, und zwar innerhalb dreier Monate auf etwa 8—9%. Die zahlreichen sehr wechselnden Angaben über Gerbstoffgehalte entsprechender Rinden und Hölzer hängen offenbar nicht nur mit Güteunterschieden zusammen, sondern auch mit der Vorgeschichte der untersuchten Proben.

Wesentlich größer als der Gerbstoffgehalt unserer Hölzer ist der verschiedener tropischer Bäume[530]).

Als Phenole verzögern Gerbstoffe das Trocknen von Ölfarben und hemmen den Sulfitaufschluß der Hölzer. Doch werden gerbstoffreiche Hölzer ohne Schwierigkeiten nach dem Sulfatverfahren aufgeschlossen.

---

[528]) Fichtenrinde enthält nach wechselnden Angaben 5—18% Gerbstoff, Fichtenholz 0,1%. Stieleiche (Quercus pedunculata) weist in der Rinde 4—16% Gerbstoff, im Kern 3—13% und im Splint 1—4% auf.

[529]) Kastanie (Castanea vesca) enthält in der Rinde 8—14% Gerbstoff, im Holz 7—16%.

[530]) Mangrove (Rhizophora mangle L.) Rinde: 15—42% Gerbstoff, Holz: Θ. Golden Wattle (Acacia pygnantha) Rinde: bis 35% Gerbstoff. Relativ arm an Gerbstoff ist die Rinde von Quebracho (Schinopsis Lorentzii) die 6—8% Gerbstoff enthält, während für den Kern des Holzes 13—26% angegeben werden.

Gruppe d). Die in heißem Wasser löslichen Begleitstoffe der Hölzer umfassen zunächst die *Mineralstoffe*. Unsere einheimischen Hölzer enthalten bis 1% Asche, die der Tropen bis 4%. Die Mineralanteile sind in den Zellwandschichten ziemlich gleichmäßig verteilt. In der Asche ist durchschnittlich CaO zu 50%, K_2O zu etwa 20%, Na_2O und MgO zu weniger als 10%, Fe_2O_3 zu 0,5—2% beteiligt.

Die Aschenbestandteile spielen eine bedeutende physiologische Rolle. K, Na und Cl sind zur Erhaltung des osmotischen und Ionengleichgewichts, Mg zum Chlorophyllaufbau erforderlich. Fe wird zur Atmung, Cu zur Bildung von Polyphenoloxydasen benötigt; Mn, Co und Zn aktivieren Enzyme. Manche Elemente treten in einzelnen Holzarten deutlicher auf als in anderen.

Von selteneren Metallen kommt Ti im Holz von Eiche, Apfel und Birne vor; Cu, Zn, Pb sind im Holz von Weide und Fichte enthalten; Sn, Co, Ni im Eichenholz, Tl in Buche und schließlich Au in australischen Hölzern. Einige tropische Hölzer (z. B. Tecoma) enthalten über 0,5% SiO_2 und sind besonders widerstandsfähig gegen Schädlinge. Dieser hohe SiO_2-Gehalt führt andrerseits im Sägewerk zu rascher Abnutzung der Sägen.

Über freie Zucker in Hölzern ist wenig bekannt. In den lebenden Teilen der Bäume kommen D-Glukose, Fruktose und Rohrzucker vor[531]). L. V. SMITH fand 1960 bei der Untersuchung kalifornischer Nadelhölzer, daß Splint und innere Rinde die drei eben erwähnten Zucker enthalten, während im Kernholz D-Glukose und L-Arabinose festgestellt wurden. Nach Untersuchungen H. H. DIETRICHS[531a]), sind im *Kernholz* von Buche und Birke keine niedermolekularen freien Zucker vorhanden, bei Fichte hingegen Mannose und bei Eiche Glukose, Xylose und Arabinose. Im *Splint* von Buche, Birke, Eiche und Fichte sind Saccharose, Fruktose und Glukose enthalten. Bei Lagerung gehen die Zucker in Uronsäuren über.

In die Gruppe der wasserlöslichen Begleitstoffe des Holzes gehören noch die *kolloidlöslichen Saponine*, die alkoholunlösliche Glukoside darstellen. Die tropischen Greenheart-Hölzer enthalten 3—4% Saponine, die zu schweren Hauterkrankungen der Arbeiter in der Holzindustrie Anlaß bieten können. Andere tropische Hölzer, wie Tecoma, können durch Abspaltung von Blausäure schwere Nervenkrankheiten hervorrufen.

Bis 20% der tropischen Hölzer (Rinden, Blätter, Früchte, Kork, Wurzelknollen, Milchsäfte usw.) besitzen *Alkaloide*, Naturstoffe, die Stickstoff in einem Heterocyklus gebunden enthalten und sich durch besondere pharmakologische Wirkungen auszeichnen und daher hochgeschätzte Heil-

---

531) L. V. SMITH, E. ZAVARIN, Tappi *43*, 218—224; 1960.

531a) H. H. DIETRICHS, Holzforschung *18*, 14—24; 1964.

mittel darstellen (Chinin, Kokain, Strychnin, Atropin, Morphin, Thebain usw.). Alkaloide treten meist in Form ihrer Salze auf und werden durch angesäuertes Wasser extrahiert.

Auch nichtalkaloidartige Stickstoffverbindungen, die ihren N gleichfalls aus Protoplasmaresten beziehen, sind im Holz vorhanden. So isolierte O. R. GOTTLIEB[531b]) z. B. aus Ocotea 1-Nitro-2-phenyl-äthen:

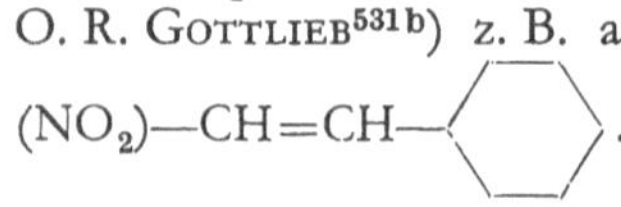

2.6 Rinde[532])

2.6.1 Allgemeines

Der Stamm jedes Baumes besitzt eine äußere Schutzschicht gegenüber Bakterien und Pilzen, gegen Austrocknung und Wassereinwirkung, gegen mechanische Einflüsse und Temperaturschwankungen: die Rinde. Sie beträgt 10—15% des Gewichts der gefällten Stämme und stellt im übrigen einen der größten aller bekannten industriellen Abfälle dar. So beträgt z. B. in der ČSSR der jährliche Abfall allein an Fichtenrinde etwa eine Million Festmeter.

Wir unterscheiden eine äußere, dunkelgefärbte tote Rindenschicht, die rauhe und rissige Borke (die etwa 85% des Rindengewichts erreicht) und eine dünne, lebende, innere, hellgefärbte Rindenschicht, den Bast (rund 15% des Rindengewichts), darin die Assimilate von der Krone des Baumes in die unteren Stammteile geleitet und die Reservestoffe gespeichert werden. Die Umwandlung von Bast in Borke scheint mit der Ablagerung ligninartiger Stoffe und Suberins (s. u.) verbunden zu sein.

An der Grenze zwischen Rinde und Holz liegt das Kambium, das einen Zylindermantel um den Stamm in der Dicke einer einzigen Zellenreihe bildet. Die plasmareichen Kambiumzellen teilen sich durch tangentiale Längswände und scheiden nach innen reichlich Holzzellen, nach außen (nur einem Bruchteil des Holzzuwachses entsprechend) Rindenzellen ab. Sämtliche Zellgewebe, die an der Außenseite des dünnen Kambiummantels liegen und den Baum umhüllen, stellen daher die Rinde dar.

Die Literatur über die chemische Zusammensetzung der Rinde ist spärlich und von mäßiger Genauigkeit. Zur Untersuchung der Rinde werden

---

[531b]) O. R. GOTTLIEB, M. T. MAGALHAES, J. Org. Chem. *24*, 2370; 1959.

[532]) Vgl. B. KOLJO „Rinde und Rindenstoffe" in E. TREIBER „Die Chemie der Pflanzenzellwand" S. 403—415.

i. allg. die analytischen Verfahren der Holzchemie verwendet, die hier jedoch vielfach unbrauchbar sind und durchaus unbefriedigende Ergebnisse liefern.

Die Rinde enthält folgende chemischen Bestandteile: Cellulose, Hemi [Xylan, Mannan, Araban, Glukan, Galaktan und Uronsäuren], Lignin, Kork und schließlich Begleitstoffe [Öle und Säuren, Alkohole, Kohlenwasserstoffe, Harze (z. B. Kanadabalsam), Farbstoffe, Gerbstoffe und Phlobaphene, Glukoside, Pektine, Zucker, N-Verbindungen (Alkaloide, Saponine) und Mineralstoffe].

Die Gesamtzusammensetzung der Rinden schwankt ungleich mehr als die der zugehörigen Hölzer. Die eben erwähnte große Gruppe der Rindenbegleitstoffe oder Extraktstoffe stellt seit jeher ein dankbares Feld für die angewandte Chemie dar; insbesondere kommen hier Farb- und Gerbstoffe, Harze und Drogen in Betracht.

2.6.2 Chemie der Rinde

Die Rinde ist morphologisch sehr viel verwickelter gebaut als das Holz und sie verhält sich auch chemisch anders. Am Bau der Rinde sind die verschiedensten Zellen beteiligt. (Parenchym-, Kollenchym-, Sklerenchym-Elemente, Kork), und als Gerüstsubstanz tritt neben Cellulose insbesondere *Suberin*[533]) auf.

Suberin ist nach bisherigen Erkenntnissen eine hochmolekulare aliphatische Verbindung, die wahrscheinlich, wie Röntgenanalysen zeigen, durch Polymerisation oder Kondensation von verschiedenen höheren Fettsäuren[534]) entsteht. Mit Hilfe ihrer reaktionsfähigen Gruppen, die zur Esterbildung und zu Entstehung von Ätherbrücken befähigen, wächst so ein *regelmäßiges Netzwerk von ungesättigten und gesättigten Oxyfettsäuren*[535]).

Bei der analytischen Ermittlung der chemischen Bestandteile von *Hölzern* stören bekanntermaßen die einzelnen Verbindungsgruppen einander gegenseitig. In ungleich stärkerem Maße jedoch ist dies der Fall bei der üblichen chemischen Untersuchung der *Rinden.*

Das Rindenlignin scheint wesentlich verwickelter gebaut zu sein als das Holzlignin und ähnelt eher hochkondensierten Humussäuren. Sein Metho-

---

[533]) Vgl. B. KOLJO, P. SITTE „Das Suberin" in E. TREIBER „Die Chemie der Pflanzenzellwand" S. 416—432; Berlin 1957.

[534]) Stearinsäure, $C_{17}H_{35}.COOH$, Oxystearinsäure, $C_{17}H_{34}(OH).COOH$, Phellonsäure $C_{21}H_{42}(OH)COOH$, Phloionsäure, $COOH(CH_2)_7(CHOH)_2(CH_2)_7COOH$.

[535]) Der Suberingehalt in der Rinde von Buche wird mit 5,2%, von Robinie mit 6,3% und von Faulbaum mit 6,9% angegeben.

xylgehalt ist gering. Die übliche gravimetrische Ligninbestimmung wird dadurch erschwert, daß Kork und Gerbstoffe bedeutend größere Ligningehalte vortäuschen. So fand A. WACEK[536]) in wasserextrahierter Fichtenrinde 40% Lignin, in Methylalkohol-Benzol extrahierter nurmehr 30% und schließlich nach aufeinanderfolgender Ausziehung der Rinde mit Wasser, Alkohol und Benzol nur noch 20% Lignin!

Phenolsäuren

Sie kommen neben dem Rindenlignin vor, von dem sie sich durch ihre Löslichkeit in 1%igem NaOH beiläufig abgrenzen lassen. Sie weisen 4—15% OCH_3 auf, geben mit Phloroglucin-HCl keine Färbung. Die IR-Spektren von Dioxan-Rindenlignin, Holzlignin, Phlobaphenen und Phenolsäuren sind sehr ähnlich[536a]). Bei Nitrobenzol-Oxydation nach L. SCHULZ[415]) lieferte „KLASON-Fichtenrinden-Lignin" bloß 2,7% Vanillin, während Fichtenholz 6,5% Vanillin gab[536b]).

Der *Cellulosegehalt*, dessen Bestimmung laut übereinstimmenden Literaturangaben in der Rinde *nur nach Kürschner-Hoffer* mit alkoholischer Salpetersäure möglich ist[537]), beträgt ungefähr 20%.

Die *Pentosane der Rinde* sind sehr fest an die Cellulose gebunden. Rindenzellstoff enthält deshalb sogar nach mehrfach wiederholter Sulfitkochung noch bis 6% Pentosan. Der Pentosangehalt der Rinde ist dabei geringer als der der Hölzer. Mit zunehmendem Alter tritt Abnahme der Pentosane ein.

Trotzdem *Kork*[538]) seiner chemischen Widerstandsfähigkeit halber einen der verbreitetsten Gegenstände des täglichen Gebrauchs sämtlicher Chemiker darstellt, wissen wir recht wenig über seine chemische Zusammensetzung. Kork enthält neben seinem Hauptbestandteil Suberin noch Cellulose, Lignin, das Wachs Cerin, sowie etwa 1% phenolartiger Stoffe (Gerbstoffe und Phlobaphene).

Wie neuestens Elmi-Aufnahmen zeigten, besteht im Kork eine einheitliche Suberinlamelle. Der Suberinanteil im Kork wird mit 35—60% ange-

---

[536]) A. WACEK, A. SCHÖN, Holz als Roh- u. Werkstoff *4*, 18; 1941.

[536a]) E. F. KURTH, J. E. SMITH, Pulp Paper Mag. Can. *55* (12): 125; 1954.

[536b]) A. WACEK, A. SCHÖN, Holz als Roh- und Werkstoff *4*,18; 1941.

[537]) Vgl. z. B. N. I. NIKITIN „Die Chemie des Holzes" S. 365; Berlin 1955. E. TREIBER „Die Chemie der Pflanzenzellwand" S. 411; Berlin 1957.

[538]) Über die Chemie des Korks vgl. E. TREIBER „Die Chemie der Pflanzenzellwand" S. 418—421; Berlin 1957.

geben. Die Cellulosemenge im Kork wird auf 30—33,5% geschätzt. Die für den Ligningehalt im Kork angeführten Zahlen, die bis 32% erreichen, dürften nach unseren Untersuchungen durchweg unrichtig sein.

Harze finden sich nur in jungen Rindengeweben. Oft entstehen Harzbeulen (Tanne, Douglasie) mit gespeichertem Terpentin, einem bunten Gemisch aus Terpenen, Sesquiterpenen und Diterpenen.

Über die *Rindenpektine* ist wenig bekannt. In der Literatur wird hauptsächlich ihre Löslichkeit in Wasser, Alkohol, Oxalaten usw. angeführt.

Über die Gerbstoffe der Rinde wurde schon bei den akzessorischen Bestandteilen des Holzes kurz gesprochen. Ihre physiologische Aufgabe dürfte, ähnlich wie bei Lignin, antiseptischer Art sein. Gerbstoffe treten in jungen Rinden in wasserlöslicher Form auf und gehen mit zunehmendem Alter in wasserunlösliche Phlobaphene über.

Einheimische Hölzer, die Gerbstoff liefernde Rinden besitzen, sind: Eiche, Kastanie, Fichte, gewisse Akacienarten, Birke, Weide. Die Gerbstoffgehalte der Rinde einheimischer Hölzer betragen:

Fichte	4,7—20,0%	Ulme	3,0— 4,0%
Tanne	4,8— 9,2%	Weide	3,0—13,0%
Kiefer	4,0— 8,0%	Erle	5,0—20,0%
Lärche	5,0—16,0%	Buche	2,5— 4,0%
Eiche	5,0—16,0%	Birke	3,0— 5,5% .

Die *Rindenphlobaphene* sind in Wasser unlöslich; sie stellen wahrscheinlich Kondensationsprodukte von Gerbstoffen und Ligninen dar.

Die *N-Verbindungen der Rinde* sind der Mehrzahl nach Alkaloide: Strychnin, Brucin, Yohimbin, Yohimbenin, Chinin, Conessin, Holarrhenin, Corynanthin usw.

Der *Aschengehalt der Rinde* ist erheblich größer als der des Holzes. Fichte, Tanne, Birke enthalten bis 3% Asche, Kiefer, Robinie Pappel, Erle, Buche 3—4%, Eiche 4—7%, Ulme, Ahorn 7—9%. Typisch für die Mineralsubstanz von Rinden ist das Ca-oxalat in Form monokliner Kristalldrusen. Die Rinden von Fichte, Birke und Ulme enthalten auch SiO_2. $^3/_4$ der Rindenasche entspricht CaO, dann folgen K_2O, Na_2O und MgO.

Über die *Extraktstoffe der Rinde* berichtet eine umfangreiche Literatur. Dies gilt hauptsächlich für die in der Rinde enthaltenen Drogen: Angostura, Cascarilla, Condurango, Cinchona, Yohimboa usw., die schon seit ältester Zeit bekannt sind. Interessant ist, daß der Extrakt der Rinden 20—30% erreicht, während er beim Holz 2—4% beträgt. Die eingehend untersuchten Heißwasserextrakte von Fichte und Buche enthalten nur wenig freie Zucker.

Allgemein enthält der *wässerige Auszug der Rinde:* Monosen, Glukoside, Pektine, Gerbstoffe und Stärke. Der *ätherische* Rindenauszug weist höhere Alkohole und höhere Fettsäuren, Wachse und Fette, Harze und Kohlenwasserstoffe auf. Der *alkoholische* Rindenauszug enthält Fette und Fettsäuren, Alkaloide, Farb- und Gerbstoffe, sowie Phlobaphene.

Erwähnenswert sind noch einige spezifische Extraktstoffe von Rinden, wie das alkohollösliche Sterin *Betulin* der Birkenrinde und die wasserlösliche α-Aminopropionsäure der Erlenrinde, *Alanin.*

Die Gesamtzusammensetzung der Rinden unterscheidet sich erheblich von der der Hölzer. Rinden weisen höhere Salzgehalte, bedeutend höhere Gehalte an Extraktstoffen, Pektinen und Ligninen auf, hingegen enthalten sie weniger Cellulose und Pentosane. Kork ist im Holz überhaupt nicht enthalten.

Auch bei ein und derselben Baumart beeinflussen Spezies, Standort, Alter usw. sehr erheblich die Rindenzusammensetzung. Rechnen wir hierzu noch die kaum überwindbaren Schwierigkeiten der chemischen Analyse von Rinden, so leuchtet es ein, daß auch die Untersuchungen hervorragender Chemiker nur ein beiläufiges Bild der prozentualen Zusammensetzung von Rinden liefern. Im nachfolgenden sei die Analyse der Fichtenrinde (Picea excelsa) nach W. I. SCHARKOW (1938) wiedergegeben[542]):

Cellulose[539])	Pentosan	Hexosan	Uron-säuren	Lig-nin[540])	Auszug wässe-rig[541])	Auszug alkohol.	Sube-rin	Salze
Bast 23,2	9,7	9,3	6,0	15,6	33,1	1,7	0,0	2,33
Borke 14,3	7,1	9,7	4,0	27,4	27,9	2,6	2,8	2,31

J. ZELLNER[543]) nahm 1934 die Isolierung der einzelnen Rindenextraktstoffe vom analytischen Standpunkt auf und entwickelte eine geistreiche Arbeitsweise zur Trennung der Rindenauszüge in einzelne Verbindungsgruppen und Verbindungen.

---

539) Nach KÜRSCHNER-HOFFER bestimmt.

540) Erhalten durch abwechselnde Behandlung der pulvrigen Rinde mit kochender 1%iger Schwefelsäure und kaltem SCHWEIZERschen Reagens.

541) Ohne Salze.

542) W. I. SCHARKOW, Bum. prom. *1938* (8): 32.

543) J. ZELLNER, Monatshefte *65*, 1934, vgl. auch J. ZELLNER, L. WEISS, Mh. Chemie *56*, 312; 1925.

Abschließend seien noch einige interessante Untersuchungen über Rindenextrakte von Fichte und verschiedenen Pappelarten erwähnt, die in den letzten Jahren vorgenommen wurden. Z. KOTASCH (1959)[544]) fällte wässerigen Fichtenrindenextrakt (der infolge hohen Gehalts an Polyuroniden schwaches Diffusionsvermögen und geringe Gerbgeschwindigkeit aufwies) mit Alkohol oder Aceton und erhielt hochmolekulare Polyuronide, die in üblicher Weise hydrolysiert, L-Arabinose, D-Glukose, Galaktose und Galakturonsäure ergaben.

I. A. PEARL unterzog (1960)[545]) Rinden verschiedener Pappelarten alkalischer Hydrolyse und extrahierte den angesäuerten Auszug mit Äther. Chromatographisch ließen sich in diesem Auszug p-Oxybenzoesäure,

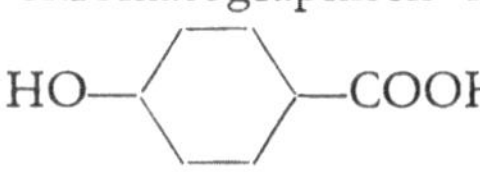

, p-Kumarsäure,
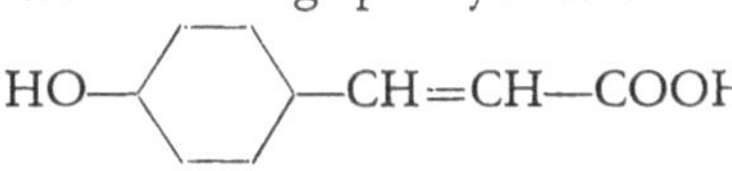

,

Ferulasäure,
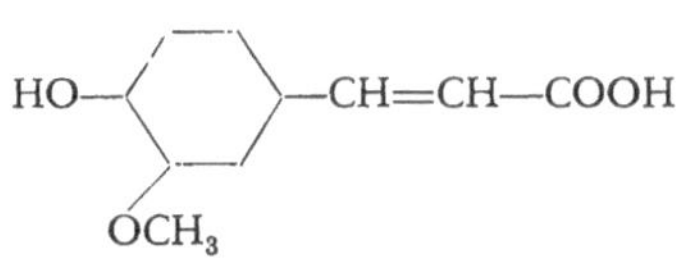

,

und Syringinsäure,
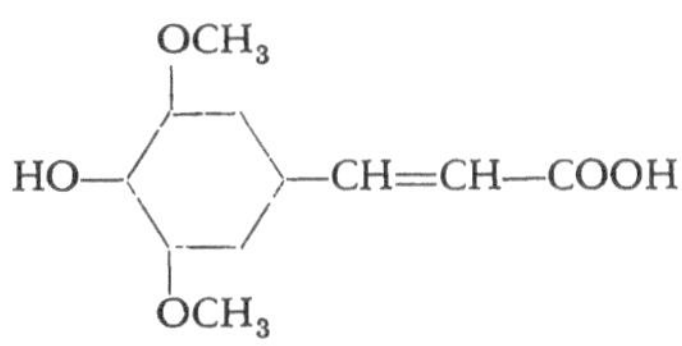

,

feststellen.

H. B. FABER extrahierte 1960[546]) die innere Rinde von Populus tremuloides mit Methanol und isolierte aus dem Extrakt folgende kristallisierten Verbindungen: Brenzkatechin, Benzoesäure, Vanillinsäure,

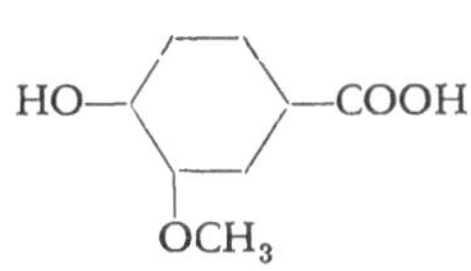

,

p-Kumarsäure, und p-Oxybenzoesäure.

---

[544]) Z. KOTASCH, Ang. Chem. *71*, 704; 1959.

[545]) I. A. PEARL u. Mitarb., Tappi *43*, 756—758; 1960.

[546]) H. B. FABER jr., Tappi *43*, 406—413; 1960.

Chromatographisch gelang es Ferulasäure und das Glukosid Salicin,

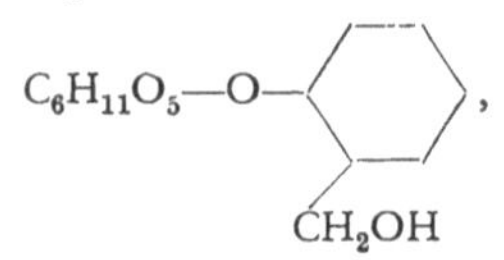

nachzuweisen. Nicht gefunden wurden hingegen Koniferin und Syringin. Diese beiden Glukoside konnten aber in der Rinde von Fraxinusarten (Esche) sichergestellt werden[546a]).

Interessant ist der *Vitamingehalt* verschiedener Rinden[546b]). In mg Vitamin je 100 g Rinde gemessen, sank z. B. der Höchstgehalt an Vitamin C von 35,1 (Fichte) auf 32,0 (Eiche), 21,6 (Esche), 17,6 (Lärche), 15,5 (Erle), 6,8 (Linde), 5,6 (Kiefer) und 2,4 (Birke). Der Gehalt an Vitamin B_1 war am höchsten bei Erle (0,23), der an Vitamin B_2 betrug maximal 0,29 bei Esche.

2.6.3 Technische Verwendung der Rinde

Für die Nutzung der Rinde unserer Hölzer sind in erster Reihe wirtschaftliche Entrindungsverfahren erforderlich[547]), ferner — aus Transportgründen — zentral gelegene Punkte, an denen große Mengen von Rinden abfallen. Die Gewinnung der Rinde ist von dem wechselnden Haftvermögen des Bastes abhängig. Bei wintergeschlägertem Holz ist die Entrindung schwierig, bei frühjahrsgeschlägertem leicht.

Nach stundenlanger Behandlung mit Dampf (unter 100° C) und anschließendem Abschrecken mit kaltem Spritzwasser, kann die Rinde von wintergeschlägertem Holz so gequollen werden, daß sie leicht ablösbar wird. Freilich dringen hierbei phenolische Anteile der Rinde in die äußeren Holzschichten, was bei der Verarbeitung auf Zellstoff zu berücksichtigen ist. (Braunfärbung desselben). Überhaupt ist für die Herstellung von Zellstoff aus Hölzern die Entfernung der sehr schlecht aufschließbaren Rinde Voraussetzung[548]).

Neben der mechanischen Entrindung (durch Schneiden, Reibung, Wasserstrahlen) tritt seit neuestem die *chemische Entrindung*[549]) in den Vor-

[546a]) V. Plouvier, C. r. *238*, 1835; 1954.

[546b]) W. Wodsak, E. Ückermann, Zeitschr. f. Vitaminforschung *25*, 379; 1955.

[547]) Vgl. R. Bott, Holz als Roh- u. Werkstoff *13*, 147—160; 1955.

[548]) Die Ursache der schlechten Aufschließbarkeit von Rinden ist offenbar die teilweise andere Skelettsubstanz, sowie ein höherer Gehalt an aufschlußerschwerenden phenolischen Stoffen, die beim Flößen z. T. in die äußeren Holzschichten übergehen.

[549]) G. Stegmann, Nord. Holzwirtsch. *5*, 9; 1954. H. Gläser „Chemische Entrindung"; Frankfurt/Main 1954.

dergrund. Man ringelt den stehenden Baum und bestreicht die Wunde z. B. mit einem teigartigen Gemisch von Wasser + As_2O_3 + NaOH + Mehl. Beim Fällen der Bäume nach einigen Monaten springt die Rinde von selbst ab. Nadelhölzer verlieren bei dieser Behandlung überdies etwa 30% ihres Gewichtes, was für die Holzabfuhr günstig ist.

Wie Versuche zeigten, ist die chemische Entrindung für Fichte und für Pappel gut geeignet, jedoch nicht für Kiefer, Lärche und Douglasie. Nach neueren Mitteilungen sollen weder im Holz, noch im Holzschliff oder Zellstoff derart behandelter Bäume Arsenverbindungen in nennenswerten Mengen nachweisbar sein[550]).

Die Nutzung der Rinde unserer einheimischen Holzarten ist begrenzt. In erster Reihe ist hier an deren *Verbrennung* zu denken. Durch bloßes Pressen der wasserhaltigen Rinde kann bestenfalls 45% Trockensubstanz erreicht werden. Eine solche Rinde besitzt einen Heizwert von 1400 kcal/kg[551]).

Die Verbrennung ist zwar der einzige Weg zur Bewältigung der ungeheuren Mengen abfallender Rinde, doch muß berücksichtigt werden, daß die Rinde geflößter Stämme bis 85% Wasser enthält, die vorerst entfernt werden müssen, was hauptsächlich durch Rauchgase von etwa 200° C geschieht.

Neuerdings wird Tannenrinde im Gasgenerator zur Gewinnung von Heizgas vergast. Hierbei liefert 1 kg atro-Rinde 1,4 m^3 Gas mit einem Heizwert von 1100 kcal/m[552]).

Bei der *Bodenverbesserung* durch Rinde kommt vor allem die Hebung der physikalischen Bodeneigenschaften in Betracht. Besonders die Zufuhr von Kohlehydraten schafft poröse Räume für Luft und Wasser. So wird auch der Verklebung und Zementierung des Bodens vorgebeugt. Rechnet man mit dem Verbauch von ½—1 kg Rinde je m^2 und Jahr, so könnten hunderttausende Tonnen Rinde gut untergebacht werden.

Diese Verwendungsart wird vorläufig freilich durch die Mikroorganismen des Bodens vereitelt, deren Körper chemisch ein Verhältnis von 2 G.T. Kohlenstoff zu 1 G.T. Stickstoff aufweisen. In der Rinde beträgt dieses Verhältnis jedoch 35:1, so daß die Bodenmikroorganismen ihren großen

---

550) R. F. Smith, K. Mattisen, Tappi *37*, 451; 1954.

551) Der Heizwert der Rinde ist im Durchschnitt etwas größer als der des Holzes. Atro-Rinde hat einen mittleren Heizwert von etwa 4260 kcal/kg. Der Heizwert von 4 Tonnen Rinde mit 50% Trockensubstanz (1700 kcal/kg) entspricht daher etwa dem Heizwert von 1 Tonne Steinkohle. Vgl. auch I. M. Dyskin, J. D. Schirjajew, Drewoobrabat. prom. *12*, (5): 9—10; 1963.

552) W. W. Fefilow u. Mitarb., Gidrol. i lesochim. prom. *9* (5): 15—16; 1956.

Bedarf an Stickstoff nicht aus dem unbedeutenden N-Gehalt der Rinde decken können, sondern dem Boden Stickstoff entziehen. Das geerntete Gut weist dann Stickstoffmangel auf.

(Ähnliche Erwägungen gelten übrigens auch für die Düngung mit Ligninen). Gelänge es, mit Hilfe von Bakterien oder Pilzen den Stickstoffgehalt der Rinde zu erhöhen, so würde dies eine volkswirtschaftlich sehr bedeutsame Entwicklung einleiten.

Neuestens wird Rinde wegen ihres Gehaltes an Polyphenolen zur *Plattenfabrikation* herangezogen. Polyphenolextrakte aus der Rinde von Hemlocktanne (mit substituierten Resorzinen und Brenzkatechinen) geben mit Formaldehyd härtbare Harze, die als Bindemittel für agglomerierte Platten brauchbar sind[553]).

Über die Verwendung 40%iger Zusätze an zerfaserter Rinde als Beimischung zum Defibratorstoff von Tannen-, Kiefern-, Pappel-, Tsuga- und Thujaarten, ohne daß die Güte der Faserplatten verändert werde, berichtet J. E. Marian[554]). Auch nach A. Anderson[555]) wird bereits ein 40—45%iger Zusatz von Douglasien- und Western Hemlock-Rinde bei der Hartplattenerzeugung verwendet.

Mechanisch zerfaserte Rinde junger Kiefern und Weiden dient als *Tapezierermaterial*, besonders für Möbelpolsterungen.

Feinstgemahlene und mechanisch sortierte Douglasienrinde wird als *Zusatz* zu Kautschuk und Zement, sowie als *Füllstoff* für Kunstharze verwendet.

Was die bereits o. e. *Gerbstoffe* der Rinden anlangt, so ist ihr Gehalt von der Holzart, dem Stammanteil, dem Alter und der vorhergehenden Behandlung der Rinde abhängig. Vor allem muß der Oxydation der Gerbstoffe, ihrem Wärmezerfall, ihrer allfälligen Auslaugung durch Regen, sowie ihrem Schimmligwerden vorgebeugt werden. Die beste Art der Gewinnung von Gerbstoff besteht in langsamer wässeriger Diffusion bei 85° C; ungünstiger wirkt Auslaugung unter Druck.

Harze werden durch organische Extraktionsmittel gemeinsam aus Rinden und Holzabfällen gewonnen. Der Anteil an Harz, wie auch an Gerbstoff, steigt mit der durchschnittlichen Jahrestemperatur. Die aus Nadelholzrinden extrahierten Harze geben mit Alkali Emulsionen, die imstande sind, bedrucktes Zeitungspapier im Holländer rasch zu entfärben. Dieses Verfahren soll das billigste zur Entfernung von Druckerschwärze sein.

---

553) R. W. Herrick, L. H. Bock, Forest Prod. Journ. *8*, 269—274; 1958.

554) J. E. Marian, A. Wissing, Sv. Papp. *62*, 225—229; 1959.

555) A. Anderson, W. Runckel, Paper Trade J. *134*, 22—28; 1952.

Die *Cellulosegewinnung aus Rinde* ist unwirtschaftlich, weil die Ausbeute gering, der Chemikalienverbauch aber groß ist. Solcher Zellstoff eignet sich übrigens nur für grobe Tapeten, Packmaterial und Isolierplatten.

Untersuchungen über die Eignung des Fichtenrindenextrakts zur Herstellung von Kondensationsprodukten für Sperrholzleime zeigten, daß sein Gehalt an Polyphenolen zu gering sei[556]). Erst nach Phenolharzzusatz sind solche Leime (minderer Güte!) herstellbar. Ähnliches gilt auch für Hemlockrinden-Extrakte, die substituierte Resorzin -und Brenzkatechin-Abkömmlinge enthalten. Erst nach Zusatz von 25% Phenolen werden brauchbare Kondensationsprodukte für die Leimherstellung erhalten[557]).

---

[556]) J. E. Marian, A. Wissing, Sv. Papp. *62*, 187—193; 1959.
[557]) R. W. Herrick, L. H. Bock, For. Prod. Journ. *8*, 269—274; 1958.

3 Verhalten von Nadelhölzern und Laubhölzern gegenüber starken Säuren und Laugen

Wir wissen, daß sowohl im morphologischen Bau, als auch in der chemischen Zusammensetzung von Nadel- und Laubhölzern sehr erhebliche Unterschiede bestehen. Während die Nadelhölzer morphologisch verhältnismäßig einfach und einheitlich gebaut sind, kann dies von den sehr heterogen gestalteten Laubhölzern nicht behauptet werden.

Die Laubhölzer enthalten mehr Arten von Zellen als die Nadelhölzer. Diese Zellen sind auch in der Form, Größe, in der Dicke und Ausbildung der Zellwände verschieden. Bei den bedeutenden Unterschieden der einzelnen Arten von Laubbäumen kann vom Vorwiegen einer bestimmten Zellart nicht gesprochen werden.

Die Tracheiden der Nadelhölzer besitzen eine durchschnittliche Länge von 3—4 mm, erreichen aber auch 5 mm Länge. Bei Laubhölzern beträgt die durchschnittliche Länge der Libriformzellen 0,6—1,3 mm, die der Gefäße 0,3—0,6 mm. Der prozentuelle Anteil der wichtigsten Zellarten von Laubhölzern und Nadelhölzern unterscheidet sich sehr erheblich.

Aber auch die chemischen Bestandteile von Nadel- und Laubhölzern sind qualitativ und quantitativ verschieden. Einzig das Baugerüst aus Cellulose ist in beiden Fällen das gleiche.

Wie schon früher hervorgehoben, ist der Ligningehalt der Laubhölzer mindestens um 5% niedriger, als der der Nadelhölzer. Auch ist die Zusammensetzung der Laubholzlignine infolge ihres Gehalts an Syringyl- und Koniferyl-Bausteinen eine andere, als die der Nadelholzlignine, die fast nur aus Koniferyl-Bausteinen aufgebaut sind. Entsprechend dem höheren Methoxylgehalt des Syringyls, ist der Methoxylgehalt der Laubhölzer höher als der der Nadelhölzer.

Der Hemianteil ist bei den Laubhölzern bedeutend höher als bei den Nadelhölzern. Wenn wir in beiden Gruppen mit einem durchschnittlichen Cellulosegehalt von 50% rechnen, ferner den Ligningehalt (entsprechend neuesten Untersuchungen von K. Kürschner) bei Nadelhölzern mit rund 20%, bei Laubhölzern mit höchstens 15% veranschlagen, so ergibt sich für den Hemigehalt der Nadelhölzer rund 30%, der Laubhölzer aber mindestens 35%. Bekanntlich sind diese verschiedenen Hemianteile in Nadel- und Laubhölzern auch qualitativ sehr verschieden.

Während z. B. der Prozentsatz an Pentosan in Nadelhölzern zu 8—14% angegeben wird, werden für Laubhölzer 17—21% Pentosan angeführt. Der Rest entfällt auf Hexosane, die bekanntlich bei den Nadelhölzern gegenüber Pentosanen überwiegen, bei Laubhölzern zurücktreten. Während in letzteren nur sehr wenig Mannan gefunden wurde, konnte in Nadelhölzern 4—10,5% Mannan festgestellt werden. Da die Acetylgruppen vorwiegend an die Pentosane gebunden sind, ist auch der Acetylgehalt in Laubhölzern höher.

Dem niedrigeren Hemigehalt in Nadelhölzern entsprechend, ist auch deren Holocelluloseanteil geringer. Schließlich unterscheiden sich Nadel- und Laubhölzer auch noch durch ihre Gehalte an akzessorischen Bestandteilen. Ätherische Öle, flüchtige Kohlenwasserstoffe, Alkohole, Aldehyde und Säuren, sowie die Harze, sind z. B. charakteristische Begleiter der Nadelhölzer.

Die Summe all der erwähnten Unterschiede macht sich dementsprechend auch im Verhalten der Nadel- und Laubhölzer gegenüber Chemikalien, insbesondere starken Säuren und Laugen geltend.

I. allg. sind alle Arten von Hölzern gegenüber Salzsäure, deren Konzentration 5% nicht überschreitet oder Schwefelsäure bis zu 20% oder verdünnten organischen Säuren ziemlich widerstandsfähig.

Hölzer, die *starken Säuren* widerstehen sollen, müssen einen tunlichst niedern Gehalt an jenen Bestandteilen besitzen, die von Säuren stark angegriffen werden, das sind Hemi. Je geringer der Hemigehalt eines Holzes, je höher sein Lignin- und Cellulosegehalt, desto widerstandsfähiger gegen starke Säuren ist es. Deshalb werden Nadelhölzer (mit ihrem geringeren Hemigehalt, der zudem säurewiderstandsfähiger ist) weniger angegriffen als Laubhölzer, deren größerer Hemigehalt an sich empfindlicher gegen Säurehydrolyse ist.

Während z. B. eine fortdauernde Säureeinwirkung von bestimmter Stärke auf Fichte, Kiefer und Lärche einen Gewichtsverlust von je 10% hervorruft, erleiden Eiche, Buche und Linde unter den gleichen Umständen bereits Gewichtsverluste von rund 30%.

Eine gesonderte Stellung unter den Mineralsäuren nimmt die Salpetersäure gegenüber Hölzern ein. Bei Einwirkung 5%iger HNO_3 machen sich zunächst Nitrierung und Oxydation des Lignins, daneben Hydrolyse der Hemicellulosen zu löslichen Abbaustoffen geltend, während sich der Celluloseanteil widerstandsfähig verhält. Da die Cellulosegehalte von Nadelhölzern und Laubhölzern annähernd gleich sind, so sollten beide Gruppen von Hölzern nach dem früher Gesagten in gleicher Weise angegriffen werden. Doch erwiesen sich Nadelhölzer weniger durchlässig für Salpetersäure. Durch starke Salpetersäure werden alle Arten von Hölzern, insbesondere bei erhöhter Temperatur, verhältnismäßig rasch bis zu einfachen Verbindungen (Oxalsäure, Essigsäure Ameisensäure, CO_2 usw.) abgebaut.

Auch starke Alkalien, sogar schon konzentrierte NH_4OH-Lösung (35%ig), wirken auf Hölzer kräftig abbauend. Hier wird neben den Hemi insbesondere auch das Lignin in Mitleidenschaft gezogen. Es erfolgt starke Quellung und Festigkeitsverminderung des gesamten Holzgewebes. (Ähnlich quellend wirkt übrigens auch Eisessig).

Durch Erhöhung der Alkalikonzentration und der Temperatur können Hölzer vollkommen in Lösung gebracht werden. So hinterläßt Druckkochung von Buchenholz mit 14%iger NaOH bei 150° C bloß 8,5% Rückstand. Fichtenholz wurde bis auf 2,9% gelöst. Bei niederen Alkalikonzentrationen ist die größere Widerstandsfähigkeit der Nadelhölzer im Vergleich zu Laubhölzern festzustellen. So erleiden Fichtensägespäne nach 24stündigem Stehenlassen mit 5%iger NaOH bei Zimmertemperatur eine 5,5%ige Gewichtsverminderung, während unter den gleichen Bedingungen Ahorn 15%, Espe 20% und Birke 20,5% Gewichtsabnahme aufweisen. Selbstverständlich werden kompakte Holzbrettchen unverhältnismäßig schwächer angegriffen.

Was die Schädigung von Hölzern durch Ausdünstungen u. dgl. anlangt, so sind alkalische Dämpfe ziemlich harmlos, während saure Dämpfe (HCl, HNO_3) bis zu einer verhältnismäßig geringen Tiefe das Holz von Baukonstruktionen (Fabriksdächern) chemisch schädigen, was naturgemäß mit gewissen Festigkeitsverlusten verbunden ist. Der Durchmesser der tragenden Elemente von Baukonstruktionen muß daher vergrößert werden, damit der unbeschädigte, weitaus überwiegende Teil des Holzes, selbst befähigt ist, die Belastung zu tragen.

Eine besondere Rolle spielt hier die schwefelige Säure (Zellstoffabriken), die infolge ihrer spezifisch ligninlösenden Wirkung Holzkonstruktionen rasch und tiefgreifend korrodieren kann. Hier wird man natürlich mit Holzverstrebungen u. dgl. zurückhaltend sein.

Alle diese Schädigungen werden naturgemäß in tropischen Gegenden dadurch wesentlich beschleunigt, daß sich die chemischen Umsetzungen des verwendeten Holzes bei bedeutend erhöhten Temperaturen abspielen. So kann eine Schädigung, deren Anwachsen bei uns 20 Jahre beansprucht, in den Tropen unter Umständen bereits in 3 Jahren auftreten.

4 Über Holzanalysen

Der durch den überaus verwickelten Wachstumsvorgang geschaffene, so verschiedene morphologische und chemische Aufbau jeder einzelnen Pflanzenspecies ist das Endergebnis einer Summe physikochemischer Kräfte, die in erster Reihe von der Eigenart der betreffenden Pflanze, weiter aber von ihrem Standort (Höhenlage, Bodenbeschaffenheit, Licht- und Windverhältnissen, Klima usw.), Alter, Stammteil usw. abhängen. Es ist daher überraschend, daß die Elementarzusammensetzung sämtlicher bekannter Hölzer nur verhältnismäßig geringe Schwankungen aufweist, wie vielfach festgestellt wurde und aus der hier angeführten Zusammenstellung deutlich hervorgeht:

Autor	% C	% H	% N	% Asche
E. Gottlieb (1883)	48,9—50,4	5,9—6,3	0,04—0,10	0,28—0,57
N. I. Nikitin (1951)	48,5—50,2	6,1—6,9		
L. Vorreiter (1949)	48—50	5—6	0,04—0,26	0,10—0,20
M. Leiningen-Westerburg	49,9	6,2	0,5	0,50
E. Mörath (1950)	50,0	6,1	0,10—0,20	0,20—0,60

Wollen wir hingegen über den prozentuellen Anteil der Hauptbestandteile von Hölzern (Cellulose, Hemi und Ligninen) in den verschiedenen Holzarten ein richtiges Bild geben, so ist dies mit den größten Schwierigkeiten verknüpft. Die drei erwähnten Hauptbestandteile von Hölzern stellen, wie wir sahen, keineswegs einfache, klar definierbare Verbindungen dar, sondern sind Verbindungsgruppen hochmolekularer Art, die untereinander in innigster, dabei heute noch wenig bekannter Weise physikalisch und chemisch gebunden sind. Deren Isolierung stößt daher auf außerordentliche Schwierigkeiten.

Um zu einer einwandfreien Isolierung von Cellulose, Hemi und Ligninen in unversehrtem Zustand zu gelangen, müßten eine Menge einander scharf widersprechender Arbeitsbedingungen eingehalten werden. Da dies unmöglich ist, so stellt jedes einzelne Isolierungsverfahren einen Ausgleich dar, der zu Ergebnissen führt, die sowohl qualitativ, als auch quantitativ unbefriedigend sind. Von absoluten analytischen Werten kann also keine Rede sein.

Es wäre verfehlt, bei gewachsenen Stoffen, wie Holz, eine völlige Übereinstimmung der Analysenwerte zu erwarten, doch unterscheiden sich die Analysen selbst hervorragender Forscher allzu auffällig.

Im Laufe der Zeit haben sich einige Analysenverfahren wegen ihrer wissenschaftlichen Klarheit, ihrer Einfachheit, Schnelligkeit und Reproduzierbarkeit in der ganzen Welt als beste durchgesetzt, doch gelten auch hier die o. e. Einschränkungen. Bei Angaben von Holzanalysen müssen daher stets die verwendeten Untersuchungsmethoden angegeben werden.

Im nachfolgenden seien die Analysen je zweier wichtiger Gymnospermen und Angiospermen angeführt.

4.1 Fichte (Picea excelsa)

Bestandteil	%	Autor	Jahr	Anm.
Holocellulose	67,9	Forest Products Lab. Madison		
	72,0	L. P. Clermont	1959	
	75,7	T. F. Timell	1957	
Cellulose	41,0	E. Hägglund	1924	
	41,0—42,0	H. Staudinger	1941	
	44,3	For. Prod. L. Madison		
	45,2	N. F. Komschilow	1960	(1)
	45,31	P. Komarow	1934	(1)
	47,12	K. Kürschner	1962	(4)
	50,24	L. P. Clermont	1959	
	53,73	N. S. Kozlow	1936	
	57,84	C. G. Schwalbe	1919	
	59,13	P. Komarow	1934	(2)
Hemicellulosen				
Galaktan	0,85—0,95	W. I. Scharkow	1950	
Mannan				
junger Hölzer	7—8	W. I. Scharkow	1959	(3)
alter Hölzer	13—14			
Pentosan	8,00	L. P. Clermont	1959	
Hexosan	8,39			
Pentosan	9,5	N. F. Komschilow	1960	
Mannan	9,2			
Uronsäuren	3,30			
Pentosan	10,3	F. P. Komarow	1932	
Mannan	7,6			
Galaktan	2,6			
Pentosan	8,6—12,86	N. I. Nikitin	1951	
Pentosan	9,2	For. Prod. L. Madison		
Pentosan	8,67—9,74	J. König	1919	(3)
Hexosan	13,00—13,38			

Fichte (Picea excelsa)

Bestandteil	%	Autor	Jahr	Anm.
Lignin	16	K. Freudenberg	1929	(6)
	18,6	K. Kürschner	1958	
	19,30	E. Wedekind	1933	(7)
	20,85	K. Freudenberg	1928	(8)
	21,5	K. Kürschner	1962	
	21—25	H. Staudinger	1936	(9)
	25,27	L. Kalb	1928	(10)
	26,3	For. Prod. L. Madison		
	26,96	L. P. Clermont	1959	
	27—29	W. I. Scharkow	1959	(11)
	27,6	L. Kalb	1932	(12)
	27,88	R. Willstätter	1914	(13)
	28,00	J. König	1919	(14)
	28,29	C. G. Schwalbe	1919	
	28,5	E. Hägglund	1922	(15)
	29,0	N. F. Komschilow	1960	
Asche	0,2	For. Prod. L. Madison		
	0,20—0,26	W. Daube		
	0,20	F. P. Komarow	1932	
	0,26	N. F. Komschilow	1960	
	0,2	L. P. Clermont	1959	
	0,77	C. G. Schwalbe	1919	
Stickstoff	0,009	E. Gäumann	1928	
	0,11	C. G. Schwalbe	1919	
Auszüge:				
Alkoholextrakt	2,30	C. G. Schwalbe	1919	
Ätherextrakt	1,50	N. F. Komschilow	1960	
Ätherextrakt	1,1	F. P. Komarow	1932	
Wasserextrakt	1,4	N. F. Komschilow	1960	
Wasserextrakt	1,8	F. P. Komarow	1932	

Fichte (Picea excelsa)

Bestandteil	%	Autor	Jahr	Anm.
Methoxyl	5,07	L. P. Clermont	1959	
	4,86	C. G. Schwalbe	1919	
	4,60	E. Hägglund	1934	(5)
Methylalkohol	0,122	C. G. Schwalbe	1919	
Acetyl	1,03	C. G. Schwalbe	1919	
	1,08	L. P. Clermont	1959	
Uronsäureanhydrid	4,48	L. P. Clermont	1959	
pH	Splint = 5,09	E. Gäumann	1928	
	Kern = 4,03			

(1) Nach Kürschner-Hoffer.
(2) Nach Cross-Bevan.
(3) Hydrolyse der Fichtenhemi liefert (W. I. Scharkow, 1959):
48,1% Mannose
13,5% Galaktose
23,2% Xylose
15,2% Arabinose
Oder (nach Gustafsson, 1951):
6,0% Galaktose
65,5% Glukose
16,0% Mannose
3,5% Arabinose
9,0% Xylose.
(4) Pentosanfreie Reincellulose.
(5) Davon entfallen auf Kohlehydrate des Fichtenholzes 0,56%.

Ligninzusammensetzung in %

(6) C = 63,3 H = 5,7 OCH_3 = 16,0
(7) OCH_3 = 16,3
(8) C = 62,0 H = 5,55 OCH_3 = 16,14
(9) C = 62,4—64,3 H = 5,4—5,8 OCH_3 = 13,6—14,2
(10) C = 63,3 H = 6,1 OCH_3 = 15,87 Asche = 0,25 Cl = 0,75 Kohlehydrate = 0,2
(11) C = 64,6 H = 5,5 OCH_3 = 14,7
(12) C = 64,3 H = 6,5 OCH_3 = 15,3 Asche = 0,2
(13) C = 63,33 H = 5,84 OCH_3 = 15,75
(14) C = 65,9 H = 5,25 OCH_3 = 15,85
(15) C = 64,61 H = 5,4 OCH_3 = 14,7 Cl = 0,41 Asche = 0,3.

4.2 Kiefer (Pinus silvestris)

Bestandteil	%	Autor	Jahr	Anm.
Holocellulose	64,30	For. Prod. Lab. Madison		
	72,30	T. F. Timell	1957	
Cellulose	39,70—40,30	H. Staudinger	1941	
	41,93	J. König	1919	
	42,30	For. Prod. Lab. Madison		
	43,90—46,40	C. E. Curran	1936	
	45,64—49,42	G. J. Ritter	1923	
	46,49	P. Komarow	1934	(1)
	50,23—54,25	N. I. Nikitin	1949	(1)
	51,40—52,68	W. I. Scharkow	1948	
	53,8	W. I. Scharkow	1948	(5)
	54,25	C. G. Schwalbe	1919	
	54,58	N. S. Kozlow	1936	
	56,11	P. Komarow	1934	(2)
	57,10	P. Komarow	1932	(2)
Hemicellulosen				
Galaktan	3,80—4,20	W. I. Scharkow	1959	
Mannan jung:	7—8			
Mannan alt:	13—14			
Pentosan	7,90	For. Prod. L. Madison		
Pentosan	8,56—9,31	G. J. Ritter	1923	
Methylpentosan	1,00—2,14			
Pentosan	9,24—13,15	N. I. Nikitin	1951	
Pentosan	8,70	J. König	1919	
Hexosan	12,78			
Pentosan	10,00—11,00	W. I. Scharkow	1959	
Pentosan	10,70	F. P. Komarow	1932	
Mannan	7,10			
Galaktan	1,50			
Pentosan	11,20	C. G. Schwalbe	1919	
Methylpentosan	2,23			

Kiefer (Pinus silvestris)

Bestandteil	%	Autor	Jahr	Anm.
Hemicellulosen				
„Hemi“	20,36—20,68	W. I. SCHARKOW	1948	(3)
„Hemi“	24,00—24,36	W. I. SCHARKOW	1948	
Lignin	25,40	FOR. PROD. L. MADISON		
	26,14—26,50	N. I. NIKITIN	1948	
	26,00—27,00	W. I. SCHARKOW	1959	(4)
	26,25	C. G. SCHWALBE	1919	
	26,90	F. P. KOMAROW	1932	
	27,86—29,48	W. I. SCHARKOW	1948	
	29,52	J. KÖNIG	1919	
Asche	0,15—0,19	W. DAUBE		
	0,20	F. P. KOMAROW	1932	
	0,23—0,26	W. I. SCHARKOW	1948	
	0,23—0,42	G. J. RITTER	1923	
	0,30	FOR. PROD. L. MADISON		
	0,39	C. G. SCHWALBE	1919	
	0,53	J. KÖNIG	1919	
Auszüge:				
Alkoholextrakt	1,0	W. I. SCHARKOW	1948	
Alkoholextrakt	3,45	C. G. SCHWALBE	1919	
Aetherextrakt	1,60	W. I. SCHARKOW	1948	
Aetherextrakt	4,10	F. P. KOMAROW	1932	
Wasserextrakt	0,60	W. I. SCHARKOW	1948	
Wasserextrakt	2,60	F. P. KOMAROW	1932	
Methoxyl	4,16—4,60	G. J. RITTER	1923	
	4,53	C. G. SCHWALBE	1919	
Methylalkohol	0,111	C. G. SCHWALBE	1919	
Essigsäure	1,40	C. G. SCHWALBE	1919	
	1,43—1,68	G. J. RITTER	1923	
Stickstoff	0,13	C. G. SCHWALBE	1919	
	0,19	J. KÖNIG	1919	

Kiefer (Pinus silvestris)

(1) Nach Kürschner-Hoffer.
(2) Nach Cross-Bevan.
(3) Zusammensetzung: (nach Ch. Gustafsson, 1951)
6,00% Galaktose
65,00% Glukose
12,53% Mannose
3,50% Arabinose
13,00% Xylose.
(4) Zusammensetzung: C = 65,2 H = 5,4 OCH_3 = 15,1%.
(5) Nach Kürschner-Hoffer erhaltene Rohcellulose mit 2,0% Pentosan.

4.3 Buche (Fagus silvatica)

Bestandteil	%	Autor	Jahr	Anm.
Holocellulose	75,70	For. Prod. L. Madison		
Splint	76,20	D. D. Freeman	1941	
Kern	76,85			
	80,80	T. F. Timell	1957	
	85,04	St. Karácsonyi	1959	
Cellulose	33,71—36,90	G. Jayme	1938	
	37,30—37,70	H. Staudinger	1941	
	41,46	W. Klauditz	1941	
	42,30—43,20	E. Hägglund	1928	
	45,41	J. König	1919	
	46,42	K. Kürschner	1962	
	49,57—49,95	D. D. Freeman	1941	
	51,20	For. Prod. Lab. Madison		
	51,90	W. I. Scharkow	1940	(1)
	53,46	C. G. Schwalbe	1919	
	60,60	M. Renker	1910	
Hemicellulosen				
Mannan	0,2—0,5	W. I. Scharkow	1959	(2)
Pentosan	17,79	J. König	1919	
Hexosan	4,36			

Buche (Fagus silvatica)

Bestandteil	%	Autor	Jahr	Anm.
Hemicellulosen				
Hemi	25,50	W. I. Scharkow	1940	
Pentosan	19,70			
Pentosan	20,20	For. Prod. Lab. Madison		
Pentosan	21,10	W. Klauditz	1941	
Pentosan	23,30—28,70	K. Storch	1941	
Methylpentosan	24,86	C. G. Schwalbe	1919	
Pentosan	1,02			
Pentosan	24,99—25,55	D. D. Freeman	1941	
Lignin	11,61	K. Kürschner	1962	
	13,00	E. Wedekind	1936	
	19,60—24,50	K. Storch	1941	
	20,61—22,26	D. D. Freeman	1941	
	20,80	W. I. Scharkow	1940	
	21,00	For. Prod. Lab. Madison		
	22,46	C. G. Schwalbe	1919	
	22,59	W. Klauditz	1941	
	22,69	J. König	1919	(3)
Asche	0,31—0,57	D. D. Freeman	1941	
	0,40	W. Daube		
	0,50	For. Prod. Lab. Madison		
	0,54	W. Klauditz	1941	
	0,74	W. I. Scharkow	1940	
	0,96	J. König	1919	
	1,17	C. G. Schwalbe	1919	
Stickstoff	0,10—0,39	R. Weber	1892	
	0,11—0,17	E. Gäumann	1935	
	0,17	C. G. Schwalbe	1919	
	0,24	J. König	1919	
Alkoholextrakt	1,78	C. G. Schwalbe	1919	
	1,91	W. Klauditz	1941	

Buche (Fagus silvatica)

Bestandteil	%	Autor	Jahr	Anm.
Aetherextrakt	1,00	W. I. Scharkow	1940	
Wasserextrakt	1,90	W. I. Scharkow	1940	
Methoxyl	5,14—6,82	K. Storch	1941	
	6,10	C. G. Schwalbe	1919	
	6,28—6,44	D. D. Freeman	1941	
Methylalkohol	0,175	C. G. Schwalbe	1919	
Acetyl	6,05—7,13	D. D. Freeman	1941	
	1,70	C. G. Schwalbe	1919	
pH Splint	5,13	E. Gäumann	1928	
pH Kern	5,06	E. Gäumann	1928	

(1) Nach Kürschner-Hoffer: enthält noch 3,6% Pentosan.
(2) Zusammensetzung der Hemi nach Ch. Gustafsson (1951):
4,0% Galaktose
65,0% Glukose
1,5% Mannose
1,5% Arabinose
28,0% Xylose.
(3) Zusammensetzung: C = 61,5 H = 5,7 OCH_3 = 21,8%.

4.4 Pappel (Populus nigra)

Bestandteil	%	Autor	Jahr	Anm.
Holocellulose	74,94 [43jähr.]	G. Jayme	1944	
	80,12 [17jähr.]	G. Jayme	1944	
Cellulose	30,71—35,06 [30jähr.]	G. Jayme, P. Schorning	1940	
	35,11—35,81 [114jähr.]	G. Jayme, P. Schorning	1940	
	47,11	C. G. Schwalbe	1919	
	47,17—48,60	G. J. Ritter	1925	
	47,36	J. König	1919	

Pappel (Populus nigra)

Bestandteil	%	Autor	Jahr	Anm.
Cellulose	48,00	W. I. Scharkow	1948	(3)
	50,3—51,0	H. Staudinger	1941	
	50,83	K. Kürschner	1962	
	58,13—59,57	N. I. Nikitin	1949	(1)
Hemicellulosen				
Mannan	0,20—0,50	W. I. Scharkow	1959	
Pentosan	15,10—15,36	J. König	1919	
Hexosan	2,60—3,43			(2)
Pentosan	18,37—18,47	N. I. Nikitin	1949	
Pentosan	24,30	N. I. Nikitin	1951	
Hemicellulose	28,80	W. I. Scharkow	1948	
Pentosan	23,40			
Pentosan	23,75	C. G. Schwalbe	1919	
Methylpentosan	0,72			
Lignin	13,83	K. Kürschner	1962	
	18,24	C. G. Schwalbe	1919	
	18,80	W. I. Scharkow	1948	
	19,29 : 7jähr.	G. Jayme	1944	
	24,30 : 43jähr.			
	22,17—23,08	N. I. Nikitin	1949	
	22,91—23,47	G. J. Ritter	1923	
Asche	0,32	C. G. Schwalbe	1919	
	0,33—0,48	G. J. Ritter	1923	
	0,35	W. I. Scharkow	1948	
	0,39—0,48	N. I. Nikitin	1949	
Stickstoff	0,10	C. G. Schwalbe	1919	
Essigsäure	2,89—3,12	N. I. Nikitin	1949	
	4,17	C. G. Schwalbe	1919	
Methoxyl	5,29	C. G. Schwalbe	1919	
Methylalkohol	0,182	C. G. Schwalbe	1919	
Alkohol. Extrakt	3,16	C. G. Schwalbe	1919	
Aetherauszug	1,8	W. I. Scharkow	1948	
Wasserauszug	0,6			

Pappel (Populus nigra)

(1) Nach KÜRSCHNER-HOFFER.
(2) Zusammensetzung der gesamten Hemi nach CH. GUSTAFSSON (1951):
1,5% Galaktose
64,5% Glukose
3,0% Mannose
1,0% Arabinose
30,0% Xylose.
(3) Nach KÜRSCHNER-HOFFER; enthält noch 2,8% Pentosan.

4.5 Diskussion

Wenn wir an Hand dieser Tafeln die Prozentsätze aller drei Hauptbestandteile des Holzes (% Cellulose + % Hemi + % Lignin) addieren, so sollten wir für jede Holzart die Zahl 100 bekommen. Dies könnte durch langwieriges Probieren (wie dies auch manchmal geschieht) gelingen. Addiert man jedoch für jede Holzart einerseits die drei prozentuellen Höchstwerte für Cellulose, Hemi und Lignin, andererseits die drei prozentuellen Mindestwerte, so ergeben sich in beiden Fällen sehr erhebliche Abweichungen von 100. Dies geht aus der nachfolgenden kleinen Übersicht hervor:

Holzart	Σmax. %	Σmin. %	Σmax.—Σmin. %
Fichte	120,89	72,85	48,04
Kiefer	117,97	81,50	36,47
Buche	116,35	67,47	48,88
Pappel	111,77	61,74	50,13

Diese Übersicht bedarf keines Kommentars. Es ist allerdings nicht ganz einwandfrei, die Versuchsergebnisse *verschiedener* Autoren zur Berechnung heranzuziehen. Aber schließlich ist der Praktiker, der sich unterrichten will, stets auf die Versuchsergebnisse verschiedener Autoren angewiesen.

Durchaus ähnliche Untersuchungsergebnisse, wie die hier angegebenen Hauptvertreter, liefern alle anderen einheimischen Hölzer, während für exotische Holzarten, wie z. B. Ebenholz, mit ihren kaum bekannten, schwer abzusondernden Inhaltsstoffen, oft noch viel weniger sichere Zahlen angeführt werden.

Zusammenfassend kann man angesichts dieser fast durchweg von hervorragenden Forschern veröffentlichten Analysenwerte feststellen, daß die in der jüngsten Zeit gefundenen Prozentsätze an Cellulose und Lignin meist wesentlich geringer sind, als die vor 2—3 Jahrzehnten ermittelten Werte. Daraus kann geschlossen werden, daß es heute gelingt, durch verbesserte Verfahren wesentlich reinere Cellulose und Lignine zu isolieren und gewichtsmäßig zu erfassen. Die früheren übermäßigen Werte für Cellulose und Lignine gingen durchwegs auf Kosten der Hemicellulosen, die — als hartnäckige Verunreinigungen — die Cellulose- und Ligninausbeuten beträchtlich vergrößerten.

Während nach heutigen Anschauungen die Cellulosegehalte der meisten Hölzer etwas unter 50% liegen, betragen die Ligningehalte bei Laubhölzern nur bis gegen 14%, bei Nadelhölzern bis gegen 20%. Die Differenz 100 — [% Cellulose + % Lignin] entspricht dem Gehalt an Hemicellulosen.

5 Verwendung von Radioisotopen in der Holzforschung und Holzindustrie

In der friedlichen Nutzung der Atomenergie beginnt die Verwendung von Radioisotopen in den letzten Jahren steigende Bedeutung zu gewinnen. Was die Holzforschung im besonderen betrifft, führte z. B. das Studium der Absorption und Reflexion radioaktiver Strahlungen im Holz bereits zu vielen praktisch brauchbaren Ergebnissen, wie etwa zur automatischen Meßbarkeit so verschiedener Größen, wie Holzdicke, Holzfeuchtigkeit und Wichte, sowie zur Erkennung von Holzfehlern. Die Verwendung „markierter Elemente" ermöglichte wesentlich vertiefte Einblicke in den chemischen Aufbau des Holzes und in die biochemischen Aufgaben bestimmter, im Kambialsaft gelöster Verbindungen, deren Wanderung und Umsetzungen im lebendigen Organismus nunmehr mit hinreichender Genauigkeit verfolgt werden können. Markierte Elemente sind ferner für die Prüfung und Automatisierbarkeit von Erzeugungsvorgängen der Holzindustrie von grundlegender Bedeutung geworden. Diese weitreichenden Ergebnisse seien hier kurz erörtert.

Schon bei der Bestrahlung mit UV-Licht gibt Holz verschiedener Herkunft verschiedenartige Luminiszenz[558]). Hierbei macht sich der Einfluß von Luft, Feuchtigkeit, Temperatur, Holzfehlern usw. geltend[559]).

Bei der Absorption radioaktiver Strahlung treten verschiedene chemische Veränderungen des Holzes ein, die ihrerseits wieder Änderungen der Festigkeits- und biochemischen Eigenschaften des Holzes hervorrufen. Als E. Lawton und Mitarbeiter Cellulose und Lignin mit beschleunigten Elektronen bestrahlten[560]), erhielten sie folgende Ergebnisse. (S. 225)

Man erkennt hier den steigenden Abbau der Cellulose bei verstärkter Dosierung der radioaktiven Strahlen und bemerkt gleichzeitig die verhältnismäßige Unempfindlichkeit des dreidimensionalen, trägen Lignins. —

Lindenholzsägespäne, die mit Gaben von $7 \cdot 10^6$—$1 \cdot 10^8$ r bestrahlt worden waren, wiesen stark erhöhte Vergärbarkeit durch Magenbakterien

---

[558]) D. h. Leuchten ohne gleichzeitige Temperaturerhöhung, wobei (wie bei gewöhnlichem Licht) Elektronen von einem energetisch höhern Zustand in energieärmere Zustände übergehen.

[559]) B. K. Lakatosch, Drewoobrabat. prom. *10*, (8): 15—17; 1961.

[560]) E. J. Lawton u. Mitarb., Tappi *34*, 113—116; 1951.

Bestrahlung von Cellulose

Strahlungsdosis in r	Löslicher Anteil %	Reduzierende Zucker ‰	Pentosen ‰
—	1,26	0,45	0,355
$6{,}7 \cdot 10^5$	1,28	0,75	0,413
$6{,}7 \cdot 10^6$	1,52	1,0	0,642
$6{,}7 \cdot 10^7$	8,26	20,0	43,0
$3{,}35 \cdot 10^8$	—	235,0	—

Bestrahlung von Lignin

Strahlungsdosis in r	Löslicher Anteil %	Pentosen ‰	Phenolische OH-Gruppen
—	2,66	1,50	1,23
$6{,}7 \cdot 10^5$	2,84	2,03	0,98
$6{,}7 \cdot 10^6$	3,12	2,65	0,97
$6{,}7 \cdot 10^7$	3,26	4,60	1,18

von Wiederkäuern auf. Offenbar wurden durch die Bestrahlung zunächst die Lignin-Kohlenhydratbindungen des Holzes gelöst und hierauf die freigelegten Celluloseketten stark verkürzt. Bei $3{,}3 \cdot 10^8$ r wurde die Cellulose bereits in $(C_6H_{10}O_5)_4$-Gruppen aufgesprengt. Nach besonders starken Strahlungsgaben sank die Vergärbarkeit wieder, da offensichtlich die gärfähigen Monosen zerstört worden waren.

Im allgemeinen verändert die radioaktive Strahlung Hölzer in ähnlicher Weise, wie dies holzzerstörende Pilze tun: Celluloseketten werden freigelegt und gesprengt, wodurch die Druckfestigkeit des Holzes in der Faserrichtung zwar wenig beeinflußt wird, aber die Durchschlagsfestigkeit rasch sinkt. A. S. FREJDIN berichtet[561]), daß die Biegefestigkeit von Kiefernholz nach Gaben von $5 \cdot 10^7$ r um 20% sank, während die Durchschlagsfestigkeit um 43% und die Gleitfestigkeit in radialer Richtung um 23% abnahmen. Bei höheren Strahlungsgaben sanken die Festigkeiten noch viel rascher. Nach Gaben von rund $1 \cdot 10^8$ r Gammastrahlung wurde das Holz brüchig und ließ sich leicht zu einem lichtbraunen Pulver von eigenartigem Geruch zerreiben.

561) A. S. FREJDIN, Drewoobrabat. prom. *7* (9): 13—15; 1958. *9* (1): 15—16; 1960.

Biologisch macht sich die radioaktive Strahlung insbesondere durch Veränderung der Nukleoproteide in Zellkernen geltend, was zu Mutationen, sprunghaften Änderungen der Erbeigenschaften führt. Wichtiger als deren mögliche Einflüsse ist für die Holzindustrie die abtötende Wirkung intensiver Gammastrahlen auf die holzzerstörenden Pilze. Während auf den Menschen bereits eine Strahlung von 10^3 r *tötlich wirkt*, gelingt es z. B. erst durch Gaben von $1{,}2 \cdot 10^6$ r das Wachstum von Coniophora puteana und von Stereum purpureum zum Stillstand zu bringen. Trametes versicolor begann bereits acht Tage nach der gleichen Dosis Gammastrahlen neuerdings zu wachsen.

Besondere Bedeutung gewann die Einführung markierter Elemente für das Studium der Biosynthese von Hölzern. Ersetzt man in einer gewöhnlichen, nichtstrahlenden chemischen Verbindung ein bestimmtes Atom durch sein strahlendes Isotop[562]), so kann man nunmehr das Wandern und die Anlagerung, sowie die Menge dieser strahlenden Verbindung in lebenden Systemen ohne Schwierigkeit verfolgen. Wir sprachen darüber bereits an anderer Stelle.

So erwiesen z. B. die Untersuchungen mit markiertem Koniferin, die von einer ganzen Reihe von Forschern durchgeführt wurden[563]), die Richtigkeit der 1925 von K. Kürschner aufgestellten und gegenüber allen Angriffen unentwegt festgehaltenen Hypothese, wonach Koniferin den Baustein aller Lignine darstelle. 1935 hatte K. Kürschner[564]) auf die naheverwandte *Ferulasäure* als eine Vorstufe der Lignine hingewiesen und später den mutmaßlichen Zusammenhang zwischen dem Eiweißbaustein *Phenylalanin* und den Ligninen hervorgehoben[565]).

Die Richtigkeit dieser seinerzeit nur teilweise experimentell nachweisbaren Anschauungen wurde nunmehr unter Zuhilfenahme von ^{14}C bestätigt[563]).

Auch zum Studium der Transpiration von Bäumen, der Aufnahme und Bewegung von Mineralstoffen im pflanzlichen Gewebe, sowie schließlich der Assimilation und Atmung, sind markierte Elemente hervorragend geeignet, wie die neuesten Untersuchungen beweisen.

Erst durch sie ist es möglich, die Bewegung von Imprägniermitteln in Hölzern einwandfrei zu überblicken. So zeigten Autodiagramme, daß die innersten Splintschichten mehr Schutzstoffe als das übrige Holz speichern.

---

562) Für alle wichtigen Verbindungen sind bereits derartige Verfahren ausgearbeitet worden.

563) Vgl. den Abschnitt Lignin, Seite 150ff.

564) K. Kürschner, Zellstoff-Faser *32*, 28; 1935.

565) K. Kürschner, Chemie Dřeva, S. 350; Bratislava 1952.

Dies hängt offenbar damit zusammen, daß die Membranen der Hoftüpfel in diesem Gebiete durchlöchert sind, was leichtere Imprägnierbarkeit zur Folge hat. Die Wirksamkeit der Fungizide kann — im Gegensatz zu den üblichen langwierigen Verfahren — rasch ermittelt werden, indem man die mit dem Fungizid durchtränkte Holzprobe auf eine Pilzkultur bringt, deren Nährboden z. B. Natriumsulfat mit dem strahlenden Isotop ^{35}S enthält. Nach wenigen Tagen wird die Strahlungsintensität der Holzprobe überprüft, welche der Dichte des Pilzmycels im Holz und somit dem stattgefundenen Angriff des Pilzes auf das Holz proportional ist.

Für die Holzindustrie ist es bedeutungsvoll, daß z. B. der Durchmesser von Holzmustern (aus der Abnahme der Strahlungsintensität nach dem Durchstrahlen) kontinuierlich ermittelt werden kann[566]). Da ferner mit steigender Holzfeuchtigkeit auch die Absorption radioaktiver Strahlung steigt, läßt sich die Holzfeuchtigkeit annähernd bestimmen. Leichte Unschärfen dieser Methoden werden oft durch die Möglichkeit rascher, kontinuierlicher Messungen aufgewogen.

Das spezifische Gewicht des Holzes läßt sich, ebenso wie die vorhergehenden Messungen, als Funktion der absorbierten Strahlung ermitteln[567]).

Auf Grundlage einer von der normalen Aufnahme abweichenden Absorption von Gammastrahlen lassen sich Holzfehler (innere Fäulnis, Hohlräume usw.) mit Hilfe von Radioisotopen rasch und sicher feststellen[568]).

Eine der wichtigsten Verwendungen der Atomenergie für friedliche Zwecke ist heute die Nutzung der Kernstrahlung in der Technik. Sie ermöglicht, bei geringem Geldaufwand in kurzer Zeit erhebliche Leistungen zu erzielen. In der Mechanisation und Automatisation von Erzeugungsvorgängen der Holzindustrie dienen Radioisotope hauptsächlich zur kontinuierlichen Überwachung der Holzfeuchtigkeit, der Holzfehler und zum kontinuierlichen Beaufsichtigen gewisser Hilfsprozesse bei der Erzeugung von Faserplatten u. ä. Hierher gehören z. B. die laufende Prüfung des Standes von Flüssigkeiten und Pulvern in geschlossenen Gefäßen, die laufende Dosierung von Chemikalien, Messung der Dicke von Schichten, die automatische Regelung der Konzentration, Viskosität und Zusammensetzung von Zusätzen usw. Für die Maschinen ist die kontinuierliche Überprüfung von Abnutzungsvorgängen der Werkzeuge und Maschinenteile, sowie das automatische Signalisieren unzulässiger Abnutzung von hervorragender Wichtigkeit. Freilich wird man bei der Verwendung der

566) B. K. Lakatosch, Lesnoj Žurn. *6*, 132—139; 1958.

567) J. F. Cameron u. Mitarb., Holzforschung *13*, 78—84; 1959.

568) W. B. Parrish u. Mitarb., Journ. Forestry *55*, 851—852; 1957.

Atomenergie immer untersuchen müssen, ob diese Methodik vor den bereits bewährten mechanischen, pneumatischen, hydraulischen, optischen und elektrischen Verfahren (die ebenfalls große Genauigkeit der kontinuierlichen Regelung von Erzeugungsvorgängen gewähren) Vorteile und Ersparnisse bietet.

In welch unerhörtem Ausmaß Radioisotope neuestens zur Verfügung stehen, geht daraus hervor, daß die Intensität der allein in der Sowjetunion 1960 erzeugten Radioisotope nicht weniger als 10000 Tonnen Radium entspricht!

6 Zukunftsaussichten der chemischen Verwertung des Holzes und der Holzversorgung

In der modernen Holzwirtschaft nimmt die chemische Veredlung und Verwertung aller Holzbestandteile immer noch zu. In erster Reihe ist hierbei an den Zellstoff und seine vielseitigen Verwendungszwecke zu denken (Papierindustrie, halbsynthetische Fasern, wie Viskose-, Acetat- und Kupferseide, Zellwolle, ferner Celluloid, Cellulose, Cellophan, Nitratcellulose-Sprengstoffe und -Lacke, Filme usw.), aber auch an die Gerbstoff- und Harzerzeugung aus Holz, sowie die Alkohol- und Futterhefe-Gewinnung aus Holzhydrolysaten. Zweifellos wird das Holz künftighin in erster Reihe *Chemierohstoff* sein[569]).

Freilich darf dabei aber nicht übersehen werden, *daß die synthetischen Kunststoffe das Holz aus allen diesen Verwendungsgebieten allmählich zu verdrängen beginnen*[569a]). — Das Zeitungswesen, mit seinem ungeheueren Papier- bzw. Holzverbrauch, dürfte bereits seinen Gipfelpunkt erreicht haben und wird durch das Fernsehen allmählich ersetzt.

Die halbsynthetischen Kunstfasern[570]) sind zwar heute noch billiger und vielseitiger verwendbar als Nylon, Orlon usw., da sie eine für Textilien erwünschte Hygroskopizität besitzen. Doch ist nicht verkennbar, daß die vollsynthetischen Fasern überall im Vordringen begriffen sind. — Auch die Bedeutung der Celluloseester sinkt allmählich. Militärisch spielt Schießbaumwolle heute nurmehr eine untergeordnete Rolle[571]). Die Nitrolacke aus Cellulose wurden im Autobau bereits durch synthetische Lacke ersetzt, sie halten sich aber noch in der Möbelindustrie. Die vielfach noch üblichen Cellulosenitrat-Filme wurden bereits weitgehend durch die schwer verbrennlichen Celluloseacetat-Filme ersetzt, die wiederum allmählich durch

---

[569]) Vgl. I. A. Pearl, A. S. Gregory „Rückblick auf die chemische Ausnützung von Holz", Forest Prod. Journ. *9*, 85—99; 1959. (400 Ref.).

[569a]) So wurden z. B. im letzten Jahrzehnt in den USA aus Nylon und Dacron Papiere hergestellt, die als „Textryl" (Dupont) in den Handel kamen.

[570]) Diese, ebenso wie auch andere Zellstoff-Abkömmlinge werden heute in Europa bereits im größten Maßstab aus Buchenzellstoff hergestellt. Vorbedingung seiner Gebrauchsfähigkeit ist die möglichst vollständige Entfernung aller Begleitstoffe.

[571]) Im 2. Weltkrieg betrug der Verbrauch an Schießbaumwolle in Deutschland nurmehr 8% der gesamten deutschen Schieß- und Sprengstoff-Erzeugung.

die wesentlich dünneren und bedeutend festeren Polyäthylen-Terephthalat-Filme verdrängt werden.

Ebenso wird auch Cellophan (= Hydratcellulose) durch die wasser- und chemikalienfesten Polyäthylenfolien nach und nach beiseite geschoben. Bei den Gerbstoffen setzen sich immer mehr die in stets gleichbleibender Zusammensetzung erhältlichen synthetischen Gerbstoffe durch.

Es kann daher nicht Wunder nehmen, daß man auch beim Holz an die Überführung in plastische Stoffe denkt. Die Makromoleküle der Holzbestandteile lassen sich in *polyfunktionelle Verbindungen* umwandeln, die große Erfolgsaussichten besitzen. Dabei wird an die Erzeugung von Plasten, Harzen, Fasern, Klebstoffen und Filmen gedacht[571a]).

Durch die steigende Sulfatzellstoff-Erzeugung dürfte sich das billige Tallöl[572]) an die Spitze der Harzproduzenten stellen, ebenso wie das Sulfat-Terpentinöl immer mehr in den Vordergrund tritt.

Von den über 200 Verfahren der „*Holzverzuckerung*“[573]) haben sich in der Praxis nur die von H. Scholler-Tornesch und W. I. Scharkow, sowie das von F. Bergius bewährt. Die beiden ersten arbeiten mit verdünnter heißer Schwefelsäure, das letztere mit rauchender HCl (1,22) bei normaler Temperatur.

In den westlichen Staaten erwies sich die Holzhydrolyse nur in Krisenzeiten als lebensfähig[574]). Sämtliche derartigen Fabriken wurden bereits stillgelegt. Ausschlaggebend dürfte auch das ungelöste Problem der Verwertung des entstandenen Abfallignins sein.

Anders liegen die Verhältnisse in den Oststaaten mit ihrem verschiedenen Wirtschaftsaufbau[575]). Ziel der Hydrolyse ist hier die Beseitigung und zu-

---

[571a]) Vgl. J. F. Harris u. Mitarb. „Wood as a Chemical Raw Material“, S. 535—585 (110 Ref.) in „The Chemistry of Wood“ edited by B. L. Browning, New York 1963.

[572]) Der Name stammt vom schwedischen Worte „Tall“ = Kiefer.

[573]) Unter „Holzverzuckerung“ versteht man die Säurehydrolyse der Kohlehydrate des Holzes zu Monosen, vorwiegend Glukose. Als Rückstand der Hydrolyse verbleibt ein Gemenge von Lignin + Humusstoffen. Die Humusstoffe stellen wasserärmere, dunkelgefärbte, widerstandsfähige Kondensationsprodukte der Zucker dar. Vgl. M. Gläser, F. Flügge, H. Scholler, P. Praetorius „Chemische Technologie des Holzes“ (151 S.), München 1954.

[574]) H. F. J. Wenzl „Holz als Chemierohstoff“, Holzforschung *10*, 129—144; 1956. (94 Ref.). J. J. Keilen und Mitarb. (Ind. Eng. Chem. *44*, 163; 1952) beurteilen die Alkoholdarstellung aus Holz als Verfahren „which still seems to be an emergency procedure only“.

[575]) In der UdSSR besteht eine ganze Reihe großer Werke zur Verzuckerung von Holzabfällen. Die Abfälle der Holzwirtschaft in der Sowjetunion betrugen schon vor einem Jahrzehnt jährlich etwa 50 Mio m^3, davon etwa 10 Mio m^3 Laubhölzer (vgl. D. M. Basin, N. W. Barkan, Gidroliz. i lesochim. prom. *9* (1): 26—27; 1956).

gleich tunlichste Ausnützung des Holzabfalls[576]) zu wirtschaftlich wertvollen Stoffen. Laubholzabfälle werden besonders auf *Fural*, Nadelholzabfälle durch geeignete Gärung des entstandenen Holzzuckers vorwiegend auf *Futtereiweiß* verarbeitet. Geringeres Interesse besitzt die Vergärung des Holzzuckers zu Alkohol, weil synthetischer Alkohol billiger ist. Am billigsten freilich ist der durch Vergären der Zucker von Sulfitablaugen erhaltene „Sulfitsprit", dessen heutige Erzeugung allerdings nur etwa 10% jener Alkoholmenge entspricht, die aus den gesamten Sulfitablaugen der Welt herstellbar wäre.

Bei der *trockenen Destillation* des Holzes sind alle seine drei Hauptbestandteile an der Entstehung von Holzkohle, Teer und Essigsäure beteiligt, während Methanol bloß aus Lignin, Fural bloß aus Hemicellulosen entsteht.

Im flüssigen Destillat des Holzes wurden bisher 171 Stoffe gefunden, darunter Alkohole, Aldehyde, Säuren, Ester, Ketone, Amine, Kohlenwasserstoffe. Moderne Destillationsanlagen liefern (auf trockenes Holz bezogen) bis zu 39% Holzkohle, 8,6% Essigsäure und 2,1% Methanol.

Wir sahen bereits früher (Bild 15), daß das Sulfitverfahren allmählich durch das Sulfatverfahren der Zellstofferzeugung verdrängt wird[577]). Dies ist bei der Vielseitigkeit des Sulfatverfahrens nicht verwunderlich. Hierzu tritt noch ein bedeutsamer Umstand. Im Sinne der heutigen allseitigen Bestrebungen nach kontinuierlicher Gestaltung technischer Großverfahren, konnte auch die Sulfatkochung erfolgreich in einen kontinuierlichen Prozeß umgewandelt werden, der heute bereits erheblich verbreitet ist und über beträchtliche Betriebserfahrungen verfügt[578]).

Demgegenüber steht die kontinuierliche Sulfitkochung noch weit zurück[579]). Wegen der reaktionskinetisch stark verschiedenen Verfahrensstufen ist hier die aus wirtschaftlichen Gründen notwendige Einhaltung einer einheitlichen Reaktionstemperatur nicht möglich. Auch dauert die Durchtränkung der Hackschnitzel zu lange, um die erforderliche kurze Reaktionszeit einhalten zu können. Ferner besteht die Gefahr einer Autoxydation der schwefeligen Säure zu Schwefelsäure und somit einer Schwarzkochung. Schließlich ergeben sich bei den erhöhten Temperaturen und Drucken schwierige Korrosionsfragen, da sich selbst säurefeste Stähle als anfällig erwiesen haben.

---

[576]) In der ČSSR fielen allein i. J. 1960 nicht weniger als 620000 m³ Sägespäne, davon 12% Laubholzsägespäne, ab.

[577]) Die USA stellten 1960 laut FAO bereits mehr als das Vierfache an Sulfatzellstoff (13,6 Mio Tonnen) als an Sulfitzellstoff (3,3 Mio Tonnen) dar.

[578]) H. F. J. Wenzl, Holzforschung *13*, 97; 1959. *14*, 4; 1960.

[579]) O. Allgulander, S. Rydholm, S. Willberg „Kontinuierliche Sulfitkochung", Svensk. Papp. *57*, 542; 1954. Vgl. auch H. F. J. Wenzl „Entwicklung und Stand der Sulfitzellstoff-Erzeugung", Holzforschung *17*, 33—54, 71—86, 111—121; 1963. (402 Ref.).

Sollte das Sulfitverfahren auch in Europa allmählich verdrängt werden (wo es heute noch immer das Übergewicht hat), so kann doch kein Zweifel darüber bestehen, daß die heutige Generation noch lange genötigt sein wird, sich mit dem Sulfitverfahren zu befassen und die vorteilhafteste Art der Verwertung seines lästigen Abfalls, der Sulfitablaugen, zu erwägen.

Alle diese Verwertungsmöglichkeiten hängen naturgemäß aufs engste mit einer Grundfrage: *der Holzversorgung der Welt* zusammen. Im letzten Jahrhundert wurden, um dem steigenden Holzbedarf zu genügen, planlos Schlägerungen vorgenommen, die in vielen Kulturländern zur Entstehung wüster Gebiete mit all ihren Nachteilen für Klima und Landwirtschaft führten. So wurden nicht weniger als 20 Mio km² Waldbestandes vernichtet. Diese schweren Schäden wurden erst in den letzten Jahrzehnten richtig erfaßt und bekämpft. So wurden in der DBR in den letzten acht Jahren nicht weniger als 7 Milliarden junger Bäumchen neugepflanzt.

Von den 157,1 Mio km² Landmasse unserer Erde sind, wie wir schon einleitend erwähnten, laut FAO heute noch 38,37 Mio km² Waldbestand erhalten geblieben. Doch liefern nur 25,0 Mio km² der Landmasse tatsächlich Nutzholz. Mehr als die Hälfte davon liegt zwischen den Wendekreisen und gehört somit zum schwer zugänglichen Tropenwald, dessen riesige Gebiete nur zu etwa $^1/_{16}$ am Gesamtnutzholzertrag der Welt beteiligt sind.

Der Nutzholzertrag der Welt betrug 1960 rund 1350 Mio Tonnen[580]), davon sind etwa 60% Schnittholz und nicht weniger als 40% Abfall, der auf Zellstoff und auf Holzplatten verarbeitet wird[581]). Diese neuen Werkstoffe haben in kurzer Zeit einen beispiellosen Aufschwung genommen. So dürfte 1963 die Welterzeugung an Faserplatten 5 Mio Tonnen erreicht haben, die an Spanplatten auf 2 Mio m³ angestiegen sein[582]).

---

[580]) Vergleichsweise erreichte die Weltstahlerzeugung 1960 290 Mio Tonnen, die Weltkautschukerzeugung 1960 3,5 Mio Tonnen, die Weltzellstofferzeugung ist zur Zeit (1965) auf rund 51 Mio Tonnen angestiegen; an Kunststoffen (Plasten) betrug die Weltproduktion 1958 4 Mio Tonnen, an vollsynthetischen Fasern 1959 etwa 715000 Tonnen.

[581]) Der jährliche Holzabfall z. B. der Sowjetunion wird z. Z. amtlich mit 70 Mio m³ beziffert und hauptsächlich auf Holzplatten verarbeitet.

[582]) In den *Spanplatten* wird das in kleine Teile zerspante Holz mittels synthetischer Klebstoffe innig gebunden.

In den *Faserplatten* bildet Cellulose das Gerüst, Füllmittel sind Lignin, Hemi, deren Zerfallsprodukte und daneben künstliche Klebstoffe.

Die Leimung, die bei weitem noch nicht restlos geklärt ist, scheint auf der gegenseitigen Bindung van der Waalsscher Kräfte zwischen Fasern und Bindemittel zu beruhen. Holz hat infolge zahlreicher OH-Gruppen polare Eigenschaften, was die Verwendung polarer Bindemittel nahelegt (Harnstoff-, Phenol-Harze, Polyvinylabkömmlinge usw.). Beim Leimen von Holzplatten beeinflussen sowohl die Oberfläche des Holzes (Glätte,

Der sehr unersprießliche Verbrauch fast der Hälfte des geschlägerten Holzes als *Brennstoff in Haushalten*, der noch 1913 in Europa je Kopf der Bevölkerung 0,42 m^3 erreichte, ist zwar auf jährlich 0,24 m^3 zurückgegangen[583]), aber noch immer unverhältnismäßig hoch.

Was geschieht nun neben der Wiederaufforstung zur Erhaltung des Holzbestands und zu seiner zweckmäßigeren Verwendung? Für die Industrie sind in erster Reihe solche forstlichen Bemühungen von Bedeutung, die eine erhöhte Holzerzeugung je Zeit- und Flächeneinheit gewährleisten. Doch sind Züchtungsvorhaben mit Waldbäumen langwierig und kostspielig. Immerhin wurde schon eine Reihe schnellwüchsiger Hölzer: Pappeln, Robinien, Roteichen, Douglasien usw. entwickelt. Zur Schonung unserer Nadelholzbestände haben Fachleute der Zellstofferzeugung ihr Augenmerk hauptsächlich auf Laubhölzer, schnellwüchsige Pappeln, Einjahrespflanzen, Stroharten und verschiedene Abfälle, wie Bagasse u. ä. gerichtet[584]).

Auch das unablässige Streben nach „komplexer Verwertung" des Holzes, also nach restloser Nutzung aller Abfälle der mechanischen und chemischen Holzverarbeitung, ist auf den sehr empfindlichen Holzmangel zurückzuführen. Die Verwendung von Sägespänen zur Zellstofferzeugung wurde schon öfter vorgeschlagen, konnte sich aber wegen ihrer zahlreichen Nachteile bisher nicht durchsetzen[585]).

Bearbeitung, Porosität) als auch pH und Begleitstoffe (Harze, Wachse, Fette, Gerbstoffe) die Benetzung mit dem Bindemittel.

Über Faserplatten ohne Bindemittel vgl. I. A. Wachruschewa, W. N. Petrij, Drewoobrabat. prom. *11* (11): 9—10; 1962.

[583]) In der ČSSR ist er auf 0,18 m^3, in der DDR auf 0,05 m^3 gesunken.

[584]) Vgl. z. B. W. Klauditz, Tagung des Pappel-Ausschusses NW-Deutschland, Braunschweig 1956. In der Praxis liegen die Verhältnisse freilich nicht so einfach, denn für technische Zwecke dürften von der Weltproduktion an Stroh (die rund 960 Mio Tonnen erreicht) nur 50—55 Mio Tonnen zur Verfügung stehen, ebenso wie von der Welterzeugung an Bagasse (etwa 25 Mio Tonnen) nur ein Bruchteil verfügbar ist. Was schließlich die Einjahrespflanzen anlangt, so sind sie nur zu einer bestimmten Zeit des Jahres erhältlich, so daß Zellstoffanlagen große Vorräte davon zu speichern genötigt sind, was mit sehr bedeutenden Kosten verbunden ist und auch zur Schädigung des Gutes durch Fermentation beim Lagern führt.

[585]) Neuestens berichten K. Lauer u. H. Chao Wu (Tappi *43*, 165—168; 1960) über erfolgreiche Aufarbeitung von Sägespänen der Loblollykiefer (Pinus taeda) zu Zellstoff. Nach Vorhydrolyse mit 0,5%iger Schwefelsäure erfolgt Sulfatkochung. Die Ausbeute ist um etwa 8% niedriger als normal, Filtrierbarkeit und viskosetechnisches Verhalten werden als günstig bezeichnet. Im Paper Trade Journ. *144* (27): 28—29; 1960 erwähnt Anonymus, daß sich der kontinuierliche Aufschluß von Sägemehl, Sägespänen, Furnier-

Wie aus diesem knappen Überblick hervorgeht, harren neben rein wissenschaftlichen Fragen zahlreiche schwierige und fesselnde Aufgaben von hoher wirtschaftlicher Bedeutung sowohl der Theoretiker als auch der Praktiker. Zur Zeit dürfte wohl die Automatisation der Holzaufbringung, sowie der mechanischen und chemischen Aufarbeitung zu den dringlichsten Vorhaben dieser Richtung zählen.

---

abfällen u. dgl. in Pandia-Kochern sehr bewährt habe. Die erhaltenen Zellstoffe seien als brauchbarer Füllstoff für die Papiererzeugung günstig verwertbar.

7 Schlußbetrachtung über Holz und seine chemische Erforschung

Begreiflicherweise wurde einem so wichtigen Naturstoff wie dem Holz seit geraumer Zeit sehr bedeutende Aufmerksamkeit der Forscher zugewandt. Sie galt allerdings zunächst der Cellulose und ihren Abkömmlingen. Erst in den letzten Jahrzehnten wird das gesamte Holzgebiet planvoll durchforscht[586]). Zahlreiche hervorragende Holzforschungsinstitute in allen Kulturstaaten der Erde beschäftigen sich an Hand neuester Untersuchungsverfahren mit den verwickelten Fragen des Holzaufbaus, den zeitgemäßen technischen Verwendungsmöglichkeiten des Holzes und seiner chemischen Bestandteile, sowie der tunlichst vollständigen Aufarbeitung seiner Abfälle.

Unwillkürlich drängt sich dabei dem nüchternen Beobachter die Frage auf, wieso wir (— bei aller Würdigung der schon einleitend erwähnten Forschungsschwierigkeiten —) noch immer kein vollkommenes Bild des chemischen Aufbaus der Hölzer besitzen, während daneben in den letzten Jahrzehnten eine erhebliche Reihe oft nur spurenweise vorkommender, lebenswichtiger Naturstoffe, wie der Vitamine, Hormone, Antibiotika, Auxine, Sterine usw. nicht nur isoliert und chemisch aufgeklärt, sondern in zahlreichen Fällen sogar synthetisch dargestellt werden konnte.

Zwischen den hier genannten Körpergruppen und dem Holz bestehen freilich einige grundlegende Unterschiede! Jene ersteren sind durchweg niedermolekulare, kristallisierte Verbindungen, deren Isolierung und Reindarstellung aus einem vorliegenden unübersichtlichen biochemischen Gefüge zwar ungemein schwierig war, aber schließlich durch den Einsatz streng spezialisierter Forschergruppen bis zur Konstitutionsaufklärung und anschließenden Synthese geführt werden konnte.

Im Gegensatz dazu ist *Holz* ein lebendiges Ganzes (und, wie schon vielfach in den vorangegangenen Abschnitten angedeutet), das Ergebnis andauernder verwickelter physikochemischer Umsetzungen, deren Produkte sogleich weiterverarbeitet werden, so daß keine einzige Reaktion allein

---

[586]) Die amerikanische Zellstoff- und Papierindustrie wendet weniger als 1% ihres Umsatzes für Forschungszwecke auf und davon im äußersten Fall $^1/_{20}$ für die Grundlagenforschung des Holzes. Die Al- und Kunststofferzeugung legt demgegenüber etwa 4% ihres Umsatzes für Forschungen aus (F. K. Weyerhäuser, Präsident der Weyerhäuser-Company, Madison 1960).

und ungetrennt verläuft, sondern stets in zahlreiche andere eingreift. Selbst das nurmehr geringen kolloidchemischen Veränderungen unterliegende stabilisierte Innere des Stammes (aus Kern und überwiegendem Teil des benachbarten Splints bestehend) mit den Riesenmolekülen seiner drei Baustoffgruppen (Cellulose, Hemi und Lignine) und ihren überwiegend amorphen, daneben kristallinen Bezirken, die sich teilweise innig durchwachsen, teilweise aber auch chemisch gebunden sind, stellt ein äußerst komplexes, widerstandsfähiges Gebilde dar, das bei Eingriffen aller Art in unübersichtlicher Weise reagiert. Das Überblicken all der sehr verwickelten kolloidchemischen Umsetzungen des wachsenden Holzes, gesteuert von einem Enzymsystem, das noch sehr wenig erforscht ist, kann naturgemäß nur sehr summarischer Art sein.

Dazu kommt noch, daß die Gegenwart wichtiger kleiner Mengen meist hochmolekularer Begleitstoffe (Stärke, Eiweiße, Pektine, Gerbstoffe, Phlobaphene, Schleime, Gummi, Farbstoffe, Harze usw.) und ihrer Umwandlungsprodukte den Überblick über die an sich sehr komplizierten, ineinandergreifenden Reaktionen nicht gerade erleichtert.

Doch darf andrerseits auch nicht übersehen werden, daß die Holzforschung in den letzten Jahren durch grundlegende biologische Untersuchungen erheblich gefördert werden konnte. Es erwies sich nämlich, daß die gleichen chemischen Umsetzungen, die bei der Wirkung von Bakterien, Hefen, Pilzen und Algen sichergestellt werden konnten, auch bei höheren Pflanzen (und Tieren) vorliegen.

Bei kräftigen chemischen Eingriffen in den Holzkörper werden vielfach höchst unübersichtliche, dunkle und verharzte, hochmolekulare Kondensationsprodukte gebildet, die dem Forscher seit jeher wenig Anreiz und Befriedigung bieten. Nur vereinzelt glückt es, aus diesen Gemischen kondensierter, polymerisierter und humifizierter Stoffe kristallisierte Abbaukörper in geringer Menge zu gewinnen, die uns neue Wege weisen.

Ähnliches gilt für physikalische Eingriffe. Schwache Einwirkungen begegnen erheblichem Widerstand des Holzes, während starke thermische oder mechanische Eingriffe (z. B. Schwingmahlung)[587]) oder Röntgenbestrahlung zu mehr oder minder weitgehendem chemischem Abbau und sekundären chemischen Umsetzungen führen[588]).

---

[587]) Vgl. A. Björkman, Svensk Papp. *59*, 477; 1956. *60*, 243—251; 1957. Ind. Eng. Chem. *49*; 1395—1398; 1957. J. C. Pew, Tappi *40*, 553; 1957.

[588]) H. Grohn, W. Deters, Faserforschung Textiltechnik *9*, 526; 1958. H. Grohn, F. S. Schierbaum, Holzforschung *12*, 65—73; 1958. H. Grohn, W. Deters, Holzforschung *13*, 8—12; 1959. E. Adler u. Mitarb., Sv. Papp. *61*, 641—647; 1958. J. M. Harkin, Experientia (Basel) *16*, 30; 1960. C. J. Coscia, Experientia (Basel) *16*, 83; 1960.

Eine erhebliche Schwierigkeit liegt auch darin, daß zeitgemäße Untersuchungen über den chemischen Aufbau des Holzes heute nicht mehr eng auf rein chemische Fragen begrenzt bleiben können, sondern auch dem innigen Zusammenhang zwischen Stoff und Form im Holz gerecht werden müssen. Erst durch die gemeinsame Arbeit des Chemikers, Botanikers und Biologen kann ein umfassendes Bild der Chemie des Holzes harmonisch erwachsen. Wir bemühten uns, dies in den vorangegangenen Abschnitten klar zu machen.

Wie in allen organisierten Gebilden spielt auch im Holz das *Wasser*, als wichtiger Bestandteil, eine grundlegende physikalische und chemische Rolle. Vom Wasser sind die Eigenschaften des Holzes, seine Zellformen und deren chemische Bausteine abhängig. Bei Wasserentzug treten irreversible Entquellungen ein, die nicht nur sichtbare Veränderungen hervorrufen, sondern auch den Chemismus des Holzes umgestalten[588a]). Kernholz nimmt, wie man weiß, an den biologischen Vorgängen nicht mehr teil.

Bei all den erwähnten Schwierigkeiten darf es daher nicht Wunder nehmen, daß die Ansichten maßgebender Forscher oft sogar in grundlegenden Fragen der Holzchemie auseinandergehen. Trotz alledem beginnt sich allmählich das Bild des chemischen Aufbaus der Hölzer in klareren Umrissen abzuzeichnen.

Innerhalb einiger Jahrzehnte haben hier vertiefte, sich gegenseitig stützende Erkenntnisse an Hand neuzeitlicher Untersuchungsverfahren eine wesentlich zuverlässigere Grundlage für die Lösung physikalisch-chemischer, botanischer, biologischer und auch technologischer Fragen des Holzes geschaffen, als es all der vorangegangenen eindringlichen Forschungsarbeit seit mehr als einem Jahrhundert geglückt ist. Hierzu haben insbesondere röntgenologische und elektronenmikroskopische, chromatographische und rheologische Arbeitsverfahren[589]), sowie neuestens die

---

A. Assarson u. Mitarb. Acta Chem. Scand. *13*, 1231—1234; 1959. J. A. Howsman, R. H. Marchessault, J. appl. Polymer Sci. *1*, 22—33; 1959.

[588a]) Über „Stabilisierung des Holzes" gegen die durch Wasser hervorgerufenen Dimensionsänderungen vgl. A. J. Stamm, Forest Prod. J. *12*, 158; 1962, ferner US Department of Agriculture, Forest Service, For. Prods. Lab., „Report of Dimensional Stabilization Seminar" No. 2145; 1959. Die Nachteile der durch Phenolharze, Veresterung, Verätherung, Formaldehydbehandlung usw. bis zu $^2/_3$ erzielbaren „Stabilisierung" bestehen in der Kostspieligkeit und der Festigkeits-Verminderung des stabilisierten Holzes.

[589]) K. Edelmann, Faserforschung, Textiltechnik *3*, 341; 1952. F. Kollmann, Holz als Roh- u. Werkstoff *19*, 73—80; 1961. J. Schurz, K. Schäfer, Das Papier *14*, 139—148; 1960. J. Schurz u. Mitarb., Holzforschung *15*, 8—10; 1961.

ungewöhnlich vielseitigen Verwendungsmöglichkeiten markierter Elemente unablässig beigetragen. Es ist daher auch kaum anzunehmen, daß uns das Holz noch überraschende chemische Geheimnisse vorenthält.

Immerhin bleiben in dem unerhört verwickelten Zusammenspiel zahlloser mikroskopischer Zellwelten des Holzes noch immer viele komplexe Fragen ungelöst oder umstritten, wie etwa die der biogenetisch-chemischen Beziehungen im Holzaufbau. Häufig dürfte auch die *Vorgeschichte* einer Holzprobe von erheblicher Bedeutung bei der Klärung rätselhafter Erscheinungen sein. So können beim Lagern (durch Atmosphärilien, Temperaturerhöhung, Pilzbefall, Oxydasen usw.) weitgehende, durchaus unbeabsichtigte Veränderungen des Holzes auftreten.

Infolge gegenseitiger inniger Durchwachsung und Bindung der Holzkomponenten, bei welcher offenbar von der Adsorption bis zur Hauptvalenzverknüpfung alle Zwischenstufen zugegen sind, erstehen freilich selbst den modernsten Untersuchungsverfahren oft unerwartete Hindernisse. Deshalb spielen auch heute noch Arbeitshypothesen in der Holzchemie eine bedeutende Rolle.

8 Kurzer Überblick der (ungefähr) seit dem Jahre 1950 erschienenen Werke über Zusammensetzung, Eigenschaften und Reaktionen des Holzes und seiner Hauptbestandteile, sowie über neue, einschlägige Forschungsverfahren

Autor	Werk	Erscheinungsort und Jahr
H. B. Marshall	Utilization of Waste Sulphite Liquor, 103 S.	Toronto 1950 (Bibliographie vom Jahre 1943—1950 inbegriffen; erscheint seither jährl.).
E. Heuser	The Chemistry of Cellulose, 660 S.	New York 1946
C. J. West	Lignin and Lignocellulosic Plastics, 95 S., 258 Ref.	Appleton (Wis.) 1946
Y. Hachihama, S. Iyodai	Chemistry of Lignin, 735 S.	Japan 1947
A. Němec	Biochemie der Waldhölzer, 282 S. (in tschechischer Sprache)	Prag 1948
W. Pigman, R. Goepp	Chemistry of the Carbohydrates	New York 1948
H. Vogel	Sulfitzellstoff-Ablaugen, II. Auflage, 294 S.	Basel 1948
C. J. West	Nature of the Chemical Components of Wood, 234 S.	New York 1948 (Monograph Series No. 6)
O. Wurz	Die Sulfitzellstoffherstellung und ihre Nebenerzeugnisse, 672 S.	Graz 1948
H. P. Brown und Mitarbeiter	Textbook of Wood Technology, I. Bd. 626 S. II. Bd. 783 S.	New York 1949 New York 1952
O. P. Golowa W. I. Iwanow	O molekuljarnom wjese celljulozy, 111 S., 127 Ref. (Cellulose MG.)	Moskau-Leningrad 1949
P. H. Hermans	Physics and Chemistry of Cellulose Fibres, 520 S.	New York 1949

Autor	Werk	Erscheinungsort und Jahr
S. J. Wanin	Drewesinowedenije, III. Auflage 472 S.	Moskau-Leningrad 1949
C. J. West	Nitric Acid Process, 61 S., 178 Ref.	Appleton (Wis.) 1949 (Bibliogr. Series No. 172)
E. G. V. Percival	Structural Carbohydrate Chemistry, 246 S.	London 1950
A. A. Berlin	Issledowanija w oblasti chimii i technologii oblagorožennoj drewesiny i drewesnych plastitscheskich mass, 171 S.	Moskau-Leningrad 1950
A. Guillemonat	Le Bois, Matière Première de la Chimie Moderne, II. Auflage, 153 S.	Paris 1950
K. Götze	Chemiefasern nach dem Viskoseverfahren, II. Auflage, 187 S.	Berlin 1951
E. Hägglund	Chemistry of Wood, III. Auflage, 564 S.	New York 1951
Z. I. Kertész	The Pectic Substances, 644 S.	New York 1951
F. Kollmann	Technologie des Holzes und der Holzwerkstoffe, II. Auflage I. Bd., 1050 S. II. Bd., 1199 S.	 Berlin 1951 Berlin 1955
F. Neusser	Holzfaserplatten, ihre Herstellung und ihre Eigenschaften, 211 S.	Wien 1951
R. Sieber	Die chemisch-technischen Untersuchsmethoden in der Zellstoff- und Papierindustrie, II. Auflage, 900 S.	Berlin 1951
A. Wacek, K. Kratzl	Chemie und Holz, 72 S.	Wien 1951
J. Weiner	Pulp and Paper Manufacture. Bibliography and US Patents, 1951—1955, 1301 S. 1955—1956, 1003 S. 1957, 1958, 1959 usw.	New York, Tappi
L. Zechmeister	Fortschritte der Chemie organischer Naturstoffe, Bd. VIII, darin A. Frey-Wyssling, K. Mühlethaler "The Fine Structure of Cellulose", S. 1—27	Wien 1951

Autor	Werk	Erscheinungsort und Jahr
Autorenkollektiv des staatlichen Holzforschungsinstituts Bratislava	Mechanische und physikalische Eigenschaften des Holzes, 426 S. (in tschechischer Sprache)	Bratislava 1952
F. E. Brauns	The Chemistry of Lignin, 749 S.	New York 1952
K. Göhre	Die Robinie und ihr Holz, 433 S.	Berlin 1952
K. Kürschner	Die Chemie des Holzes, 457 S., 2000 Ref. (in tschechischer Sprache)	Bratislava 1952
R. D. Preston	The Molecular Architecture of Plant Cellwall, 211 S.	New York 1952
C. J. West	Alkaline Processes 2, Black Liquors, 377 S.	Appleton (Wis.) 1952 (Bibliographic Ser. No. 178)
L. E. Wise, E. C. Jahn	Wood Chemistry, 2 Bände, 1972 S., 4400 Ref.	New York 1952
H. Bucher	Die Tertiärlamelle von Holzfasern und ihre Erscheinungsformen bei Koniferen 49 S., 130 Ref.	Attisholz (Schweiz) 1953
A. P. Dunlop, F. N. Peters	The Furans, 790 S., 4300 Ref.	New York 1953
J. Durst	Anatomie und Chemie des Holzes, 116 S.	Leipzig 1953
W. Haynes	Cellulose, the Chemical that Grows, 386 S.	New York 1953
C. S. Hudson, M. L. Wolfrom	Advances in Carbohydrate Chemistry, 408 S.	New York 1953
T. Lieser	Kurzes Lehrbuch der Cellulosechemie, 288 S.	Berlin 1953
K. H. Meyer	Makromolekulare Chemie, III. Auflage, 921 S.	Leipzig 1953
S. A. Rogowin, N. N. Schorygina	Chimija celljulozy i jejo sputnikow, 655 S.	Moskau-Leningrad 1953
H. Sawall	Die Holzspanplatte, 64 S.	Berlin 1953
J. Slávik	Die Cellulose und ihre chemische Verarbeitung, 207 S. (in slowakischer Sprache)	Bratislava 1953

Autor	Werk	Erscheinungsort und Jahr
W. S. Wazetschkin	Technologija ekstraktiwnych wieschtschestw derewa, 424 S.	Moskau-Leningrad 1953
C. J. West	Talloil, Talloel, or Liquid Rosin II. Auflage, 351 S. (3. A. von J. Weiner, New York, 1959)	Appleton (Wis.) 1953 (Bibliographic Ser. No. 133—135)
G. Champetier	Dérivés Cellulosiques, II. Auflage, 270 S.	Paris 1954
S. Gayer	Die Holzarten und ihre Verwendung in der Technik, 244 S.	Leipzig 1954
M. Gläser, F. Flügge, H. Scholler, P. Praetorius	Chemische Technologie des Holzes, 151 S.	München 1954
K. Göhre, E. Wagenknecht	Die Roteiche und ihr Holz, 300 S.	Berlin 1954
K. Göhre	Werkstoff Holz	Berlin 1954
I. M. Hais, K. Macek	Papierchromatographie, 736 S. (in tschechischer Sprache) (deutsche Übersetzung i. J. 1960)	Prag 1954
B. Huber, Ch. Rouschal	Mikrophotographischer Atlas mediterraner Hölzer, 107 S.	Berlin 1954
H. Schwerdtner	Chemische und physikalische Grundlagen textiler Faserstoffe, 324 S.	Berlin 1954
A. J. Stamm, E. E. Harris	Chemical Processing of Wood, 577 S.	London 1954
W. B. Weber, J. Weiner	Pulp and Paper Manufacture, 460 S.	New York 1954
K. Balaban	Die Anatomie des Holzes, 210 S. (in tschechischer Sprache)	Prag 1955
Canadian Pulp and Paper Association	Sulphite Pulping Operating Manual, 76 S.	Montreal 1955
F. D. Miles	Cellulose Nitrate, 422 S.	New York 1955
K. Paech M. V. Tracey	Moderne Methoden der Pflanzenanalyse, 4 Bde., 2695 S.	Berlin 1955/56

Autor	Werk	Erscheinungsort und Jahr
N. I. NIKITIN	Die Chemie des Holzes, 546 S. (Übersetzung a. d. Russischen)	Berlin 1955
E. OTT und Mitarbeiter	Cellulose and Derivatives, 2. Auflage I. Bd. 509 S., II. Bd. 546 S., III. Bd. 545 S.	New York 1955
A. SCHWANKL	Welches Holz ist das? 146 S.	Stuttgart 1955
R. TRENDELENBURG	Das Holz als Rohstoff, 541 S., 2. Auflage, herausgegeben von H. MAYER-WEGELIN	München 1955
C. J. WEST	Semichemical Processes, 2. Auflage, 329 S., 862 Lit.	Appleton (Wis.) 1955
Food and Agriculture Organisation of the UN	Yearbook of Forest Products Statistics, 170 S.	Rom 1956
Forest Products Research Laboratory, Princes Risborough	Reaction Wood, Leaflet No. 51, 16 S.	Aylesbury (Bucks.) 1956
F. W. JANE	The Structure of Wood, 427 S.	London 1956
N. I. NIKITIN und Mitarbeiter	Materialy konferencii po chimii i technologii lignina, 183 S.	Leningrad 1956
W. SANDERMANN	Grundlagen der Chemie und chemischen Technologie des Holzes, 498 S.	Leipzig 1956
M. L. WOLFROM	Advances in Carbohydrate Chemistry (jährlich erscheinend) 11. Bd., 465 S.	New York 1956
A. TODD	Perspectives in Organic Chemistry. Darin A. J. BIRCH „Biosynthetic Theories in Organic Chemistry", S. 134—154	New York 1956
W. PIGMAN	The Carbohydrates: Chemistry, Biochemistry, Physiology, 962 S.	New York 1957
I. SLÁVIK	Das Bleichen der technischen Cellulose 273 S. (in slowakischer Sprache)	Bratislava 1957
G. TRIPPODO	Vocabolario Tecnico e Commerciale del Legno; Italiano, Inglese, Francese, Tedesco, 593 S.	Rom 1957

Autor	Werk	Erscheinungsort und Jahr
E. Treiber	Die Chemie der Pflanzenzellwand, 511 S.	Berlin 1958
K. Göhre	Die Douglasie und ihr Holz, 596 S.	Berlin 1958
F. Kozmál	Die Papiererzeugung in Theorie und Praxis, I. Bd. 818 S. (in slowakischer Sprache)	Bratislava—Prag 1958
W. Ruhland	Handbuch der Pflanzenphysiologie, Bd. X., darin F. F. Nord „Lignin and Humification", S. 389—442	Berlin 1958
H. H. Hausner	Modern Materials, I. Bd., 402 S., darin 1. u. 2. Kapitel: „Holz" von C. de Zeeuw	New York, London 1958
W. Karrer	Konstitution und Vorkommen der Organischen Pflanzenstoffe	Basel 1958
A. A. Imscheneckij	Mikrobiologie der Cellulose, 466 S. (Deutsche Übersetzung)	Berlin 1959
J. Honeyman	Recent Advances in the Chemistry of Cellulose and Starch, 258 S.	London 1959
H. Maas	Alginsäuren und Alginate, 465 S.	Heidelberg 1959
H. Hentschel	Chemische Technologie der Zellstoff- und Papierherstellung, 516 S.	Berlin 1959
K. Kratzl, G. Billek	Biochemistry of Wood	London 1959
J. Durst	Handbuch der Nutzhölzer, 328 S.	Leipzig 1959
K. Linsbauer	Handbuch der Pflanzenanatomie, 2. Auflage, Bd. III "The Plant Cell Wall" v. P. A. Roelofsen, 335 S.	Berlin 1959
A. Frey-Wyssling	Die pflanzliche Zellwand, 367 S.	Berlin 1959
H. F. Linskens	Papierchromatographie in der Botanik, 2. Auflage, 408 S.	Berlin 1959
L. Reimer	Elektronenmikroskopische Untersuchungs- und Präparationsmethoden, 500 S.	Berlin 1959
A. S. Sergejewa	Chemie des Holzes und der Cellulose, 143 S.	Dresden—Leipzig 1959

Autor	Werk	Erscheinungsort und Jahr
W. I. Scharkow und Mitarbeiter	Technologija gidroliznowo i sulfitno spiritowowo proiswodstwa, 439 S.	Moskau—Leningrad 1959
J. Savard und Mitarbeiter	Analyse Chimique des Bois Tropicaux, 254 S.	Nogent—Sur—Marne 1959
W. M. Nikitin	Chemie des Holzes und der Cellulose, 2. Auflage, 468 S.	Moskau—Leningrad 1960
Forsttechn. Akademie (W. M. Nikitin)	Wissenschaftliche Werke der Forsttechnischen Akademie, Bd. 91, 368 S. Festschrift für N. I. Nikitin	Leningrad 1960
W. Sandermann	Naturharze, Terpentinöl, Tallöl, 483 S.	Berlin 1960
O. Wurz	Cellulose- und Papierherstellung aus Einjahrespflanzen, 108 S.	Darmstadt 1960
L. Vorreiter	Holzmehl, 38 S.	Stuttgart 1960
F. E. Brauns, D. A. Brauns	The Chemistry of Lignin, 804 S. (mit Literatur von 1949—1958)	New York—London 1960
L. Roth, G. Saeger, F. J. Lynch, J. Weiner	Structure, Extractives and Utilization of Bark (Bibliographic Series No. 191) 446 S.	Appleton (Wis.) 1960
K. Macek, I. M. Hais	Bibliographie der Papierchromatographie, 766 S., 10290 Lit. (in tschechischer Sprache)	Prag 1960
The Institute of Paper Chemistry (C. L. Brown)	Abstract Bulletin, (Monatsschrift) Band 31	Appleton (Wis.) 1961
L. Jurášek, M. Lehký	Radioisotope und Holztechnologie, 148 S., 86 Lit. (in tschechischer Sprache)	Bratislava 1961
L. Vorreiter	Mikrobiologie des Holzes, 48 S.	Berlin 1961
H. F. Linskens, L. Stange	Praktikum der Papierchromatographie, 51 S.	Berlin 1961
W. M. Nikitin	Lignin, 316 S.	Moskau—Leningrad 1961
K. Buchholz	Die Waldwirtschaft und Holzindustrie der Sowjetunion, 232 S.	München 1961
F. Kollmann und Mitarbeiter	Furniere, Lagenhölzer und Tischlerplatten, 789 S.	Berlin 1962

Autor	Werk	Erscheinungsort und Jahr
N. I. NIKITIN	Chemie des Holzes und der Cellulose, 2. Auflage, 711 S.	Moskau—Leningrad 1962
K. KÜRSCHNER	Chemie des Holzes, 2. Auflage, 173 S.	Berlin 1962
E. STAHL	Dünnschnittchromatographie, 534 S.	Berlin 1962
B. VOLLMERT	Grundriß der makromolekularen Chemie, 507 S.	Berlin 1962
E. BAYER	Gas-Chromatographie, 2. Auflage, 324 S.	Berlin 1962
T. A. GEISSMAN	The Chemistry of Flavonoid Compounds	New York 1962
W. ERTELD, H. J. METTE, W. ACHTERBERG	Holzfehler, 76 S.	Leipzig 1963
H. LYR K. GILLWALD	Holzzerstörung durch Pilze, 413 S.	Berlin 1963
H. M. EL-BADRY	Micromanipulators and Micromanipulation, 333 S.	Wien 1963
S. A. ZAPOTNICKIJ	Verwertung der Sulfitablauge, 145 S.	Leipzig 1963
B. L. BROWNING und Mitarbeiter	The Chemistry of Wood, 689 S.	New York 1963
H. M. RAUEN	Biochemisches Taschenbuch, 2. Auflage I, 1060 S., II.,?	Berlin 1964
A. TRÁVNÍK und Mitarbeiter	Handbuch des Holztechnologen, 2. Auflage, 800 S. (in slowakischer Sprache)	Bratislava 1964
A. A. BENEDETTI-PICHLER	Identification of Materials, 492 S.	Wien 1964
F. L. SCHNEIDER	Qualitative Organic Microanalysis, 535 S.	New York 1964
Zentralinstitut für Holztechnologie, Dresden	Lexikon der Holztechnik, 860 S.	Leipzig 1964
E. STAHL	Thin-Layer Chromatography, 553 S.	Berlin 1965
Autorenkollektiv	Einführung in die Holztechnik, 2. A., 551 S.	Leipzig 1965

Autor	Werk	Erscheinungsort und Jahr
M. Oshima	Wood Chemistry, 157 S.	New York 1965
L. M. Perelygin	Drewesinowedenije (Holzwissenschaft) 2. A., 444 S. (Slowakische Übersetzung mit Beitrag „Kurzer Abriß der Holzchemie“ S. 88—211, von K. Kürschner)	Bratislava—Prag 1965
H. Suhr	Anwendungen der kernmagnetischen Resonanz in der Organischen Chemie, 424 S.	Berlin 1965
J. Hölzl, E. Bancher	Bau und Eigenschaften der organischen Naturstoffe, 232 S.	Wien 1965
Autorengruppe der Forsttechnischen Akademie, Leningrad (Red.: W. M. Nikitin)	Praktičeskije raboty po chimii drewesiny i celljulozy, 412 S. (Praktische Arbeiten in der Holz- und Cellulosechemie)	Moskau 1965
Allstaatliches Forschungsinstitut für Holzhydrolyse, Leningrad (Wniigs)	Sbornik Trudow, Bd. 14, 284 S. (Forschungsarbeiten)	Moskau 1965
H. F. J. Wenzl	Sulphite Pulping Technology, 140 S.	New York 1965
K. K. Lebedjew	Sbornik Trudow Issledowanija po chimii lignina, 294 S.	Moskau 1965
V. Rypáček	Biologie der holzzerstörenden Pilze, 270 S.	Jena 1966

Autorenverzeichnis

A

W. Achterberg 246
G. A. Adams 8, 128
E. Adler 145, 154, 169, 171, 172, 236
M. P. Akimowa 181
W. J. Alexander 14
B. Alfredsson 171
O. Allgulander 231
A. Anderson 206
E. Anderson 110, 129
G. E. Annergren 114, 171
Anonymus 183, 233
O. Ant-Wuorinen 13
A. Apenitis 144
M. I. Archipow 81, 181
R. Aries 99
S. Aronovsky 95
G. O. Aspinall 128
J. A. Asplund 99, 115
A. Assarson 145, 237
1. Autorenkollektiv 241
2. Autorenkollektiv 246

B

A. J. Bailey 39
I. W. Bailey 37
K. Balaban 242
A. A. Balandin 74
E. Bancher 247
M. S. Bandirskaja 135
N. W. Barkan 230
E. O. Barnes 89
G. M. Barton 186
E. C. Barton-Wright 144
R. Bartunek 44
A. de Bary 100
D. M. Basin 230
J. Bath 47
O. A. Battista 76
E. Bayer 191, 246
C. Beadle 60
L. R. Beath 87
J. Bebié 55
G. Becherer 133
I. I. Beinart 14, 181
A. A. Benedetti-Pichler 246
F. Bergius 230
E. Berl 67
A. A. Berlin 240
L. J. Bernardin 90
G. Bertrand 120
E. J. Bevan 60, 78, 105, 215, 218
D. L. Beyer 183
W. G. Bickford 167
G. Billek 244
A. J. Birch 243
C. D. Bird 104
C. Birtwell 71
A. Bischler 147
C. T. Bishop 8
A. Björkman 5, 107, 132, 140, 144, 172, 236
D. E. Bland 37, 135, 138
K. Bloch 192
H. Bock 130
L. H. Bock 206, 207
R. Böhm 181
R. M. Böhm 116
B. D. Bogomolow 181
W. Borsche 167
J. G. Boswell 144
G. Both 144
R. Bott 204
H. O. Bouveng 128
H. Braconnot 9, 177
L. Bradley 99
K. E. Bradway 114
D. A. Brauns 245
F. E. Brauns 98, 116, 142, 143, 170, 172, 241, 245
K. W. Breitweit 23
L. H. Briggs 167
E. Bronnert 90
A. M. Brown 43
C. L. Brown 245
H. P. Brown 239
S. A. Brown 150, 154
B. L. Browning 107, 140, 180, 189, 190, 230, 246
L. O. Bublitz 107
M. A. Buchanan 189
H. Bucher 42, 136, 241
K. Buchholz 245
F. Bueche 79
J. A. Bühler 137
G. Büttner 76
I. G. Butko 87
A. N. Bykow 32, 75
M. Byron-Baker 148

C

J. F. Cameron 227
W. G. Campbell 144
S. Cannizzaro 174
Can. Pulp Paper Ass. 240
G. de Caroufel 87
G. Casperson 37, 138
G. Centola 8, 20

G. Champétier 242
H. Chao-Wu 233
M. Chardonnet 56
H. Chatterjee 73
G. H. Chidester 99
A. K. Chripunow 73
L. P. Clermont 128, 213—215
R. W. Collier 89, 174
J. R. Colvin 19
U. Consbruch 13
W. Cooper 68
W. Cordt 144
A. J. Corey 177
E. Correns 138
C. J. Coscia 145, 236
Courtaulds 62
N. L. Cox 63
F. Cramer 32
I. Croon 6, 66, 67, 128, 140
C. F. Cross 60, 78, 105, 215, 218
H. F. Crotigno 87
C. E. Curran 216
Curtius 57
I. P. Cwetajewa 113, 128

D

H. E. Dadswell 42, 135, 139
D. B. Das 8
W. Daube 214, 217, 219
B. D. Davis 150, 153
J. C. Deacons 10
P. Debye 18
H. Demus 72
W. Deters 140, 144, 145, 236
E. E. Dickey 167
H. H. Dietrichs 187, 197
S. A. Dobronrawowa 181
O. A. Dobusch 109
H. Doering 13
R. E. Dörr 109
H. Dolmetsch 13, 63
E. Donath 146
W. H. Dore 18
Ch. Dorée 143
H. Drach 116
P. Dreyfuss 167
E. Dryselius 132
A. P. Dunlop 117, 241
Dupont 229
J. Durst 241, 244
G. G. S. Dutton 111, 128
I. M. Dyskin 205

E

G. Eberhardt 150
K. Edelmann 237
R. C. Ehlers 194
R. Einsele 130
H. M. El-Badry 246
M. G. Eliaschberg 172
Ø. Ellefsen 6, 140
J. W. Ellis 47
T. J. Elpiner 67
H. Endres 195
T. Enkvist 174
B. Enström 114
J. A. Epstein 6, 109
J. W. Epstein 77
H. Erdtman 144, 156, 166, 167, 186
W. Erteld 246
Eykmann 150

F

H. B. Faber jr. 203
H. Faigle 159
F. Falck 144
E. L. Falconer 56
F A O 1, 82, 91, 231, 232, 243
M. Faulhaber 90
J. Feest 83
W. W. Fefilow 205
H. Fehling 7, 119, 122, 177
V. F. Felicetta 169
H. Felser 130
D. Fengel 38
O. Fernandez 144
F. Finck 9
M. E. Findlay 90
D. G. Fischer 19
F. Fischer 76
F. Flügge 181, 230, 242
Forest Prod. Lab. (Mad.) 213, 214, 216—219
Forest Prod. Res. Lab. (Princes Risborough) 243
K. Forss 86
Forsttechn. Akademie (Leningrad) 247
R. H. Francé 135
D. D. Freeman 218—220
A. S. Frejdin 225
K. E. Fremer 86
K. Freudenberg 39, 105, 143, *156*, 158, 164, 165, 167, 171, 172, 188, 214
H. P. Frey 39
A. Frey-Wyssling 25, 240, 244
A. G. Frieberg 167
U. Fritschi 130
S. S. Frolow 75

G

E. Gäumann 214, 215, 219, 220
J. A. F. Gartner 186
J. A. Gascoigne 43
S. Gayer 242
T. A. Geissman 246
J. George 144
P. Ghisoni 91
J. Gierer 171, 172
K. Gillwald 246
H. Gläser 204, 242
M. Gläser 181, 230
C. P. Glaudemans 128

E. Glesinger 183
S. A. Glikman 23, 67, 80
K. Göhre 241, 242, 244
R. Goepp 239
D. M. Goheen 184
K. Götze 240
O. Goldschmid 142
I. J. Goldstein 12, 23
O. P. Golowa 15, 16, 46, 77, 239
D. A. I. Goring 16
E. Gottlieb 211
O. R. Gottlieb 198
E. Graumann 106
K. L. Gray 64
G. A. Greathouse 43
A. S. Gregory 229
G. Grion 105
A. Gröbe 63
H. Grohn 140, 144, 145, 236
A. Guillemonat 240
J. Gundermann 21
Ch. Gustafsson 114, 123, 128, 215, 218, 220, 222

H

W. Haarmann 148
H. Haas 74, 106
I. A. Haberle 76
Y. Hachihama 239
E. Hägglund 10, 100, 108, 136, 171, 213, 214, 215, 218, 240
S. Häggroth 174
G. Hahn 110, 130
I. M. Hais 242, 245
J. A. Hall 181
J. K. Hamilton 89, 93, 113, 114, 128
A. A. Hampton 121
A. Hanak 3
J. Hann 19
A. Hantzsch 56
J. M. Harkin 6, 145, 236
E. E. Harris 131, 177, 179, 242
J. F. Harris 180, 230
L. Hartmann 188
V. C. Haskell 65
H. H. Hausner 244
L. F. Hawley 102, 135, 177
C. P. Haworth 64
R. D. Haworth 166, 167
W. N. Haworth 9, 76, 121, 128, 244
A. Hayashi 6, 105, 140
W. Haynes 241
R. Hegler 148
F. A. Henglein 129
H. Hentschel 244
P. H. Hermans 28, 47, 239
R. W. Herrick 206, 207
Herzberg 137
R. O. Herzog 18
C. L. Hess 145
K. Hess 9, 21, 31, 102
L. E. Hessler 16
E. Heuser 52, 66, 95, 103, 104, 121, 146, 239
H. Hibbert 147
H. G. Higgins 44
T. Higuchi 153, 164
E. L. Hirst 104, 110, 112, 121, 123, 124, 128
F. Höhnel 136, 147
H. Hoelkeskamp 81
J. Hölzl 247
M. Hönig 3
A. Hoffer 78, 97, 200, 202, 215, 218, 220, 222
B. Holmberg 173
J. Holota 116
J. Honeyman 244
G. Honjo 19
E. Honsig 106
P. van Horn 65
G. Hostomský 132, 178
J. A. Howsman 145, 237
B. Huber 242
C. S. Hudson 72, 241
M. L. Huggins 15, 47
A. W. Hull 18
G. Hunger 25
K. Hunt 128
F. G. Hurtubise 63
E. Husemann 13, 43
J. W. Hyatt 57

I

A. A. Imscheneckij 244
G. S. Inskeep 65
T. J. Ishiguro 167
H. Ishikawa 155
N. N. Iwanow 101
W. I. Iwanow 12, 13, 15—17, 24, 45, 46, 70, 71, 75, 239
S. Iyodai 239

J

E. L. Jackson 72
E. C. Jahn 105, 189, 241
S. W. Jakubowitsch 57
W. Jancke 18
F. W. Jane 243
A. G. Jaschunskaja 61
G. Jayme 9, 25, 38, 80, 81, 110, 116, 130, 218, 220, 221
H. Jentgen 7
I. N. Jermolenko 68
L. Jörgensen 13, 93
D. W. Jones 19
J. K. N. Jones 123, 124
L. Jurášek 245
K. A. Jurbergs 62

K

S. Kadyrow 74
D. Kaempgen 73
K. Kaheki 106
L. Kalb 214
C. G. Kalipsakis 86
O. Kallmes 38, 94, 115

A. I. Kalninsch 181
F. N. Kapuckij 68
S. Karácsonyi 218
W. A. Kargin 23, 24
P. Karrer 102
W. Karrer 244
W. Kast 21
J. R. Katz 50
J. D. Kawersnewa 72
J. J. Keilen 230
A. Keller 22
E. L. Keller 99
W. Kelly 167
W. O. Kenyon 12, 72
E. Kersting 106
Z. I. Kertész 240
Ke Tsing Tiu 61
H. Kissig 21
W. Kirchner 128
J. Kisser 133
A. I. Kitaigorodskij 23
F. Klages 123
H. Klare 63
P. Klason 76, 79, 145, 147, 148, 177, 200
W. Klauditz 107, 116, 134, 135, 139, 218, 219, 233
T. N. Kleinert 73, 145
W. Kling 36
L. Knof 167
H. Koblitz 164
H. u. D. Koblitz 164
E. Koburg 25
J. König 213, 214, 216—221
B. Koljo 198, 199
F. Kollmann 237, 240, 245
P. Komarow 213, 214, 216, 217
N. F. Komschilow 213, 214
A. A. Konkin 121
J. M. Konowalowa 61
M. M. Kopancew 87
F. I. Kortschemkin 148
O. P. Kosmina 73
Z. Kotasch 203
N. S. Kozlow 213, 216
P. W. Kozlow 65
J. S. Kozlowa 71
F. Kozmál 244
H. Krässig 13, 63
P. Krais 95
A. P. Krasnowa 181
O. Kratky 15, 21
K. Kratzl 137, 151, 153, 154, 171, 240, 244
R. E. Kremers 185, 190
K. Kringstad 128
A. Krupp 95
K. E. Kühl 181
E. Kühnel 94
J. F. Kurdobowa 181
W. I. Kurljankina 73
E. F. Kurth 104, 189, 200
S. S. Kusnezow 13

L

H. B. Lackey 167
S. Lagergren 171
R. A. Laidlaw 112, 128
B. K. Lakatosch 224, 227
P. W. Lange 38, 39, 136
M. v. Laue 18
K. Lauer 233
E. J. Lawton 224
K. K. Lebedjew 247
Ch. Legrand 21
M. Lehký 245
M. Leiningen-Westerburg 211
F. Lenorák 117
B. Leopold 144, 145
W. P. Lewanowa 24, 28
M. Lewin 6
H. F. Lewis 131
C. Y. Liang 19
C. E. Libby 99
W. Liese 42
T. Lieser 241
B. Lindberg 128
J. J. Lindberg 6, 140
B. O. Lindgren 6, 140, 173
K. Linsbauer 38, 244
H. F. Linskens 244, 245
S. M. Lipatow 24
R. W. Little 54
G. J. Ljandsberg 54
J. Loeb 82
W. K. Loughborough 50
M. Lüdtke 6, 130, 140
T. Lukanow 94
A. H. Lundberg 99
B. G. Lunge 55
T. Lutkiewicz 62
F. J. Lynch 245
F. Lynen 192
H. Lyr 246

M

H. Maas 244
K. Macek 242, 245
I. R. C. McDonald 106
J. N. McGovern 99, 100
R. H. McKee 96
E. P. McKeefe 99
A. W. McKenzie 44
C. Mäule 136
M. T. Magelhaes 198
N. S. Majat 46
N. S. Maksimenko 181
C. J. Malm 58, 65
R. Manley 22
J. Mann 23
S. M. Manskaja 149
R. H. Marchessault 13, 14, 19, 115, 145, 237
M. W. Marder 181
J. E. Marian 206, 207
H. Mark 129
H. B. Marshall 131, 179, 239
D. E. Marth 136

M. Marx 15, 16
W. H. Mason 115
K. Mattisen 205
H. Mayer-Wegelin 243
A. K. Mazumdar 79
H. Meier 84, 108, 115, 128
A. Melcerová 74
M. P. Melnikow 181
J. W. Mench 58
D. I. Mendeljejew 68
J. Mercer 52, 81
J. W. T. Merewether 5, 105, 140
A. W. Merkurjewa 128
H. J. Mette 246
K. H. Meyer 18, 19, 129, 241
G. Meyerhoff 16, 169
A. J. Mian 128
F. D. Miles 242
S. M. Miljutina 75
L. Misch 18, 19
K. P. Mischtschenko 51
E. Mörath 211
H. Molisch 135, 148
R. Montgomery 128
W. R. Moore 80
A. J. Morak 128
A. A. Morozow 16
J. R. Morton 145
K. Mühlethaler 25, 240
E. Münch 42
R. J. Myers 26

N

T. R. Naffziger 83
D. Narayanamurti 144
S. M. Neale 52
V. Nečesaný 51
A. C. Neish 150, 154
P. F. Nelson 86
A. Němec 239
C. Neuberg 96
K. Neuschäffer 80
F. Neusser 240
J. Niemann 167
A. W. Nickerson 99
R. F. Nickerson 76
N. I. Nikitin 44, 56, 95, 116, 200, 211, 213, 216, 217, 221, 243, 245, 246
W. M. Nikitin 245, 247
I. I. Nikolajewa 46
N. S. Nikolajewa 79
Noguchi-Institut 184
W. J. Nolan 91
F. F. Nord 132, 134, 135, 144, 149, 151, 154, 155, 158, 164, 170, 244
A. G. Norman 4, 102
A. Nowak 116
A. N. Nowikow 181

O

P. Odincow 14, 51, 141
M. G. Okun 182
A. Olcay 149
F. W. O'Neil 99
G. W. Opolnowa 181
M. Oshima 247
F. G. Osipenko 113
E. Ott 243

P

E. Pacsu 13
K. Paech 134, 166, 187, 242
L. Palmen 87
W. G. Panasjuk 181
P. Parey 142, 165
W. B. Parrish 227
J. D. Paskerowa 113, 128
H. Pauly 132
I. A. Pearl 183, 185, 203, 229
J. M. Pepper 183
E. G. V. Percival 129, 240
A. M. Perelygin 247
F. N. Peters 117, 241
W. N. Petrij 233
G. A. Petropawlowskij 44, 56
J. C. Pew 144, 169, 171, 236
B. Philipp 61, 94, 121
M. Phillips 135
A. Pictet 77
W. Pigman 129, 239, 243
M. Planck 34
L. u. E. Plath 114
V. Plouvier 204
A. I. Poljakow 69
W. Pomilio 95
M. G. Popik 78, 178, 179
C. Porck 171
B. R. Porter 101
P. Praetorius 181, 230, 242
R. D. Preston 35, 241
C. R. Price 65
H. Pringsheim 100
C. B. Purves 56, 61, 67, 106
N. I. Pyschkina 67

R

B. G. Rånby 8, 13, 14, 19, 25, 93, 128
Raney 183
H. M. Rauen 246
M. Rebek 13
F. Reiff 96
L. Reimer 244
F. Reinecke 102
M. Renker 218
T. Richardson 167
G. A. Richter 90
J. Richter 91
O. Richter 149
H. Richtzenhain 192
E. K. Rideal 47
G. J. Ritter 99, 104, 216, 217, 220, 221
A. Robert 133

P. A. Roelofsen 244
R. Rösch 144
S. A. Rogowin 57, 61, 63, 68, 69, 71, 121, 241
B. Rogueiro 144
N. A. Rosenberger 87
V. Rossmaier 180
L. Roth 245
Ch. Rauschal 242
S. I. Rubina 181
J. D. Rue 99
W. Ruhland 244
W. Runckel 206
R. O. H. Runkel 6, 90, 116, 177
W. Ruppel 121
L. Ruzicka 192
S. A. Rydholm 92, 114, 171, 231
V. Rypáček 247

S

H. Sachsse 138
H. Sadler 180
F. J. Sadow 15
G. Saeger 245
F. Sajcewa 113, 128
A. L. Sajdes 23
A. S. Salowa 72
O. Samuelson 85, 171
W. Sandermann 187, 193, 194, 243, 245
C. Sanio 42
O. B. Sapolskij 73
J. Sarasin 77
K. V. Sarkanen 140
M. J. Sarubin 88
J. Savard 78, 245
H. Sawall 241
W. R. Saxton 63
L. Segal 82
K. Seifert 78, 97, 144
A. S. Sergejewa 244
L. L. Sergejewa 181
W. N. Sergejewa 24, 75
R. Sieber 95, 240
S. M. Siegel 154
H. Sihtola 71
F. P. Silver 87
M. Singer 148
A. Sippel 13
P. Sitte 199
D. G. H. Siu 44
Y. G. Sivola 93
F. A. Skinner 187
A. J. Skrigan 17
I. W. Skrynnik 181
I. Slávik 241, 243
F. Smith 128
J. E. Smith 200
L. V. Smith 197
P. A. Smith 76
R. F. Smith 205
R. K. Smith 68
A. W. Sohn 96
A. K. Sokolowa 175
N. J. Solnetschnik 121
I. Sorgato 182
M. Sorkin 76
Soxhlet 190
O. L. Sponsler 18
H. A. Stafford 153
E. Stahl 246
A. J. Stamm 50, 107, 237, 242
L. Stange 245
H. Staudinger 12, 14, 15, 32, 76, 79, 82, 102, 213, 214, 216, 218, 221
C. Steelink 132
G. Stegmann 116, 204
B. I. Stepanow 11
G. Stevens 134
D. L. Stewart 87
L. G. Stockman 87
I. G. Stojanowa 23
J. Stoklasa 4, 142, 165
J. Stone 135
K. Storch 219, 220
M. Studer 7
H. Stübchen-Kirchner 73
S. I. Suchanowskij 181, 182
H. Suhr 247
J. Sundman 113
T. Svedberg 20

SCH

W. Schaaffs 34
K. Schäfer 79, 237
H. Schambach 6, 177
W. I. Scharkow 24, 28, 29, 46, 58, 109, 129, 202, 213—221, 230, 245
L. P. Scherebow 87
P. Scherrer 18
F. S. Schierbaum 140, 145, 236
J. W. Schigalow 176
Schimmel & Co. 147
J. D. Schirjajew 205
W. Schlenk jr. 31
E. Schmidt 106
G. Schneider 129, 130
F. L. Schneider 246
W. Schneider 76
A. Schön 200
H. Scholler 181, 230, 242
P. Schorning 95, 220
N. N. Schorygina 133, 182, 241
G. Schroeter 167
W. J. Schubert 135, 144, 150, 151, 153, 154, 155, 164, 170
C. Schuerch 140
G. V. Schulz 13, 15, 16
H. Schulz 35
L. Schulz 137, *147*, 153, 200
E. Schulze 101
H. Schupp 67
J. Schurz 25, 79, 80, 237
C. G. Schwalbe 53, 213—221
A. Schwankl 243

R. Schwarz 21
E. Schweizer 14, 40, 41, 50, 81, 82, 178, 202
H. Schwerdtner 242
K. Schwertassek 22, 30, 53

T

I. Tachi 6, 105
E. Tangl 147
M. L. Taylor 89
B. B. Thomas 14
N. S. Thompson 93, 113, 128
F. Tiemann 148
T. E. Timell 16, 104, 105, 111, 112, 115, 128, 213, 216, 218
D.W. Tischtschenko 88, 172, 176, 181
A. Todd 243
B. Tollens 117, 118
G. H. Tomlinson 93
M. V. Tracey 134, 166, 187, 242
W. Traube 81
A. Trávník 246
P. Traynard 133
E. Treiber 15, 21, 25, 28, 63, 64, 175, 199, 200, 244
M. Trejwas 72
R. Trendelenburg 243
G. Trippodo 243
M. J. Truboi 19
M. P. Tschetyrkin 181
G. Tschirkin 88
M. I. Tschudakow 6, 85, 140, 171, 181, 182
Ke Tsing Tiu 61
B. W. Tsonow 181
D. J. Tzwankin 23

U

E. Ückermann 204
H. Umstätter 25
C. C. Unruh 12, 72
A. R. Urquhardt 44, 49, 50
US Department of Agriculture 237
A. W. Uwarow 57

V

B. L. Vanzetti 167
W. Verburg 81
A. Virtanen 117
H. Vogel 179, 239
G. Voigtländer-Tetzner 133
B. Vollmert 246
L. Vorreiter 211, 245

W

J. D. v. d. Waals 19, 21, 232
A. Wacek 200, 240
I. A. Wachruschewa 233
P. Waentig 95
E. Wagenknecht 242
S. A. Waksman 100, 101
S. J. Wanin 239
O. Warburg 164
K. W. Ward jr. 128
A. B. Wardrop 37, 42, 135, 139
W. S. Wasetschkin 242
N. A. Wasjunina 181
M. Watanabe 19
R. Weber 219
W. B. Weber 242
E. Wedekind 214, 219
A. Weidinger 47
J. Weigl 43
J. Weiner 131, 179, 240, 242, 245
L. Weiss 202
H. J. Wellard 21
W. Weltzien 9
H. F. J. Wenzl 84, 88, 183, 230, 231, 247
W. Wergin 37, 139
R. Werner 43
C. J. West 239—243
F. K. Weyerhäuser 235
J. Wiertelak 177
J. Wiesner 136
W. Wiesner 107
S. Willberg 231
A. M. Williams 49
R. Willstätter 214
W. K. Wilson 13
A. Winsvold 146
L. E. Wise 104, 110, 111, 189, 241
W. Wislicenus 76
C. v. Wisselingh 38
A. Wissing 206, 207
J. C. Witkamp 63
W. Wittmann 133
R. Witwer 90, 114
G. Witz 71
Wniigs 247
W. Wodsak 204
M. L. Wolfrom 10, 43, 241, 243
I. S. Woronajew 181
O. Wurz 130, 239, 245
A. J. A. Wyk 7

Y

E. C. Yackel 12, 72
N. Yamamori 104
S. Yllner 84, 114
Y. Yoshiki 167

Z

S. A. Zapotnickij 246
E. Zavarin 197
L. Zechmeister 240
J. Zellner 202
Zentralinstitut f. Holztechnologie 246
C. de Zeuw 244
H. Ziegler 43

Sachverzeichnis

Abbau, enzymatischer von Lignin 155
Abgase der Sulfitkochung 86
Abietinsäure 193
Ablaugen bei Halbzellstoffen 100
Absorption radioaktiver Strahlung 224
Acacia pygnantha 196
Accessibility 44
Acetatcellulose *57*, 80
Acetatcellulose-Lacke 60
Acetobakter xylinum 43
Acetoguajakon 174
Aceton (Sulfatkochung) 89
Acetylcellulose, markiert 73
Acetylgruppe 54, 109
Acetylierung von Xylan 121
Aerober Cellulosezerfall 101
Aerosole des Schleifstaubs 187
Aether der Cellulose 66
Aetherische O-Brücken 131
Aethylenimin 68
Aethyllaktat 15
Aethylphenole 184
„Aktivierung" der Cellulose 44, 58
„Aktivierung" von Lignin 115
Akzessorische Bestandteile 3, *185*
  Abietinsäure 193
  Aetherlösliche Begleitstoffe 190
  Aethylalkohollösliche Begleitstoffe 190
  „Aktives Isopren" 192
  Alkalilignin 132, 183
  Alkaloide 200—202
  Altern der Harze 194
  Analytische Trennung 189
  Aschengehalt 197
  Autoxydation 194
  Balsamterpentinöle 191, 194
  Blausäure 197
  Borneol 193
  Brenzkatechin 146, 196, 203
  Caren 193
  Cyklosen 190
  Cymol 86, 193
  Dauerhaftigkeit der Hölzer 195
  Dihydroquerzetin 86
  Fette Öle 144
  Flavonoide 195
  Freie Zucker 197
  Gerbstoffe (Phlobotannine) 188, 190, 194
  Glukoside 188, 190, 191
  Gummi 191
  Harze 188, *193*, 194
  Harzsäuren 190, 193
  Hauptgruppen von Begleitstoffen 188
  Hautproteine 196
  Heißwasserlösliche Begleitstoffe 190
  Inhibitoren 194
  Inosite 191
  Isopentylpyrophosphat 192
  Isopren 192
  Kampfer 193
  β-Karotin 194
  Kautschuk 188, 192, 193
  Kolophonium 193
  Kollagen 196
  Koniferin 190
  Kopallack 193
  Kumarin und Kumarinabkömmlinge 134
  Lignane 133, 166—168, 195
  Limonen 193
  Metalle 197
  Mineralstoffe 188, 197
  Oxysäuren 194
  Phellandren 193
  Phenoloxydasen 196
  Phlobaphene 190
  Phlorogluzin 196

Phytosterin (Tallöl) 195
Piceatannol-4-glukosid 195
Pimarsäure 193
α, β-Pinen 191, 192
Pinit 191
Pinosylvin (Kiefer) 86, 186
Pinosylvin-Methyläther 186
Polyphenolglukoside 195
Prozentueller Anteil (Begleitstoffe) 185
Pyrogallol 196
Resene 190
Resorzin 196
Salicin 190
Saponine 197
Schleime 191
Sesqui-, Di-, Tri-, Tetra-, Poly-Terpene 192
Stärke 3, 191
Sterine 196
Stilbene 195
Terpene 191ff.
Thujen 193
Toxidität 186, 187
Vitamin A 194
Wachse 190
Wasserdampfflüchtige Begleitstoffe 190
Wirtschaftliche Bedeutung 186
Aldobiuronsäuren 112
Alfacellulose 1,4. 10^5-iähriger Kiefer 17
Alfacellulose von Kiefer 115
Alfacellulose von Laubhölzern 115
Alfacellulose-Zusammensetzung 8
Alfanaphtol 165
Alkalicellulose 51—53, 60, 61
Alkali und Hölzer 210
Alkaloide 187, 188, *197*, 201, 202
Alkaloide der Rinde 201, 202
Alkohol aus der „Holzverzuckerung" 181, 231
Alkohol aus Sulfitablaugen 180, 231
Alkohol, synthetischer 231
Alkoholausbeute 180
Alkoholische Nitrierung (Holz) 78, 178, 179
p-Alkoxybenzylalkohol-Abkömmlinge 173
Allergene 187
Altern der Harze 194
Alter verschiedener Baumarten 135
Aminocellulose 69
Ammonsulfat (Hemifraktionierung) 108
Anaerober Cellulosezerfall 109
Analysen v. Holz, Diskussion 222
Analyse der Rindenextrakte 202
Androsteron 195
Anfärbevermögen der Faser 29, 32
Angiospermenlignin 155
Anhydroglukose 11, 14, 17, 44, 54, 63, 80, 82, 109
Anhydropolygalaktose-Hauptkette 111
Anhydropolymannose-Hauptkette 111
Anhydropolyxylose-Hauptkette 111
Anilin-Essigsäure-Reaktion 136
Anlagerungsverbindungen 79
Anorganische Säuren (Cellulose) 80
Anorganische Salzlösungen (Cellulose) 80
Anthokyane 134
Araban 123
Arabogalaktan 111
Arabogalaktan, lösliches 113
Arbeitsgruppe (COOH in Cellulose) 13
Arbeitshypothesen der Holzchemie 238
Arbeitsverfahren, neue 237
Aschengehalt der Hölzer 197
Aschengehalt der Rinden 201
As_2O_3 205
ASPLUND-Defibrator 99
Atmungsferment 164
Auflockerung des Elektronensystems 31
Ausbreitung des Sulfatverfahrens 91
Ausmaße der Holzzellen 208
Außenlamelle 37
Austauschreaktionen 13
Autodiagramme 226
Automatisation der Holzaufbringung 234
Autoxydation 194
Autoxydation der H_2SO_3 231
Avivagemittel 31

Bakelit 170
Bakelite aus Lignin 182
Balsamterpentinöle 191, 194
$Ba(OH_2)$ als Mannosereagens 108

Baumodell der Cellulose, abweichendes 19
Baumwolle 4, 16
Baumwolle „modifiziert“ 67
Baumwolle, rohe 16, 17
Baumwollhaar 35
Baumwollhäutchen, alkalifestes 50
Baumwollinters 9, 17
Bauplan des Lignins, schematischer 169
Bauplatten 183
Bedeutung der Hemi, technische 113
Begleitstoffe, allergene 187
Begleitstoffe des Holzes 3, 185
Benzidinreagenz 164
Benzochinon 187
Benzoesäure (Rinde) 203
Benzolinklusion 32
Betulin (Rinde) 202
Bewegung von Imprägniermitteln 226
Biegsamkeit der Faser 29
Bindemittel, polare 232
Bindung, betaglukosidische 11, 14, 17, 111
Biochemie und markierte Elemente 226
Biogenetisch-chemische Beziehungen 238
Biologie, Botanik und Chemie des Holzes 237
Biologie und radioaktive Strahlung 226
Biosynthese aromatischer Bausteine 150
Biosynthese der Cellulose 43
Biosynthese des Lignins 150
Birke, Uronsäuregehalt 122
Bis-Dehydrokoniferylalkohol 159
Blausäure 197
Blauwerden von Hölzern 186
Bleichbarkeit von Sulfatzellstoff 89
Bleichmittel (Chlorite) 106
Bodenverbesserung (Rinde) 205
Borhydrid 71
Borke, Bast 198
Borneol 193
Borsäure zur Hemiextraktion 108
Braunfärbung von Zellstoff 204
BRAUNS-Lignin 116
Brennstoffverbrauch in Haushalten 233
Brenzkatechin 146, 196, 203
Brenzkatechin (Rinde) 203
Brotbäume, Alter 135
Brüchigkeit der Faser 29
Buche, Zusammensetzung (Tabelle) 218—220
Buchen-Holocellulose 107
Buchenholzdämpfungs-Kondensate 114
Buchensklerenchym (Ausmaß) 35
Buche, Prozente der Zellgruppen 35

^{14}C 43, 135, 150, 153
Cadoxen 80
Ca-Mg-Pektat der Mittellamelle 129
CANNIZZARO-Reaktion des Lignins 174
Caren 193
Castanea vesca 196
C—C-Bindungen 132
CCl_4-Einschlußverbindungen 32
Cellobiase 100
Cello-biose, -triose, -tetraose, -pentaose, -hexaose, -heptaose 11
Cellolignin 14, 118, *141*
Cellon 59
Cellophan (Zellglas) 65
Cellulase 100
Celluloid (Zellhorn) 57
Cellulosane 102, 109
Cellulose 7
  Abbau 16
  Abgase der Sulfitkochung 86
  Acetate *57*, 80
  Acetatcellulose-Lacke 60
  Aerober Zerfall 101
  Aethylcellulose 67
  „Aktivierung“ 44, 58
  Alfacellulose 7, 8, 42, 90
  Alfacellulose aus 1,4. 10^5-jähriger Kiefer 115
  Alkalicellulose 51—53, 60, 61
  Altern der Nitratcellulose 56
  Anaerober Zerfall 100
  Anlagerungsverbindungen 79
  Aufschlußverfahren, andere 95
  Baumodell, abweichendes 19
  Betacellulose 8, 17
  Biosynthese 43
  Cadoxen 80
  Cellobiase 100

Cellobiose *10*, 100
Cellon 59
Cellophan (Zellglas) 65
Celloheptaose 11
Cellohexaose 11
Cellopentaose 11
Cellotetraose 11
Cellotriose 10
Cellulase 100
Celluloid (Zellhorn) 57
Cellulose I, II 20, 21
Cellulose III, IV 21
Celluloseäther 66
Cellulose aus Lein 15
Cellulose der Rinde 199, 200
Cellulosegerüst 43
Celullose-H_2O 46
Cellulose im Pappel-Zugholz 139
Cellulose und Darmbakterien 101
Celluloseverteilung (Zellwand) 43
Cellulosevorgeschichte 44
Cellulose — Wässerige Alkalien 51
Cellulosexanthate 60ff.
Celluronsäure 72
Chemische Umsetzungen 44
Chlordioxyd 105, 016
Chlorzinkjodreaktion 137
Chlor-, Amino-, Nitril-Cellulose 69
Cooxen 80
Cuoxen 80
Cyanoäthylcellulose 67
Dialdehydcellulose 70, 71
Dialkoholcellulose 71
Diaminocellulose 71
Dichte kristalliner, amorpher Cellulose 24, 28
Dikarboxylcellulose 70
Dikarboxylgruppierung 13
Dioximcellulose 71
Dissociationskonstante der Cellulose 52
Dixanthat 63
DP von Cellulosen 16, 17
  Betacellulose 8, 17
  Buche 17
  Buchensulfitzellstoff 17
  Chinagras 16
  Eiche 17
  Fichte 16, 17
  Fichtenholocellulose 17
  Flachs 16
  Gammacellulose 17
  Jute 16
  Kapok 16
  Kiefer 17
  Ramie 16, 17
  Rohbaumwolle 16, 17
  Seidenpflanze 16
  Weißbirke 16
Drehbarkeit der Gruppe -CH_2OH 11
Einlagerung von Fremdmolekülen 32
Einschlußverbindungen 31
Einzelkristalle 22
Elektronogramm 23
Elementarfibrillen *25*, 42
Elementarfibrillen adsorbieren Hemi 26
Elementarkörper 18ff.
Enzymatischer Abbau 44, 100
Enzymatische Lockerung 82
Erzeugung technischer Cellulose 82ff.
Ester 54ff.
Estergemische 57
Fichtensulfit-Cellulose 8
Formelbild 11
Formiat 65
Fortisan 59
„Fransen“ der Cellulose 21, 22
Gammacellulose 8, 17
Gelbfärbung der Cellulose 12, 73
Geordnete Gitterbereiche 18
Geschichtliches 103
Haltbarmachen der Cellulosenitrate 55
Hauptvalenzketten 19, 46
H-Brücken 19, 21, 44, 47, 74, 80, 116
Heterogene Reaktionen 46
HMW-Fasern 64
Höchstwerte des DP 15
Holocellulose 9, 24, 97, 110, 115, 134, 209
Holocellulose (RÖNTGEN-Bild) 24
Holocellulose und Ligningehalt 134
Holocellulose, vollständige Hydrolyse 9
Holzcellulose 8

Hydrierung (Sorbit) 74
Hydrocellulose 75
Hydrophobie kristalliner Cellulose 47
Hydrotropische Lösungsmittel 96
Hysteresis 49
IR-Spektrogramm 63
Jodsorption 22, 29, 30
Jodsorption amorpher Cellulose 29, 30
Jodsorption hochkristalliner Baumwolle 29, 30
Jodsorption von Kupferseide 30
Jodsorption von Viskoseseide 29, 30
Karboxylgruppen (Arbeitsgruppe) 13
Karboxylgruppen-Bestimmung 12
Karboxymethylcellulose 67
Kargins Hypothese 23
Kleben der Cellulose 31
Kollodiumwolle 56
Konstante der Cellulose in Cuoxam 15
Konstante der Nitratcellulose in Aceton 15
Konstitutions-, Sorptions-, Kapillarwasser 48
Kontinuierliche Sulfatkochung 91, 231
Kontinuierliche Sulfitkochung 87, 231
Kristallgitter 20
Kristalline, amorphe Bezirke 21, 24, *28*, 29, 44, 82
Kristallite 18, 20, 25, 26
Kristallite (Orientierung) 29
Kunstseide (Acetat, Xanthat) 59, 61, 62
Kunstseide (Nitrat) 55ff.
Kupferseide 81
Kupferzahl 7
β-Lävoglukosan 76
Lagern der Cellulose 73
Licht- und Röntgen-Streuung 79, 80
Lockerbindungen (acetalartige) 13
Löslichkeit der Celluloseester 55
Lösungsmittel der Cellulose 79ff.
Makromolekül 17
Maskierte Cellulose 39
Mercerisation 30, 49, *52*, 113
Methylcellulose (Tylose, Methocel) 66
„Micellen" 25
Mikrofibrillen 25, 26, 41, 42
Mikrofibrillen 2000-jähriger Eiche 26
„Modifikationen" der Cellulose 67
„Modifikatoren" 63
MG., viskosimetrisch bestimmt 14
Natroncellulose I 52, 53, 60
Nebenreaktionen bei der Umsetzung 44
Neuere Sulfitverfahren 87
Nichtpergamentierbarer Zellstoff 129
Nitratcellulose-Lacke 57
Nitrate der Cellulose *55*, 80
Nitrierungsvorgang 55
„Nitrocellulose" 55
„Nullfasern" 61
Orientierung 29
Oxycellulose „R", „MB" 71, 72
Oxydation der Cellulose 69
Parakristalline Cellulose 23
„Pfropfpolymere" 68
Phosphorsäureester 54
Physikalische Fasereigenschaften 29, 52
Primäre, sekundäre Hydroxylgruppen 45
Prozentsatz amorpher, kristalliner Cellulose 24
Pyrocellulose 74
Quantitative Cellulosebestimmung 77ff.
Quellung 29, *50*, 55
Quellungswärme 50
Radioaktive Bestrahlung 208
Reaktionsfähigkeit (H-Brückennetzwerk) 44
Reaktionsfähigkeit (Mercerisation) 52,53
Reaktionsfähigkeit (H_2O-Dampfsorption) 44
Regenerierte (Hydrat-)Cellulose 20, 46, 53, 62, 81
„Reife" der Xanthate 61
Rekristallisation 53
Renaissance der Cellulosefasern 64
Röntgen-Analyse 18, 52
Röntgen-Bild der Cellulosequellung 50
Schießbaumwolle 56, 57
Schwarzkochung 86
Schwefelsäureester 54
Schweizers Reagens 14, 40, 41, 50, 81, 82, 202
Schwingmahlung 145

Sorbit 74
Sorptionsaktive Räume 49
Spezifische Oberfläche (Cellulose, Zellstoff, Holzcellulose) 51
Spinnen 62
Standardcellulose 7
Streuung der DP-Werte 15
Substitution durch Hemiketten 174
Sulfatverfahren 88ff.
Sulfatzellstoff (USA) 91
Sulfitverfahren 84ff.
Sulfitzellstoff (USA) 91
„Superkord" 62
Synthese 43
Technische Bedeutung der Acetate 59
Technische Bedeutung der Nitrate 56
Temperaturerniedrigung und Cellulose 75
Thermisch-oxydativer Celluloseabbau 71, 74
Triacetat-Teilhydrolyse 58
Tribenzoat 65
Trikarboxylcellulose 71
Trimethylcellulose 9
Trockene Destillation der Cellulose 76
Tylose 46, 66
Typisch amorphe Cellulose 23
Übermolekularer Bau 18, 46
Ultraschall-Dispergierung 20, 67
Unbekannte Vernetzungen 23
Ungesättigte Celluloseverbindung 63
Ungleichwertige Hydroxylgruppen 54
UV-Bestrahlung und freie Radikale 73
Valonia-Elektronogramm 19
Verbesserung von Cellulosefasern 32
Verdauung durch Haustiere 101
Verhornung 74
Verlauf der Celluloselösung 81, 82
Verseifung der Nitratcellulose 56
Verseifung, saure, alkalische 54
Viskose 60, 61
Vorgeschichte der Cellulose 24
Vorhydrolyse *89*, 114
„Vorreife" (Altern der Alkalicellulose) 61
Vortäuschung von Azidität 12
WAALSsche Kräfte 19, 21
Wasseraufnahme 29
Zaponlack 57
Zellwandaufbau 33
Zukunftsaussichten der Viskosefasern 64
Cellulose I, II 20
Celluloseglykolsäure 67
Cellulose, schwer brennbare 68
Cellulosesynthese 43
Celluronsäure 72
Cerin 200
Chamaecyparis obtusa 167
Chemi-groundwood process 99
„Chemi-Holzschliffverfahren" 99
Chemische Hemiforschung 108
Chemische Holzaufschluß-Reaktionen und Morphologie 84
Chemische Zusammensetzung von Buche 218—220
Chemische Zusammensetzung von Fichte 213—215
Chemische Zusammensetzung von Kiefer 216—218
Chemische Zusammensetzung von Pappel 220—222
Chinagras 16
Chinasäure 152
Chinone beim Ligninabbau 106
„Chinonmethide" 158ff.
Chloraufschluß des Holzes 95
Chlorcellulose 69
Chlorit, großtechnisches Bleichmittel 106
Chlorit-Holocellulose 107
Chloritverfahren (KLAUDITZ) 107
Chlorogensäure 133
Chlorzinkjodreaktion der Cellulose 137
Chromatogramme 6, 110, 191
Chromatogramm der Dämpfungskondensate von Buche 114
Chromatogramm der Vorhydrolyse 90
Chromatographie der Sulfitablaugen 86
ClO_2-Abbau des Lignins 106, 134
ClO_2-Delignifikation 106, 107
ClO_2, kontinuierlich-elektrolytische Darstellung 106
CO-Gruppen in Sulfitzellstoffen 61

Compound middle lamella 37
Cooxen 80
Cuoxam 15, 75, 81
Cuoxen 80
Cupritetrammin-cupricellulose 81
Curlator 88
Cyklohexan-Einschlußverbindungen 32
Cyklosen 190
Cymol bei der Sulfitkochung 86, 193
Cytochromoxydase 164

Dämpfen der Faser 33
Darmbakterien und Cellulose 101
Dauerhaftigkeit der Hölzer 195
Defibrator (Asplund) 99
Dehnbarkeit der Faser 29
Dehydrierung des Koniferylalkohols 155, 156, 164
5-Dehydrochinasäure 150, 152
Dehydro-dikoniferylalkohol 159, 164, 172
5-Dehydroshikimisäure 150, 152
Delignifikation 39, 106, 110
Dialdehydcellulose 70, 71
Dialkoholcellulose 71
Diaryläther 160
Dichte des Holzes 2
Dichte verschiedener Fasern 28
Dichte kristalliner, amorpher Cellulose 24, 28
Diffusion der Gerbstoffe, wäßrige 206
Diguajacylgruppierung 160
Dihydroquerzetin 86
Dihydrorobinetin 188
Dikarboxylcellulose 70
Dimethylformamid 69
Dimethyl-p-phenylendiamin 165
Dimethylsulfid der Sulfatkochung 91
Dimethylsulfoxyd 108
2,4-Dinitrophenol 182
2,4-Dinitrophenylhydrazin 119
Dioximcellulose 71
2,4-Dioxybenzophenon 57
Dioxyphenylalanin 133, 150
Diphenyl 76
Diskussion über Holzanalysen 222
Dispergatoren aus Sulfitablaugen 179
Diterpene 192
Dixanthat der Cellulose 63
DP-Einfluß auf Celluloseumsetzungen 45
DP-Verringerung der Cellulose 75
DP verschiedener Cellulosen 16, 17
Drachenbaum, Alter 135
Dreidimensionales Ligninnetzwerk 170
Druckfestigkeit 42
Druckholz 37, 42, 137ff.

Edelzellstoffe 91, 93
Eigenschaften von „Chemiezellstoffen" 86
Einjahrespflanzen 83, 88
Einschlußverbindungen 31
Einstufenverfahren 86
Einzelkristalle der Cellulose 22
Eiweisse 188, 196
Eiweiß aus Sulfitablaugen 180
Elastische Dehnbarkeit 41
Elastizität der Faser 29
Electron-Spin Messung 73, 132
Elektronen-Beugungsdiagramm 19
Elektronogramme, Beweiskraft 24
Elektrophorese 6, 110
Elementarfibrillen *25*, 41, 42
Elementarkörper der Cellulose 18ff.
Elementarkörper der Natroncellulose 53
Elementarzusammensetzung von Hölzern 211
Elemente, markierte 43, 150, 151, 185, 226
Entrindung, mechanische, chemische 204
Enzymatischer Celluloseabbau 44, 82, *100*
Enzymatische Dehydrierung 155
Enzymatische Dehydrierung von Koniferyl- + Sinapin-Alkohol 163
Enzymfragen 164
Enzymgruppen bei der Verholzung 154
Enzymlignine 132
Epichlorhydrin 147
DL-Epipinoresinol 159
Erkennung von Holzfehlern 224
Ersatz der Nitrolacke 229
Erweichen von Brauns-Lignin 116
Ester der Cellulose 54ff.
Eugenol (Abgase der Sulfitkochung) 86
Eugenol, Ligninvorläufer 154

Eugenol aus Sulfitablaugen 86
Extraktstoffe der Rinde 201, 202

Fagus silvatica, chemische Zusammensetzung 218—220
F A O 1, 82, 91, 231, 232, 243
Farbenreaktionen des Lignins 136
Farbenreaktionen der Zellwand 38
Farbstoffe, natürliche 188
Faserplatten 5, 232
Faserplatten-Welterzeugung 232
Fehler bei der Isolierung der Holzkomponenten 211
Fehlerquellen der Ligninbestimmung 177
Fehlerquellen der Pentosanbestimmung 119
FEHLINGS Reagens 7, 119, 122
FEHLINGS Reagens (Zusammensetzung, Verwendung) 119
Feinstrukturübertragung in die Kunstfaser 63
Fermentationsschäden 233
Ferulasäure 153, 155
Ferulasäure (Rinde) 203
Ferulasäure und Lignin 153, 155, 226
Festigkeit der Faser 29
Festigkeitsverminderung der Hölzer 210
Festigkeitsverminderung durch Stabilisierung 237
Fette, Fettsäuren 190
Fette Öle 188, 194
Fichte (Lignangehalt) 167
Fichte, chemische Zusammensetzung 195 bis 198
Fichtenholzhydrolyse 9
Fichtenmannan 123
Fichtenzellstoff (DP) 16
Fichtentracheiden 35, 38
Flachs 16
Flavone 134
Flavonoide 195
Flotationsmethodik (HERMANS) 28
Fluoreszenz der Lignine 133
Forschungsausgaben (Al, Kunststoffe) 235
Forschungsausgaben für Grundlagenforschung des Holzes 235
Forschungsausgaben für die Zellstoffindustrie 235
Fortisan 59
Fraktionierte Fällung der Hemiextrakte 108
Fungizide und S^{35} 227
Fural (Abgase der Sulfitkochung) 86
Fural der „Holzverzuckerung" 181
Furaldarstellung 117ff.
Fural (Sulfitkochung) 86
Fural (Trockendestillation der Cellulose) 76
Futtereiweiß (Holzverzuckerung) 231
Futterhefe aus Sulfitablaugen 180

Galaktan 124
Galaktanbestimmung, quantitative 120
Galaktanhauptkette 111
Galaktan im Druckholz 138
Galaktoaraban 123
Galakturonsäurebaustein 129
Galakturonsäure-Lignin-Bindung (M) 110
Galakturonsäurelösung bei der Holocelluloseherstellung 110
Gammastrahlen (Holzfehler) 227
Gaschromatographie 191
Gelbfärbung der Cellulose 12, 73
Gelblaugen 117
Gelierfähigkeit von Pektin 130
Genetische Anlagen (Reaktionsholz) 139
Genetische Studien über Lignin 185
Gequollene Cellulose 20, 46, 58, 62, 81
Gerbstoffdiffusion 206
Gerbstoffe 188, 190, *195*, 199, 200, 201, 206, 230
Gerbstoffe der Rinde 200, 201, 206
Gerbstoffe, synthetische 230
Gerbstoffgehalt der Hölzer 196
Geruchsbelästigung (Sulfatprozeß) 90, 91
Gesamtzusammensetzung der Rinde 199ff.
Geschichte der neueren Cellulosechemie 12
Giftstoffe des Darmtrakts 101
Gitterbereiche, geordnete 18
Glasgewebe 116
Glukoarabsan 123
Glukoheptonsäure 150, 151
Glukomannan 111, 112
α-D-Glukose VI, 10

β-D-Glukose VI, 9, 10, 34, 150, 151, 197
β-D-Glukose-C^{14} 153
Glukose-I-C^{14} 43
D-Glukose → Cellulose 43
Glukose-6-phosphat 43
L-Glukose VI
Glukosereste, perjodbeständige 12
β-Glukosidase 156
β-D-Glukosid 155
Glukoside 180, 190
Glukoside (Brückensauerstoff) 161
α-glukosidische Bindung 129
β-glukosidische Bindung 11, 14, 17, 111
Glukuronsäure 86, 102, 111, 112
β-D-Glukuronsäure 102
G-NADI Reagens 165
Golden Wattle 196
Grauwerden der Hölzer 187
Greenhearthölzer 197
Grenzkonzentration 79
Grenz-Polymerisationsgrad 75
Grenzviskosität 15
Grenzviskositätsformel 15
G-Schichten des Zugholzes 138
Guajacetum officinale 167
Guajacylglycerin 155, 173
Guajacylglycerin-Aether 179
Guajacylglycerin-α, β-dikoniferyläther 160
Guajacylglycerin-β-koniferyläther 149, 158, 161, 164, 169, 172
Ganjacylglycerin-β-koniferyläther (Methyläther) 161
Guajakol (Abgase der Sulfitkochung) 86
Guajaracetinsäure 167, 168
Gummi 191
Gummifabrikation und Lignin 182
Gymnospermenlignin 155

Halbzellstoff 88, *98*, 117
Halbzellstoff-Ablaugen 100
Harze der Rinden 201, 206
Harze, Harzsäuren 188, 190, 193, 194
Hauptvalenzketten 19
„Hausbrand“ 233
Hautproteine (Kollagen) 196
H-Brücken 19, 21, 44, 47, 74, 80, 116
Hefe aus der „Holzverzuckerung“ 181
Heizwert des Hydrolysenlignins 181
Heizwert der Rinde 205
Heizwert der Sulfitablaugen 180
Hemicellulosen 101 ff.
  Abbau bei der Holocelluloseherstellung 105
  Adsorption an Elementarfibrillen 26
  „Aktivierung“ von Lignin 115
  Aldobiuronsäure 112
  Allgemeines 101
  Amorphe und kristalline Anteile 109
  Analytische Bestimmung 118
  Anhydropolyglukose-Hauptkette 111
  Anhydropolymannose-Hauptkette 111
  Anhydropolyxylose-Hauptkette 111
  Arabane (Gluko-, Galakto-) 123
  L-Arabinosereste 112
  Arabogalaktan, lösliches 113
  Art der Lignin-Hemi-Bindung 140
  $Ba(OH)_2$ als selektives Fällungsreagens 108
  Beeinflussung spinntechnischer Eigenschaften 114
  Blockierung durch Lignin 51
  Chemische Pentosanumsetzung 121
  Cellulosane 102, 109
  ClO_2 zur Delignifikation 105, 106
  Erhöhte Löslichkeit durch H_3BO_3 108
  Fraktionierte Fällung 108
  Galaktan 124
  Galaktoglukomannan der Weichhölzer 111
  Gesamtbild der grundlegenden Hemi 111
  Glukomannan der Weichhölzer 111
  Glukuronoxylan der Harthölzer 111
  Glukuronoxylan der Weichhölzer 111
  Glukuronsäure 111, 112
  Hauptkette von Mannan, Xylan, Galaktan 111
  Hemiabbau 105
  Hemi als Schutzkolloide 114
  Hemi bei der Vorhydrolyse 114
  „Hemi“ der Kunstseidenindustrie 108
  Hemiforschung, Überblick moderner 108

Hemiforschung und Chromatographie 103, 110
Hemi, gelöst bei der Sulfatkochung 114
Hemi, gelöst bei der Sulfitkochung 113
Hemi, gelöst beim Mercerisieren 113
Hemi in der Alfacellulose 115
Hemiketten substituieren Cellulose 174
Hemi-Lignin-Bindung 105, *139*
Hemi und großtechnische Verfahren 116
Hemi und Plattenerzeugung 117
Hemi und Zellstoffeigenschaften 113
Hemiverteilung im Holz 109
Hemiverwertung im Holzverband 116
Hemi (Weizen-, Roggen-, Gersten-Mehl) 112
Holocellulose 9, 24, 97, 110, 115
Holocellulose-Darstellung und Hemiabbau 105
Holocellulose-Darstellung und Lösung des Galakturonsäureanteils 110
Hydrolyse des Holzhemi 109
Indirekte quantitative Hexosanbestimmung 119
Isolierung 104ff.
Jodlösung (Farbton) 30
Kaskadenverfahren 117
Klebewirkung von Mannan 114
Kondensate der Buchenholz-Dämpfung 114
Laubholzglukomannan 112
Laubholz-Hemi (Polyuronidanteil) 110
Lösbarkeit, Fällbarkeit 107
Mannane (Fichte) 123
Mannanhaltige Hexosane 108
Methylglukuronsäure 111, 112
Methylierung von Xylan 121
Nadelholzglukomannan 111, 112
Nadelholzhemi 111
Nadelholzhemi (Polyuronidanteil) 110
Neue Extraktionsmittel für Hemi 108
Neue Untersuchungen über Hemi 124ff.
Nichtpolyuronidanteil 109
Nitrierung, Acetylierung von Xylan 121
Oxymethylfural 76, 119
Pentosan im Säurelignin 178
Polyuronidanteil 101
Quantitative Bestimmung des Uronidanteils 120
Quantitative Pentosanbestimmung 118ff
Quantitative Xylan-, Mannan-, Galaktan-Bestimmung 120
Saure Xylane (Buche, Birke, Aspe) 122
Schwierigkeiten der Hemiforschung 108
Selektives Fällungsreagens für Mannan 108
Steinnuß-Mannan 123
Sorption 50
Systematische Hemianalysen 115
Technische Bedeutung der Hemi 113
Trübstoffe in Celluloseacetat 114
Uronsäuregehalt von Rotbuche, Birke, Kiefer 122
Verhornung 107
Verteilung in der Zellwand 42, 43
Verzweigung der Hauptketten? 112
Wasserlösliche Hemi 112
Xylan von Laubholz, Stroharten, Maiskolben 121
Zusammengesetzte Pentosan-Hexosane 124
Hemiuntersuchungen, neuere 124ff.
Heterogene Cellulosereaktionen 46
Hexosane 101
Hexosanbestimmung, indirekte 119
High wet modulus-Fasern 64
Hinokinin 167, 168
Hochdruckhydrierung des Lignins 149
Hochmolekulare Polyuronide 203
Höchstausbeuten an Sulfitzellstoff 87
HÖHNELsche Ligninreaktion 136
Holocellulose 9, 24, 97, 110, 115
Holocellulose und Ligningehalt 134
Holz
Abfall, jährlicher der UdSSR 230
Akzessorische Bestandteile 185
Analysen 211
Aufschluß und Morphologie 84
Ausmaß der Holzzellen 208
Begleitstoffe 188
Biogenetisch-chemische Beziehungen 238
Buche, chemische Zusammensetzung 218/220

Buche, Prozentsatz der Zellgruppen 35
„Chemierohstoff“ 229
Dichte 2
Diskussion der Analysen 222
Druckholz 37, 42
Einfluß von HNO_3 209
Fehler, Erkennung 224, 227
Festigkeitsabnahme durch Bestrahlung 225
Feuchtigkeitsmessung, kontinuierliche 227
Fichte, chemische Zusammensetzung 213/215
Forschungsaufgaben 6
Forschungsinstitute 235
Forschung und biologische Untersuchungen 236
Gerbstoffgehalt 196
Holzgummi 121
Holz „plastisch“ 66
Holzschäden durch Säuren u.Laugen 208
Holzschäden in den Tropen 210
Holzschliff aus Druckholz 138
Holzschliff aus Zugholz 139
Hydrolyse 179ff., 230
Hypothesen der Holzchemie 33
Kiefer, chemische Zusammensetzung 216/218
Komplexe Verwertung 5, 233
Lösliche Bestandteile des äußeren Holzes 190
Lösung durch alkalische Autoklavierung 210
Pappel, chemische Zusammensetzung 220/222
Pentosangehalt 209
Plaste, Harze, Fasern, Klebstoffe, Filme aus Holz 230
Plattenerzeugung (Ausmaß) 232
Polyosen 102
Quellungswärme 50
Querschnitt der Zelle 36
Radioisotope 224
Raschwüchsigkeit 1, 83, 233
Reaktionsholz 37, 42, *137*
Rotholz 137
Saure Dämpfe, Schädigung 210
Schrifttum 1
Stabilisierung 237
Sulfatkochung 80
Sulfitkochung 84
Trockene Destillation 231
Versorgung der Welt 232
„Verzuckerung“ *181*, 230
Humusstoffe 230
Hydratcellulose 20, 46, 53, 62, 81
Hydrierung der Cellulose 74
Hydrierung des Lignins 149
Hydrocellulose 75
Hydrolyse der Cellulose bei Säurelösung 80
Hydrolyse der Holzhemi 109
Hydrolyse des Pektins 129
Hydrolyse der Pentosane 117
Hydrolysenlignin 181
Hydrolysierbarkeit, raschere von Zellstoffen 83
Hydrophobie kristalliner Cellulose 47
Hydrotropische Lösungsmittel 96
Hypothesen P. Klasons 147
Hysteresis 49

Imprägniermittel in Hölzern 226
Indigoblau 156
Indikan 156
Indophenolblau 165
Inhibitoren 194
Inhomogenität des Lignins 145
Inklusion von Benzol 32
Innenlamelle 37, 41
Inosite 191
Intrusion compounds 31
Ionenaustauscher 86
IR-Absorptionsspektrum des Lignins 145
IR-Spektren von Rindenlignin, Holzlignin, Phlobaphenen, Phenolsäuren 200
IR-Spektrographie und Cellulosefeinbau 63
Isoeugenol 147
Isoeugenol (Abgase der Sulfitkochung) 86
Isolierung der Hemi 104
Isolierung der Holzkomponenten 98, 211

Isolierung der Lignine 141 ff.
Isolierung der Pektine 129
Isolierung von reinem Lignin 178
Isoolivil 167, 168
Isopentylpyrophosphat 192
Isopren 192
Isopren, „aktives" 192
Isotaxiresinol 167, 168

Jodfärbung der Cellulose 30
Jodsorption 22, 29, *30*
Jodsorption, reduzierte 33

Kaffeesäure 133
Kambialsaft 148, 154, 155
Kambium 198
Kampfer 193
Kamyrverfahren 99
Karboxylgruppen (Celluloseoxydation) 70
Karboxymethylcellulose 67
β-Karotin 194
Kaskadenverfahren 117
Kastanie 196
Kautschuk 188, 192, 193
„Keebra"-Verfahren 99
Kerosin 181
Ketogruppen (Celluloseoxydation) 70
Kiefer, chemische Zusammensetzung 216/218
Kiefer, Uronsäuregehalt 122
KLASONs Ligninhypothese 147
Klebewirkung von Mannan 114
Klebrigkeit von Hölzern 194
Klebstoffe aus Sulfitablaugen 179
Knäuelgröße 79
Knitterneigung 29
Kohäsion der Faser 29
Kohlehydratbausteine der Hemi 109
Kohlehydrat-Lignin-Bindung 105, *139*
Kohlehydratsulfonsäuren 86
Kollagen 196
Kollodiumwolle 56
Kolophonium 193
Komplexe Holzverwertung 98, 233
Kondensate der Buchenholzdämpfung 114
Kondensation der Lignine 172
Kondensationsprodukte aus Rinden 207
Kondensation von Lignin-Phenol 137, 186
Konidendrin 86, 167, 168
Koniferenlignin 131
Koniferin 39, 147, 148, 153, 155, 156, 165, 166, 177, 190, 204
Koniferin, radioaktives 39
Koniferylalkohol VI, 131, 142, 143, 148, 149, 151, 153—157, 160, 161, 163, 166, 167, 169
Koniferylalkohol-Hypothese 148, 166, 177
Koniferylaldehyd 142, 143, 153, 155, 175
Koniferylaldehyd-Reaktion 136
Koniferylbaustein 164—166, 169, 172, 173, 175, 195, 208
Kontinuierliche Darstellung von ClO_2 106
Kontinuierliche Messungen 227
Kontinuierliches Sulfat-, Sulfitverfahren 231
Kontinuierliche Sulfatkochung 91
Kontinuierliche Sulfitkochung 87, 231
Kontinuierliche Überwachung von Arbeitsvorgängen 227
Kopallack 193
Kork 199, 200
Korrosionsfragen 231
Kovalente Bindung 109
Kresole 184
Kristalline, amorphe Cellulose 21, 24, 28, 29, 44, 82
Kristallisierte Ligninabkömmlinge 149
Kristallite der Cellulose 18, 20, 25, 26
Kugelmahlung 145
Kugelquellung der Sekundärwand 40
p-Kumaralkohol 131, 151, 152
p-Kumaralkohol-Glukosid 153
Kumarine und Kumarinabkömmlinge 134
p-Kumarsäure (Rinde) 203
Kunstseide aus Acetatcellulose 57 ff.
Kunstseide aus Cellulosexanthat 60 ff.
Kunstseide aus Nitratcellulose 56 ff.
Kunstseidenindustrie und Hemibegriff 108
Kupferchromit-Katalysator 149
Kupferseide 81
Kupferzahl 7, 8

Lackbaum, japanischer 164
Lacke aus Acetatcellulose 60
Lacke aus Nitratcellulose 57
Längstracheiden (Nadelhölzer) 34
β-Lävoglukosan 76
Lagern der Cellulose 73
Lagerung von Zuckern (Uronsäuren) 197
Lakkase 157, 161, 163, 164
Lariciresinol 166, 167
Larix 167
Laubhölzer, starke Säuren u. Laugen 208
Laubhölzer, verwickelter Bau der 35
Laubholzhemi 111
Laubholz-Glukomannan 112
Laubholz-Lignin 131
Laubholz-Xylan 121
Lebensvorgänge wachsender Zellwände 26
Leimung von Faserplatten 232
Lichtstreuung (Cellulosederivate) 79
Lignane 133, *166*, 169, 172, 188
Lignine 130ff.
  Acetoguajakon 174
  Ätherische Sauerstoffbrücken 131
  „Aktivierung" 115
  „Alkalilignin" 132, 182, 183
  p-Alkoxybenzylalkoholabkömmlinge 173
  p-Alkoxybenzylalkoholäther-Abkömmlinge 173
  Allgemeines 130ff.
  Aromatische Baukörper 146
  Artfremde Ligninvorstufen 153
  Aufbau arteigenen Lignins 153
  Bakelite aus Lignin 182
  Bauplatten (Isolierungen) 183
  Benzidinreagens 169
  Biosynthese aus β-D-Glukose 150ff.
  Biosynthese aus Koniferylalkohol + Pilzredoxase 154
  Bis-dehydrokoniferylalkohol 159
  Braunfäulelignin 144
  BRAUNS-Lignin 143ff.
  BRAUNS-Lignin, Erweichungspunkt, Schmelzpunkt 116
  C—C-Bindungen 132
  CANNIZZARO Reaktion 174
Cellolignin 118, *141*
Chinasäure 150, 152
„Chinonmethid" 157ff.
ClO_2-Abbau 106
Cytochromoxydase 164, 165
Dehydro-dikoniferylalkohol 159, 164, 172
Dehydro-dipinoresinol (tetramer) 162
Diaryläther 160
Diguajacylgruppierung in Ligninsulfonsäuren 160
Diguajacylpropanol 164
Dimere Zwischenstufen 158ff.
2,4-Dinitrophenol 182
Doppelbindungen 132
Dreidimensionale Vernetzung 170
Druckholz (Rotholz) 137ff.
Druckoxydation 183
Düngemittel 185
Eigenfluoreszenz 133
Enzymatische Dehydrierung 155
Enyzmatischer Ligninabbau 154
Enzymfragen 164
Enzymlignine 132
DL-Epipinoresinol 159
Farbe isolierten Lignins 2, 143
Farbenreaktionen 136
Ferulasäure 153, 203, 226
Genetische Ligninstudien 185
Glukosidase 156
G. NADI-Reagens 165
Guajacylbaustein 5, 136
Guajacylglycerin-α-dehydrokoniferylalkohol-β-koniferyläther(tetramer) 162
Guajacylglycerin 173
Guajacylglycerin-Äther 173
Guajacylglycerin-α, β-dikoniferyläther 160, 161
Guajacylglycerin-β-koniferyläther 149, 158, 164, 169, 172
Guajaracetinsäure 167, 168
Heizwert (Hydrolysenlignin) 181
Heizwert (Sulfitablaugen) 180
Hinokinin 167, 168
Hochdruckhydrierung 183

HÖHNELsche Reaktion 136
Holzfarbenes Lignin 143
Holzschliff aus Druckholz 138
Hydrierung 149, 183
„Hydrolysenlignin" 181
Hydrolysenlignin-Zusammensetzung 181
Inhomogenität 145
Inkrusten 136
IR-Absorptionsspektren 145, 185
Isolierung 141 ff.
Isolierung durch Termiten 145
Isolierung reinen Lignins 178
Isoolivil 167, 168
Isotaxiresinol 167, 168
Jahres-Literaturübersicht 131
KLASONS Hypothesen 147
Kondensiertes Lignin 143, 172
Konidendrin 86, 167, 168
Koniferenlignin-Zusammensetzung 131
Koniferin 39, 147, 148, 153, 155, 156, 165, 166, 177, 190, 204
Koniferinhypothese 166, 177
Koniferylaldehyd 142, 143, 153, 155, 175
Koniferylaldehydfärbung 136
Koniferylalkohol VI, 131, 142, 143, 148, 149, 151, 153—157, 160, 161, 163, 166, 167, 169
Koniferylalkoholhypothese 148
Kristallisiertes Nitrolignin 133
p-Kumaralkohol 131, 152
Lakkase 157, 161, 163, 164
Lariciresinol 167, 168
Laubholzlignin-Zusammensetzung 131, 163
Lignane 133, *166*, 169, 172, 188
Lignifizierung 37, 135
Ligninase 144
Ligninartige Stoffe auf Haar usw. 154
„Lignin b" 140
Lignin bei der Gummierzeugung 182
Lignin bei der Sulfatkochung 174
Lignin bei der Sulfitkochung 170
Ligninbildung 4, 5
Lignin blockiert Hemi 51
Lignin der Rinde 199, 200
Lignindisulfid-Verbindung 176
Lignineinlagerung und mechanische Zellwandveränderungen 34
Lignin, Endprodukt des Pflanzenstoffwechsels 135
Ligninentfernung durch ClO_2 106, 107, 110, 134
Lignin-Galakturonsäure-Bindung 110
Ligningehalt der Mittellamelle 38
Ligningehalte 134
Ligningehalt und Holocellulose 134
Ligningehalt von Laub- und Nadelholz 208
Lignin-Hauptbestandteile 131
Lignin-Hemi-Bindung 5, 105, *139*
Ligninkrustation von S_1 40
Lignin-Kohlehydratbindung, Art der 140
Ligninkondensation 143, 172
Ligninkondensation bei der Vorhydrolyse 90, 174
Lignin, lösliches 132
Ligninlösungsmittel 142
Lignin-Makroradikale 145
Lignin-Merkaptan 176
Lignin-Phenol-Kondensation 137, 186
Ligninpolymolekül 132
Ligninsäuren 88
Ligninsulfid 176
Ligninsulfonsäuren 86, 160, 169, 171
Ligninsynthese 150 ff.
„Ligninverflüssigung" 184
Ligninvorläufer 153
Lignoplasten 116
Liriodendrin 167, 168
Löslichkeit des Lignins 132
MÄULEsche Reaktion 136
Makroradikale 145
Matairesinol 167, 168
Mesomere Formen des Radikals $C_{20}H_{11}O_3$ 157, 158
Methoxylgehalt von Hölzern 208
Methoxylgruppen 132
Methyläther des Guajacylglycerin-β-koniferyläthers 161
Mikrosublimation des Holzes 146
Modellsubstanzen 170, 172, 175
Molekulargewicht 169

Nachweis 136
Nitrobenzoloxydation von Sulfatlignin 175
Nitrolignin 78, *133*, 178
Nitrophenole aus Hydrolysenlignin 182
Norkonidendrin 167
Olivil 167, 168
Organischer S im Thiolignin 176
Oxalsäure aus Hydrolysenlignin 182
p-Oxybenzylalkohol (Sulfatkochung) 175
p-Oxybenzylalkohol (Sulfitkochung) 173
Oxymatairesinol 167, 168
Oxyphenyl-brenztraubensäure 151—153
Pentosan im Säurelignin 178
Peroxydase 154, 157, 164
Phenylpropanskelett 133, 149, 151, 169, 178
Phlorogluzin-HCl-Reaktion 136, 200
Pikrinsäure aus Hydrolysenlignin 182
Pinoresinol 167, 168
DL-Pinoresinol 159, 162
Podophyllotoxin 167, 168
Polysaccharidäther des Guajacylglycerin-β-koniferyläthers 162
Prephensäure 151, 152
Protokatechusäure, Brenzkatechin 146
Quantitative Ligninbestimmung 176
Radikale, freie 132
Radioaktive Bestrahlung 224, 225
Reaktionsfähige Gruppen 132
Reaktionsfähige Stellen des Koniferylalkohols 169
Reaktionsholz 137
Redoxase 156
RÖNTGEN-Bild des Lignins 133
Rolle der Lignifizierung 135
Schematischer Bauplan 169
SCHULZ-Oxydationsverfahren *147*, 153, 169, 175, 200
Schwingmahlung (Mechanisch aktivierte Hydrolyse) 145
Sedoheptulose 150, 151
Shikimisäurevorstufe 150—152
Sinapinalkohol VI, 131, 151, 153, 163, 167
Spezifische Ligninlösungsmittel 142
„Strukturformel" des Lignins 170
Sulfitablaugen-Verbrennung 180
Sulfitablaugen-Vergärung 180
Sulfitablaugen-Verwertung 179
Sulfonierung 85, 171
Summenformel 141
Syringaaldehyd 147, 153
Syringaalkohol 163
Syringasäure 163
Syringoresinol 163
Syringylbaustein 5, 136, 163, 208
Tallöl 89, 230
Technische Bedeutung des Lignins 179
Teilweise Dehydrierung des Koniferylalkohols 156
Terylene aus Vanillin 147
Thiolignin 176
Trimere Zwischenstufen 158—160
UV-Absorptionsspektrum 133, 136
Vanillin 3, 132, *146*, 147, 150, 153, 180, 200
Vanillin aus Sulfitablaugen 3, 147
Vanillin, Vanillinsäure aus Lignin 3, 146
Verteilung in der Zellwand 42, 137
Verwertung 5, 179
WARBURGS Atmungsferment 164
Weltabfall an Lignin 183
Zellstoff aus Druckholz 138
Zimtsäure, Kaffeesäure, Chlorogensäure, Kumarine, Anthokyane, Flavone 133, 134
Zugholzlignin 139
Zugholz (Weißholz) 138, 139
Zukunft der Ligninforschung 184
Zwischenprodukte der teilweisen Koniferylalkohol-Dehydrierung 156
Limiting viscosity number 15
Limonen 193
Linters 9, 17
Liriodendrin 167, 168
Literatur über neue Hemiuntersuchungen 128
Lockerstellen der Cellulose 13
Lockerung, enzymatische der Cellulose 82
Lösliches Arabogalaktan 113

Lösliche Bestandteile des äußeren Holzes und der inneren Rinde 190
Lösungsmittel der Cellulose 79ff.
Lösungsmittel für Lignine 142
Lösungsmittel, hydrotropische 96
Lösung von Galakturonsäure (Holocellulose-Darstellung) 110
Lösung von Holz (Alkalische Autoklavierung) 210
Luftverunreinigung 62
Lumen 35, 36, 42, 43
Luminiszenz 73

MÄULEsche Ligninreaktion 136
Maiskolbenxylan 121
Makroradikale von Kohlehydraten 145
Malachitgrün-SnJ_4-Additionsverbindung 136
Mangrove 196
Mannanbestimmung, quantitative 120
Mannane (Fichte) 123
Mannanhauptkette 111
Mannanklebewirkung 114
Mannose (S_3) 42
α-D-Mannuronsäure 102
Mansonia 187
Markierte Elemente 43, 150, 151, 153, 154, 185, 224, 226, 227
Markierte Elemente und Biochemie 226
Markiertes Koniferin 226
Matairesinol 167, 168
Mechanische Defibrierung 99, 100
Mechanische Holzeigenschaften und Zelllänge 35
Mehrstufenkochung 92
Mercerisation 30, 49, *52*, 113
„Mercerisation des Holzes" 78
Mercerisation und Hemilösung 113
Merkaptane (Sulfatkochung) 91
Mesomere Radikale (Ligninentstehung) 157
Mesomorphe Verbindungen 23
Metalle im Holz 197
Metallhydroxydbasen 80
Metasequoia 132
Metastabile Anteile 28
Methanolaufschluß von Holz 95
Methanol (Sulfatkochung) 89
Methanol (Sulfitkochung) 86
Methocel (Methylcellulose) 66
Methyläther des Guajacylglycerin-β-koniferyläthers 161
Methylglukuronsäure 111, 122
Methylhexuronsäure 86, 129
Methylhexuronsäure-Anhydrid 110
Methylierung von Xylan 121
Methylsulfid (Sulfatkochung) 91
Mikrobielle Zellsubstanz 101
Mikrofibrillen 25, 26, 41, 42
Mikrofibrillen-Richtung 40, 41
Mikroreaktion an Dünnschnitten 38
Mikrosublimation von Hölzern 146
Mineralsalze 188, 197
Mittellamelle 35, 38
Modellsubstanzen 170, 172, 175
„Modifikation" der Cellulose 67
„Modifikatoren" 63
Molekulargewicht der Cellulose 14ff.
MG. der Leincellulose 15
MG. des Lignins 169
MG. der Ligninsulfonsäuren 169
MG. der Pektine 130
Monoäthanolamin 105
Morphologie der Zellwand 33
Morphologie und Holzaufschluß 84
Muconsäuremethyläther 106
Mutation durch Radioaktivität 226

Nachweis von Lignin 136
Nadelhölzer, einfacher Bau der 34
Nadelhölzer + starke Säuren, Laugen 208
Nadelholz-Glukomannan 112
Nadelholzhemi 111
Nadelholzlignin 131
Nadelholzlignin (Muttersubstanz) 148
Nadelholz-Sulfatzellstoff 88, 89
Nadelholz-Sulfitzellstoff 86
Natroncellulose I 52, 53, 60
Naturfarbstoffe 188
Na-Xylolsulfonat 96
Nebenvalenzbindungen 32, 47
Netzwerk von Fettsäuren 199

Nichtpolyuronidanteil der Hemi 109
Nioxam, Nioxen 80
Nitratcellulose *55*, 80
p-Nitranilin-HCl-Reaktion 136
Nitratcelluloselacke 57
Nitrierung, alkoholische 78, 178, 179
Nitrierung von Xylan 121
Nitrilcellulose 69
Nitrobenzoloxydation (L. SCHULZ) *147*, 153, 169, 175, 200
Nitrolignin 78, 133, 178
Nitrobenzoloxydation von Phenolsäuren 200
Nitrophenole aus Hydrolysenlignin 182
1-Nitro-2-phenyläthan 198
NO_2-Gruppe 54
„Nullfasern" 61
Nutzholzabfall der Welt 183
Nutzholzertrag der Welt 232

Oberfläche, spezifische 51
Ocotea 198
Öle, ätherische 188
Öle, fette 188, 194
Olea CUNNINGHAMII 167
Olea europea 167
Oligosaccharide 10, 100
Olivil 167, 168
Organische N-Verbindungen 188
Organische Basen (Celluloselösung) 80
Organische Säuren 194
Orientierte Lagerung 29
Osmometrie 15
Oxalsäure aus Hydrolysenlignin 182
p-Oxybenzoesäure (Rinde) 203
Oxymethylfural 76, 119
p-Oxyphenyl-brenztraubensäure 151—153
p-Oxybenzylalkohol (Sulfatkochung) 175
p-Oxybenzylalkohol (Sulfitkochung) 173
Oxycellulose „MB" 71, 72
Oxycellulose „R" 71, 72
Oxydation der Cellulose 68
Oxydation der Cellulose bei alkalischer Lösung 80
Oxydation mit alkalischem Nitrobenzol (L. SCHULZ) 147, 153, 169, 175, 200
Oxydation von Vanillin durch ClO_2 106
Oxymatairesinol 167, 168
Oxymatairesinol-Sulfonsäure 86
Oxystearinsäure 199
Oxyzimtaldehyd 155
Oxyzimtsäure 155

Pandiaverfahren 99
Papier 82
Papierrohstoffe 100
Papier und Pappe, Welterzeugung 82
Paraffin-Einschlußverbindungen 32
Parakristalline Anteile 23, 28
Parenchym 34, 35
Pd-Katalysator 183
Pektine 36, 39, 41, *129*, 191
Pektine der Rinde 129, 199, *201*, 202
Pektine, Gelierfähigkeit 130
Pentosanbestimmung, quantitative 118ff.
Pentosan der Rinde 200
Pentosane 101, 117, *118*
Pentosane, chemische Umsetzungen der 121
Pentosane in Säureligninen 188
Pentosanwiderstandsfähigkeit (Sulfatkochung) 89
Pentosangehalt (Laub- und Nadelhölzer) 209
Pentosangewinnung (technisch) 117
Peressigsäure 106
Perjodbeständige Glukosereste 12
Peroxydase 154, 157, 164
Peroxyde 194
Peroxyde, zyklische (Ligninoxydation) 106
„Pfropfpolymere" 68
Phellandren 193
Phellonsäure 199
Phenoglukosidische Bindung 105
Phenole, monomere 184
Phenol-Lignin-Kondensation 137, 186
Phenoloxydasen 196
Phenolsäuren 200
Phenylalanin 133, 134, 150, 153, 226
Phenylpropanskelett des Lignins 133, 149, 151, 169, 178
Phlobaphene 190
Phlobaphene der Rinde 200, 201

Phlobotannine 190
Phloionsäure 199
Phlorogluzin 196
Phlorogluzin-HCl-Reaktion 136, 200
Photocellulose 73
Photosynthese der D-Glukose 150
Phthalsäure 183
Physiologische Rolle der Rindengerbstoffe 201
Phytosterole 188, 190
Picea excelsa, chemische Zusammensetzung 213/215
Piceatannol-4-glukosid 195
Pikrinsäure aus Hydrolysenlignin 182
Pilzredoxase 156
Pimarsäure 193
Pinaceae 190
α-Pinen 191, 192
β-Pinen 191, 192
Pinit 191
Pinoresinol 167, 168
DL-Pinoresinol 159, 162
Pinosylvin 86, 186
Pinosylvin-Methyläther 186
Pinus silvestris, chemische Zusammensetzung 216/218
Plaste aus Holz 230
Plastifikation 115, 116
Plastifikatoren aus Sulfitablauge 179
Plastizität der Nadelhölzer 121
Platane, Alter 135
Platten aus Hemi + Füllmittel 116
Plattenerzeugung der Welt 232
Plattenfabrikation aus Rinde 206
Pockholz (Kautschukgehalt) 192
Podocarpus spicatus 167
Podophyllotoxin 167, 168
Podophyllum peltatum 167
Polare Bindemittel 232
Polsterungsmaterial aus Rinde 206
Polyäthylenterephtalat-Film 230
Polyakrylnitril-Pfropfpolymere 68
Polyfunktionelle Verbindungen 230
Polyoxymethylen 12
Polyphenolglukoside 195
Polyporus versicolor 157
Polysaccharidäther 166
Polysaccharide 7, 188
Polysaccharide der Zellwand 102
Polyterpene 192
Polyuronide 102, 109, 110, 203
Populus nigra, chemische Zusammensetzung 220/222
Prephensäure 151, 152
Presstoffe aus Lignin 182
Primärwand 35—38, *39*
Primärwand bei saurem, alkalischem Aufschluß 84
Propylphenole 184
Prosenchym 34
Protokatechusäure 146
Protokatechusäure aus Vanillin 147
Prozentuelle Verteilung von Cellulose, Hemi, Lignin in Fichte 96
Psalliota campestris 157
Pyrocellylose 74
Pyrogallol 196

Quantenwirkung in der Kolloidchemie 34
Quantitative Bestimmung der Cellulose 77, 78
Quantitative Bestimmung der Hemi 118
Quantitative Bestimmung der Hexosane 119
Quantitative Bestimmung der Pentosane 118, 119
Quantitative Bestimmung des Galaktans 120
Quantitative Bestimmung des Lignins 176
Quantitative Bestimmung des Mannans 120
Quantitative Bestimmung des Uronidanteils 120
Quantitative Bestimmung des Xylans 120
Quarzpulver als Füllmittel 116
Quebracho 196
Quellbarkeit der Faser 29, 82
Quellung der Cellulose 29, 50, 55
Quellung der Mittellamelle 84
Quellung der Sekundärwand 84
Quellung des Holzes 49, 210
Quellungsfiguren der Zellwand 40
Quellungsvermögen, herabgesetztes 196

Quellungswärme 50
Quercus pedunculata 196
Querschnitt der Holzzelle 36
Quetschen und Rekristallisation 30

Radikal $C_{20}H_{11}O_3$ und Mesomere 157
Radikale, freie der Cellulose 73
Radikale, freie des Lignins 132
Radikale, ungesättigte 158
Radioaktive Bestrahlung von Cellulose, Lignin 225
Radioisotope in der Holzforschung 224
Ramie 16, 17
RANEY-Ni-Katalysator 183
„Raumaverfahren" 93
Reaktion, permutoide 54
Reaktion, topochemische 54, 84
Reaktionsfähigkeit und H-Brücken 44
Reaktionsholz 37, 40, 42, *137*, 185
Redoxase aus Pilzen 156
Reduzierte Jodsorption 33
Reflexion radioaktiver Strahlung 224
Regenerierte Cellulose (Hydratcellulose) 20, 46, 53, 62, 81
„Reifen" der Xanthate 61
Renaissance der Cellulosefasern 64
Resene (Sterol-Fettsäure-Ester?) 190
Resorzin 196
Rhizophora mangle L. 196
Rhodymenia palmata 26
Rhus succedanea 164
Rinde 198
  Alkaloide 201, 202
  Allgemeines 198
  Analytische Trennung der Extraktstoffe 202
  Aschengehalt 201
  As_2O_3 205
  Bast, Borke 198
  Betulin 202
  Bodenverbesserung 205
  Braunfärbung des Zellstoffs 204
  Brenzkatechin, Benzoesäure, Vanillinsäure 203
  Cellulose 207
  Cerin 200
  Extraktstoffe 201
  Ferulasäure, Syringinsäure 203
  Gerbstoffe 200, 201, 206
  Gesamtzusammensetzung 198, 202
  Harze 201
  Harzgewinnung 206
  Heizwert 205
  Hochmolekulare Polyuronide 203
  Kondensationsprodukte (Leim) 207
  Kork 200, 201
  Lignin 199, 200
  Lösliches der inneren Rinde 190
  Mechanische, chemische Entrindung 204
  Netzwerk von Fettsäuren 199
  p-Oxybenzoesäure, p-Kumarsäure 203
  Pektine 129, 201
  Pentosane 200
  Phlobaphene 200, 201
  Physiologische Aufgabe (Gerbstoffe) 201
  Plattenfabrikation 206
  Polsterungsmaterial 206
  Salicin 204
  Suberin 188, 199
  Technische Verwendung 204
  Verbrennung 205
  Vitamingehalt 204
  Wäßrige Diffusion (Gerbstoffe) 206
Rohbaumwolle 16, 17
Rohfaser 3
Rohrzucker-Kondensation 161
Rohstoffe der Cellulosegewinnung 83
Rohstoffe des Sulfatverfahrens 88
Rotbuche, Uronsäuregehalt 122
Rotholz 137
RÖNTGEN-Bild der Cellulose 8, 18, 52
RÖNTGEN-Bild der Cellulosequellung 50
RÖNTGEN-Bild des Lignins 133
RÖNTGEN-Bild der Holocellulose 115
RÖNTGEN-Bild und Veresterung 55
RÖNTGEN-Kleinwinkelstreuung 80
Ruthenium-Katalysator 74

Saccharinsäuren 46, 89
Sägespäne (Menge) 231
Sägespäne und Zellstofferzeugung 233
Säureäthanolyse von Cellulose 24

Salicin 190, 204
Salpetersäureaufschluß 95
Salpetersäure und Hölzer 209
Saponine 197
Saure Dämpfe und Hölzer 210
Schinopsis Lorentzii 196
D-Sedoheptulose 150, 151
Sedum spectabile 150
„Sekundärfibrillen" 26
Sekundärwand *35*, 39
Sekundärwand beim Holzaufschluß 84
Sequoia (Alter) 135
Sesquiterpene 192
Sexualhormone aus Phytosterin 195
Shikimisäure 150—152
S im Thiolignin 176
Sinapinalkohol VI, 131, 151, 153, 163, 167
Skelettsubstanz 106, 204
Sklerenchym 35
Solvathüllen 80
Sorbit (Hydrierung von Cellulose) 74
Sorptionsaktive Räume der Cellulose 49
Spanplatten 232
Spanplatten-Welterzeugung 232
Spinnbäder 62
Spinndüsen aus Tantal 62
Spinntechnische Eignung und Hemi 114
Sprengung zwischenmolekularer Kräfte 80
Stabilisierung des Holzes 237
Stabilisierung der Nitratcellulose 55
Stärke VI, 191
Standardcellulose 7
Stearinsäure 199
Steinnuß-Mannan 123
Sterine 190
Stieleiche 196
Stilbene 195
Stöchiometrische Bindungen? 49
Störungen bei der quantitativen Pentosanbestimmung 119
„Streckspinnen" 31, 62
Streuung von Licht- und RÖNTGEN-Strahlen 71, 80
Strohabfall der Welt 183
Strohxylan 121
„Strukturformel" des Lignins 170
Suberin 198, 199
Suberin in Buche, Robinie, Faulbaum 199
Sublamellen der Sekundärwand 27, 40
Submikroskopische Spalten (Zellwand) 26
Sulfatkochung, kontinuierliche 91, 231
Sulfatkochung-Nebenprodukte 89
Sulfatkochung und Geruchsstoffe 90, 91
Sulfatkochung von Lignin 174ff.
Sulfat-Terpentinöl 230
Sulfatverfahren 88ff.
Sulfatzellstoff aus Nadelholz 88, 89
Sulfatzellstofferzeugung (USA, 1962) 91
Sulfatzellstoff (Primärwand) 39
Sulfatzellstoff (Tertiärwand) 42
Sulfitablaugen 86, *180*
Sulfitablaugen-Chromatogramm 86
Sulfitablaugen (Heizwert) 180
Sulfitablaugen-Verbrennung 180
Sulfitablaugen-Vergärung 180
Sulfitablaugen-Verwertung 179
Sulfitaufschluß in der Dampfphase 87
Sulfitkochung, kontinuierliche 87, 231
Sulfitkochung ohne Basen 87
Sulfitkochung und Hemilösung 113
Sulfitkochung und Polysaccharidäther des Lignins 162
Sulfitterpentin 193
Sulfit- und Sulfat-Zellstoff (Unterschiede) 93
Sulfitverfahren 84ff.
Sulfitverfahren, neuere 87
Sulfitzellstoff aus Fichte 8
Sulfitzellstoff aus Nadelholz 89
Sulfitzellstoff (CO-Gruppen) 61
Sulfitzellstoff-Erzeugung (USA, 1962) 91
Sulfitzellstoff (Primärwand) 39
Sulfitzellstoff (Tertiärwand) 42
Sulfonierung der Äther von Alkoxybenzylalkohol-Abkömmlingen 173
Sulfonierung des Lignins 171
Sulfonierung von p-Alkoxybenzylalkohol-Abkömmlingen 173
Sulfonsäuregruppen, leicht abspaltbare 172
Sulfonsäuregruppen, widerstandsfähige 172
Summenformeln der Lignine 141
Superkord 62

Synthetische Cellulose 43
Synthetische Lacke 279
Synthetisches Lignin 150ff.
Syringaaldehyd 147, 153
Syringaalkohol 163
Syringasäure 163
Syringin 204
Syringinsäure 203
Syringoresinol 163
Syringylbaustein 5, 136, 163, 208
Systematische Hemianalysen 115

Schädigung durch Fermentation 233
Schädigung hölzerner Baukonstruktionen 210
Scheibenrefiner 88, 99
Schießbaumwolle 56
Schleifstaub-Aerosole 187
Schleime 191
Schmelzpunkt von Brauns-Lignin 116
Schnellwüchsige Hölzer 1, 83, 233
Schrifttum über Holz 1
Schulz-Verfahren (Druckoxydation mit Nitrobenzol) *147*, 153, 169, 175, 200
Schutzkolloidwirkung der Hemi 114
Schwarzkochung 85, 86
Schwarzlaugen-Verwertung 90
Schwefelwasserstoff (Sulfatkochung) 91
Schweizers Reagens 14, 40, 41, 50, 81, 82, 202
Schwierigkeiten beim Abbinden von Zement (Zucker, Phenole) 187
Schwierigkeiten durch phenolische Tannine (Sulfitkochung) 92
Schwindung des Holzes (Zellänge) 35
Schwingmahlung der Cellulose 145

Tabellen über neue Hemiuntersuchungen 125—128
Tantal-Düsen 62
Tannine, phenolische 92
Tannine und Zementabbindung 187
Tallöl 89, 230
Tapezierermaterial aus Rinde 206
Taxus baccata 165
Teakholz 187
Technische Bedeutung der Hemi 113
Technische Pentosangewinnung 117
Technische Verwertung der Cellulose 82
Technische Verwertung des Lignins 179
Technische Verwertung der Rinde 204
Tecoma 197
Tektochinon 188
Terephtalsäure 147
Termitenfestigkeit des Holzes 187
Termiten zur Ligninisolierung? 145
Terpene 191—193
Terpentinöl (Sulfatkochung) 89
Tertiärwand 41, 42,
Tertiärwand in technischer Cellulose 42
Terylene aus Vanillin 147
Tetramere Ligninvorstufen 162
TEXTRYL (Dupont) 229
Thionylchlorid (→Chlorcellulose) 69
Thujen 193
Topochemische Reaktion 54, 84
Tötliche Dosis radioaktiver Strahlung 226
Toxidität der Hölzer 187
Trennung der Holzbegleiter (Kurth) 189
Trichloräthylen 167
Trikarboxylcellulose 71
Triterpene, Tetraterpene 192
Trockene Destillation der Cellulose 76
Trocknung (Bildung von Äther-, Wasserstoff-Brücken) 107, 108
Tropische Holzschäden 210
Trübstoffe 114
Tsugaarten 167
Tylose (halbmethylierte Cellulose) 46, 66
Tyrosin 133, 134, 150

Überblick des heutigen Standes der Hemiforschung 108
Übergangslamelle 40
Übermolekularer Bau der Cellulose 18, 46
Übertragung der Feinstruktur in die Kunstfaser 63
Ultradünnschnitte (Tracheiden) 38
Ultrafiltration 86
Ultraschall-Behandlung 20, 67
Ultraspektroskopie 12
Ultrazentrifuge 15

Umsetzungen beim Sulfitverfahren 85
Unempfindlichkeit gegen radioaktive Bestrahlung (Lignin) 224, 225
Ungesättigte Celluloseverbindungen 63
Unscharfe Isolierung (Holzkomponenten) 98
Untersuchungen, neue über Hemi 124ff.
Unterschied zwischen normalem und Druckholz 138
Unterschiede zwischen Sulfit- und Sulfatzellstoff 95
Unterschied zwischen Zugholz und normalem Holz 139
Untersuchungsverfahren, neuzeitliche 237
Uronidanteil, quantitative Bestimmung 120
Uronsäuren 102, 108
UV-Absorptionsspektrum (Lignin) 133, 136
UV-Bestrahlung der Cellulose 73
UV-Bestrahlung von Holz 224
UV-Mikroabsorptionstechnik (P. W. Lange) 136

Vakuumdestillation der Cellulose 76
Valenzfeld, geschlossenes 28
Valonia ventricosa (Elektronenbeugungsdiagramm) 19
Vanillin 3, 132, 146, 147, 150, 153, 180, 200
Vanillin aus Sulfitablaugen 3, *147*, 180
Vanillin in Abgasen der Sulfitkochung 86
Vanillinoxydation durch ClO_2 106
Vanillin →Protokatechusäure, Terephtalsäure 147
Vanillinsäure 146
Vanillinsäure (Rinde) 203
V2A-Stahl beim HNO_3-Aufschluß 95
Verbrennung der Sulfitablaugen 180
Verbrennung der Rinde 205
Verbrennungswärme der Sulfitablaugen 180
Verdauung der Cellulose durch Haustiere 101
Veredlung der Zellstoffe 91, 93
Vergärbarkeitsabnahme 225
Vergärung der Sulfitablaugen 180
Vergilben der Cellulose 12, 73
Vergrauen der Hölzer 187
Verholzung 34, 37
Verhornen der Cellulose 74
Verhornung der Hemi 107
Verhornung unter Entstehen von Äther-, H-Brücken 107
Verknäuelung der Cellulosemoleküle 79
Vermeidung des Micellarbegriffs 25
Vernetzungen, unbekannte (Cellulose) 23
Verringerung des Quellvermögens 196
Verteilung des Lignins (Zellwand) 137
Verunreinigung durch Sulfitablaugen 180
Verwertung des Holzes, komplexe 98, 233
Verwertung im Holzverband (Hemi, Lignin) 116
Verwertung von Schwarzlauge 90
„Verzuckerung“ des Holzes 181
Verzweigung der Hemi-Hauptketten? 112
Viskose 60, 61
Viskoseseide, DP 17
Viskoseschwämme 65
Viskositätserhöhung 14
Viskosefaser, Zukunftsaussichten 64
Vitamingehalt der Rinden 204
Vorgeschichte einer Holzprobe 238
Vorhydrolyse *89*, 114
Vorstufen des Lignins 150, 151
„Vorreife“ (Alterung der Alkalicellulose) 61

Waalssche Kräfte 19, 21
Wachse 190
Wachstum der Zellwand 34
Wachstumsmöglichkeiten des Lignins 158
Wachstumsringe 34
Wärmeleitung des Holzes und Zellänge 35
Warburgs Atmungsferment 164
Waldfläche der Erde 1
Wasseraufnahme von Holz 49
Wasserdampfsorption 44
Wasser, physikochemische Rolle 237
Wasserlösliche Hemi 112
Wasserstoffbrücken 14, 21, 44, 47, 74, 80, 116
Wasserstoffbrücken-Netzwerk und Reaktionsfähigkeit 44
Weinsäure-NaOH (Celluloselösung) 80
Weißfäulepilze 155
Weißholz 138

Weltabfall an Nutzholz, Stroh, Lignin 183
Welterzeugung an Faser-, Span-Platten 232
Welterzeugung an Kautschuk, Stahl, Zellstoff, Plasten, Kunstfasern, vollsynthetischen Fasern 232
Welterzeugung an Papier und Pappe 82
Welterzeugung an Stroh, Bagasse 233
Widerstand gegen Licht, Mikroben 68
Widerstandsfähigkeit der Faser 29
Widerstand des HO——Restes 182
Wiederaufforstung 232
Winding layer 40
Wirkungsquantum (Planck) 34

Xanthierungstemperatur 61
Xylan (S_3) 41
Xylan, chemische Umsetzungen 121
Xylane, saure (Buche, Birke, Aspe) 122
Xylanhauptkette 111
Xylan in Laub- und Nadelhölzern 110, 121
Xylan-Kupferverbindung 122
Xylan (Laubholz, Stroh, Maiskolben) 121
Xylan-Methylierung 121
Xylan (Nadelholz) 209
Xylan-Nitrierung, -Acetylierung 121
Xylanbestimmung, quantitative 120
Xylenol 184
Xylolignin 105, 140
Xylose (S_3) 42

Zaponlack 57
Zellglas (Cellophan) 65
Zellhorn (Celluloid) 57
Zellstoff 4
Zellstoffausbeute nach Vorhydrolyse 90
Zellstoff aus Druckholz 138
Zellstoff aus Einjahrespflanzen 83, 88
Zellstoff aus Sägespänen 233
Zellstoff aus Zugholz 139
Zellstoffeigenschaften und Hemi 113
Zellstofferzeugung (USA, 1962) 91
Zellstoff für chemische Zwecke 86
Zellstoffgewinnung 82ff.
Zellstoff, nicht pergamentierbar 130
Zellstoff, veredelter 91, *93*
Zellstoffverfärbung durch Rinde 204
Zellsubstanz, mikrobielle 101
Zellwandaufbau 33ff.
Zellwandaufbau (Kambialsaft) 154
Zellwandverteilung von Lignin 137
Zentralschicht 37, 40, 41
Zerreißenergie (Waalssche Kräfte, H-Brücken, Primärvalenzen) 19
Zimtsäure 133, 134, 153
Zinkoxen 80
Zuckeranhydride 10
Zucker, freie in Hölzern 197
Zucker, freie (Kernholz von Fichte, Eiche) 197
Zucker, freie (Splint von Fichte, Buche, Birke, Eiche) 197
Zucker schädigt Zementabbindung 187
Zugfestigkeit 42, 52
Zugholz 40, 42, 138, 139
Zugholz (Weißholz) 138, 139
Zukunftsaufgaben der Ligninforschung 184
Zukunftsaussichten der chemischen Holzverwertung 229
Zukunftsaussichten der Viskosefasern 64
Zusammengesetzte Hexosan-Pentosane 124
Zusammenhänge: Holz →Moder →Lignit →Braunkohle 146
Zusammenhänge zwischen morphologischem Bau und chemischer Zusammensetzung 43
Zusammensetzung der Rinde 202
Zusammensetzung und Gebrauch von Fehlings Reagens 119
Zusammensetzung, prozentuelle (Fichte) 97
Zusammensetzung, prozentuelle (Fichtensulfitzellstoff) 97
Zusammensetzung, prozentuelle (Holocellulose) 97
Zusammensetzung, prozentuelle (Kürschner-Hoffer-Cellulose) 97
Zusammensetzung von Hydrolysenlignin 181
Zweistufenverfahren 86, *92*
Zwischenprodukte teilweiser Dehydrierung 156
Zwischenstufen bei der Ligninentstehung 157ff.

FSC
www.fsc.org
MIX
Papier | Fördert gute Waldnutzung
FSC® C083411

Zeitfracht Medien GmbH
Ferdinand-Jühlke-Straße 7
99095 Erfurt, Deutschland
produktsicherheit@kolibri360.de